U0350584

计算机应用基础

（第2版修订本）

主编　朱新峰　赵伟　宫国顺

北京交通大学出版社
·北京·

内容简介

本书全面介绍了计算机基础知识，微型计算机系统的组成和维护，Windows 7 操作系统，Word 2003、Excel 2003、PowerPoint 2003，Internet 和网络基础及常用工具软件的内容，并配备了习题。本书以应用为主，力求循序渐进，由浅入深，系统地介绍了计算机的概念和基本工作原理，以提高学生的计算机应用水平。

本书是为计算机专业及其他专业低年级学生编写的计算机文化基础教材。对于需要学习计算机知识及其应用，计算机网络和 Internet 的读者来说，也是一本很好的参考书。

图书在版编目(CIP)数据

计算机应用基础 / 朱新峰，赵伟，宫国顺主编．—2 版．—北京：北京交通大学出版社，2018. 1(2021. 9 修订)

ISBN 978 - 7 - 5121 - 3404 - 1

Ⅰ．①计…　Ⅱ．①朱…②赵…③宫…　Ⅲ．①电子计算机　Ⅳ．①TP3

中国版本图书馆 CIP 数据核字(2017)第 268619 号

计算机应用基础

JISUANJI YINGYONG JICHU

责任编辑：韩　乐　　　　助理编辑：付丽婷

出版发行：北京交通大学出版社　　电话：010-51686414　　http://www.bjtup.com.cn

地　　址：北京市海淀区高梁桥斜街 44 号　　邮编：100044

印 刷 者：北京鑫海金澳胶印有限公司

经　　销：全国新华书店

开　　本：185 mm×260 mm　　印张：18. 25　　字数：456 千字

版　　次：2018 年 1 月第 2 版　　2021 年 9 月第 1 次修订　　2021 年 9 月第 2 次印刷

书　　号：ISBN 978 - 7 - 5121 - 3404 - 1/TP・851

印　　数：2 001～6 250 册　　定价：48. 00 元

本书如有质量问题，请向北京交通大学出版社质监组反映。对您的意见和批评，我们表示欢迎和感谢。

投诉电话：010-51686043，51686008；传真：010-62225406；E-mail：press@ bjtu. edu. cn。

编写委员会成员名单

主编　朱新峰　赵　伟　宫国顺

成员　马会敏　庄　鑫　张永生

前　　言

本书第 1 版出版于 2003 年，后来又做了两次修订。随着计算机技术突飞猛进的发展，计算机软件也在不断升级、更新。因此在前一版的基础上，我们对原书的内容进行了较大的更新，但原书的基本宗旨和风格不变，既把计算机基本知识介绍给读者，又面向应用，突出计算机技能的培养。

本书共 8 章。第 1 章与第 2 章讲述了计算机基础知识、微型计算机系统的组成和维护，内容有了较大的更新，使读者能够了解计算机的最新发展状况和目前微型计算机的主流产品。第 3 ~ 8 章分别介绍了 Windows 7 操作系统、Word 2003、Excel 2003、PowerPoint 2003、Internet 和网络基础、常用工具软件。其中，第 8 章常用工具软件中介绍了最新的常用工具软件，例如 QQ 2017、图像处理软件 Photoshop、音频格式转换软件 Adobe Audition、视频技术软件会声会影。各章节相对独立。

我们在再版过程中，尽可能地体现计算机最新的技术和应用，但由于水平有限，书中难免会有许多不妥之处，恳请批评指正。

作者

2017 年 11 月

目　录

第 1 章　计算机基础知识

1.1　计算机的发展历程

1.1.1　第一代电子计算机

随着人类社会的不断进步和发展，计算工具也在不断创新，但真正能够替代人类自动进行工作的计算工具却迟迟没有出现。在电子管发明后约 10 年时间内，科学家对电子管的性能进行了不断的研究。直到三极管的开关特性引起人们的足够注意以后，一门新的学科——数字电路诞生并日臻成熟。由开关电路搭建的供电子计算机使用的加法器、计数器、寄存器等组合逻辑电路相继研制成功，为电子计算机的制造奠定了物质基础。

与此同时，计算机科学也有了新进展。英国数学家图灵提出了著名的“图灵机”理论，将计算机的组成划分为存储单元、算术逻辑计算单元、控制单元、输入单元和输出单元五大部分。匈牙利数学家冯·诺依曼提出存储程序的概念后，通用数字电子计算机与其他计算设备就有了本质的区别。

数字逻辑电路的成功研制与计算机科学理论的发展为数字电子计算机的诞生奠定了物质基础和理论基础。世界上第一台通用数字电子计算机在冯·诺依曼方案提出后不久，即 1946 年 2 月就在美国宾夕法尼亚大学电气工程系制造出来，命名为 ENIAC（电子数字积分计算器）。该机使用了 1.8 万个电子管，7 万个电阻和 1 万个电容，占地 167 m^2，总重量 30 t。它的运算速度为 5000 OPS，比机械式或继电器为主的机电式计算器的计算速度快近万倍。世界上第一台数字电子计算机如图 1-1 所示。

图 1-1　第一台数字电子计算机

但与现代计算机相比，除了体积大、速度慢、能耗大外，它还有许多不足，如存储容量太小，要用外接线路的方法设计计算程序等，但它却标志着科学技术的发展进入了新的电子计算机时代。在 ENIAC 计算机研制的同时，另外两位科学家，冯·诺依曼与莫尔还合作研制了 EDVAC（电子式离散变量自动计算机）。它采用存储程序方案，即程序和数据一样都存在内存中，此种方案被沿用至今。所以现在的计算机都被称为以存储程序原理为基础的冯·诺依曼型计算机。

ENIAC 虽然每秒只能进行 5000 次加法运算，但它却使科学家们从奴隶般的计算中解脱出来。至今人们公认，ENIAC 的问世表明了计算机时代的到来，具有划时代的伟大意义。

通常，人们把以电子管为核心器件的计算机称为第一代电子计算机。

1.1.2 第二代电子计算机

第一台电子计算机诞生一两年之后，一种新型的半导体器件——晶体管面世。它利用 P-N 结单向导电的特性，从一出世就具备了作为开关元件的特点。晶体管的体积与相同性能的电子管相比只是其数十分之一，电能的消耗也大大降低。到了 20 世纪 50 年代末，晶体管的制造技术完全成熟，已逐渐取代电子管成为电子产品的主要元器件。由于晶体管体积小、重量轻，具有高性能的电子数字计算机很快就采用了晶体管技术。到 1960 年，以晶体管为主要器件的第二代电子计算机已成功地应用于商用、大学和军事部门。中国科学院也在这一时期制造出了我国第一台晶体管电子数字计算机。

1.1.3 第三代电子计算机

以晶体管为主要元器件的电子计算机并未在计算机世界滞留很长时间。因为在晶体管技术成熟后，集成电路很快就发明出来了。这种技术是把晶体管、电阻、电容、电子线路集成在一块芯片中。由于制造过程的可重复性和高度自动化，集成电路的性能极为可靠，其制造速度比人工焊接技术有了上万倍的提高。电子计算机每一种性能的元件都被集成为一个芯片，这种技术给计算机的制造带来了质的飞跃。使用集成电路作为主要部件的计算机称为第三代电子计算机。与第三代电子计算机同时出现的还有高密度的固定磁盘存储设备。第三代电子计算机很快就取代了第一代、第二代电子计算机并成为主流机器。由于历史的原因，直到 20 世纪 70 年代末我国才成功地制造出第三代电子计算机，集成电路制造技术也远远地落在后面，软件研究几乎是一片空白。

1.1.4 第四代电子计算机

20 世纪 70 年代，由于激光技术的出现，集成电路制造工艺水平有了长足的进步，大规模与超大规模集成电路相继出现。在低于 1 mm^2 的芯片上集成几百万甚至上千万个晶体管的技术已经出现。使用大规模和超大规模集成电路作为主要部件的第四代电子计算机产生了。它的出现，使计算机的制造成本大大降低。其用途向两个方向发展：一个是满足个人办公需要的微型计算机，另一个是性能极高的超级巨型机。微型计算机的价格十分便宜，由于计算机网络的出现，微型计算机很快深入到各个领域；现有的超级计算机运算速度可以达到每秒数千亿次甚至万亿次以上，主要应用在生命科学、气象、气候、环境、国防等领域。我国计算机技术从无到有，发展迅速，计算机制造技术逐渐赶上了发达国家，软件技术也迎头赶上，计算机已经被应用到各个领域。2016年6月20日，德国法兰克福国际超级计算大会（ISC）公布了新一期世界计算机500强榜单，我国最新的超级计算机“神威·太湖之光”登顶。最受关注的是，“神威·太湖之光”实现了核心处理器的全国产化。“神威·太湖之光”的运算速度可达到93 PFLOPS（每秒进行93千万亿次浮点运算），理论最高速为125.4 PFLOPS。

综上所述，按制造电子计算机的主要元件种类划分，电子计算机的发展经历了四代。第一代是电子管计算机，第二代是晶体管计算机，第三代是集成电路电子计算机，第四代则是大规模、超大规模集成电路电子计算机。目前正在研制的第五代计算机，试图打破计算机现有体系结构，希望计算机具有人类一样的思维、推理和判断能力，其主要特征是人工智能。

1.1.5　近年来计算机技术发展状况

计算机技术的发展主要有以下4个特点。

1. 多极化

如今，个人计算机已席卷全球，但随着计算机应用的不断深入，对巨型机、大型机的需求也逐渐增长。巨型机、大型机、小型机、微型计算机各有自己的应用领域，形成了一种多极化的发展形势。例如，巨型机主要应用于天文、气象、地质、核反应、航天飞机和卫星轨道计算等尖端科学技术领域和国防事业领域；它标志一个国家计算机技术的发展水平；目前运算速度为每秒几百亿次到上万亿次的巨型机已经投入运行并正在研制更高速的巨型机。

2. 智能化

智能化使计算机具有模拟人的感觉和思维过程的能力，使计算机成为智能计算机。这也是目前正在研制的新一代计算机要实现的目标。智能化的研究包括模式识别、图像识别、自然语言的生成和理解、博弈、定理自动证明、自动程序设计、专家系统、学习系统和智能机器人等。目前，已研制出多种具有人的部分智能的机器人。

3. 网络化

网络化是计算机发展的又一个重要趋势。从单机走向联网是计算机应用发展的必然结果。所谓计算机网络化，是指用现代通信技术和计算机技术把分布在不同地点的计算机互联起来组成一个规模大、功能强、可以互相通信的网络结构。网络化的目的是使网络中的软件、硬件和数据等资源能被网络上的用户共享。目前，大到世界范围的通信网，小到实验室内部的局域网已经很普及。由于计算机网络实现了多种资源的共享和处理，提高了资源的使用效率，因而深受广大用户的欢迎，并且得到了越来越广泛的应用。

4. 多媒体化

多媒体计算机是当前计算机领域中最引人注目的高新技术之一。多媒体计算机就是利用计算机技术、通信技术和大众传播技术来综合处理多种媒体信息的计算机。这些信息包括文本、视频图像、图形、声音、文字等。多媒体技术使多种信息建立了有机联系，并集成为一个具有人机交互性的系统。多媒体计算机将真正改善人机界面，使计算机朝着人类接受和处理信息的最自然的方式发展。

1.1.6 未来的计算机

1. 量子计算机

量子计算机是一类遵循量子力学规律，可进行高速数学和逻辑运算、存储及处理的量子物理设备。当某个设备是由量子元件组装，处理和计算的是量子信息，运行的是量子算法时，它就是量子计算机。

2. 神经网络计算机

人脑总体运行速度相当于每秒运行速度达 1 000 万亿次的计算机，可把生物大脑神经网络看做一个大规模并行处理的、紧密耦合的、能自行重组的计算网络。通过模仿大脑工作的模型来获得计算机设计模型，用许多处理机模仿人脑的神经元结构，将信息存储在神经元之间的联络中，并采用大量的并行分布式网络，这样就构成了神经网络计算机。

3. 化学、生物计算机

在运行机理上，化学计算机以化学制品中的微观碳分子作为信息载体来实现信息的传输与存储。DNA 分子在酶的作用下，可以从某基因代码通过生物化学反应转变为另一种基因代码。这样，我们可以把转变前的基因代码作为输入数据，把转变后的基因代码作为运算结果，从而进行很多高级逻辑运算和数学运算。生物计算机最大的优点是生物芯片的蛋白质具有生物活性，能够跟人体的组织结合在一起，特别是可以和人的大脑和神经系统有机连接，使人机接口自然吻合，免除了烦琐的人机对话。这样，生物计算机就可以听人指挥，成为人脑的外延或扩充部分，还能够从人体的细胞中吸收营养来补充能量，而不需要任何外界的能源。由于生物计算机的蛋白质分子具有自我组合的能力，从而使生物计算机具有自调节能力、自修复能力和自再生能力，更易于模拟人类大脑的功能。现在，科学家已研制出了许多生物计算机的主要部件——生物芯片。

4. 光计算机

是用光子代替半导体芯片中的电子，以光来代替导线互连，而制成的数字计算机。与电的特性相比，光具有无法比拟的各种优点。光计算机是“光”导计算机，光在光介质中以许多个波长不同或波长相同而振动方向不同的光波传输。光计算机不存在寄生电阻、电容、电感和电子相互作用的问题，光器件也无接地电位差，因此光计算机的信息在传输中畸变或失真小，可在同一条狭窄的通道中传输数量巨大的数据。

1.2 计算机的特点和分类

1.2.1 特点

1. 高速准确的处理能力

计算机内部的运算器由一些数字逻辑电路构成，运算速度起着决定性作用。例如，计算机控制导航，要求“运算速度比飞机飞得还快”；再例如，气象预报需要分析大量资料，要求计算机在短时间内计算出一个地区乃至全国数天的天气预报。

2. 超强的记忆能力

在计算机中有一个承担记忆职能的部件，称为存储器。存储器能记忆大量的计算机程序和数据。目前，微型计算机的内存储器的容量通常为 4 ～ 64 GB。一张蓝光光盘，存储容量可达到 25 ～ 50 GB，这一巨大存储容量为高清电影的存储带来了方便（一般蓝光电影的分辨率可达 1080 P）。

3. 可靠的逻辑判断能力

逻辑运算与逻辑判断是计算机基本的也是重要的功能。计算机的逻辑判断能力，能够实现计算机工作的自动化，并赋予计算机某些智能处理能力，从而奠定了计算机作为一种智能工具的基础。

4. 高度自动化

利用计算机解决问题时，人们把事先编好的程序输入计算机，计算机就可以自动完成人们交予的任务，不再需要人工干预。例如，现代化工厂中引入计算机控制的自动生产线，可以上百倍地提高生产效率。

1.2.2　分类

随着计算机技术和应用的发展，尤其是微处理器的发展，计算机的类型越来越多样化。根据用途的不同，计算机可以分为通用机和专用机。通用机的特点是通用性强，具有很强的综合处理能力，能够解决各种类型的问题。专用机则功能单一，必须配有解决特定问题的软、硬件，但能够高速、可靠地解决特定的问题。根据计算机的运算速度、字长、存储容量、软件配置等多方面综合性能指标，可以将计算机划分为巨型机、大型机、小型机、工作站、微型计算机等。这种分类标准不是固定不变的，只能适用于某一个时期。现在是大型机，若干年后就可能成为小型机。

1. 巨型机

巨型机也称为超级计算机，是指目前速度最快、处理能力最强的计算机。巨型机最初用于科学和工程计算，现在已经延伸到事务处理、商业自动化等领域。

近年来，我国巨型机的研发也取得了很大的成绩，先后推出了“银河”“神威”“曙光”等代表国内最高水平的巨型机系统，并在国民经济的关键领域得到了应用。“神威 · 太湖之光”超级计算机是由国家并行计算机工程技术研究中心研制的超级计算机。2016 年 6 月 20 日，在法兰克福国际超级计算大会（ISC）上，“神威 · 太湖之光”超级计算机系统荣登榜单之首，成为世界上首台运算速度超过十亿亿次的超级计算机。2017 年 6 月 19 日最新全球超级计算机 500 强榜单正式出炉，中国“神威 · 太湖之光”夺得冠军。

2. 大型机

大型机的特点是大型、通用，具有较快的处理速度和较强的处理能力。大型机一般作为大型 C/S 系统的服务器，或者 B/S 系统的主机，主要服务对象有大银行、大公司、规模较大的高等学校和科研院所等，用来处理日常大量繁忙的业务。

3. 小型机

小型机规模小、结构简单、设计试制周期短，便于采用先进工艺，用户不必经过长期培训即可维护和使用。因此，小型机比大型机有更大的吸引力，更易推广和普及。

小型机应用范围很广，如用于工业自动控制、大型分析仪器、测量仪器、医疗设备中的数据采集、分析计算等，也可作为大型机、巨型机的辅助机，并广泛用于企业管理，以及大学和科研院所的科学计算等。

4. 工作站

工作站是一种介于微型计算机与小型机之间的高档微机系统。自1980年美国Apollo公司推出世界上第一个工作站DN100以来，工作站迅速发展，成为专门处理某类特殊事务的一种独立的计算机类型。

工作站通常配有高分辨率的大屏幕显示器和大容量的内、外存储器，具有较强的数据处理能力和高性能的图形功能。

5. 微型计算机

微型计算机又称个人计算机（personal computer，PC）。1971年，Intel公司的工程师马西安·霍夫（M. E. Hoff）成功地在一个芯片上实现了中央处理器（central processing unit，CPU）的功能，制成了世界上第一片4位处理器Intel 4004，组成了世界上第一台4位微型计算机——MCS-4，从此揭开了世界微型计算机大发展的帷幕。随后，许多公司（如Motorola，Zilog等）也争相研制微处理器，推出了8位、16位、32位、64位的微处理器。在这一时期，每过约18个月，微处理器的集成度和处理速度提高一倍，价格却下降50%。

自IBM公司于1981年采用Intel公司的微处理器推出IBM PC以来，微型计算机因其小、巧、轻、使用方便、价格便宜等优点在过去几十年中得到迅速的发展，成为计算机的主流。今天，微型计算机的应用已经遍及社会的各个领域，从工厂的生产控制到政府的办公自动化，从商店的数据处理到家庭的信息管理，几乎无所不在。

微型计算机的种类很多，主要分为两类：台式机（desktop computer）和便携机（portable computer）。目前非常流行的笔记本计算机和个人数字助理PDA属于便携机范畴。

6. 网络计算机

网络计算机（network computer，NC）是在Internet充分普及和Java语言推出的情况下提出的一种全新概念的计算机。NC是一个与标准显示器、键盘和鼠标相连的小型机箱，没有硬盘驱动器，关机时所有的应用和数据均保留在服务器或主机上，因此有人称NC为瘦客户机。但是，NC的功能并不比PC差，PC能做的NC也能做，而且更安全、更便宜。NC能够保障信息安全，避免PC存在的安全隐患，如Pentium序列号问题、Windows的“后门”问题、病毒和黑客威胁的隐患等。

1.3 工作原理及其应用

一个完整的计算机系统由硬件系统和软件系统两部分组成。硬件系统是组成计算机系统各种物理设备的总称，是计算机系统的物质基础；没有软件系统的计算机几乎是没有用的。

1.3.1 基本工作原理

计算机开机后，CPU首先执行固化在只读存储器（ROM）中的一小部分操作系统程序，这部分程序称为基本输入/输出系统（BIOS）。BIOS 启动操作系统的装载过程，先把一部分操作系统从磁盘中读入内存，然后再由读入的这部分操作系统装载其他操作系统程序。装载操作系统的过程称为自举或引导。操作系统被装载到内存后，计算机才能接收用户的命令，执行其他的程序，直到用户关机。

那么程序是如何执行的呢？程序是由一系列指令组成的有序集合，计算机执行程序就是执行这一系列指令。

1. 指令和程序的概念

指令是让计算机完成某个操作所发出的命令，即计算机完成某个操作的依据。一条指令通常由两个部分组成：操作码和操作数的地址码。操作码指明该指令要完成的操作，如加、减、乘、除等；操作数是指参加运算的数或者数所在的单元地址。一台计算机的所有指令的集合，称为该计算机的指令系统。

使用者根据解决某一问题的步骤，将一条条指令进行有序的排列。计算机执行了这一指令序列，便可完成预定的任务。这一指令序列就称为程序。显然，程序中的每一条指令必须是所用计算机的指令系统中的指令。因此，指令系统是提供给使用者编制程序的基本依据。指令系统反映了计算机的基本功能，不同类型的计算机其指令系统也不相同。

2. 计算机执行指令的过程

计算机执行指令一般分为两个阶段。第一阶段，将要执行的指令从内存中取出送入 CPU。第二阶段，由 CPU 对指令进行分析译码，判断该条指令要完成的操作，再向各部件发出完成该操作的控制信号，完成该指令的功能。当一条指令执行完后就处理下一条指令。一般将第一阶段称为取指周期，第二阶段称为执行周期。

3. 程序的执行过程

计算机在运行时，CPU 从内存读出一条指令到 CPU 内执行；该条指令执行完毕，再从内存读出下一条指令到 CPU 内执行。CPU 不断地取指令并且执行指令，这就是程序的执行过程。

总之，计算机的工作就是执行程序，即自动连续地执行一系列指令，而程序开发人员的工作就是编制程序。一条指令的功能虽然是有限的，但是精心编制下的一系列指令组成的程序可以完成的任务是无限多的。

1.3.2　计算机离你还有多远

现在，我们不从计算机专业的角度而是从计算机文化的角度讨论计算机应用。通过讨论认识计算机应用的普遍性，加深对计算机文化的理解。

如果在 1995 年以前，有人说我不了解计算机，那是可以理解的。但到 2000 年之后，计算机已经处处可见。铁路、民航、交通事业的售票人员使用计算机售票，制造业的工人使用数控机床加工制造零部件，售货人员使用计算机开票，会计工作早已经实现电算化。走进政府部门或企业办公室，就会发现每个工作人员的办公桌上几乎都有微型计算机，这些工作人员不仅要像工人一样掌握工作流程，还要具备一定的计算机知识，以便对信息进行加工、统计、分析，为决策提供依据。科学家们几乎个个是计算机应用的行家。他们每个人几乎都兼具顶尖的本学科研究能力和熟练的计算机应用能力。

综上所述，在计算机时代，无论是工人，或者是企业、政府的工作人员，还是科学家，都必须使用计算机完成工作。

1.3.3 成功应用计算机示例

1. 铁路和民航售票

铁路客运售票系统分布于全国各客运站，每年都有数亿人次从该系统中购票。由于有了计算机售票系统，铁路客运部门才从原来的“服务”转而变为经营，才能适应客流的变化，自由地增开列车，浮动票价。

民航订票系统是一个全国联网的庞大系统。它可以让旅客方便地预订任意航班，指定座次的客票。各个航空公司还对一些航线出售打折客票，以增强公司的竞争能力，这些都给旅客出行带来了极大的便利。

2. 会计电算化

会计电算化已覆盖全国各行业的会计事务。财会软件也由原来各单位分别开发、重复开发转而成为商业开发。像“用友软件”这样的专业会计软件开发公司的会计电算化产品已经作为成熟的商品，提供给全国的会计单位使用。会计电算化软件使原来的记账、往来、成本、决算等手工会计工作变为共享处理，使年终决算的报出日期提前到一月初，汇总工作在一月底就可以完成，这为企业管理和国民经济管理提供了确实可靠的数据。

3. 税收电算化

全国税收电算化已经完成。这一联网系统带给税务工作人员的好处远远不止把税收信息由人工处理变为自动化处理。通过它对数据严密的分析、处理，堵住了偷税、漏税的渠道，增加了国税收入。

4. 自动控制系统

宇宙飞船、人造卫星运行过程中的姿态控制如果没有计算机的高速运转，发出准确的定位指令，这种过程控制是不可能完成的。

炼钢与连轧的庞大装置，在人所不能接近的环境中可以有条不紊地工作，靠的是计算机的指挥。

5. 计算机辅助设计

飞机、汽车、轮船等设计工作，在没有使用计算机时，往往要以年计算周期。现在从零部件设计到总体设计全都使用计算机，一套设计不过数周的时间即可完成，这使产品更新的速度大大加快。建筑工程的设计电子化后，不仅缩短了设计时间，同时每间房间的色彩、功能及整个建筑物的色彩、造型在计算机屏幕上都可以显现出来，使开发商与用户间有了良好的沟通渠道。纺织品设计中，用计算机根据流行色设计一幅幅图案，在产品未投产前即可在计算机屏幕上显示出来，这使设计师对花色的总体效果，乃至加工成服装后的效果做到胸有成竹，同时使厂家的生产成本大大降低。

1.4 数据在计算机中的表示

计算机最基本的功能是对数据进行计算和加工处理，这些数据可以是数值、字符、图形、图像和声音等。在计算机内，不管是什么样的数据，都是以二进制编码形式表示的。在电子计算机的核心结构中，使用二进制而不是使用其他进制有其深刻的理论基础。英国数学家乔治·布尔在 1854 年创立了布尔代数，提出了符号逻辑的思想，从理论上论证了二进制计数可以完成已知的数学运算和逻辑推理与证明，奠定了计算机科学的理论基础。

在布尔代数产生前后的几十年中，物理学也有突飞猛进的发展。电子的发现，电子学的发展，以及随之出现的电子管和电子线路，使人类对世界的认识跨入了电子时代。其中，与计算机密切联系在一起的是成功地研制出了具有“开”“关”特性的电子线路。这种特性与二进制的“1”和“0”不谋而合。后来人们就把电子电路的“开”“关”状态称为“1”态和“0”态。开关电路输出状态的“1”或“0”，完全受输入条件的“1”或“0”所控制。输入条件到输出结果的改变速度极快。开关电路的可控与高速的特性，使制造完成二进制运算的机器成为可能。结果是，1946 年 2 月诞生了世界上第一台电子计算机，从而开始了人类社会的信息时代。

1.4.1　二进制数制

n 进制数制意思是用满 n 进 1 的方法表示数值。n 被称为数制的基数，使用 n 进制数制需要有 n 个数字符号表示数值。

十进制数制用满 10 进 1 的方法表示数值，它的基数为 10，用 10 个数字符号即 0，1，2，3，4，5，6，7，8，9 表示数值。二进制数制用满 2 进 1 的方法表示数值，它的基数为 2，用 2 个数字符号即 0 和 1 表示数值。不管采用十进制还是二进制数制或是其他进制的数制，都采用位权表示法，即某个数字符号所代表的实际数值由两个条件确定，一个是数字符号本身，另一个是由它所在位置决定的“位权”。“位权”是该种数制的基数的整数次幂，幂的次数由该数字相对于小数点的“距离”确定。小数点之左的幂次为 $n-1$，n 是该数字处于小数点之左的位数；小数点之右的幂次为 $-m$，m 是该数字处于小数点之右的位数。某一个数字符号在某一个位置表示的数值等于该数字乘以该位的位权。各个数字符号在各个位置所表示的数值就是该进制数要表示的数值。以下例子说明了十进制表示的数与二进制表示的数的位权计数法，从中还可以学会把一个二进制数转换成十进制数的方法。

【例 1-1】 十进制计数的位权与各个数位表示的值。有一个十进制数 924. 35，它的基数是 10。

解

	9	2	4	.	3	5
位数	左数第 3 位	左数第 2 位	左数第 1 位		右数第 1 位	右数第 2 位
位权	10^2	10^1	10^0		10^{-1}	10^{-2}
该数位表示的值	9×10^2	2×10^1	4×10^0		3×10^{-1}	5×10^{-2}

各数位值之和　$9\times10^2+2\times10^1+4\times10^0+3\times10^{-1}+5\times10^{-2}=924.35$

【例 1-2】 二进制计数的位权与各个数位表示的值。有一个二进制数 $(11101.101)_2$，它的基数是 2。

解

	1	1	1	0	1	.	1	0	1
位数	左第5位	左第4位	左第3位	左第2位	左第1位		右第1位	右第2位	右第3位
位权	2^4	2^3	2^2	2^1	2^0		2^{-1}	2^{-2}	2^{-3}
该数位表示的值	1×2^4	1×2^3	1×2^2	0×2^1	1×2^0		1×2^{-1}	0×2^{-2}	1×2^{-3}

各数位值之和 $1\times2^4+1\times2^3+1\times2^2+0\times2^1+1\times2^0+1\times2^{-1}+0\times2^{-2}+1\times2^{-3}=29.625$

【例 1-3】 设有二进制数 $(11101.001)_2$和 $(1.111)_2$，求这两个数之和。

解

$$
\begin{array}{r}
11101.001 \\
+\quad 1.111 \\
\hline
11111.000
\end{array}
$$

下面用十进制加法验证其正确性。

$$(11101.001)_2=(29.125)_{10}$$
$$(1.111)_2=(1.875)_{10}$$
$$29.125+1.875=31$$
$$(31)_{10}=(11111.000)_2$$

结论 使用二进制运算得到的结果与十进制运算结果相同。

1.4.2 十进制数转换成二进制数算法

1. 十进制整数化为二进制整数

十进制整数转换成二进制整数的算法是除二取余。

【例 1-4】 设有十进制整数 $(66)_{10}$，把它转换成二进制整数。

解

除数		余数
2	66	0
2	33	1
2	16	0
2	8	0
2	4	0
2	2	0
2	1	1
	0	

即 $(66)_{10}=(1000010)_2$

验算 $(1000010)_2=1\times2^6+1\times2^1=64+2=66$

2. 十进制小数化为二进制小数

十进制小数转换成二进制小数的算法是乘二取整。

【例 1-5】 设有十进制小数 $(0.625)_{10}$，把它转换成二进制小数。

解

$$
\begin{array}{llll}
0.625 \times 2 = 1.25 & 取\ 1 \\
0.25 \times 2 = 0.5 & 取\ 0 \\
0.5 \times 2 = 1.0 & 取\ 1
\end{array}
\downarrow
$$

即

$$(0.625)_{10}=(0.101)_2$$

验算

$$(0.101)_2=1\times2^{-1}+1\times2^{-3}=0.5+0.125=0.625$$

1.4.3　八进制数和十六进制数

二进制数使用“0”“1”两个计数符号，对于计算机来说是最合适不过的，但是人们用它计数却不太方便。一个不大的整数和原来用十进制计数时很简单的小数，往往要用很多位数的“0”符号和“1”符号才能表达清楚。

为了记录与交流的方便，人们把 3 位二进制数作为一组（2^3）组成八进制数或把 4 位二进制数作为一组（2^4）组成十六进制数。分组时以小数点为界，小数点之左向左分组，不够一组的左面用 0 补齐；小数点之右向右分组，不够一组的右面用 0 补齐。

八进制数逢八进一，使用 0，1，2，3，4，5，6，7 共 8 个计数符号。

十六进制数逢十六进一，使用 0，1，2，3，4，5，6，7，8，9，A，B，C，D，E，F 共 16 个计数符号。

由二进制转换为八进制，或者由二进制转换为十六进制非常容易。

十进制、二进制、八进制和十六进制对照表见表 1-1。

表 1-1　十进制、二进制、八进制和十六进制对照表

十进制数	二进制数	八进制数	十六进制数
0	0000	00	0
1	0001	01	1
2	0010	02	2
3	0011	03	3
4	0100	04	4
5	0101	05	5
6	0110	06	6
7	0111	07	7
8	1000	10	8
9	1001	11	9
10	1010	12	A
11	1011	13	B
12	1100	14	C
13	1101	15	D
14	1110	16	E
15	1111	17	F

【例 1-6】设有二进制数（10101001111001. 1101）$_2$，把它转换成八进制数。

分组　10　101　001　111　001 . 110　1

补零　010　101　001　111　001 . 110　100

八进制　(2　5　1　7　1 .　6　4)$_8$

【例 1-7】设有二进制数（10101001111001. 1101）$_2$，把它转换成十六进制数。

分组　10　1010　0111　1001 . 1101

补零　0010　1010　0111　1001 . 1101

十六进制　(2　A　7　9 .　D)$_{16}$

二进制数还可以用数字符号之后加字母后缀 B 的方式表示。例如，（10101001111001. 1101）$_2$ 可以记为 10101001111001. 1101B。

八进制数可以用数字符号之后加字母后缀 O 的方式表示。例如，（25171. 64）$_8$可以记为 25171. 64O。

十六进制数可以用数字符号之后加字母后缀 H 的方式表示。例如，（2A79. D）$_{16}$可以记为 2A79. DH。

通过上面介绍的二进制计数，二进制数加法运算，二进制数转换为十进制数、十进制数转换为二进制数、二进制数转换为八进制数、二进制数转换为十六进制数的方法，可以看出，使用二进制计数法完全可以完成十进制计数法的一切运算。同时还应认识到，数字电路的开关状态与二进制的“1”和“0”对应。凡是二进制计数法完成的运算，都可以用开关电路组成的机器去完成，以此为基础，就可以制造电子数字计算机了。

1.4.4 信息的表示

用二进制可以完成计算机内的数值计算。但是，使用计算机的人如何将需要计算的题目和完成题目的算法告诉计算机，计算机又如何将计算的结果通知使用者？人们熟悉的人与人之间交流的语言、文字，计算机不懂，而计算机内的二进制符号人们也无法直接使用。为了实现人与计算机间的交流，必须在人所熟悉的语言、文字符号与计算机内的二进制数字符号之间建立联系，这就是编码产生的基本思路。

编码的原则是把需要表达的语言、文字符号用数字与之对应。可以首先用十进制数，然后再把它们转换为二进制数。

1. ASCII 码

计算机首先在美国出现，所以英文符号编码最先完成。这种编码被称为 ASCII（American Standard Code for Information Interchange）码，原意是美国信息交换标准码。英语中表达信息要用的符号有 26 个大写字母、26 个小写字母、0 ～ 9 数字符号、运算符号、标点符号等可以打印的字符，以及换页、换行、回车等不可以打印的控制符号。ASCII 码的编码为 0 ～ 127，换算成二进制为 0000000B ～ 1111111B，十六进制则是 0 ～ 7FH。表 1-2 是常用 ASCII 码十六进制代码表。

表 1-2　常用字符与十六进制 ASCII 码对照表

字　符	ASCII 码	字　符	ASCII 码	字　符	ASCII 码	字　符	ASCII 码
NUL	00	2	32	L	4C	f	66
BEL	07	3	33	M	4D	g	67
LF	0A	4	34	N	4E	h	68
FF	0C	5	35	O	4F	i	69
CR	0D	6	36	P	50	j	6A
Esc	1B	7	37	Q	51	k	6B
		8	38	R	52	l	6C
		9	39	S	53	m	6D
SP	20	:	3A	T	54	n	6E
!	21	;	3B	U	55	o	6F
"	22	<	3C	V	56	p	70
#	23	=	3D	W	57	q	71
$	24	>	3E	X	58	r	72
%	25	?	3F	Y	59	s	73
&	26	@	40	Z	5A	t	74
‘	27	A	41	[	5B	u	75
(	28	B	42	\	5C	v	76
)	29	C	43	]	5D	w	77
*	2A	D	44	^	5E	x	78
+	2B	E	45	–	5F	y	79
,	2C	F	46	、	60	z	7A
–	2D	G	47	a	61	{	7B
.	2E	H	48	b	62	|	7C
/	2F	I	49	c	63	}	7D
0	30	J	4A	d	64	～	7E
1	31	K	4B	e	65	Del	7F

有了 ASCII 码表，英文信息在计算机内存储、传输就可使用二进制 ASCII 码，当计算机内的信息需要打印或在屏幕上显示时，再把机内二进制代码转换成对应的英文符号，就变成了人们熟悉的英语表达方式。

2. 汉字编码

英文是拼音文字，采用不超过 128 种字符的字符集就能满足英文处理的需要，编码容易，而且在一个计算机系统中，输入、内部处理和存储都可以使用同一编码。汉字是象形文字，种类繁多，编码比较困难，而且在一个汉字处理系统中，输入、内部处理和输出对汉字编码的要求不尽相同，因此需要进行一系列汉字编码及转换。汉字信息处理中各编码和流程如图 1-2 所示。

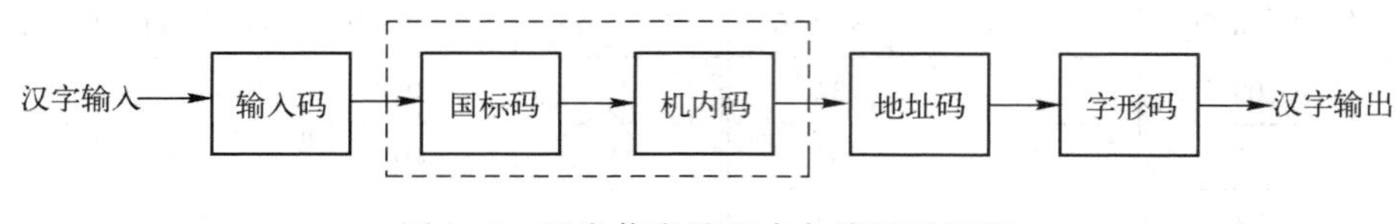

图 1-2 汉字信息处理中各编码及流程

1）汉字国标码

汉字国标码全称是《信息交换用汉字编码字符集——基本集》（GB 2312—1980），1980 年发布，是中文信息处理的国家标准，也称汉字交换码，简称 GB 码。根据统计，它把最常用的 6763 个汉字分成两级，一级汉字有 3755 个，按汉语拼音排列；二级汉字有 3008 个，按偏旁部首排列。为了编码，它将汉字分成若干个区，每个区有 94 个汉字。区号和位号（区中的位置）构成区位码，如“中”位于第 54 区 48 位，区位码为 5448。区号和位号各加 32 就构成了国标码，这是为了与 ASCII 码兼容。每个字节值都大于 32（0 ～ 32 为非图形字符码值）。所以，“中”的国标码为 8680。

2）汉字机内码

一个国标码占两个字节，每个字节最高位仍为“0”；英文字符的机内码是 7 位 ASCII 码，最高位也为“0”。为了在计算机内部能够区分是汉字编码还是 ASCII 码，将国标码的每个字节的最高位由“0”变为“1”，变换后的国标码称为汉字机内码。由此可知，汉字机内码的每个字节值都大于 128，而每个西文字符的 ASCII 码值均小于 128。

例如，

汉字	汉字国标码	汉字机内码
中	8680（01010110 01010000）B	（11010110 11010000）B
华	5942（00111011 00101010）B	（10111011 10101010）B

3）汉字输入码

汉字输入码是用计算机标准键盘上按键的不同排列组合对汉字的输入进行编码的。目前，汉字输入编码法的研究和发展迅速，已有数百种汉字输入编码法。衡量一个输入编码法的优劣应有以下要求：编码短，可以减少击键的次数；重码少，可以实现盲打；好学好记，便于学习和掌握。

但是现在还没有一种全部符合上述要求的汉字输入编码法。目前常用的输入法大致分为音码和形码两类。

（1）音码类。主要是以汉语拼音为基础的编码方案，如全拼、双拼、自然码和智能 ABC 等。优点是不用学，与人们的习惯一致。但由于汉字同音字太多，输入重码率很高，因此按字音输入后还必须进行同音字选择，影响了输入速度。智能 ABC 输入法以词组为输入单位，能够很好地弥补重码、输入速度慢等音码的缺陷。

（2）形码类。主要是根据汉字的特点，按汉字固有的形状，把汉字先拆分成部首，然后进行组合，其代表有五笔字型输入法、郑码输入法等。五笔字型输入法使用广泛，适合于专业录入员，基本可以实现盲打，但必须记住字根、学会拆字和形成编码。

为了提高输入速度，输入法走向智能化是目前研究的内容。未来的智能化方向是基于模式识别的语音识别输入、手写输入或扫描输入。汉字语音输入法使操作者只要对着计算机口述，计算机就能将内容记录下来，而且还可以根据不同人的口音特点自动识别。预计数年后，一些智能化的输入方式将陆续走向市场。那时，更方便的输入法将使人们既享受到计算机所提供的各种便利，又不会因为输入法的不便而遇到书写速度的麻烦。不管哪种输入法，都是操作者向计算机输入汉字的手段，而在计算机内部都是以汉字机内码表示的。

4）汉字字形码

汉字字形码又称为汉字字模，用于汉字在显示屏或打印机的输出。汉字字形码通常有点阵和矢量两种表示方式。用点阵表示字形时，汉字字形码指的就是这个汉字字形点阵的代码。根据输出汉字的要求不同，点阵的多少也不相同。简易型汉字为 16×16 点阵；提高型汉字为 24×24 点阵、32×32 点阵，等等。图 1-3 显示了“中”字的 16×16 点阵和代码。

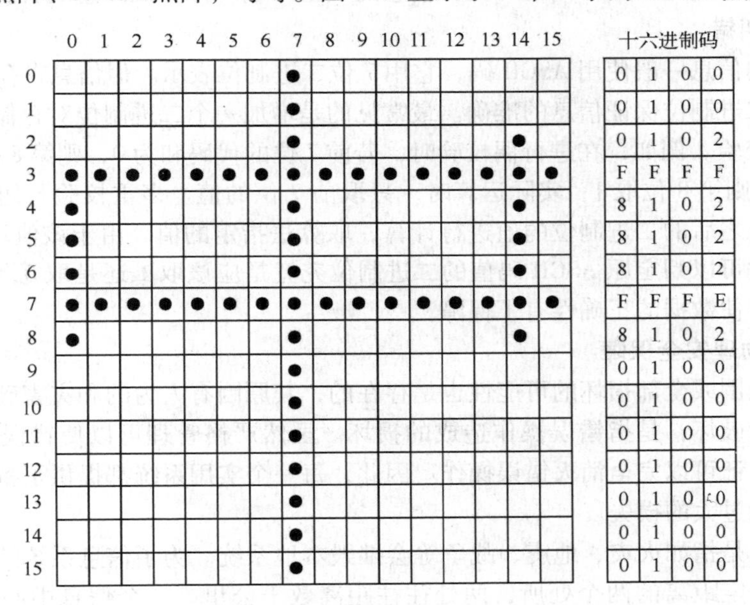

图 1-3　汉字点阵和代码

点阵规模愈大，字形愈清晰美观，所占存储空间也愈大。以 16×16 点阵为例，每个汉字就要占用 32 个字节，两级汉字大约要占用 256 KB。因此，字模点阵只能用于构成“字库”，而不能用于机内存储。字库中存储了每个汉字的点阵代码，显示输出时才检索字库，输出字模点阵得到字形；矢量表示方式存储的是描述汉字字形的轮廓特征，要输出汉字时，通过计算机的计算，由汉字字形描述生成所需大小和形状的汉字点阵。矢量化字形描述与最终文字显示的大小和分辨率无关，因此可以产生高质量的汉字输出。点阵和矢量两种表示方式的区别是，前者编码、存储方式简单，无须转换即可直接输出，但字形放大后产生的效果差，而且同一种字体不同的点阵需要不同的字库；矢量表示方式的特点正好与之相反。

5）汉字地址码

每个汉字字形码在汉字字库中的相对位移地址称为汉字地址码。需要向输出设备输出汉字时，必须通过地址码，才能在汉字库中取到所需字形码，最终在输出设备上形成可见的汉字字形。地址码和机内码应有简明的对应转换关系。

1.5 计算机安全

计算机安全有两个方面的问题，一是信息安全，二是防范计算机犯罪。

1.5.1 计算机信息安全

计算机信息多用电信号和磁信号表示。电信号有一旦掉电转瞬即逝的特点；磁信号也极易被擦除或在不当环境中极易产生变化。因此，如果操作不当或操作非法，将导致计算机系统瘫痪，造成信息完全丢失。由此可见，信息的安全问题从计算机诞生之日就存在了。

1. 校验与纠错

表达有用的信息一般使用ASCII码，它用7位二进制位表示。但信息在存储或传输时往往要用更多的二进制位保证信息的准确。最常见的是增加一个二进制位对存储或传输信息进行奇校验或偶校验。例如，在进行偶校验时，若前7位的代码和为0，则第8位取0，若前7位代码和为1，则第8位取1；实际运算时，只取前7位的值。多重校验与纠错是根据一定的算法，对8位之后的二进制位的值进行计算，取算法指定的值。由于该值均与7位ASCII码值相关，因此可以判定原ASCII码值的二进制位究竟是应该取1还是取0，达到校验的作用。校验与纠错使数据的正确性有了保障。

2. 信息的物理安全保障

信息被大范围或全部损坏的可能性也是存在的，其原因有人为的和灾害破坏两个方面。

这里的人为破坏，是指错误操作造成的损坏。虽然严格管理可以使错误操作率大大降低，但也不能保证可以完全消灭错误操作。因此，每一个实用系统都提供了备份与恢复的功能，以避免造成过大的损失。

灾害破坏，是指如火灾、地震、战争等会摧毁本地系统。为了信息系统的安全，信息中心往往设在有一定距离的两个处所，两处往往距离数千公里。一个信息中心处于主运行状态，而另一个处于备份运行状态，两者依靠网络高度同步，一旦发生意外，另一套系统可以立即投入运行。

1.5.2 防范计算机犯罪

当前，计算机犯罪主要集中在两个方面，一方面是计算机病毒的传播，另一方面是通过计算机网络侵犯计算机系统，实施各种犯罪。

1. 计算机病毒及其防治

1）计算机病毒的定义

计算机病毒在《中华人民共和国计算机信息系统安全保护条例》中被明确定义为：“编制或者在计算机程序中插入的破坏计算机功能或者破坏数据，影响计算机使用并且能够自我复制的一组计算机指令或程序代码。”它借助于计算机系统运行，并且在该系统与同类计算机系统共享资源时繁殖和传染。

2）计算机病毒的危害

计算机病毒对计算机系统的危害主要有以下四个方面。

（1）病毒在内存中不断地自我复制，占满所有内存空间，导致计算机系统不能维持运行。

（2）改写程序、数据文件，使文件成为病毒代码的携带者，或者将文件变得完全不能使用。

（3）攻击计算机硬件，造成硬盘或关键部件损坏。

（4）攻击计算机网络，造成服务器瘫痪或者使连网工作的机器不能工作。

3）计算机病毒的防治

计算机病毒传播主要依靠两种途径，一种途径是多个机器共享一个 U 盘信息，一旦 U 盘被病毒感染，病毒随即感染到使用该 U 盘的机器；另一种途径是网络传播，一旦所用机器与希望传播病毒的病毒制造者的机器联网，机器将被感染。

通过以上分析可以看出，计算机病毒的治理应从预防开始。要提高警惕，对可能感染病毒的操作要按照正规程序操作。例如，在使用别人的软盘或者 U 盘时，不论磁盘主人如何声明保证他的磁盘是无毒的，也要先查杀病毒然后再操作。如果所用机器是联网的机器，与其他机器有数据传递时，一定要通过“防火墙”软件的检查，将病毒拒绝于机器之外。

计算机病毒的感染现在已是防不胜防。不论用户如何小心翼翼，计算机也可能在不经意时被感染。因此，平时应该定时用先进的反病毒软件查杀病毒。而当计算机运行异常时，更要先启动查杀病毒软件，确认并非病毒作祟时才可检查计算机系统的故障。

2. 计算机犯罪的防范

计算机犯罪目前集中在商务和金融领域。在直接与钱财相关的事务中，诸如利用计算机盗卖他人的股票、窃取他人存款等计算机犯罪屡见不鲜。这类犯罪直接危害了像金融、证券等对诚信要求十分高的行业的信誉，极易造成惶恐和经济秩序的混乱。

计算机犯罪的特点几乎都是内外勾结，没有内部的蛀虫，犯罪极难得逞。防止计算机犯罪首先要对金融机构内部严格管理，用人一定要严格审查。计算机程序除了要完成所经办的业务之外一定要加入审核功能，以避免重大损失。除此之外，还应引进先进的审计程序，对每笔事务，都要有详细的操作记录，即所谓的“留有痕迹”。这样，即使发生了犯罪还可以迅速查清来龙去脉，采取果断措施，中止犯罪。

对代码的加密也是必需的，这样可以避免对数据的直接侵犯。用户自己也要有保护自己的意识，用户密码不要过于简单；频繁操作的事务，密码应经常更换，以防止不法侵害。

金融机构的计算机往往都是全国联网操作的，所以通信过程中使用加密技术也是必需的。网络中的防火墙技术一定要十分成熟且保密，以避免用户越权操作，避免外来有意侵害，保护数据的安全。

国家制定了相应法律保护计算机系统的安全。《刑法》中规定了计算机犯罪的罪名，如第 285 条的“非法侵入计算机系统罪”，第 286 条的“破坏计算机信息犯罪”，第 287 条的“以计算机为工具的犯罪”等都适用于对计算机犯罪的界定和处罚。虽然有法律作为保障，但计算机系统的使用者仍要时时保持清醒的头脑，避免计算机系统遭到破坏。

习题

一、选择题

1. 世界上第一台电子计算机是在________年诞生的。

A. 1927　　B. 1946　　C. 1936　　D. 1952

2. 关于“电子计算机特点”，以下论述错误的是________。

A. 运算速度快

B. 具有记忆和逻辑判断能力

C. 运算精度高

D. 运行过程是非自动、连续的，需要人工干预

3. 最先实现存储程序的计算机是________。

A. ENIAC　　B. ADVAC　　C. EDSAC　　D. UNIVAC

4. 根据计算机所采用的逻辑部件，目前计算机所处的时代是________时代。

A. 电子管　　B. 集成电路

C. 晶体管　　D. 超大规模集成电路

5. 就工作原理而论，当代计算机都是基于匈牙利数学家________提出的存储程序控制原理。

A. 图灵　　B. 牛顿　　C. 布尔　　D. 冯·诺依曼

6. 计算机发展经历了四代，目前“代”的划分主要根据计算机的________。

A. 运算速度　　B. 应用范围　　C. 功能　　D. 主要逻辑器件

7. 计算机能直接处理的语言是由 0 和 1 编制而成的语言，属于________。

A. 汇编语言　　B. 公共语言　　C. 机器语言　　D. 高级语言

8. 二进制数 10100101 转换为十六进制数是________。

A. 105　　B. 95　　C. 125　　D. A5

9. 与十进制数 837 对应的二进制数是________。

A. 1101101001　　B. 1011011001

C. 1111111001　　D. 1101000101

10. 计算机中的字符常用________编码方式表示。

A. ASCII　　B. 二进制　　C. 五笔字型　　D. 拼音

11. 计算机中的字符由 7 位二进制数组成，总共可以表示________个字符。

A. 32　　B. 128　　C. 256　　D. 512

12. ASCII 码的中文含义是________。

A. 二进制编码　　B. 常用的字符编码

C. 美国信息交换标准码　　D. 汉字国际

13. 下列 4 个数中最大的数是________。

A. 十进制数 1789　　B. 十六进制数 1FH

C. 二进制数 10100001　　D. 八进制数 227

14. 以程序存储和程序控制为基础的计算机结构是由________提出的。

A. 布尔　　B. 冯·诺依曼　　C. 图灵　　D. 帕斯卡

15. 键盘上的数字、英文字母、标点符号、空格等键称为________。

A. 字符键　　B. 控制键　　C. 功能键　　D. 运算键

二、填空题

1. 世界上公认的第一台电子计算机诞生在________________（国家）。

2. 学习二进制数制是因为在计算机内部，数学运算与信息的记录、信息的传输都是以__________________形式完成的。

3. 十进制数 241 转换为二进制数是 ______________________。

4. 二进制数 10110110 转换为十进制数是________________ 。

5. 十进制数 512 转换为八进制数是________________。

6. 在微型计算机中，汉字内码采用最高位置 1 的双字节方案，主要是为了避免与________________混淆。

7. 计算机安全包括两个方面，一方面是__________________ 安全，另一方面是防范计算机犯罪。

8. 计算机病毒传播主要有两种途径，一种是多个机器共享一个 U 盘信息，另一种是__________________ 传播。

9. 国家统一标准的汉字编码表是 GB 2312—1980，这一标准是我国计算机使用____________________信息的基础。

第2章　微型计算机系统的组成和维护

2.1　系统基本组成

微型计算机是计算机中应用最普及、最广泛的一类。一个完整的微型计算机系统应包括硬件系统和软件系统两大部分，如图2-1所示。

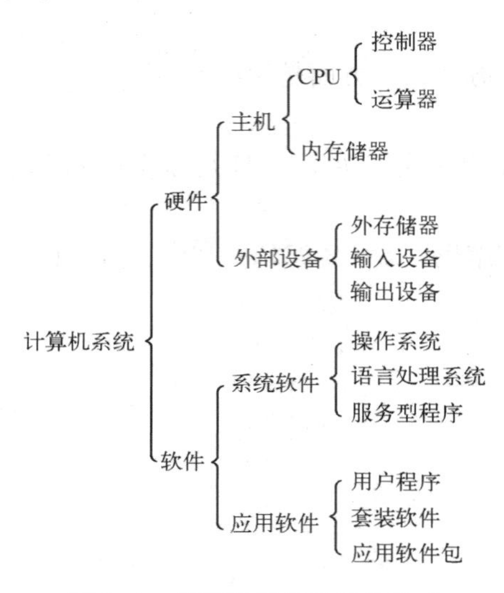

图2-1　微型计算机系统的组成

1. 硬件系统

（1）硬件系统指由电子部件和机电装置组成的计算机实体。

（2）硬件的基本功能是接受计算机程序，并在程序的控制下完成数据的输入、处理和结果输出等任务。

2. 软件系统

（1）软件系统指为计算机运行工作服务的全部技术资料和各种程序。

（2）软件系统保证计算机硬件的功能得以充分发挥，并为用户提供一个宽松的工作环境。

计算机软件由系统软件和应用软件两大部分组成。系统软件是指管理、监控和维护计算机硬件和软件资源的软件。常见的系统软件有操作系统、各种语言处理程序，以及工具软件等。应用软件是用户为解决实际问题而编制的计算机程序。

计算机硬件和软件的关系是密不可分的，没有装备任何软件的计算机称为裸机，裸机做不了任何工作。在裸机上配置了软件之后即构成计算机系统，计算机系统可以出色地完成各种不同的任务。在计算机技术的发展进程中，计算机软件随硬件技术的迅速发展而发展，反之，软件的不断发展与完善，又促进了硬件的新发展。

2.2　硬件系统

现在使用的各种计算机均属于冯·诺依曼型计算机，由控制器、运算器、存储器、输入设备、输出设备五大部分组成。

1. 控制器

控制器是整个计算机的指挥中心，它取出程序中的控制信息，经分析后，按要求发出操作控制信号，使各部分协调一致地工作。

2. 运算器

运算器是一个信息加工厂，数据的运算和处理工作就是在运算器中进行的。这里的“运算”，不仅是加、减、乘、除等基本算术运算，还包括若干基本逻辑运算。

3. 存储器

存储器是计算机中存放程序和数据的地方，并根据命令提供给有关部分使用。

1）存储器的主要技术参数

主要技术参数包括：存储容量、存取速度和位价格（一个二进制位的价格）。

2）存储器容量

表示计算机存储信息的能力，以字节（B）为单位。1 个字节为 8 个二进制位（b）。由于存储器的容量一般都比较大，尤其是外存储器的容量提高得非常快，因此又以 2^{10}(1024)为倍数不断扩展单位名称。这些单位的关系为

1 B = 8 b　　1 KB = 1024 B

1 MB = 1024 KB　　1 GB = 1024 MB

3）存储器系统的组成

存储器系统包括主存储器（内存储器）、辅助存储器（外存储器）和高速缓冲存储器(cache)。三者按存取速度、存储容量、位价格的优劣组成层次结构，以提高 CPU 越来越高的速度要求，并较好地解决 3 个技术参数的矛盾。它们之间交换数据的层次如图 2-2 所示。

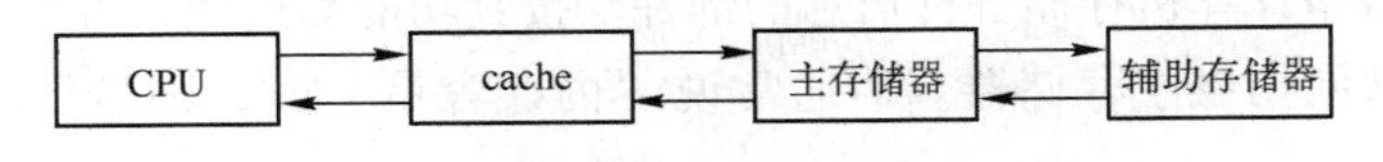

图 2-2　主存储器、辅助存储器和高速缓冲存储器

(1) 主存储器。存放当前参与运行的程序、数据和中间信息，与运算器、控制器进行信息交换。

特点　存储容量小、存取速度快、位价格适当。存储信息不能长期保留（断电即丢失）。

使用的器件　微型计算机多采用半导体动态随机存储器（DRAM）。

(2) 辅助存储器。存放当前不参与运行的程序和数据，与主存储器交换信息。当需要时，将参与运行的程序和数据调入主存，或将主存中的信息转来保存。

特点　容量大、存取速度慢、位价格低。存储的信息能够长期保留。

常用的辅助存储器有磁盘、磁带、光盘等。

(3) 高速缓冲存储器。存放正在运行的一小段程序和数据。它在 CPU 与主存储器之间不停地进行程序和数据交换，把需要的内容调入，用过的内容返还。

特点 存储容量很小、存取速度很快、位价格高。存储信息不能长期保留。

使用的器件 采用半导体静态随机存储器（SRAM）。

4. 输入设备

输入设备的主要作用是把程序和数据等信息转换成计算机能接受的编码，并顺序送往内存。常见的输入设备有键盘、鼠标、扫描仪等。

5. 输出设备

输出设备的主要作用是把计算机处理的数据、计算结果等内部信息按人们要求的形式输出。常见的输出设备有显示器、打印机、绘图仪等。

输入设备和输出设备统称为计算机的外部设备。近几年，随着多媒体技术的迅速发展。各种类型的音频、视频设备都已列入计算机外部设备。

2.2.1 中央处理单元

中央处理单元（central processing unit，CPU）是微型计算机的核心部件，它是包含有运算器和控制器的一个超大规模集成电路芯片，俗称微处理器。CPU 的主要参数如下。

(1) 字长。在计算机中，作为一个整体参与运算、处理和传送的一串二进制数，称为一个"字"（word）。组成该字的二进制数的"位数"，称为字长。字长等于 CPU 中通用寄存器的位数。因此，在用字长区分计算机时，常把计算机称为"8 位机""16 位机""32 位机""64 位机"。

(2) 主频。对于同一种型号的 CPU 还可按它们的主频进一步区分。例如，1.8，2.6，2.8，3.0，3.2 等，单位为 GHz。主频是表征运算速度的主要参数。

2.2.2 内存储器

1. 简介

主存储器是微型计算机存储各种信息的部件。按其功能和性能，可分为随机存储器和只读存储器，二者共同构成主存储器。但通常说"内存容量"时，则是指随机存储器，不包括只读存储器。

1) 随机存储器

随机存储器（random access memory，RAM）又称为读/写存储器，用于存放当前参与运行的程序和数据。

特点 其中的信息可读可写，存取方便；信息不能长期保留，断电便丢失。关机前应将 RAM 中的程序和数据转存到外存储器上。

2) 只读存储器

只读存储器（read only memory，ROM）由生产厂家将开机检测、系统初始化等程序固化其中。

特点 其中信息固定不变，只能读出不能写入；关机后原保存的信息不丢失。

2. 分类和应用

内存储器按工作方式可分为 RAM 和 ROM。

RAM 既可以读出又可以写入，但断电时数据会丢失。一般用于暂时存放程序和数据。RAM 又可以分为动态 RAM 和静态 RAM。

动态 RAM 的优点是集成度高、价格低，但它需要不断刷新，且速度较慢。目前，微型机的存储器容量主要指动态 RAM 的容量。

静态 RAM 的优点是速度快、不用刷新，但它集成度低，且价格高，目前主要用作高速缓冲存储器。

ROM 只能读出不能写入，但断电时数据不会丢失。因此，ROM 在计算机中主要用来存放固定不变的控制计算机的系统程序和参数表，也用于存放常驻内存的监控程序和部分引导程序。计算机中的 BIOS（基本输入/输出系统）即是存放在 ROM 中的。

3. 性能指标

1）存储容量

存储容量是指存储器有多少个存储单元。计算机的存储容量是以字节为单位的。存储容量越大越好，但受价格因素的制约，一般计算机系统的存储容量为 4 ～ 32 GB。

2）存取速度

把数据存入存储器称为写入，把数据从存储器取出称为读出。存取速度是指从请求写入到完成写入所需要的时间，单位为纳秒（ns）。这个数值越小，存取速度越快，但相应价格也随之上升。

3）错误校验

错误校验对于保证数据的正确读/写起到很重要的作用，尤其是用于关键任务的计算机，如服务器、工业控制机等。存储器采用的错误校验主要有两种：奇偶校验和 ECC 校验。奇偶校验只能发现错误，不能纠正错误，主要用于普通微型机。而 ECC 校验既可以发现错误，又能纠正错误，一般用于高档服务器中。

2.2.3 外存储器

硬磁盘以金属为基底，表面涂覆磁性材料。因其刚性较强，所以被称为硬磁盘。

1）硬磁盘机的结构

应用最广的小型温彻斯特式（简称温式）硬磁盘机，是在一个轴上平行安装若干个圆形磁盘片，它们同轴旋转。每片磁盘的表面都装有一个读/写磁头，在控制器统一控制下沿着磁盘表面径向同步移动。于是几层盘片上具有相同半径的磁道可以看成是一个圆柱，每个圆柱称为一个柱面。盘片与磁头等有关部件都被密封在一个腔体中，构成一个组件，只能整体更换。

2）硬盘使用注意事项

（1）不要频繁开关电源；供电电源应稳定。

（2）未经授权的普通用户切勿进行硬盘低级格式化、硬盘分区、硬盘高级格式化等操作。

2.2.4 输入设备

键盘和鼠标都是计算机最常用的输入设备。对每一个用户来说，熟练掌握它们的使用是至关重要的。

1. 键盘

键盘主要用于输入数据、文本、程序和命令。键盘由许多按键组成，目前常用的有 87 键和 104 键键盘。Esc 键是取消键；F1 键是帮助键；Tab 键在对话框里有切换功能，在文本里可用于移动光标；CapsLock 键是大小写锁定键；Shift 键是上档键；Ctrl 和 Alt 是组合键，可跟其他按键一起完成一些功能，如 Ctrl+Z 是撤销，Alt+F4 是退出；笔记本键盘上的 Fn 键也是一个上档键，可以跟其他一些按键组合成一些功能键。

按照各类按键的功能和排列位置，可将键盘分为四个主要部分：主键区、功能键区、编辑键区、数字键区。

2. 鼠标

键盘用于输入字符、数字和标点符号都很方便，但却不适合图形操作。随着计算机软件的发展，图形处理的任务越来越多，键盘已显得很不够用。因此，出现了鼠标，它是一种屏幕标定装置。鼠标不能像键盘那样直接输入字符和数字，但在图形处理软件支持下，它在屏幕上进行图形处理却比键盘方便得多。尤其现在出现的一些大型软件，几乎全部采用各种形式的“菜单”或“图标”操作，操作时只要在屏幕特定的位置用鼠标选中一下，该操作即可执行。

1） 种类

鼠标分为有线鼠标和无线鼠标两种。常见的有线鼠标有机械式和光电式两种；无线鼠标也有两种，红外线型和无线电波型。

（1）机械式鼠标。机械式鼠标的下面有一个可以滚动的小球。当鼠标在桌面上移动时，小球与桌面摩擦，发生转动。屏幕上的光标随着鼠标的移动而移动，光标与鼠标的移动方向是一致的，并且与移动的距离呈比例。这种鼠标价格便宜，但易沾灰尘，影响移动速度，且故障率高，需要经常清洗。

（2）光电式鼠标。光电式鼠标的下面有两个平行放置的小光源（灯泡），它只能在特定的反射板上移动。光源发出的光经反射后，再由鼠标接收，并转换为移动信号送入计算机，使屏幕光标随着移动。其他原理和机械式鼠标相同。

（3）无线鼠标。红外线型无线鼠标对鼠标与主机之间的距离有严格要求。无线电波型无线鼠标较为灵活，但价格较高。

2） 主要技术指标

（1）分辨率，以 dpi 为单位，即每英寸内的点数。分辨率越高，越便于控制。

（2）轨迹速度，反映鼠标移动的灵敏度，以栅/s 为单位。

3） 用法

鼠标的用法如下。

- 单击：选择目标后，按下鼠标左键，然后释放。
- 双击：选择目标后，连续两次单击。
- 右击：选择目标后，按下鼠标右键，然后释放。
- 拖动：选择目标后，按下鼠标左键，不释放；移动鼠标指针到达新位置后再释放。
- 右拖：选择目标后，按下鼠标右键，不释放；移动鼠标指针到达新位置后再释放。
- 指向：将鼠标指针移动到某一目标上，并不按键。

3. 扫描仪

扫描仪是一种可将静态图像输入计算机里的图像采集设备。扫描仪对于桌面排版系统、印刷制版系统都十分有用。如果配上文字识别软件（如 OCR），用扫描仪可以快速方便地把各种文稿录入计算机内，大大加速了计算机的文字录入过程。扫描仪外形如图 2-3 所示。

图 2-3　扫描仪

1）工作原理

扫描仪内部有一套光电转换系统，可以把各种图片信息转换成计算机图像数据，并传送给计算机，再由计算机进行图像处理、编辑、存储、打印输出或传送给其他设备。其工作过程如下。

（1）扫描仪的光源发出均匀光线照到图像表面。

（2）经过 A/D 转换，把当前扫描线的图像转换成电平信号。

（3）步进电机驱动扫描头移动，读取下一行图像数据。

（4）经过扫描仪 CPU 处理后，图像数据暂存在缓冲器中，为输入计算机做好准备工作。

（5）按照先后顺序把图像数据传输至计算机并存储起来。

2）分类

按扫描原理分类，可将扫描仪分为以 CCD（电荷耦合器件）为核心的平板式扫描仪、手持式扫描仪和以光电倍增管为核心的滚筒式扫描仪；按操作方式分类，可分为手持式、台式和滚筒式；按色彩方式分类，可分为灰度扫描仪和彩色扫描仪；按扫描图稿的介质分类，可分为反射式（纸质材料）扫描仪、透射式（胶片）扫描仪，以及既可以扫描反射稿又可以扫描透射稿的多用途扫描仪。

手持式扫描仪体积较小，重量轻，携带方便，但扫描精度较低，扫描质量较差；平板式扫描仪是市场上的主力军，主要应用在 A3 和 A4 幅面图纸的扫描仪，其中又以 A4 幅面的扫描仪用途最广，功能最强，种类最多，分辨率通常为 1200 ～ 4800 dpi。

滚筒式扫描仪一般应用在大幅面扫描领域中，如大幅面工程图纸的输入。

3）主要性能指标

（1）分辨率。分辨率是衡量扫描仪的关键指标之一。它表明了系统能够达到的最大输入分辨率，以每英寸扫描像素点数（dpi）表示。制造商常用“水平分辨率×垂直分辨率”的表达式作为扫描仪的标称。其中，水平分辨率又被称为光学分辨率；垂直分辨率又被称为机械分辨率。光学分辨率是由扫描仪的传感器及传感器中的单元数量决定的。机械分辨率是步进电机在平板上移动时所走的步数。光学分辨率越高，扫描仪解析图像细节的能力越强，扫描的图像越清晰。

（2）色彩位数。色彩位数是影响扫描仪性能的另一个重要因素。色彩位数越高，所能得到的色彩动态范围越大。也就是说，对颜色的区分能够更加细腻。例如，一般的扫描仪至少有 30 位色彩，也就是能表达 2^{30} 种颜色（大约 10 亿种颜色）。

（3）灰度。灰度指图像亮度层次范围。级数越多，图像层次越丰富。

（4）速度。速度指在指定的分辨率和图像尺寸下的扫描时间。

（5）幅面。幅面指扫描仪支持的幅面尺寸，如 A4、A3、A1 和 A0。

2.2.5 输出设备

1. 显示器

显示器通过显示卡连接到系统总线上，两者一起构成显示系统。显示器是微型计算机最重要的输出设备，是人机对话不可缺少的工具。

1） 功能

它是操作计算机时传递各种信息的窗口。它能以数字、字符、图形、图像等形式，显示各种设备的状态和运行结果；编辑各种文件、程序和图形；从而建立起计算机与操作员之间的联系。

2） 分类

（1）按显示颜色分类，分为单色显示器和彩色显示器。现在几乎都使用彩色显示器。

（2）按显示器件分类，分为阴极射线管（CRT）显示器和液晶（LCD）、发光二极管（LED）、等离子体（PDP）、荧光等平板型显示器。

3） 显示方式

分为字符显示方式和图形显示方式两种。

（1）字符显示方式。在这种工作方式下，计算机首先把显示字符的代码（ASCII 码或汉字代码）送入主存储器中的显示缓冲区；再由显示缓冲区送往字符发生器（ROM 构成），将字符代码转换成字符的点阵图形；最后，通过视频控制电路送给显示器显示。这种方式只需较小的显示缓冲区就可以工作，而且控制简单、显示速度快。

（2）图形显示方式。这种工作方式是直接将显示字符或图像的点阵（不是字符代码）送往显示缓冲区，再由显示缓冲区通过视频控制电路送给显示器显示。这种显示方式要求显示缓冲区很大，但可以直接对屏幕上的“点”进行操作。

4） 主要技术参数和概念

（1）屏幕尺寸。用矩形屏幕的对角线长度，以英寸为单位，反映显示屏幕的大小。

（2）宽高比。屏幕横向与纵向的比例。

（3）点距（dot pitch）。CRT 彩色显示器都用红、蓝、绿 3 个电子枪组合在一起显示彩色。在荧光屏内侧有一片薄钢板，上面蚀刻有按横竖规则排列的几十万个小孔，每个小孔都保证 3 种颜色的电子束能同时穿过，集中打到屏幕上的一个极小区域内（荧光点），这些荧光点的间距就称为点距。它决定了像素的大小，以及能够达到的最高显示分辨率。

（4）像素（pixel）。像素指屏幕上能被独立控制颜色和亮度的最小区域，即荧光点，是显示画面的最小组成单位。一个屏幕像素点数的多少与屏幕尺寸和点距有关。

（5）显示分辨率（resolution）。显示分辨率指屏幕像素的点阵，通常可写成“水平点数×垂直点数”的形式。它取决于垂直方向和水平方向扫描线的线数，而这些与选择的显示卡类型有关。通常，显示分辨率越高，显示的图像越清晰，但要求的扫描频率也越快。由像素概念可以看出，显示器尺寸与点距限制了该显示器可以达到的最高显示分辨率。因此，不顾及显示器尺寸和点距而盲目地选择高分辨率的显示卡或显示模式是毫无意义的。

（6）灰度（gray scale）和颜色。灰度指像素点亮度的级别。在单色显示方式下，灰度的级数越多，图像层次越清晰。灰度用二进制数进行编码，位数越多，级数越多。灰度编码在彩色显示方式下使用，代表颜色。颜色种类和灰度等级主要受到显示存储器容量的限制。例如，表示一个像素的黑白两级灰度或颜色时，只须使用 1 位二进制数（0，1）即可；当要求一个像素具有 16 种颜色或 16 级灰度时，则须使用 4 位二进制数（0000 ～ 1111）。

（7）刷新频率（refresh frequency）。屏幕上的像素点经过一遍扫描（每行自左向右、行间自上向下）之后，便得到一帧画面。每秒钟内屏幕画面更新的次数称为刷新频率。刷新频率越高，画面闪烁程度越小。

（8）数模转换（digital-to-analog convert）速度。表示数模转换器将数字图像数据转换为显示器模拟信号的速度，用 MHz 表示。它是显示卡的一个重要参数，与刷新频率和显示分辨率有很大的联动作用，因为显示分辨率越高，更新画面越快，则要求生成和显示像素的速度也越快。

2. 打印机

打印机也是重要的输出设备，它可以将计算机的运行结果，中间信息等打印在纸上，便于长期保存和修改。打印机分类如下。

1）按输出方式分类

分为行式打印机和串式打印机。

行式打印机是按点阵逐行打印的，自上而下，每次动作打印一行点阵，打印完一页后再打印下一页；串式打印机则是按字符逐行打印的，自左至右，每次动作打印一个字符的一列点阵，打印完一行后再打印下一行。显然，行式打印机的打印速度要比串式打印机快得多，其结构也复杂得多，当然价格也就相对偏高。针式打印机（点阵打印机）就属于串式打印机。针式打印机由走纸装置、打印头和色带组成。其中，打印头上纵向排列有若干数目的打印针（一般是 24 根）。打印头自左至右逐列移动，而打印针按照字符纵向点阵的排列规则击打色带，于是打印出一个个字符。

2）按工作方式分类

分为击打式打印机和非击打式打印机，见表 2-1。

表 2-1　按工作方式分类

<table>
<tr><td rowspan="5">打印机</td><td rowspan="2">击打式</td><td>点阵打印机</td></tr>
<tr><td>字模打印机</td></tr>
<tr><td rowspan="3">非击打式</td><td>激光打印机</td></tr>
<tr><td>喷墨打印机</td></tr>
<tr><td>热敏打印机</td></tr>
</table>

击打式打印机中使用最多的是点阵打印机，这类打印机噪声大、打印速度慢、打印质量差，但是价格便宜且对纸张无特殊要求。非击打式打印机中使用较多的是喷墨打印机和激光打印机；除此之外，还有属于热敏打印机类型的喷蜡、热蜡和热升华打印机。非击打式打印机的噪声小、打印速度快、打印质量高。其中，激光打印机价格贵；喷墨打印机价格虽低，

但其消耗品价格很高；热敏打印机价格最高，主要用于专业领域。

3）按打印颜色分类

分为单色打印机和彩色打印机。

早期的打印机只能打印单色。用于自动控制的打印机，可使用黑、红两色色带打印出两种颜色。黑色为正常输出，红色为异常报警输出。随着彩色显示器的普及、办公自动化，以及管理信息系统、工程工作站等的广泛应用，打印输出也要求要具有彩色功能，因而彩色打印机得以快速发展，其中以激光和喷墨打印机为主。

3. 音箱和声卡

1）音箱

音箱已成为多媒体计算机的重要组成部分之一。计算机所发出优美的音乐、动听的歌曲、美妙的声音都来自音箱。

（1）结构。从结构形式上分，音箱可以分为书架式和落地式两种。前者体积小巧、层次清晰、定位准确，但功率有限；后者体积较大、承受功率也较大，低频的量感与弹性较强。

（2）音质和音色指标。

- 功率。音箱音质的优劣与功率没有直接的关系，功率决定的是音箱所能发出的最大声强。根据国际标准，功率有额定功率与瞬时功率（或音乐功率）两种。额定功率是指在额定频率范围内给扬声器一个规定的波形持续模拟信号，在具有一定间隔并重复一定次数后，扬声器不发生任何损坏的最大电功率；瞬时功率是指扬声器短时间所能承受的最大功率。选购多媒体音箱时要以额定功率为准。
- 失真度。声音的失真通常有谐波失真、互调失真和瞬态失真之分。瞬态失真与音箱的品质密切相关。通常，失真度以百分数表示，数值越小，失真度越小。普通多媒体音箱的失真度以小于0.5%为宜，低音炮的失真度普遍较大，小于5%便可以接受。
- 灵敏度（单位为dB）。音箱的灵敏度每差3 dB，输出的声压就相差1倍。一般以87 dB为中灵敏度，84 dB以下为低灵敏度，90 dB以上为高灵敏度。
- 阻抗。扬声器输入信号的电压与电流的比值。音箱的输入阻抗一般分为高阻抗和低阻抗两类，高于16 Ω的是高阻抗，低于8 Ω的是低阻抗，音箱的标准阻抗是8 Ω。
- 信噪比。指音箱回放的正常声音信号与噪声信号的比值。如果信噪比低，则小信号输入时噪声严重，整个音域的声音使人明显感觉混浊不清。

2）音频卡

音频卡是处理各种类型数字化声音信息的硬件，多以插件形式安装在微型计算机的扩展槽上，也有些与主板制作在一起。音频卡又称声音卡，简称声卡。

2.3 微型计算机软件系统

2.3.1 系统软件

1. 操作系统

操作系统实际上是一组程序，用于统一管理计算机中的各种软、硬件资源，合理地组织计算机的工作流程，协调计算机系统的各部分之间、系统与用户之间、用户与用户之间的关系。由此可见，操作系统在计算机系统中占有特别重要的地位。

通常，操作系统具有五个方面的功能：内存储器管理、处理机管理、设备管理、文件管理和作业管理。

对操作系统的分类方法有很多，常见的分类方法有：按操作系统的功能分类，可以分为实时操作系统和作业处理系统；按操作系统所管理的用户数目分类，可以分为单用户操作系统和多用户操作系统。随着计算机技术的发展和计算机应用的不断深入，计算机被广泛用于网络通信中，操作系统也向网络化方向发展，或者在现有的操作系统中增加网络通信功能，发展成网络操作系统。

目前使用最广泛的操作系统有 Linux、UNIX 和 Windows 操作系统。UNIX 操作系统是世界上应用最广泛的一种多用户多任务操作系统。特别要指出的是，多窗口操作系统 Windows 为用户提供了最友好的界面，目前已在各种微型计算机上得到了广泛应用，对计算机的普及与应用起到了明显的促进作用。

2. 程序设计语言和语言处理程序

程序设计语言一般分为机器语言、汇编语言和高级语言三类。

1）机器语言

机器语言是最底层的计算机语言。用机器语言编写的程序，计算机硬件可以直接识别。在用机器语言编写的程序中，每一条机器指令都是二进制形式的指令代码。在指令代码中一般包括操作码和地址码，其中操作码“告诉”计算机执行何种操作，地址码则指出被操作的对象。对于不同的计算机硬件（主要是 CPU），其机器语言是不同的。由于机器语言程序是直接针对硬件的，因此它的执行效率比较高，能充分发挥计算机的速度性能。但是，用机器语言编写程序的难度比较大，容易出错，而且程序的直观性比较差，也不容易移植。

2）汇编语言

为了摆脱用机器指令代码编写程序的困难，出现了用指令符号编制程序的方法，这样编制程序时只要记住指令的助记符就可以了。由于指令助记符是指令英文名称的缩写，因而比指令的代码更容易记忆，这种指令符号的扩大就是汇编语言。

用汇编语言编制的程序称为汇编语言程序，它不仅比机器语言便于编写，而且易于查错和改错。但是，汇编语言程序也是直接针对硬件的，同样不容易移植。

3）高级语言

所谓高级语言，是一种由表达各种意义的词和数学公式，按照一定的语法规则编写程序的语言，也称程序设计语言或算法语言。这些语句比较接近自然语言（英语），因而更便于学习和掌握。用高级语言编写的程序与具体机器的指令无关，适用于任何机器。高级语言的缺点是执行效率不高。

2.3.2　应用软件

1. 办公软件

办公软件主要用于文字处理、电子表格数据处理、图文编排、打印等，是办公室或家庭实现办公自动化必不可少的。现被广泛使用的主要办公软件如下。

1）Microsoft Office 系列

集文字处理、数据管理、幻灯制作、电子表格制作等多种功能于一体的组合型办公软件。它因功能强大、兼容性强等特点而受到用户的喜爱。

2）WPS 系列

由国内金山公司出品的一款多模块组合式办公软件。它的一些功能比较符合中国人的传统习惯。

2. 管理软件

管理软件被用于各种类型的企事业单位甚至家庭，可用来对财务、人事、物资等进行管理。管理软件的使用让管理者节省了大量的时间、精力、财力，所以得到了广泛的应用。因各行业或使用者的具体情况不同，对软件的功能要求也不尽相同，所以管理软件种类繁多、功能各异。

3. 教学软件

教学软件主要以多媒体的形式对学习者进行知识讲授。现在的教学软件大多采取互动方式进行授课，因其形式多样、直观、趣味性强而渐渐受到许多学习者的喜爱。

2.4 微型计算机系统维护

2.4.1 故障原因和分类

引起计算机系统故障的原因多种多样，主要的原因有：产品质量出现问题，元件老化，工作运行环境不当（例如电源不稳、外界干扰、温度过高或过低、灰尘过多、湿度过高等），用户使用和维护不当，计算机软件问题和病毒等。计算机故障可以分为硬件故障和软件故障。

- 硬件故障包括：计算机假故障和真正的器件故障。
- 软件故障包括：系统型和应用型故障，以及计算机病毒故障。

由计算机硬件损坏，品质不良，安装、设置不正确，或接触不良而引起的故障被称为硬件故障。

1. 计算机假故障

平时常见的计算机故障现象中，很多并不是真正的硬件故障，而是由于某些设置或系统特性不为人知而造成的假故障现象。

1）电源插座、开关问题

很多外部设备（简称外设）都是独立供电的，使用计算机时，只打开计算机主机电源是不够的。遇到独立供电的外设故障现象时，首先应检查设备电源是否正常，电源插头和插座是否接触良好，电源开关是否打开。

2）连线问题

外设与计算机之间是通过数据线连接的，数据线脱落、接触不良均会导致外设工作异常。出现外设工作异常现象时，应检查各设备之间的线缆连接是否正确。

3）设置问题

显示器无显示时，很可能是行频被调乱或宽度被压缩，甚至可能是亮度被调至最暗导致的；音箱放不出声音可能是音量开关被关掉导致的；硬盘不被识别可能是主、从盘跳线位置不对导致的。详细了解外设的设置情况，有助于解决一些原本以为只有更换零件才能解决的问题。

4）其他易疏忽的地方

CD-ROM 的读盘错误也许是因为无意中将光盘的正、反面放反了。发生故障时，首先应判断自身操作是否有疏忽之处，而不要盲目断言某设备出了问题。

2. 真正的器件故障

真正的器件故障是指由于产品质量原因、元件老化或使用不当而导致硬件损坏所产生的故障。

2.4.2　故障检测方法

计算机一旦真正发生了硬件故障，就不能正常工作和运行。目前，计算机故障检测的常用方法主要如下。

1. 清洁法

对于机房使用环境较差或使用了较长时间的计算机，应首先进行清洁。如果灰尘已清扫或无灰尘，再进行下一步检查。由于板卡上一些插卡或芯片采用的是插脚形式，所以震动、灰尘等其他原因常会造成接触不良、引脚氧化。可用橡皮擦擦去氧化层，再重新插接好，并开机检测故障是否已排除。

2. 直接观察法

直接观察法即看、听、闻、摸。

"看"即观察系统板卡的插头、插座是否歪斜；电阻、电容引脚是否相碰，表面是否烧焦；芯片表面是否开裂；主板上的铜箔是否烧断。另外，还应查看是否有异物掉进主板的元器件之间（造成短路），也应查看主板上是否有烧焦变色的地方，印刷电路板上的走线（铜箔）是否断裂等。

"听"即监听电源风扇、软/硬盘电机、显示器变压器等设备的工作声音是否正常。监听可以及时发现一些事故隐患，以助于在事故发生时立即采取措施。

"闻"即辨闻主机、板卡中是否有烧焦的气味，以便发现故障和确定短路所在处。

"摸"即用手按压管座的活动芯片，查看芯片是否松动或接触不良。在系统运行时，用手触摸或靠近 CPU、显示器、硬盘等设备的外壳，根据其温度可以初步判断设备运行是否正常。

3. 拔插法

采用拔插法是确定主板或 I/O 设备故障的简捷方法。具体操作步骤是，关机将插件板逐块拔出，每拔出一块板就开机观察机器运行状态。一旦拔出某块后主板运行正常，那么就是该插件板有故障，或相应的 I/O 总线插槽及负载电路有故障。若将所有插件板一一拔出后系统启动仍不正常，故障就可能出在主板上。

4. 交换法

将同型号插件板与总线方式一致、功能相同的插件板或同型号芯片相互交换，就可以根据故障现象的变化情况，判断故障所在处。使用交换法可以快速判定元件本身的质量是否存在问题。

5. 比较法

运行两台相同或类似的计算机，根据正常计算机与故障计算机在执行相同操作时的不同表现，可以初步判断故障发生的部位。

6. 震动敲击法

用手指轻轻敲击机箱外壳，有可能发现因接触不良或虚焊造成的故障问题。然后，进一步检测故障点的位置并排除故障。

2.4.3 故障分析和处理

1. 硬盘故障分析

硬盘对于计算机来说是一个极其重要的设备。作为操作系统的载体，它出现任何故障都将影响计算机的启动。硬盘的故障可能有硬件的故障，例如硬盘驱动器损坏、硬盘控制器损坏、连接电缆脱离等；也可能有软件的故障，例如操作系统被破坏，主引导区被破坏，以及CMOS 硬盘参数不正确等。下面介绍硬盘无法启动的故障分析和处理方法。

故障类型的初步判断。硬盘无法启动主要有如下原因：硬盘操作系统被损坏，硬盘主引导区被破坏，CMOS 硬盘参数不正确，硬盘控制器与硬盘驱动器未能正常连接，硬盘驱动器或硬盘控制器硬件故障，主板故障等。

如果开机不能完成正常自检，就可以判断为主板故障或电源故障。

开机自检过程中，屏幕提示“Hard disk controller failure”或类似信息，则可以判断为硬盘驱动器或硬盘控制器（提示“Hard drive controller failure”）出现硬件故障。

开机自检过程中，屏幕提示“Hard disk not present”或类似信息，则可能是 CMOS 硬盘参数设置错误，或硬盘控制器与硬盘驱动器的连接不正确导致的。

开机自检过程中，屏幕提示“Missing operating system”“Mon OS”“Non system disk or disk error，replace disk and press a key to reboot”等类似信息，则可能是由于硬盘主引导区分区表被破坏，操作系统未正确安装，或者 CMOS 硬盘参数设置错误。

2. 硬盘出现软故障的一般处理方法

处理软故障可以采取如下步骤。

在存在 CMOS 发生错误的可能情况下，要确保 CMOS 中的硬盘参数正确。在对硬盘类型不确定的情况下，可以让 BIOS 自动检测，也可以参考同种机型的设置。

若仍不能从硬盘启动，可以在用软盘启动（注意检查 BIOS 设置中的引导顺序设定）后，试看能否访问硬盘。如果能够访问硬盘（例如能列出 C 盘目录），说明很可能只是操作系统被破坏，而其他数据并无太大的问题，否则硬盘的主引导区或可引导分区的引导区会被破坏。可以使用 Debug 或 Norton Disk Doctor 等工具软件查看硬盘的主引导区是否正常。

如果无法访问主引导区，则显然是硬故障；可以访问，则须查看引导程序和分区表是否正常。如果发现引导程序异常，可使用杀毒软件清查病毒或恢复主引导区，也可用 Debug 软件手工恢复主引导区。

在恢复主引导区后，如果仍然不能正常启动操作系统，但已能够访问 C 盘，那么可以备份重要信息，重装操作系统。

3. 鼠标的日常维护

使用光电式鼠标时，应特别注意保持感光板的清洁和感光状态良好，避免污垢附着在发光二极管或光敏三极管上，遮挡光线的接收。应注意不要热插拔鼠标，否则极易烧坏鼠标和接口。

4. 键盘的日常维护

在键盘的使用过程中，应注意保持键盘的清洁卫生。键盘的维护主要是，定期清洁表面的污垢。日常的清洁可以用柔软干净的湿布擦拭键盘，对于难以清除的污渍可以使用中性清洁剂或计算机专用清洁剂，最后再用湿布擦洗并晾干。清洁过程要在关机状态下进行，使用的湿布不要过湿，以免水滴进入键盘内部。

切忌把液体洒到键盘上，因为目前的大多数键盘还没有防水装置。大量液体进入键盘时，应立即关机断电，将键盘接口拔下，先清洁键盘表面，再打开键盘用吸水布（纸）擦干内部积水，并在通风处自然晾干。操作键盘时，不要大力敲击，防止按键的机械部件因受损而失效。

习题

一、选择题

1. CPU 每执行________，就完成一步基本的运算或判断。

A. 一个软件　　B. 一条指令　　C. 一个硬件　　D. 一条语句

2. 下列叙述中错误的是________。

A. 计算机要经常使用，不要长期闲置不用

B. 为了延长计算机的寿命，应避免频繁开关计算机

C. 在计算机附近应避免磁场干扰

D. 计算机使用几小时后，应关机一会再用

3. 计算机字长越长，运算精度越________，处理功能越______ 。

A. 高，弱　　B. 高，强　　C. 低，弱　　D. 低，强

4. 计算机的主机由________组成。

A. CPU、存储器和外部设备　　B. CPU 和内存储器

C. CPU 和存储器系统　　D. 主机箱、键盘和显示器

5. 在内存储器中，需要对________所存的信息进行周期性刷新。

A. PROM　　B. EPROM　　C. DRAM　　D. SRAM

6. 输入/输出设备必须通过 I/O 接口电路才能与________相连接。

A. 地址总线　　B. 数据总线　　C. 控制总线　　D. 系统总线

7. 下列有关外存储器的描述不正确的是________。

A. 外存储器不能为 CPU 直接访问，必须通过内存才能为 CPU 所使用

B. 外存储器既是输入设备，又是输出设备

C. 外存储器中所存储的信息在断电后会随之丢失

D. 扇区是磁盘存储信息的最小物理单位

8. 硬盘的一个主要性能指标是容量，硬盘容量的计算公式为________。

A. 磁头数×柱面数×扇区数×512 B

B. 磁头数×柱面数×扇区数×128 B

C. 磁头数×柱面数×扇区数×80×512 B

D. 磁头数×柱面数×扇区数×15×128 B

9. 某微型计算机的 CPU 中假设含有 28 条地址线、32 位数据线和若干条控制信号线。对内存按字节寻址，其最大空间是________；数据缓冲寄存器至少应是________。

A. 64 KB，16 位　　B. 64 MB，32 位

C. 128 MB，16 位　　D. 256 MB，32 位

10. 目前，Pentium 微型计算机的局部总线技术普遍采用________。

A. ISA　　B. EISA　　C. PCI　　D. MCA

11. 为某一应用目的而开发的软件是________。

A. 工具软件　　B. 应用软件　　C. 系统软件　　D. 目标程序

12. 在计算机中，更接近人类自然语言的程序语言是________。

A. 数据库语言　B. 高级语言　C. 机器语言　D. 汇编语言

13. 在计算机中，ROM 是指________。

A. 只读存储器　B. 随机存储器　C. 内存储器　D. 外存储器

14. CPU 在执行内存储器中的机器指令时，一般是先读出数据，然后再将数据送到________中进行计算。

A. 控制器　B. 运算器　C. 存储器　D. 输出设备

15. 配置高速缓冲存储器是为了解决________。

A. 内存与辅助存储器之间的速度不匹配问题

B. CPU 与辅助存储器之间的速度不匹配问题

C. CPU 与内存储器之间的速度不匹配问题

D. 主机与外部设备之间的速度不匹配问题

16. 计算机的硬件组成主要包括中央处理器、输入/输出设备和________。

A. 内存　B. CPU　C. 主机　D. 硬件系统

17. 中央处理器主要包括________。

A. 内存储器和控制器　B. 内存储器和运算器

C. 运算器和控制器　D. 存储器、运算器和控制器

18. 微型计算机的运算器、控制器、内存储器的总称是________。

A. 外部设备　B. 主机　C. CPU　D. 硬件系统

19. 在微型计算机中，运算器的主要功能是________。

A. 算术运算　B. 逻辑运算

C. 算术运算和逻辑运算　D. 信息处理

20. 计算机的存储系统一般指________。

A. RAM 和 ROM　B. 硬件和软件

C. 内存和外存　D. 驱动器和磁盘片

21. CPU 的中文含义是________。

A. 运算器　B. 控制器　C. 中央处理器　D. 内存储器

22. 完整的计算机硬件系统一般由外部设备和________组成。

A. 运算器、控制器　B. 存储器

C. 主机　D. 中央处理器

23. 微型计算机中，控制器的主要功能是________。

A. 算术运算和逻辑运算　B. 存储各种控制信息

C. 保持各种控制状态　D. 控制各个部件协调一致地工作

24. 能直接与 CPU 交换信息的存储器是________。

A. 硬盘　B. 软盘　C. CD-ROM　D. 内存储器

25. 在计算机操作过程中，断电后信息就消失的是________。

A. ROM　B. RAM　C. 硬盘　D. 软盘

26. 下列各组设备中，全部属于输入设备的是________。

A. 键盘、磁盘和打印机　B. 键盘、扫描仪和鼠标

C. 键盘、鼠标和显示器　D. 硬盘、打印机和键盘

27. 微型计算机中的386，486，686指的是计算机的________。
    A. 存储容量　　B. 运算速度
    C. 显示器型号　　D. CPU的类型

28. 下列设备中属于输出设备的是________。
    A. 扫描仪　　B. 键盘　　C. 绘图仪　　D. 鼠标

二、填空题

1. 确立了现代计算机基本结构的科学家是________________________。
2. 计算机总线分为数据总线、________总线和________总线。
3. 内存的每个存储单元都有一个唯一的编号，称为__________。
4. 计算机的内存储器按工作方式可以分为________存储器和______存储器两大类。
5. 一个完整的计算机系统由________系统和________系统组成。
6. 一个完整的计算机硬件主要由运算器、控制器、________、输入设备和________等部分组成。
7. 计算机软件系统中最重要的系统软件是__________。
8. 计算机的硬件由五部分组成，各个部件之间通过______连接并相互交换信息。
9. 1 MB的存储空间最多能存储__________________个汉字。
10. 在计算机系统中，使用最广泛的代码是________________________。
11. 目前，常用的光盘存储器是CD-ROM存储器，这里的ROM是指______________。
12. 计算机的__________系统是指计算机中可以看得见摸得着的物理设备本身。
13. 打印机按照工作方式分为________打印机和________打印机两种。
14. 计算机完成一条指令操作通常要经过取指令、________和________三个阶段。
15. 按各个模块的功能，可将操作系统的功能划分为五个方面：______________管理、______________管理、作业与进程管理、文件管理和设备管理。
16. 计算机存储器的每个存储单元中存放________位的二进制信息。
17. ________存储器只能读出不能写入，断电时数据不会丢失。
18. 计算机语言分为三类：________、________和________。
19. 按相应的顺序排列，并使计算机能执行某种任务的指令集合称为________。
20. 运算速度是指微型计算机每秒钟能执行的指令数，运算速度的单位是________。
21. 计算机存储记忆信息的基本单位是________。
22. SRAM是指________。
23. 鼠标是计算机中常用的一种________设备。
24. 用于传送存储单元地址或输入/输出接口地址信息的总线称为________。
25. 计算机指令一般由两部分组成，即________和________。
26. 计算机可以直接识别并执行的程序是________语言编写的程序。
27. 计算机的软件系统由________和________两部分组成。
28. 网卡和调制解调器都属于________设备。其中，________与网络程序配合工作，并控制网络上信息的发送和接收。
29. 中央处理器是计算机系统的核心，主要由________和________组成。

三、简答题

1. 计算机的硬件系统由哪些部分组成，各个部件通过什么连接？
2. 什么是计算机软件？
3. 计算机软件可分成哪两类？
4. 中央处理器由哪些部分组成，各有什么功能？
5. 内存储器按工作方式分为哪几类，有什么区别？
6. 什么是磁道，什么是扇区，什么是柱面？
7. 鼠标和键盘属于哪类设备，其流行接口有哪些？
8. 显示器的主要性能指标有哪些？
9. 什么是总线，有哪几类总线？

第 3 章　Windows 7 操作系统

操作系统（operating system，OS）是用于控制和管理计算机系统资源，以方便用户使用的程序和数据结构的软件，是其他软件运行的基础。当今，无论是个人计算机还是巨型计算机系统，毫无例外地都配置了一种或多种操作系统。它的作用类似于城市交通的决策、指挥、控制和调度中心，用于组织和管理整个计算机系统的硬件和软件。操作系统可在用户与程序之间分配系统资源，使之协调一致地、高效地完成各种复杂的任务。目前常用的操作系统有 Windows，UNIX，Linux 等。本章将以 Windows 7 操作系统为例，简要介绍常用的操作系统的使用及其基本功能。

3.1　Windows 7 概述

Windows 7 操作系统是由微软公司开发的操作系统，其核心版本号为 Windows NT 6.1。Windows 7 可供家庭及商业工作环境中的笔记本电脑、平板电脑、多媒体中心等使用。2009 年 7 月 14 日 Windows 7RTM（Build 7600.16385）正式上线，2009 年 10 月 22 日微软公司于美国正式发布 Windows 7 并投入市场，2009 年 10 月 23 日微软公司于中国正式发布 Windows 7。Windows 7 主流支持服务过期时间为 2015 年 1 月 13 日，扩展支持服务过期时间为 2020 年 1 月 14 日。Windows 7 延续了 Windows XP 的实用和 Windows Vista 的华丽，并且更胜一筹。

3.1.1　Windows 7 相对于 Windows XP 的优势和劣势

Windows 7 作为新一代的操作系统经过长时间的改进，在稳定性和安全性上相比以前有了很大提升，另外在娱乐方面，Windows 7 支持最新的 Direct 11，以后的游戏都会用到Direct 11，因为 Direct 11 画面效果更逼真，而 Windows XP 最高只支持 Direct 9。另外，Windows 7 又增加了许多新的有趣的功能，如支持桌面小工具，这样用户不需要安装额外的程序就能在桌面上摆放【计算器】【天气预报】【股票软件】等需要的东西。另外，Windows 7 的 Aero 特效使得操作系统的界面变得更华丽，而 Windows 7 的桌面主题破解后还有更多、更绚丽的第三方主题出现，这个是 Windows XP 系统不能比拟的。Windows 7 系统的劣势在于系统要求过高，稍微老一些的计算机，比如单核 CPU 和小于 2 G 内存的机器运行起来会比较吃力。新安装的 Windows 7 系统刚开机占用内存就有 500 ～ 800 MB，比 Windows XP 大很多，不过现在的计算机配置越来越高使得这种劣势也在渐渐消失。

3.1.2　Windows 7 版本介绍

Windows 7 共 6 个版本，分别是：Windows 7 Starter（简易版）；Windows 7 Home Basic（家庭基础版）；Windows 7 Home Premium（家庭高级版）；Windows 7 Enterprise（企业版）；Windows 7 Professional（专业版）；Windows 7 Ultimate（旗舰版）。

3.1.3 Windows 7 新增功能

1. 计算机守卫（PC Safeguard）

其他人使用用户自己的计算机，可能会把计算机弄乱，Windows 7 已经替用户考虑到这一点并且顺便解决了这个问题。PC Safeguard 不会让任何人把用户计算机的设置弄乱，因为当他们注销的时候，所有的设定都会恢复到用户之前设定的状态。当然了，它不会恢复用户自己的设定，但是用户唯一需要做的就是定义好其他用户的权限。

2. 显示校准

Windows 7 拥有显示校准向导功能，可以让用户适当地调整屏幕的亮度，所以用户不会在浏览照片和文本时遇到显示问题。之前的 Windows 版本在浏览照片时有可能会出现亮度过大等问题。现在问题解决了，只要用户按住⊞+R 键，然后在弹出的对话框中输入“DCCW”，弹出如图 3-1 所示【显示颜色校准】窗口，按窗口提示完成相应操作即可。

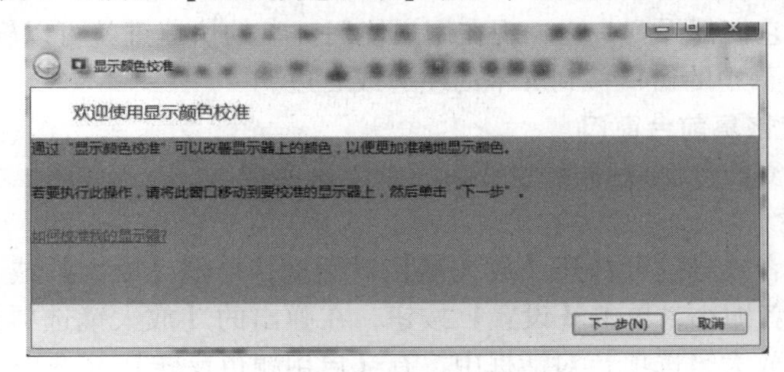

图 3-1 【显示颜色校准】窗口

3. AppLocker 应用程序锁

对于企业用户或者经常需要与其他人共用一台机器的用户而言，AppLocker 应用程序锁无疑是个绝佳的助手。按⊞+R 键，在弹出的【运行】对话框中输入“gpedit. msc”打开如图 3-2 所示的【本地组策略编辑器】窗口，在左侧的导航窗格中双击【计算机配置】→【Windows 设置】→【安全设置】→【应用程序控制策略】→【APPLocker】选项，在弹出的级联菜单中右击【可执行规则】选项，选择【创建新规则】选项，并在弹出的窗口中按提示新建一个规则即可。

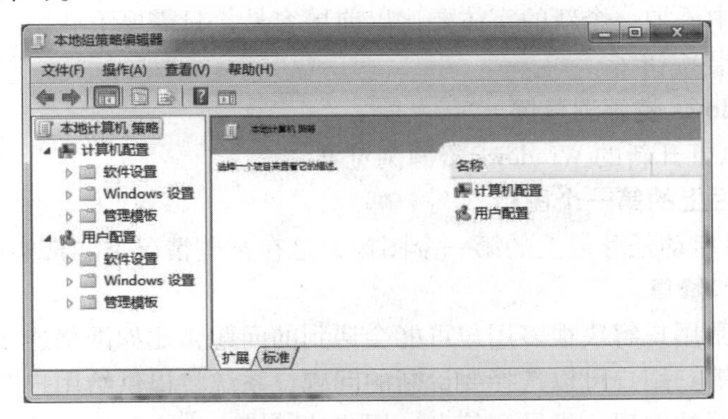

图 3-2 【本地组策略编辑器】窗口

4. 镜像刻录

很多用户都有过在 Windows 下进行镜像刻录的困扰，因为 Windows 中并没有内置此功能，用户往往需要安装第三方的软件来解决此问题。但随着 Windows 7 的到来，这些问题都不复存在了。需要做的仅仅是双击 ISO 格式的文件，然后在弹出的对话框中选择相应的光盘刻录机，单击【刻录】按钮，即可将文件烧录进用户光驱中的 CD 或者 DVD 中。

5. 播放空白的可移动设备

默认情况下，Windows 7 对空白的可移动设备是不会进行自动播放的，此选项可以通过打开任意文件夹窗口，单击【组织】→【文件夹和搜索选项】选项，在弹出的【文件夹选项】对话框中单击【查看】标签，并在【高级设置】选项组中取消【隐藏计算机文件夹中的空驱动器】的选择来更改。

6. 把当前窗口停靠在屏幕左侧/右侧

这个新功能在实际操作中比较有用，因为有些时候，用户会被屏幕中浮着的一堆窗口所困扰，并且很难把它们都弄到一边。现在用户使用键盘的快捷键就可以轻松做到了：按+←（或→）键把屏幕中的窗口移到屏幕的左边或右边。

7. 最大化或者恢复前台窗口

最大化或者恢复前台窗口可通过按+↑或↓键实现。

8. 桌面放大镜

按和加号或者减号键可打开【放大镜】对话框，单击【放大】或【缩小】按钮可实现对桌面的放大或者缩小，单击【设置】按钮，在弹出的【放大镜选项】对话框中还可以配置放大镜；在【放大镜选项】对话框中，有【启用颜色反转】复选项、【跟随鼠标指针】复选项、【跟随键盘焦点】复选项和【使放大镜跟随文本插入点】复选项，用户可以根据需要进行设置。

9. 最小化除当前窗口外的所有窗口

按+Home 键。

10. 在不同的显示器之间切换窗口

如果用户同时使用两个或者更多的显示器，那么用户可能会想把窗口从一个切换到另一个中去，这里有个很简单的方法去实现，就是按+Shift+←（或→）键。

11. 轻松添加新字体

在 Windows 7 中添加一个新的字体要比以前更容易，只需要下载用户所需要的字体并双击它，就会看到安装按钮了。

12. 打开 Windows 资源浏览器

按+E 键可以打开新的 Windows 资源浏览器。

13. 启动任务栏上的第一个图标

按+1 键可以启动任务栏上的第一个图标，这在某些情况下非常实用。

14. 自我诊断和修复

这个平台可以帮用户解决很多用户可能会遇到的问题，比如网络连接问题、硬件设备问题、系统变慢问题等。用户可以选择要诊断的问题，系统将提供给用户关于这些问题的一些说明，以及很多可行的选项、指导和信息。用户按键，在文本框中输入“troubleshoot”或者“fix”即可进入这个平台。

3.2　Windows 7 的启动和使用

3.2.1　启动 Windows 7 系统，认识桌面

1. 启动 Windows 7 系统

计算机中安装好 Windows 7 操作系统之后，启动计算机的同时就会随之进入 Windows 7 操作系统。

启动 Windows 7 的具体步骤如下。

（1）依次按下计算机显示器和机箱的开关，计算机会自动启动并首先进行开机自检。自检画面中将显示计算机主板、内存、显卡、显存等信息（不同的计算机因配置不同，所显示的信息自然也就不同）。

（2）通过自检后会出现欢迎界面，根据使用该计算机的用户账户数目，界面将分为单用户登录和多用户登录两种。

（3）单击需要登录的用户名，然后在用户名下方的文本框中会提示输入登录密码。

（4）输入登录密码，然后按 Enter 键或者单击文本框右侧的箭头，即可开始加载个人设置，进入 Windows 7 操作系统桌面。

2. 认识 Windows 7 桌面

登录 Windows 7 操作系统后，首先展现在用户眼前的就是桌面。本节介绍有关 Windows 7 桌面的相关知识。用户完成的各种操作都是从桌面开始的，桌面包括桌面背景、桌面图标、【开始】按钮和任务栏 4 部分，如图 3-3 所示。

图 3-3　Windows 7 桌面

1）桌面背景

桌面背景是指 Windows 桌面的背景图案，又称为桌布或者墙纸，用户可以根据自己的喜好更改桌面的背景图案，其作用是让操作系统的外观变得更加美观。具体操作将在 3.4 节中介绍。

2）桌面图标

桌面图标由一个形象的小图片和说明文字组成，图片是它的标识，文字则表示它的名称或功能，如图 3-3 所示。在 Windows 7 中，所有的文件、文件夹及应用程序都用图标来形象地表示，双击这些图标就可以快速地打开文件、文件夹或启动某一应用程序。不同的桌面可以有不同的图标，用户可以自行设置。

3）任务栏

任务栏是位于屏幕底部的水平长条。与桌面不同的是，桌面可以被打开的窗口覆盖，而任务栏几乎始终可见。任务栏主要由程序按钮区、通知区域、【显示桌面】按钮 3 部分组成，如图 3-4 所示。

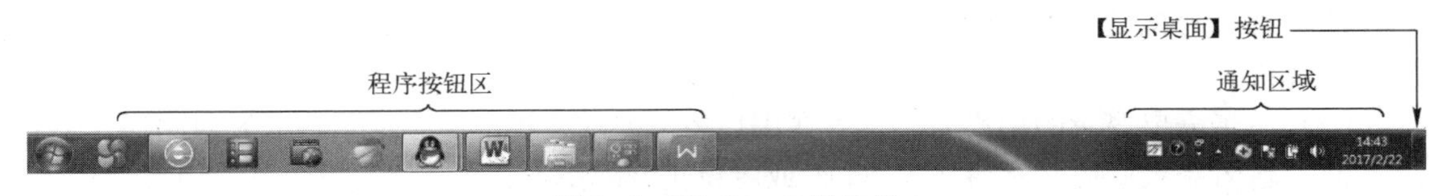

图 3-4　Windows 7 任务栏

在 Windows 7 中，任务栏经过了全新的设计，拥有了新外观，除了依旧能实现不同的窗口之间的切换外，看起来也更加方便，功能更加强大和灵活。

（1）程序按钮区。程序按钮区主要放置的是已打开窗口的最小化按钮，单击这些按钮就可以在窗口间切换。在任意一个程序按钮上右击，就会弹出 Jump List 列表。用户可以将常用程序“锁定”到任务栏上，以方便访问，还可以根据需要通过单击和拖动操作重新排列任务栏上的图标。

Windows 7 任务栏还增加了 Aero Peek——窗口预览功能。将鼠标指针移到任务栏图标处，可预览已打开文件或者程序的缩略图，然后单击任意一个缩略图，即可打开相应的窗口。Aero Peek 提供了 2 个基本功能：第一，通过 Aero Peek，用户可以透过所有窗口查看桌面；第二，用户可以快速切换到任意打开的窗口，因为这些窗口可以随时隐藏或可见。例如，当前打开 3 个 Word 文档，当将鼠标放置于任务栏的 Word 图标上时，显示如图 3-5 所示的缩略图。

图 3-5　Aero Peek 新的窗口预览功能

（2）通知区域。通知区域位于任务栏的右侧，除包括系统时钟、音量、网络和操作中心等一组系统图标之外，还包括一些正在运行的程序图标，并提供访问特定设置的途径。用户看到的图标集取决于已安装的程序或服务，以及计算机制造商设置计算机的方式。将鼠标指针移向特定图标，会看到该图标的名称或某个设置的状态。有时，通知区域中的图标会弹出小窗口（称为通知），向用户通知某些信息。同时，用户也可以根据自己的需要设置通知区域的显示内容，具体的操作方法将在后面章节中介绍。

（3）【显示桌面】按钮。在Windows 7任务栏的最右侧增加了既方便又常用的【显示桌面】按钮，作用是快速地将所有已打开的窗口最小化，这样查找桌面文件就会变得很方便。在以前的系统中，它被放在快速启动栏中。

将鼠标指针移到该按钮处，所有已打开的窗口就会变成透明，显示桌面内容；移开鼠标指针，窗口则恢复原状；单击该按钮则可将所有打开的窗口最小化。如果希望恢复显示这些已打开的窗口，也不必逐个在任务栏上单击，只要再次单击【显示桌面】按钮，所有已打开的窗口又会恢复为显示的状态。

虽然在Windows 7中取消了“快速启动”功能，但是“快速启动”功能仍在，用户可以把常用的程序添加到任务栏上，以方便使用。

4）【开始】按钮及【开始】菜单

单击任务栏左侧的【开始】按钮，即可弹出【开始】菜单，它是用户使用和管理计算机的起点。【开始】菜单是计算机程序、文件夹和设置的主通道。在【开始】菜单中几乎可以找到所有的应用程序，方便用户进行各种操作。Windows 7操作系统的【开始】菜单是由【固定程序】列表、【常用程序】列表、【所有程序】列表、【搜索】文本框、【启动】菜单和【关闭选项】按钮区组成的，如图3-6所示。

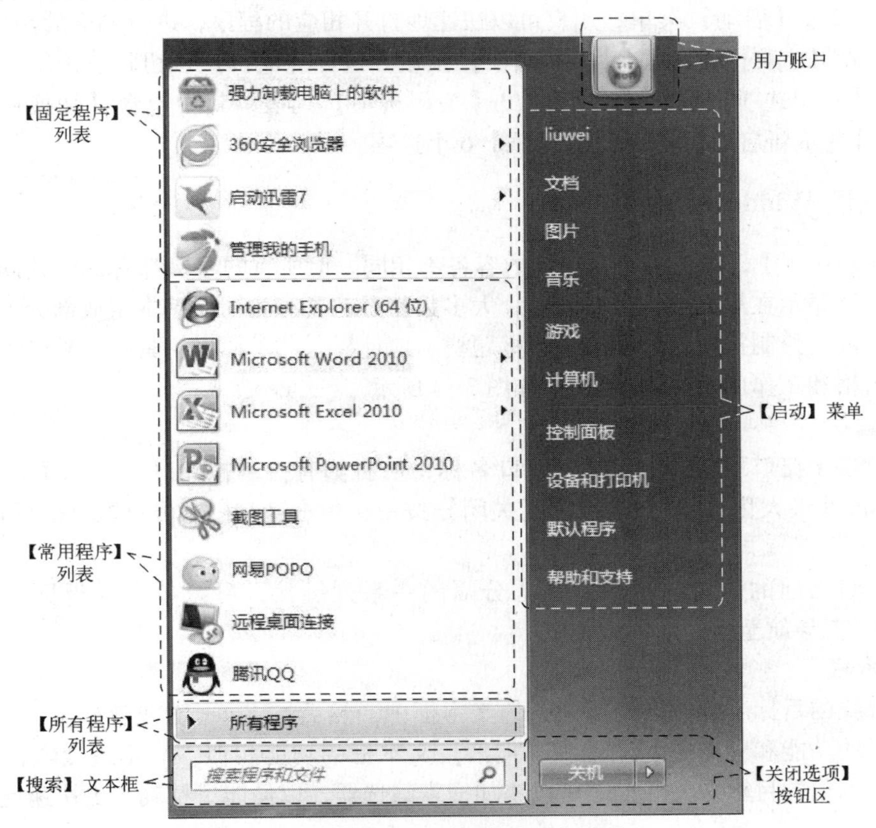

图3-6 Windows 7的【开始】菜单

（1）【固定程序】列表。该列表中的程序会固定地显示在【开始】菜单中，用户通过它可以快速地打开其中的应用程序。在此列表中默认的固定程序只有四个。用户可以根据自己的需要在【固定程序】列表中添加常用的程序。

（2）【常用程序】列表。在【常用程序】列表中默认存放了2个常用的系统程序。随着对一些程序的频繁使用，该列表中会列出10个最常使用的应用程序。如果超过了10个，系统会按照使用时间的先后顺序依次顶替。

用户也可以根据需要设置【常用程序】列表中能够显示的程序数量的最大值。Windows 7默认的上限值是30。

（3）【所有程序】列表。用户在【所有程序】列表中可以查看系统中安装的所有程序。打开【开始】菜单，单击【所有程序】选项左侧的【右箭头】按钮，即可显示【所有程序】子菜单。在【所有程序】子菜单中，分为应用程序和程序组两种。要区分二者很简单，在子菜单中显示文件夹图标的项为程序组，未显示文件夹图标的项为应用程序。单击程序组，即可弹出应用程序列表。

（4）【搜索】文本框。使用【搜索】文本框是在计算机中查找项目的最便捷的方法之一。【搜索】文本框将遍历用户的所有程序，以及个人文件夹（包括“文档”“图片”“音乐”）、“桌面”及其他的常用位置中的所有文件，因此是否提供项目的确切位置并不重要。

（5）【启动】菜单。【启动】菜单位于【开始】菜单的右窗格中。在【启动】菜单中列出了一些经常使用的Windows程序链接，如【文档】【计算机】【控制面板】及【设备和打印机】等。通过【启动】菜单，用户可以快速地打开相应的程序，进行相应的操作。

（6）【关闭选项】按钮区。【关闭选项】按钮区包含【关机】按钮和【关闭选项】按钮。单击【关闭选项】按钮，会弹出【关闭选项】列表，其中包含【切换用户】【注销】【锁定】【重新启动】【休眠】【睡眠】6个选项。

3.2.2 认识Windows 7窗口

在Windows 7中，虽然各个窗口的内容各不相同，但所有的窗口都有一些共同点。一方面，窗口始终显示在桌面上；另一方面，大多数窗口都具有相同的基本组成部分。

窗口一般由控制按钮区、搜索栏、标题栏、地址栏、菜单栏、工具栏、导航窗格、状态栏、细节窗格和工作区10部分组成，如图3-7所示。

1. 标题栏

标题栏位于窗口顶部，用于标识窗口名称，最右侧有控制按钮区，显示了窗口的【最小化】按钮、【最大化/还原】按钮和【关闭】按钮，单击这些按钮可对窗口执行相应操作。

2. 地址栏

地址栏将当前的位置显示为以箭头分隔的一系列链接，可以单击【返回】按钮或【前进】按钮导航至已经访问的位置。

3. 搜索栏

将要查找的目标名称输入到搜索栏的文本框中，然后按Enter键或者单击按钮即可。窗口搜索栏的功能和【开始】菜单中【搜索】文本框的功能相似，只不过搜索栏只能搜索当前窗口范围内的目标。另外，还可以添加搜索筛选器，以便能更精确、更快速地搜索到所需的内容。

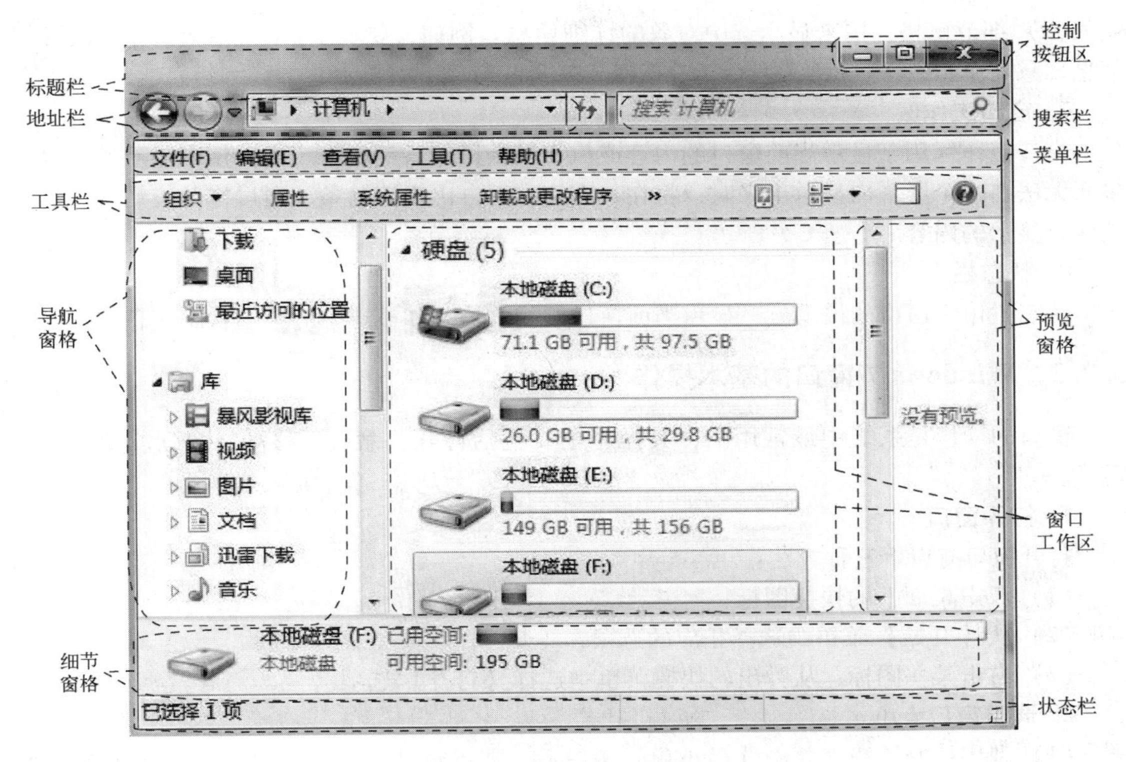

图 3-7 Windows 7 窗口的组成

4. 菜单栏

在 Windows 7 中菜单栏在默认情况下处于隐藏状态。显示菜单栏的方法如下。

(1) 按 Alt 键。单击任何选项或者再次按 Alt 键，菜单栏将再次隐藏。

(2) 单击工具栏中的【组织】按钮，在弹出的级联菜单中选择【布局】→【菜单栏】选项即可。

5. 工具栏

工具栏位于菜单栏的下方，存放着常用的工具命令按钮，让用户能更加方便地使用这些形象化的工具。

6. 窗格

下面以【计算机】窗口为例介绍一下窗格。在 Windows 7 的【计算机】窗口中有多个窗格类型，其中包括导航窗格、预览窗格和细节窗格，单击工具栏上的【组织】按钮，从弹出的下拉列表中选择【布局】选项，然后在弹出的级联菜单中选择相应的选项可显示或隐藏某窗格。

(1) 导航窗格：用于查找文件或文件夹，还可以在导航窗格中将项目直接移动或复制到目标位置。导航区一般包括“收藏夹”“库”“家庭组”和“计算机”等部分。单击导航窗格中各选项前面的【箭头】按钮 ▷ 可以打开相应的列表，单击某选项还可以打开相应的窗口，方便用户随时准确地查找相应的内容。

(2) 预览窗格：用于显示当前选择的文件内容，从而可预览文件的大致效果，可利用工具栏上的□按钮来显示或隐藏预览窗格。

（3）细节窗格：用来显示选中对象的详细信息。例如，要显示【本地磁盘(C:)】的详细信息，只需单击一下【本地磁盘(C:)】按钮，就会在窗口下方显示它的详细信息。

7. 窗口工作区

窗口工作区用于显示当前窗口的内容或执行某项操作后的内容。当窗口中显示的内容太多而无法在一个屏幕内显示出来时，将在其右侧和下方出现滚动条，通过拖动滚动条可查看其他未显示的内容。

8. 状态栏

状态栏位于窗口的最下方，显示当前窗口的相关信息和被选中对象的状态信息。

3.2.3 Windows 7 窗口的基本操作

窗口的操作是系统中最常用的，其操作主要包括打开、缩放、移动、排列、切换、关闭等。

1. 打开窗口

打开窗口有以下三种方法：

（1）双击桌面上的快捷图标；

（2）从【开始】菜单中选择相应的选项；

（3）右击某一图标，从弹出的快捷菜单中选择【打开】选项。

2. 调整窗口大小

（1）利用控制按钮。单击【最小化】按钮，即可将窗口最小化到任务栏上的程序按钮区中；单击任务栏上的程序按钮，窗口恢复到原始大小；单击【最大化】按钮，即可将窗口放大到整个屏幕，显示所有的窗口内容，此时【最大化】按钮会变成【还原】按钮，单击该按钮可以将窗口恢复到原始大小。

（2）利用标题栏调整。将鼠标移动到标题栏，右击，在弹出的快捷菜单中选择【大小】命令，拖动窗口到希望的大小后释放鼠标或使用键盘方向键调整窗口大小即可。

（3）手动调整。当窗口处于非最大化和最小化状态时，用户可以将鼠标移至窗口的任意边框或角，利用拖拽的方式来改变窗口的大小。

3. 移动窗口

有时桌面上会同时打开多个窗口，这样就会出现某个窗口被其他窗口挡住的情况，对此用户可以将需要的窗口移动到合适的位置。具体的操作步骤如下。

（1）将鼠标指针移动到其中一个窗口的标题栏上，此时鼠标指针变成形状。

（2）按住鼠标左键不放，将其拖动到合适的位置后释放即可。

4. 排列窗口

当桌面上打开的窗口过多时，就会显得杂乱无章，这时用户可以通过设置窗口的显示形式对窗口进行排列。

在任务栏的空白处右击，弹出的快捷菜单中包含了显示窗口的 3 种形式，即【层叠窗口】【堆叠显示窗口】和【并排显示窗口】选项，用户可以根据需要选择一种窗口的排列形式，对桌面上的窗口进行排列。

5. 切换窗口

在 Windows 7 系统环境下可以同时打开多个窗口，但是当前活动窗口只能有一个。因此，用户在操作过程中经常需要在不同的窗口间切换。切换窗口的方法有以下几种。

（1）利用 Alt+Tab 组合键。若要在多个程序窗口中快速地切换到需要的窗口，可以通过 Alt+Tab 组合键实现。在 Windows 7 中利用该方法切换窗口时，桌面中间会显示预览小窗口，按住 Alt 键并重复按 Tab 键可循环切换所有打开的窗口。

（2）使用 Aero 三维窗口切换。按⊞+Tab 组合键可打开三维窗口切换。

（3）利用 Alt+Esc 组合键。用户也可以通过 Alt+Esc 组合键在窗口之间切换。使用这种方法可以直接在各个窗口之间切换，而不会出现窗口图标方块。

（4）利用程序按钮区。将鼠标停留在任务栏中某个程序图标按钮上，任务栏上方就会显示该程序打开的所有内容的小预览窗口。例如，将鼠标移动到【Internet Explorer】浏览器图标按钮上，就会在任务栏上方弹出打开的网页，然后将鼠标移动到需要打开的预览窗口上，就会在桌面上显示该内容的界面，单击该预览窗口即可快速打开该窗口。

6. 关闭窗口

当某个窗口不再使用时，需要将其关闭以节省系统资源，关闭方法如下：

（1）单击窗口右上角【关闭】按钮 ☒；

（2）在窗口的菜单栏上选择【文件】→【关闭】选项；

（3）在窗口的标题栏上右击，从弹出的快捷菜单中选择【关闭】选项；

（4）单击窗口标题栏的最左侧，从弹出的菜单中选择【关闭】选项；

（5）在当前窗口下，按 Alt+F4 组合键；

（6）在任务栏的程序图标按钮上右击，从弹出的 Jump List 列表中选择【关闭窗口】选项。

3.2.4　Windows 7 菜单和对话框

除了窗口以外，在 Windows 7 中还有两个比较重要的组件：菜单和对话框。

1. Windows 7 菜单

在 Windows 7 操作系统中，菜单分成两类，即右键快捷菜单和下拉列表。

用户在文件空白处、桌面空白处、窗口空白处、盘符等区域右击，即可弹出快捷菜单，其中包含对选择对象的操作命令。在窗口菜单栏中的就是下拉列表，每一项都是命令的集合，用户可以通过选择其中的选项进行操作，如图 3-8 所示的【查看】下拉列表。

Windows 菜单中有一些特殊的标志符号，代表了不同的意义。当菜单进行一些改动时，这些符号会相应地出现变化，下面介绍各个符号所表示的意义。

1）✓标识

当某个选项前面标有✓标识时，说明该选项正在被应用，而再次单击该选项，标识就会消失。例如，【状态栏】选项前面的✓标识表示此时窗口中状态栏是显示出来的，再次单击该选项即可将状态栏隐藏起来。

2）•标识

菜单中某些选项是作为一个组集合在一起的。例如，【查看】下拉列表中的几个查看方式选项，当选择某个选项时其前面就会有•标识（如图 3-8 中的【中等图标】选项前面就有此标识，表示以“中等图标”的方式显示窗口内的所有项目）。

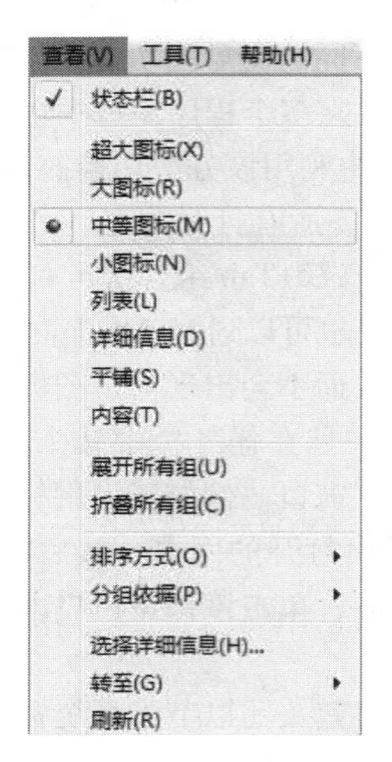

图 3-8 【查看】下拉列表

3） ▸标识

当某个选项后面出现▸标识时，表明这个选项还具有级联菜单。例如，将鼠标指针移到【排序方式】选项后面的▸标识上，就会弹出【排序方式】子菜单。

4） 灰色选项标识

某个选项呈灰色显示，说明此选项目前无法使用。

5） … 标识

某个选项后面出现… 标识时，选择该选项会弹出一个对话框。例如，选择【工具】菜单中的【文件夹选项…】选项，就会弹出【文件夹选项】对话框。

2. Windows 7 对话框

在 Windows 7 操作系统中，对话框是用户和计算机进行交流的中间桥梁。对话框与窗口很像，但区别在于对话框只能在屏幕上移动位置，不能改变大小，也不能缩成图标。

一般情况下，对话框中包含各种各样的组成部分，下面介绍三种。

（1） 选项卡。选项卡多用于将一些比较复杂的对话框分为多页，实现页面的切换操作。

（2） 文本框。文本框可以让用户输入和修改文本信息。

（3） 按钮。按钮在对话框中用于执行某项命令，单击按钮可实现某项功能。

3.2.5 启动和退出应用程序

1. 启动应用程序

启动应用程序的方法如下：

（1） 双击桌面图标；

（2） 在【开始】菜单中的程序列表中找到并单击；

（3） 单击快速启动栏中的小图标；

（4） 在程序安装目录中找到主程序，双击打开；

（5）所有的双击，都可以换成单击选择后，按 Enter 键。

2. 退出应用程序

（1）单击程序窗口的【关闭】按钮；

（2）双击程序窗口中标题栏最左边的程序图标；

（3）单击程序窗口中标题栏最左边的程序图标，在弹出的下拉列表中选择【关闭】选项；

（4）单击菜单栏中的【文件】选项，在弹出的下拉列表中选择【退出】选项；

（5）在当前窗口下按 Alt+F4 组合键；

（6）右击任务栏中的运行程序图标按钮，在弹出的列表中选择【关闭】选项；

（7）按 Ctrl+Alt+Delete 或者 Shift+Ctrl+Esc 组合键，调出任务管理器，在进程中或者在应用程序中结束它。

3.2.6 退出 Windows 7 系统

用户通过关机、休眠、锁定、注销和切换用户等操作，都可以退出 Windows 7 操作系统。

1）关机

计算机的关机与平常使用的家用电器不同，不是简单地关闭电源就可以了，而是需要在系统中进行关机操作。正常关机步骤如下：单击【开始】按钮，弹出【开始】菜单，单击【关机】按钮 关机 ▸ ，系统即可自动保存相关的信息，然后关机。关于关机，还有一种特殊情况，被称为“非正常关机”，就是当用户在使用计算机的过程中突然出现了“死机”“花屏”“黑屏”等情况，不能通过【开始】菜单关闭计算机，此时用户只能持续地按主机机箱上的电源开关按钮几秒钟，片刻后主机会关闭，然后关闭显示器的电源开关即可。

2）休眠

休眠是退出 Windows 7 操作系统的另一种方法。选择休眠会保存会话并关闭计算机，打开计算机时会还原会话。此时，计算机并没有真正的关闭，而是进入了一种低能耗状态。

3）锁定

当用户有事情需要暂时离开，但是计算机还在运行，某些操作不方便停止，也不希望其他人查看自己计算机里的信息时，就可以通过这一功能来使计算机锁定，恢复到“用户登录界面”，再次使用时只有输入用户密码才能开启计算机进行操作。

4）注销

Windows 7 与之前的操作系统一样，允许多用户共同使用一台计算机上的操作系统，每个用户都可以拥有自己的工作环境并对其进行相应的设置。当需要退出当前的用户环境时，可以通过注销的方式来实现。注销功能和重新启动相似，在进行该动作前要关闭当前运行的程序，保存打开的文档，否则会造成数据的丢失。进行此操作后，系统会自动将个人信息保存到硬盘里，并快速地切换到“用户登录界面”。

5）切换用户

通过切换用户也能快速地退出当前的用户环境，并回到“用户登录界面”。

提示：注销和切换用户都可以快速地回到“用户登录界面”，但是注销要求结束当前用户的操作程序，而切换用户则允许当前用户的操作程序继续运行，并不受到影响。

3.3 账户设置

在 Windows 7 操作系统中，可以设置多个用户账户。不同的账户类型拥有不同的权限，它们之间相互独立，从而实现多人使用同一台计算机而又互不影响的目的。

只有具有管理员权限的用户才能创建和删除用户账户。

1. 添加新的用户账户

在 Windows 7 操作系统中添加用户账户很简单，这里以增加一个标准用户为例，具体的操作步骤如下。

(1) 单击【开始】→【控制面板】选项，弹出【控制面板】窗口，单击【用户账户和家庭安全】(图中“帐”统一为“账”) 下的【添加或删除用户账户】链接。

(2) 弹出【选择希望更改的账户】窗口，单击【创建一个新账户】链接，弹出【命名账户并选择账户类型】窗口。

(3) 在【该名称将显示在欢迎屏幕和「开始」菜单上】文本框中输入要创建的用户账户名称，在此输入想要设定的账户名“林鸿”，选中【标准用户】单选项，然后单击【创建账户】按钮即可。

2. 设置用户账户图片

用户可以为创建的用户账户更改图片。Windows 7 操作系统中自带了大量的图片，用户可以从中选择自己喜欢的图片，把它设置为账户的头像。以之前创建的用户账户“林鸿”为例，具体的操作步骤如下。

(1) 按照前面介绍的方法打开【选择希望更改的账户】窗口。

(2) 单击用户账户【林鸿】图标，弹出【更改林鸿的账户】窗口。在此窗口中可以更改账户名称、创建密码、更改图片、更改账户类型、删除账户和管理其他账户等。

(3) 单击【更改图片】链接，弹出【为林鸿的账户选择一个新图片】窗口。

(4) 从图片列表中选择并选中一张自己喜欢的图片，然后单击【更改图片】按钮，即可将其设置为用户账户的头像。

(5) 如果系统自带的图片不符合要求，可以单击【浏览更多的图片…】链接，在弹出的【打开】对话框中选择自己喜欢的图片文件，然后单击【打开】按钮即可。

3. 设置、更改和删除用户账户密码

新创建的用户账户没有设置密码保护，任何用户都可以登录使用，因此用户可以通过设置用户账户的密码，更好地保护账户的安全。下面以之前创建的“林鸿”用户账户为例，介绍设置、更改和删除用户账户密码的操作步骤。

(1) 按前面介绍的方法打开【更改林鸿的账户】窗口。

(2) 单击【创建密码】链接，弹出【为林鸿的账户创建一个密码】窗口。

(3) 在【新密码】和【确认新密码】文本框中输入要创建的密码，在【键入密码提示】文本框中输入密码提示，然后单击【创建密码】按钮即可。

(4) 如果用户设置的密码过于简单或者长时间使用后担心泄露，还可以更改，打开

【更改林鸿的账户】窗口，单击【更改密码】链接。

（5）弹出【更改林鸿的密码】窗口，在【新密码】和【确认密码】文本框中输入要创建的新密码，在【键入密码提示】文本框中输入密码提示，然后单击【更改密码】按钮即可。

（6）设置了密码的用户账户在登录时需要输入密码。如果是个人计算机用户，可以取消设置的密码，方法很简单，在【更改林鸿的账户】窗口中单击【删除密码】链接。

（7）弹出【删除密码】窗口，单击【删除密码】按钮即可。

4. 更改用户账户的类型

在 Windows 7 操作系统中，有超级管理员、管理员和标准用户等类型的用户。不同类型的用户具有不同的操作权限。其中，超级管理员的操作权限最高，对系统文件的更改都需要切换到这个用户下才能进行。使用最多的是管理员和标准用户。

之前创建的“林鸿”用户账户只具有标准用户的权限，如果在使用中发现权限不够，可以把它提升为管理员身份，具体的操作步骤如下。

（1）用前面介绍的方法打开【更改林鸿的账户】窗口，单击【更改账户类型】链接。

（2）弹出【为林鸿选择新的账户类型】窗口。

（3）选中【管理员】单选项，然后单击【更改账户类型】按钮，即可把用户账户类型更改为管理员。

5. 更改用户账户名称

比如，要把用户账户“林鸿”更改为“鸿林”，具体的操作步骤如下。

（1）用前面介绍的方法打开【更改林鸿的账户】窗口，单击【更改账户名称】链接。

（2）弹出【为林鸿的账户输入一个新账户名】窗口，在文本框中输入新的用户账户名称“鸿林”，然后单击【更改名称】按钮即可。

6. 删除用户账户

当某个账户不用时，可以将其删除，以便更好地保护 Windows 7 操作系统的安全。例如，要删除用户账户“鸿林”，具体的操作步骤如下。

（1）用前面介绍的方法打开【更改鸿林的账户】窗口，单击【删除账户】链接，弹出【是否保留鸿林的文件】窗口。

（2）用户可以选择是否保留该用户账户的文件，一般推荐直接删除文件，单击【删除文件】按钮，弹出【确定要删除鸿林的账户吗?】对话框。

（3）单击【删除账户】按钮，即可将用户账户从计算机中删除。

3.4　桌面个性化设置

相比于之前的操作系统，Windows 7 进行了重大的变革。它不仅延续了 Windows 家族的传统，而且带来了更多的全新体验。Windows 7 新颖的个性化设置，在视觉上给用户带来了不一样的感受。本节将介绍 Windows 7 操作系统的个性化设置。

3.4.1 设置 Windows 7 桌面主题

桌面上的所有可视元素和声音统称为 Windows 7 桌面主题，用户可以根据自己的喜好和需要，对 Windows 7 的桌面主题进行相应的设置。设置 Windows 7 桌面主题的具体步骤如下。

（1）在桌面空白处右击，弹出如图 3-9 所示的快捷菜单，选择【个性化（R）】选项，弹出如图 3-10 所示的【个性化】窗口，在该窗口中可以更改计算机上的视觉效果和声音。

（2）在图 3-10 所示的【个性化】窗口中可以看到 Windows 7 提供了包括“我的主题”和“Aero 主题”等多种个性化主题供用户选择；只要在某个主题上单击，即可选中该主题。

图 3-9 桌面快捷菜单

图 3-10 【个性化】窗口

3.4.2 桌面背景个性化设置

在 Windows 7 操作系统中，系统提供了很多个性化的桌面背景，包括图片、纯色或带有颜色框架的图片等。用户可以根据自己的需要收集一些电子图片作为桌面背景，还可以将多张图片以幻灯片的形式显示。

1. 利用系统自带的桌面背景

Windows 7 操作系统中自带了包括建筑、人物、风景和自然等很多精美漂亮的背景图片，用户可以从中挑选自己喜欢的图片作为桌面背景。具体的操作步骤如下。

（1）在桌面空白处右击，从弹出的快捷菜单中选择【个性化】选项，弹出如图 3-10 所示的窗口。

（2）单击【桌面背景】按钮，弹出【选择桌面背景】窗口。

（3）在【选择桌面背景】窗口中的【图片位置】下拉列表中选择【Windows 桌面背景】选项，此时下边的列表中会显示场景、风景、建筑、人物、中国和自然等多组图片，选择其中一组中的一幅图片。

（4）在 Windows 7 操作系统中，桌面背景有 5 种显示方式，分别为填充、适应、拉伸、平铺和居中。用户可以在【选择桌面背景】窗口左下角的【图片位置】下拉列表中选择适合自己的选项。

（5）设置完毕，单击【保存修改】按钮，系统会自动返回如图 3-10 所示的窗口。在【我的主题】组合框中会出现一个【未保存的主题】图片标识，即刚才设置的图片。

（6）单击【保存主题】链接，弹出【将主题另存为】对话框，在【主题名称】文本框中输入主题名称，然后单击【保存】按钮即可。

2. 将自定义的图片设置为桌面背景

虽然 Windows 7 自带的背景图片都非常精美，但有些用户喜欢把自己喜欢的图片设置成桌面背景，具体步骤如下。

（1）在桌面空白处右击，从弹出的快捷菜单中选择【个性化】选项，弹出【个性化】窗口，单击【桌面背景】按钮，弹出【选择桌面背景】窗口。

（2）单击【图片位置】后面的 浏览(B)... 按钮，弹出如图 3-11 所示的【浏览文件夹】对话框，找到图片所在文件夹并选中该文件夹。

（3）单击【确定】按钮，返回【选择桌面背景】窗口，可以看到所选择的文件夹中的图片已在【图片位置】下拉列表中列出，如图 3-12 所示。

图 3-11　【浏览文件夹】对话框

图 3-12　【选择桌面背景】窗口

（4）从下拉列表中选择一张图片作为桌面背景图片，然后单击 保存修改 按钮，返回【个性化】窗口，按前面方法在【我的主题】组合框中保存主题即可。返回桌面，即可看到设置桌面背景后的效果。

另外，用户也可以直接找到自己喜欢的图片，然后右击该图片，从弹出的快捷菜单中选择【设置为桌面背景】选项，即可将该图片设置为桌面背景。

3.4.3 桌面图标个性化设置

在 Windows 7 操作系统中，所有的文件、文件夹及应用程序都可以用形象化的图标表示，这些图标放置在桌面上就叫作“桌面图标”。双击任意一个桌面图标都可以快速地打开相应的文件、文件夹或者应用程序。

1. 添加桌面图标

为了方便应用，用户可以手动在桌面上添加一些桌面图标。

1）添加系统图标

进入刚装好的 Windows 7 操作系统时，桌面上只有一个【回收站】图标。【计算机】和【控制面板】等系统图标都被放在了【开始】菜单中，用户可以通过手动的方式将其添加到桌面上，具体的操作步骤如下。

（1）在桌面空白处右击，从弹出的快捷菜单中选择【个性化】选项，弹出【更改计算机上的视觉效果和声音】窗口。

（2）在窗口的左边窗格中单击【更改桌面图标】链接，弹出【桌面图标设置】对话框，如图 3-13 所示。

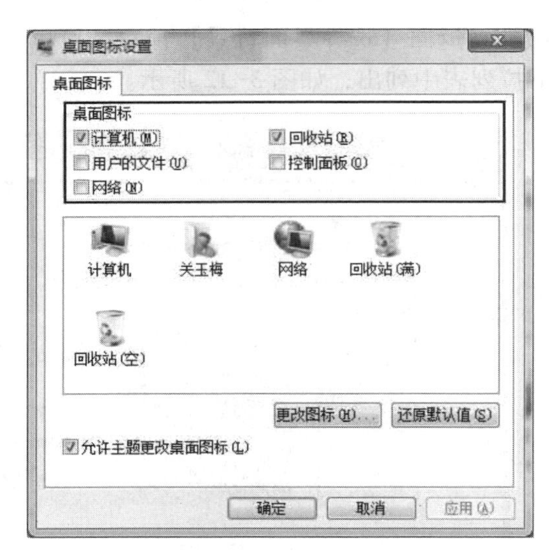

图 3-13 【桌面图标设置】对话框

（3）用户可根据自己的需要在【桌面图标】区域选择需要添加到桌面上的系统图标，依次单击【应用】和【确定】按钮，返回【更改计算机上的视觉效果和声音】窗口，然后关闭该窗口即可完成桌面图标的添加。

2）添加应用程序快捷方式

用户还可以将常用的应用程序的快捷方式放置在桌面上，形成桌面图标。以添加【计算器】快捷方式图标为例，具体的操作步骤如下。

（1）选择【开始】→【所有程序】→【附件】选项，弹出程序组列表。

（2）右击程序组列表中的【计算器】选项，然后从弹出的快捷菜单中选择【发送到】→【桌面快捷方式】选项。

（3）返回桌面，可以看到桌面上已经新增加了一个【计算器】快捷方式图标。

2. 排列桌面图标

在日常应用中，用户不断地添加桌面图标，就会使桌面变得很乱，这时可以通过排列桌面图标来整理桌面。可以按照名称、大小、项目类型和修改日期 4 种方式排列桌面图标。

在桌面空白处右击，从弹出的快捷菜单中选择【排序方式】选项，在其级联菜单中可以看到 4 种排列方式，如图 3-14 所示。

3. 更改桌面图标

用户还可以根据自己的实际需要更改桌面图标的标识和名称。

1）利用系统自带的图标

Windows 7 操作系统中自带了很多图标，用户可以从中选择自己喜欢的，具体的操作步骤如下。

（1）在桌面空白处右击，选择【个性化】选项，弹出【更改计算机上的视觉效果和声音】窗口。在窗口的左边窗格中单击【更改桌面图标】链接，弹出如图 3-13 所示的【桌面图标设置】对话框。

（2）在对话框的【桌面图标】区域中勾选要更改标识的桌面图标复选项，然后单击 更改图标(H)... 按钮，弹出【更改图标】对话框，如图 3-15 所示。

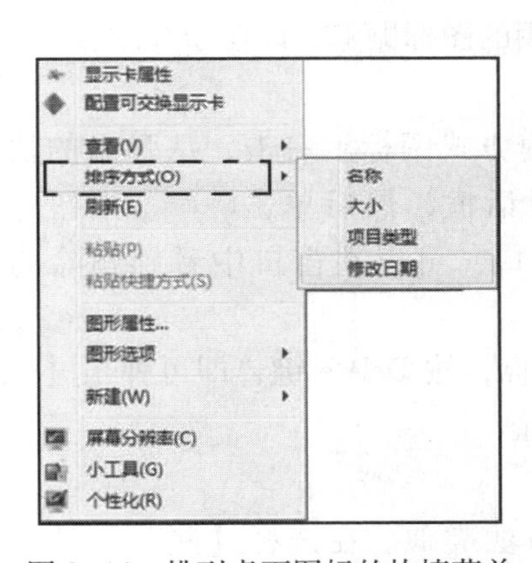

图 3-14　排列桌面图标的快捷菜单

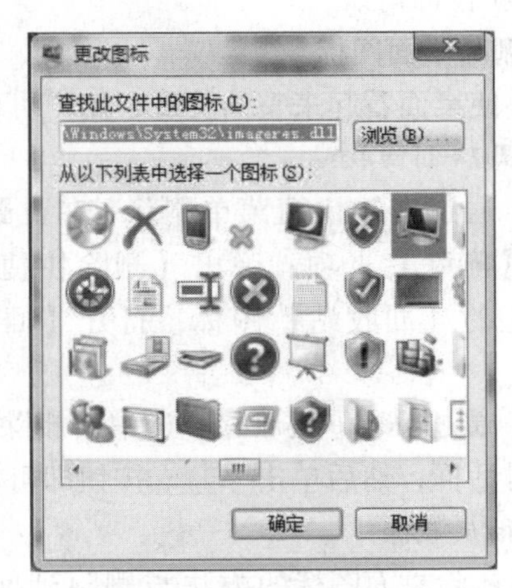

图 3-15　【更改图标】对话框

（3）从【从以下列表中选择一个图标】列表中选中一个自己喜欢的图标，然后单击【确定】按钮，返回【桌面图标设置】对话框，可以看到选择的图标标识。

（4）然后依次单击【应用】和【确定】按钮返回桌面，可以看到选择的图标标识已经更改。

提示：如果用户希望把更改过的图标还原为系统默认的图标，在【桌面图标设置】对话框中单击【还原默认值】按钮即可。

2）利用自己喜欢的图标

如果系统自带的图标不能满足需求，用户可以将自己喜欢的图标设置为桌面图标标识，具体操作步骤如下。

(1) 按照前面介绍的方法打开【桌面图标设置】对话框。

(2) 在【桌面图标】区域中勾选要更改标识的桌面图标复选项，然后单击更改图标(H)...按钮，弹出【更改图标】对话框。

(3) 单击【查找此文件夹中的图标】右侧的浏览(B)...按钮，弹出一个新的对话框。

(4) 从中选择自己喜欢的图标，然后单击打开(O)按钮，返回【更改图标】对话框，可以看到选择的图标已经显示在【从以下列表中选择一个图标】列表中。

(5) 选中某一图标后单击确定按钮，返回【桌面图标设置】对话框，然后依次单击【应用】和【确定】按钮返回桌面，即可看到更改后的效果。

4. 更改桌面图标名称

有的时候用户安装完应用程序会在桌面创建一个快捷方式图标，但有些图标显示的却是英文名称，看起来很不习惯，此时用户可以更改桌面图标名称，具体操作步骤如下。

(1) 在要修改的桌面图标上右击，从弹出的快捷菜单中选择【重命名】选项。

(2) 此时该图标的名称处于可编辑状态，在此处输入新的名称，然后按下 Enter 键或者在桌面空白处单击鼠标即可。

提示：用户还可以通过 F2 功能键来快速地完成重命名操作，操作方法如下，首先选中要更改名称的图标，然后按 F2 功能键，此时图标名称就会变为可编辑状态，输入新的名称后按 Enter 键即可。

5. 删除桌面图标

为了使桌面看起来整洁美观，用户可以将不常用的图标删除，以便于管理。

1) 删除到回收站

(1) 通过右键快捷菜单删除：在要删除的快捷方式图标上右击，从弹出的快捷菜单中选择【删除】选项；弹出【删除快捷方式】对话框，然后单击是(Y)按钮即可。双击桌面上的【回收站】图标，打开【回收站】窗口，可以在窗口中看到删除的快捷方式图标。

(2) 通过 Delete 键删除：选中要删除的桌面图标，按 Delete 键，即可弹出【删除快捷方式】对话框，然后单击是(Y)按钮即可将图标删除。

2) 彻底删除

彻底删除桌面图标的方法与删除到回收站的方法类似。在选择【删除】选项或者按 Delete 键的同时需要按 Shift 键，此时会弹出【删除快捷方式】对话框，提示“您确定要永久删除此快捷方式吗?”然后，单击是(Y)按钮即可。

3.4.4 更改屏幕保护程序

当用户在指定的一段时间内没有使用鼠标和键盘进行操作，系统就会自动进入账户锁定状态，此时屏幕会显示图片或动画，这就是屏幕保护程序的效果。

设置屏幕保护程序有以下 3 方面的作用。

(1) 可以减少电能消耗。

(2) 可以起到保护计算机屏幕的作用。

（3）可以保护个人的隐私，增强计算机的安全性。

1. 使用系统自带的屏幕保护程序

Windows 7 自带了一些屏幕保护程序，用户可以根据自己的喜好进行选择，具体操作步骤如下。

（1）在桌面空白处右击，在弹出的快捷菜单中选择【个性化】选项，将弹出【个性化】窗口。

（2）单击【屏幕保护程序】按钮，弹出【屏幕保护程序设置】对话框，如图 3-16 所示。

（3）在【屏幕保护程序】区域中的下拉列表中列出了很多系统自带的屏幕保护程序，用户可以根据自己的需求选择。例如，选择【三维文字】选项，单击 设置(T)... 按钮，将弹出如图 3-17 所示的【三维文字设置】对话框，可以对文字、动态等进行设置。

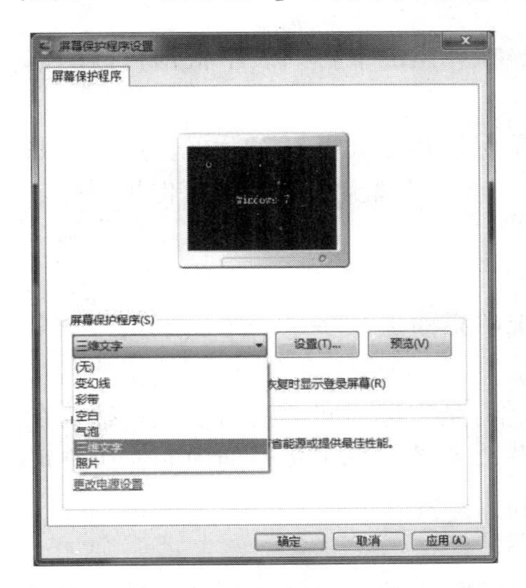

图 3-16 【屏幕保护程序设置】对话框

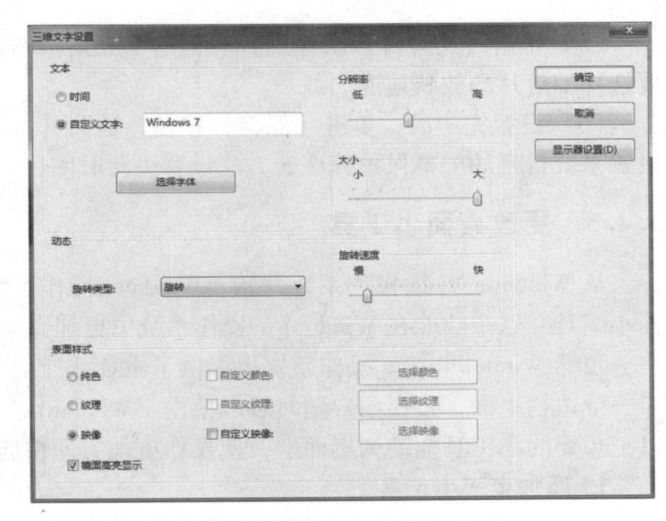

图 3-17 【三维文字设置】对话框

（4）在【等待】微调框中设置等待的时间，如设置为 10 分钟，用户也可以勾选【在恢复时显示登录屏幕】复选项，然后依次单击【应用】和【确定】按钮。

如果用户在 10 分钟内没有对计算机进行任何操作，系统就会自动地启动屏幕保护程序。

2. 使用个人图片作为屏幕保护程序

用户可以使用保存在计算机中的个人图片来设置自己的屏幕保护程序，也可以从网站上下载屏幕保护程序。将用户个人的图片设置成屏幕保护程序的具体操作步骤如下。

（1）按照前面介绍的方法打开【屏幕保护程序设置】对话框，在【屏幕保护程序】区域中的下拉列表中选择【照片】选项。

（2）单击右侧的 设置(T)... 按钮，弹出【照片屏幕保护程序设置】对话框，如图 3-18 所示。

（3）单击 浏览(B)... 按钮，弹出【浏览文件夹】对话框。

（4）选中要设置为屏幕保护图片的图片，然后单击 确定 按钮，返回【照片屏幕保护程序设置】对话框。

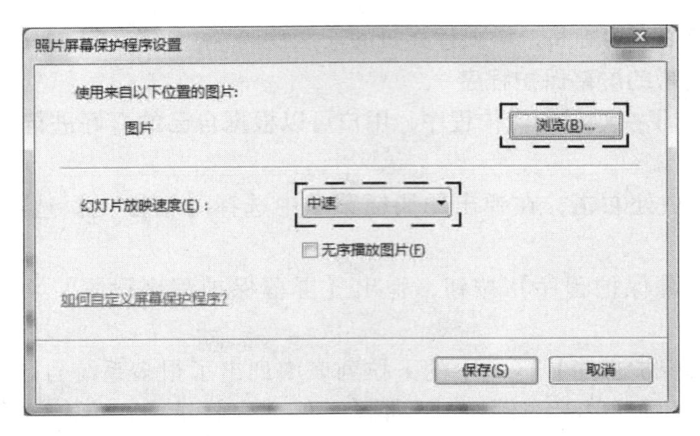

图 3-18 【照片屏幕保护程序设置】对话框

(5) 单击【幻灯片放映速度】右侧的下三角按钮，在弹出的下拉列表中根据自己的需要选择幻灯片的放映速度。

(6) 设置完毕后，单击【保存】按钮，返回【屏幕保护程序设置】对话框，然后按照设置系统自带的屏幕保护程序的方法设置等待时间，即可将个人图片设置为屏幕保护图片。

3.4.5 更改桌面小工具

从 Windows Vista 操作系统开始，Windows 操作系统的桌面上又多了一个新成员——桌面小工具。这个功能在 Windows 7 操作系统中更加完美。

虽然 Windows Vista 操作系统也提供了桌面小工具，但是它把不同类型的小工具都放在了一个边栏里面，方便用户随时可以使用。Windows 7 操作系统甩掉了边栏的限制，用户可以把想要的小工具拖动到桌面上，使操作更加方便快捷。

1. 添加桌面小工具

Windows 7 操作系统自带了很多漂亮实用的小工具，下面介绍如何将这些小工具添加到桌面上。

(1) 在桌面空白处右击，从弹出的快捷菜单中选择【小工具】选项，弹出【小工具库】窗口，其中列出了系统自带的多个小工具，如图 3-19 所示。

图 3-19 【小工具库】窗口

（2）用户可以从中选择自己喜欢的个性化小工具。只需双击小工具的图标，或者右击，从弹出的快捷菜单中选择【添加】选项，即可将其添加到桌面上，也可以用鼠标拖动的方法将小工具直接拖到桌面上。

此外，用户还可以通过联机获取更多的小工具。

2. 设置桌面小工具的效果

用户添加了小工具后，如果对显示的效果不满意，可以通过手动方式设置小工具的显示效果，下面以时钟为例进行介绍。

（1）将鼠标指针移到小工具上，右击，从弹出的快捷菜单中选择【选项】选项，或者直接单击【选项】按钮。

（2）弹出如图 3-20 所示的【时钟】对话框，在这里可以设置时钟样式，系统提供了 8 种样式供用户选择，用户可以单击【前进】按钮或【后退】按钮进行选择。

图 3-20 【时钟】对话框

（3）选中某一种样式，然后单击【确定】按钮即可。同时用户还可以设置“时钟名称”、“时区”和是否“显示秒针”等。

3.5 【开始】菜单设置

Windows 7 相较于之前的操作系统，其【开始】菜单采用了全新的设计，用户可以快速地找到要执行的程序，完成相应的操作。为了使【开始】菜单更加符合自己的使用习惯，用户可以对其进行相应的设置。

3.5.1 【开始】菜单属性设置

与之前的操作系统不同，Windows 7 只有一种默认的【开始】菜单样式，不能更改，但是用户可以对其属性进行相应的设置。

（1）在【开始】按钮上右击，从弹出的快捷菜单中选择【属性】选项，弹出【任务栏和「开始」菜单属性】对话框，切换到【「开始」菜单】选项卡，如图 3-21 所示。

（2）【电源按钮操作】下拉列表中列出了 6 项按钮操作选项，用户可以选择其中的一项，然后依次单击【应用】和【确定】按钮，便更改了【开始】菜单中的电源按钮。

（3）单击【「开始」菜单】选项卡右侧的 自定义(C)... 按钮，弹出【自定义「开始」菜单】对话框。

（4）在【您可以自定义「开始」菜单上的链接、图标以及菜单的外观和行为】列表中设置【开始】菜单中各个选项的属性，如图 3-22 所示。

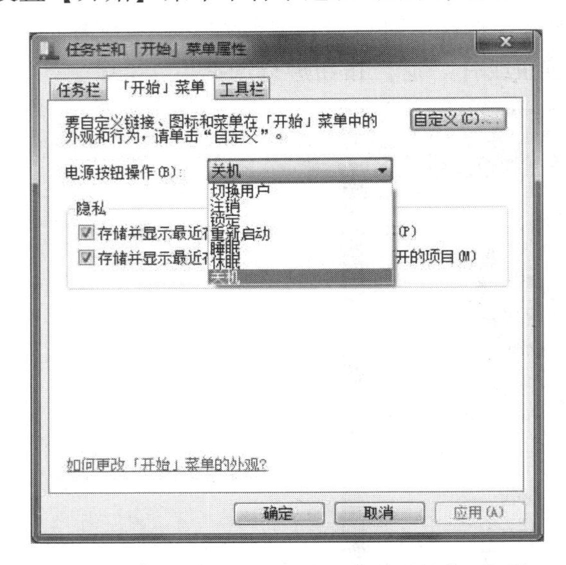

图 3-21 【任务栏和「开始」菜单属性】对话框

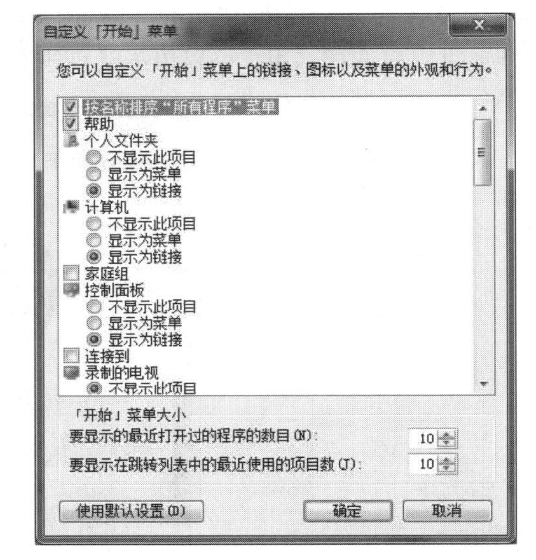

图 3-22 【自定义「开始」菜单】对话框

（5）在【要显示的最近打开过的程序的数目】微调框中设置最近打开程序的数目，在【要显示在跳转列表中的最近使用的项目数】微调框中设置最近使用的项目数。

（6）设置完毕后，单击【确定】按钮，返回【任务栏和「开始」菜单属性】对话框，然后依次单击【应用】和【确定】按钮即可。

（7）打开【开始】菜单，可以看到设置的地方已经发生了改变。

在【开始】菜单中可以看到，Windows 7 为【开始】菜单引入了 Jump List（跳转列表）。跳转列表是最近使用的项目列表，如文件、文件夹或网站。用户除了使用跳转列表可以快速地打开项目之外，还可以将收藏夹项目锁定到跳转列表，以便轻松地访问每天使用的程序和文件。

3.5.2 【固定程序】列表个性化设置

【固定程序】列表中的程序会固定地显示在【开始】菜单中，用户可以快速地打开其中的应用程序。

1. 将常用的程序添加到【固定程序】列表中

用户可以根据自己的需要将常用的程序添加到【固定程序】列表中。例如，将

"Windows 资源管理器" 程序添加到【固定程序】列表中的具体操作步骤如下。

（1）单击【开始】→【所有程序】→【附件】选项，从弹出的【附件】菜单中选择【Windows 资源管理器】选项，然后右击，从弹出的快捷菜单中选择【附件「开始」菜单】选项。

（2）单击【所有程序】菜单中的【返回】按钮，返回【开始】菜单，可以看到【Windows 资源管理器】选项已经被添加到【固定程序】列表中。

2. 删除【固定程序】列表中的程序

当用户不再使用【固定程序】列表中的程序时，可以将其删除。例如，删除刚刚添加的 "Windows 资源管理器" 程序的具体操作步骤如下。

（1）在【固定程序】列表中选择【Windows 资源管理器】选项，右击，从弹出的快捷菜单中选择【从「开始」菜单解锁】选项。

（2）打开【开始】菜单，可以看到【Windows 资源管理器】选项已经从【固定程序】列表中删除了。

3.5.3 【常用程序】列表个性化设置

【常用程序】列表中列出了一些经常使用的程序，用户也可以根据自己的习惯进行设置。

1. 设置【常用程序】列表中的程序数目

系统会根据程序被使用的频繁程度，在该列表中默认地列出 10 个最常使用的程序，用户可以根据实际需要设置【常用程序】列表中显示的程序数目。按照前面介绍的方法打开【自定义「开始」菜单】对话框，调整【要显示的最近打开过的程序的数目】微调框中的数值，然后单击【确定】按钮即可。

2. 删除【常用程序】列表中的程序

用户如果想从【常用程序】列表中删除某个不再经常使用的应用程序，如要将 "计算器" 应用程序从列表中删除，只需在该应用程序选项上右击，然后从弹出的快捷菜单中选择【从列表中删除】选项即可。

如果用户想将删除的 "计算器" 应用程序再次显示在【常用程序】列表中，只需再次启动 "计算器" 应用程序即可。

3.5.4 【开始】菜单个性化设置

在【开始】菜单右侧窗格中列出了部分 Windows 项目链接，用户可以通过这些链接快速地打开相应的窗口进行各项操作。

与之前版本的 Windows 操作系统相比，这个窗格中又增加了库项目链接。在 Windows 7 操作系统中，有 4 个默认库（文档、音乐、图片和视频），也可以新建其他库。默认情况下，文档、图片和音乐显示在该窗格中。用户可以在这个窗格中添加或删除这些项目链接，也可以自定义其外观。

提示： 在以前版本的 Windows 操作系统中，管理文件意味着在不同的文件夹和子文件夹下对文件进行组织和管理。在 Windows 7 操作系统中可以使用库，按类型来组织和访问文件，而不管其存储位置是否相同。库可以收集不同位置的文件，并将它们显示为一个集合，而无须将它们从存储位置移动到同一文件夹中。

用户可以将一些常用的项目链接添加到【开始】菜单中，也可以删除一些项目，并且可以定义其显示方式，具体的操作步骤如下。

（1）在【开始】按钮上右击，从弹出的快捷菜单中选择【属性】选项，弹出【任务栏和「开始」菜单属性】对话框，切换到【「开始」菜单】选项卡。

（2）单击右侧的自定义(C)...按钮，弹出【自定义「开始」菜单】对话框。

（3）在【您可以自定义「开始」菜单上的链接、图标以及菜单的外观和行为】列表中，选中【计算机】选项下方的【显示为菜单】单选项，再选中【控制面板】选项下方的【不显示此项目】单选项和【连接到】复选项，然后单击【确定】按钮即可。

（4）打开【开始】菜单，可以看到【连接到】选项已经被添加到右侧窗格中，【控制面板】选项也已被删除，并且【计算机】选项是以菜单形式显示的，效果如图 3-23 所示。

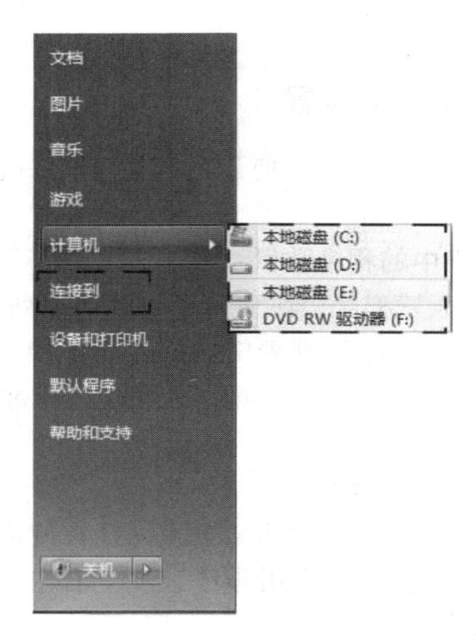

图 3-23　自定义【开始】菜单

3.6　任务栏的设置

在 Windows 7 中，任务栏经过了重新设计。任务栏图标不但拥有了新外观，而且除了为用户显示正在运行的程序外，还新增了一些功能。用户可以根据自己的需要，对 Windows 7 的任务栏进行个性化设置。

3.6.1　程序按钮区个性化设置

任务栏的左边部分是程序按钮区，用于显示用户当前已经打开的程序和文件，用户可以在它们之间进行快速切换。在 Windows 7 中新增加了 Jump List 功能菜单、程序锁定和相关项目合并等功能，用户可以更轻松地访问程序和文件。

1. 更改任务栏上程序图标的显示方式

用户可以自定义任务栏上程序图标显示的方式，具体的操作步骤如下。

（1）在【开始】按钮上右击，从弹出的快捷菜单中选择【属性】选项，弹出【任务栏和「开始」菜单属性】对话框，切换到任务栏选项卡，如图 3-24 所示。

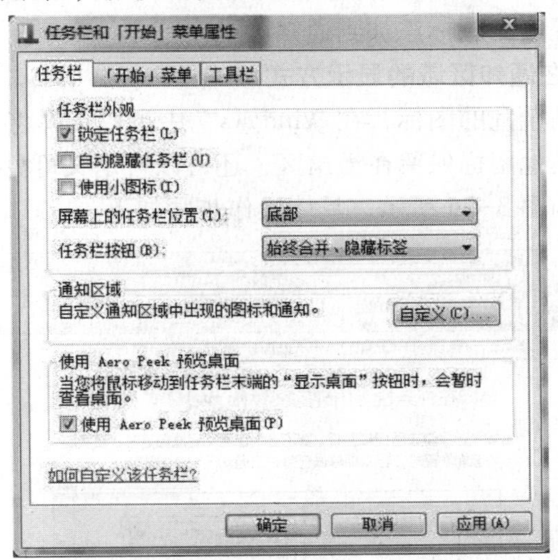

图 3-24 【任务栏和「开始」菜单属性】对话框

（2）任务栏按钮下拉列表中列出了按钮显示的 3 种方式，分别是【始终合并、隐藏标签】【当任务栏被占满时合并】和【从不合并】选项，用户可以选择其中的一种方式。若要使用小图标显示，则勾选【使用小图标】复选项；若要使用大图标显示，则撤选该复选项即可。

（3）【始终合并、隐藏标签】选项是系统的默认设置。此时每个程序显示为一个无标签的图标，打开某个程序的多个项目与一个项目是一样的。

（4）选择【当任务栏被占满时合并】选项，则每个程序显示为一个有标签的图标。当任务栏变得很拥挤时，具有多个打开项目的程序会重叠为一个程序图标，单击图标可显示打开的项目列表。

（5）选择【从不合并】选项，该设置下的图标则从不会重叠为一个图标，无论打开多少个窗口都是一样。随着打开的程序和窗口越来越多，图标会缩小，并且最终在任务栏中滚动。

提示：在以前版本的 Windows 中，程序会按照打开它们的顺序出现在任务栏上，但在 Windows 7 中，相关的项目会始终彼此靠近。要重新排列任务栏上程序图标的顺序，只需拖动图标，将其从当前位置拖到任务栏上的其他位置即可。

2. 使用任务栏上的跳转列表

跳转列表即最近使用的项目列表。在任务栏上，已固定到任务栏的程序和当前正在运行的程序，会出现跳转列表。使用任务栏上的跳转列表，可以快速地访问最常用的程序。用户可以清除跳转列表中显示的项目。

3.6.2 自定义通知区域

在默认情况下，通知区域位于任务栏的右侧。它除了包含时钟、音量等标识之外，还包括一些程序图标，这些程序图标提供有关系统更新、网络连接等事项的状态和通知。安装新程序时，有时可以将此程序的图标添加到通知区域内。

1. 更改图标和通知在通知区域的显示方式

通知区域有时会布满杂乱的图标，在 Windows 7 中可以选择将某些图标设置为始终保持可见，而使通知区域的其他图标保留在溢出区，还可以自定义可见的图标及其相应的通知在任务栏中的显示方式，如图 3-25 所示，具体操作步骤如下。

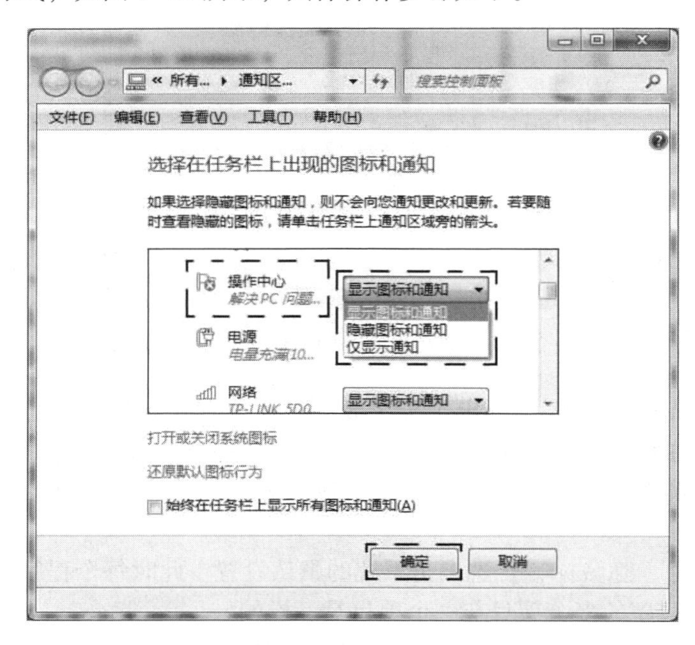

图 3-25 设置通知区域显示方式

（1）在【开始】按钮上右击，从弹出的快捷菜单中选择【属性】选项，弹出【任务栏和「开始」菜单属性】对话框，切换到【任务栏】选项卡。

（2）单击【通知区域】区域右侧的 自定义(C)... 按钮，弹出【选择在任务栏上出现的图标和通知】对话框。

（3）在该对话框的列表中列出了各个图标及其显示的方式。每个图标都有 3 个选项，对应 3 种显示方式，即【显示图标和通知】【隐藏图标和通知】【仅显示通知】选项。

（4）选择一种显示方式后单击【确定】按钮，返回【任务栏和「开始」菜单属性】对话框，依次单击【应用】和【确定】按钮即可。

（5）用户若要随时查看隐藏的图标，可以单击任务栏中通知区域里的【显示隐藏的图标】按钮▲，在弹出的快捷菜单中会显示隐藏的图标，单击【自定义】链接，即可弹出【选择在任务栏上出现的图标和通知】对话框。

2. 打开和关闭系统图标

【时钟】【音量】【网络】【电源】【操作中心】5 个图标是系统图标，用户可以根据需要将其打开或者关闭，具体的操作步骤如下。

（1）按照前面介绍的方法打开【选择在任务栏上出现的图标和通知】对话框，单击【打开或关闭系统图标】链接。

（2）弹出【打开或关闭系统图标】对话框，在对话框中间的列表中设置有 5 个系统图标的行为，如图 3-26 所示。例如，在【操作中心】图标右侧的下拉列表中选择【关闭】选项，即可将【操作中心】图标从任务栏的通知区域中删除并且关闭通知。若想还原图标行为，单击对话框左下角的【还原默认图标行为】链接即可。

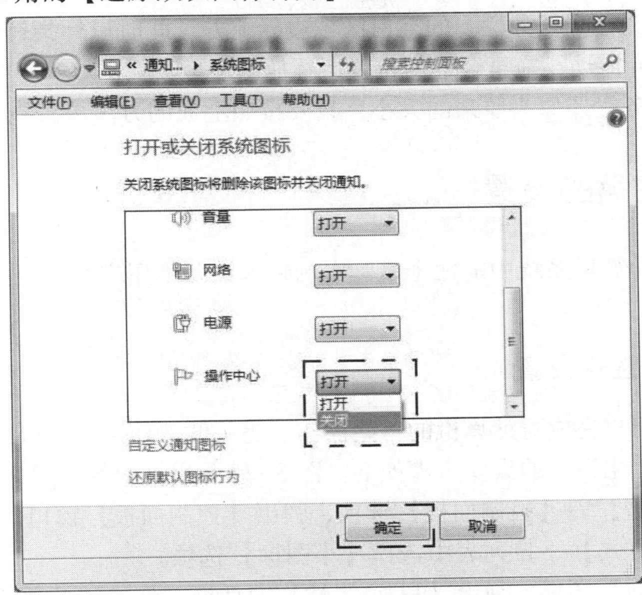

图 3-26　打开或关闭系统图标

（3）设置完毕，单击【确定】按钮，返回【选择在任务栏上出现的图标和通知】对话框，然后单击【确定】按钮即可完成设置。

3.6.3　调整任务栏位置和大小

用户可以通过手动的方式调整任务栏的位置和大小，以便为程序按钮区和通知区域创建更多的空间。下面介绍调整任务栏位置和大小的方法。

1. 调整任务栏的位置

通过鼠标拖动的方法调整任务栏位置的具体操作步骤如下。

（1）在任务栏的空白处右击，在弹出的快捷菜单中会显示【锁定任务栏】选项，若其旁边有标识√，单击删除此标识。

提示：调整任务栏位置的前提是，任务栏处于非锁定状态。当【锁定任务栏】选项前面有一个√标识时，说明此时任务栏处于锁定状态。

（2）将鼠标指针移动到任务栏中的空白区域，然后拖动任务栏。

（3）将其拖至合适的位置后释放即可。

此外，还可以通过在【任务栏和「开始」菜单属性】对话框中进行设置来调整，具体操作步骤如下。

（1）在【开始】按钮上右击，从弹出的快捷菜单中选择【属性】选项，弹出【任务栏和「开始」菜单属性】对话框，切换到【任务栏】选项卡。

（2）从【屏幕上的任务栏位置】下拉列表中选择任务栏需要放置的位置，然后依次单击【应用】和【确定】按钮即可。

2. 调整任务栏的大小

调整任务栏的大小首先也要使任务栏处于非锁定状态，具体的操作步骤如下。

（1）将鼠标指针移到任务栏上的空白区域边界上方，此时鼠标指针变成↕形状，然后按住鼠标左键不放向上拖动，拖至合适的位置后释放即可。

（2）若想将任务栏还原为原来的大小，只要按照上面的方法再次拖动鼠标即可实现。

3.7 鼠标和键盘的设置

鼠标和键盘是计算机系统中的两个最基本的输入设备，用户可以根据自己的习惯对其进行个性化设置。

3.7.1 鼠标的个性化设置

鼠标用于帮助用户完成对计算机的一些操作。为了便于使用，可以对其进行一些相应的设置。进行鼠标个性化设置的具体步骤如下。图 3-27 是鼠标个性化设置相应的示意图。

（1）选择【开始】→【控制面板】选项，弹出【控制面板】窗口。

（2）在【查看方式】下拉列表中选择【小图标】选项。

（3）单击【鼠标】图标，弹出【鼠标 属性】对话框，切换到【鼠标键】选项卡。

（4）在【鼠标键配置】区域中设置目前起作用的是哪个键，如勾选【切换主要和次要的按钮】复选项，此时起主要作用的就变成鼠标右键。

（5）拖动【双击速度】区域中的【速度】滑块，设置鼠标双击的速度。

（6）设置完毕后切换到【指针】选项卡。

（7）在【方案】下拉列表中选择鼠标指针方案，如选择【Windows 黑色（特大）（系统方案）】选项，此时在【自定义】列表中就会显示出该方案的一系列鼠标指针形状，从中选择一种即可。

（8）设置完毕后切换到【指针选项】选项卡。

（9）在【移动】区域中拖动【选择指针移动速度】滑块，调整指针的移动速度。如果用户想提高指针的精确度，勾选【提高指针精确度】复选项即可。

（10）在【可见性】区域中用户也可以进行相应的设置。用户如果想显示指针的轨迹，勾选【显示指针轨迹】复选项，然后可通过下方的滑块来调整显示轨迹的长短。如果想在打字时隐藏指针，则可勾选【在打字时隐藏指针】复选项。

（11）设置完毕后切换到【滑轮】选项卡。

（12）在【垂直滚动】区域中选中【一次滚动下列行数】单选项，然后在下面的微调

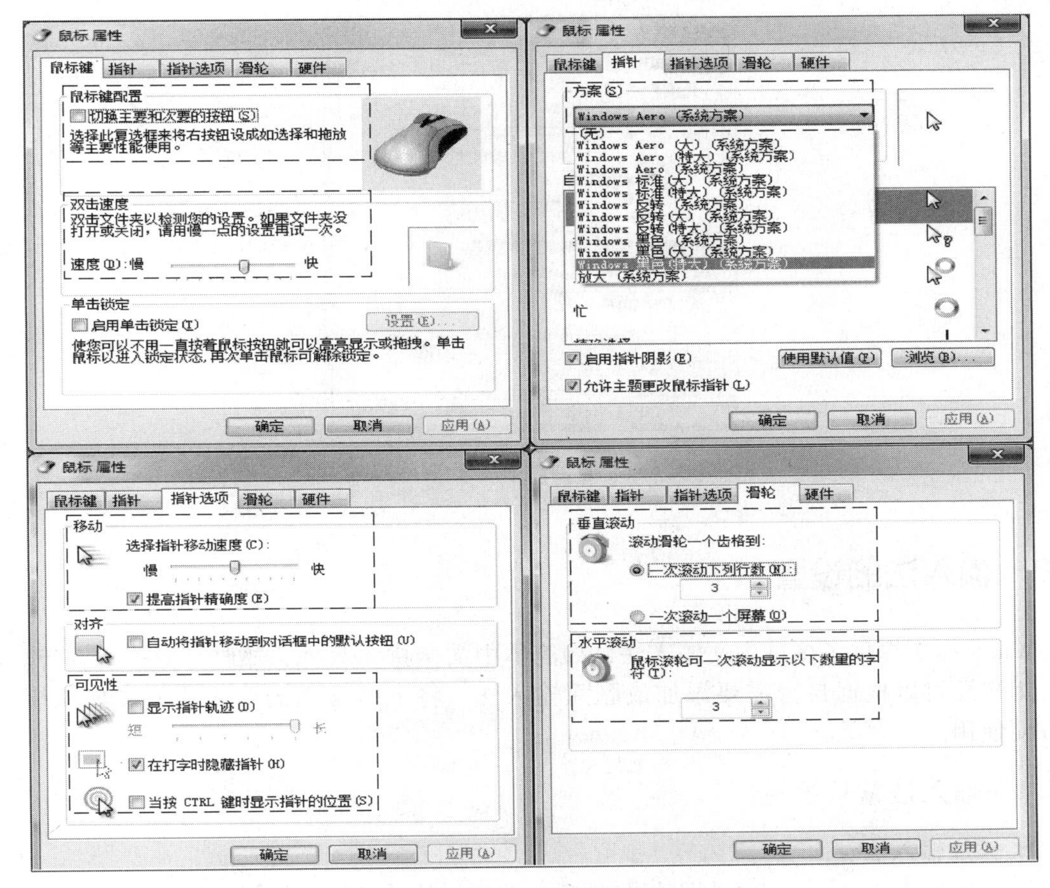

图 3-27　鼠标个性化设置

框中设置一次滚动的行数。

（13）在【水平滚动】区域中的微调框中可以设置滚轮滚动一次显示的字符数目。

（14）设置完毕后依次单击【应用】和【确定】按钮即可。

3.7.2　键盘的个性化设置

同鼠标的个性化设置一样，键盘也可以进行个性化设置，具体操作步骤如下。

（1）选择【开始】→【控制面板】选项，弹出【控制面板】窗口。

（2）在【查看方式】下拉列表中选择【小图标】选项。

（3）单击【键盘】图标，弹出【键盘 属性】对话框，如图 3-28 所示。

（4）切换到【速度】选项卡，在【字符重复】区域中通过拖动滑块可以设置字符的“重复延迟”和“重复速度”。在调整的过程中，用户可以在【单击此处并按住一个键以便测试重复速度】文本框中进行测试：将鼠标指针定位在文本框中，然后连续按下同一个键可以测试按键的重复速度。

（5）在【光标闪烁速度】区域中可以通过拖动滑块来设置光标的闪烁速度，滑块越靠近左侧，光标的闪烁速度越慢，反之越靠近右侧则越快。

（6）设置完毕后依次单击【应用】和【确定】按钮，即可完成对键盘的个性化设置。

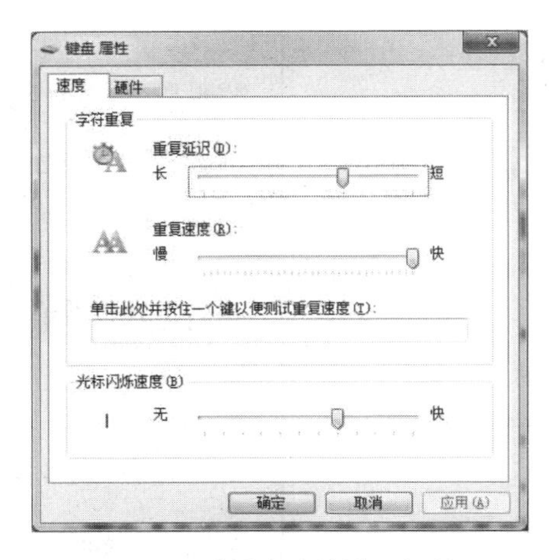

图 3-28　【键盘 属性】对话框

3.8　输入法的设置

Windows 7 提供了多种中文输入法，如简体中文全拼、双拼、郑码、微软拼音等。此外，用户还可以根据自身需要添加或删除输入法，将平时常用的输入法设成默认模式，以方便使用。

3.8.1　输入法常规设置

1. 添加输入法

(1) 选择【开始】→【控制面板】选项，在弹出的【控制面板】窗口中，单击【更改键盘或其他输入法】链接，打开如图 3-29 所示的【区域和语言】对话框。

(2) 打开【键盘和语言】选项卡，再单击【更改键盘】按钮，打开如图 3-30 所示的【文本服务和输入语言】对话框。

图 3-29　【区域和语言】对话框

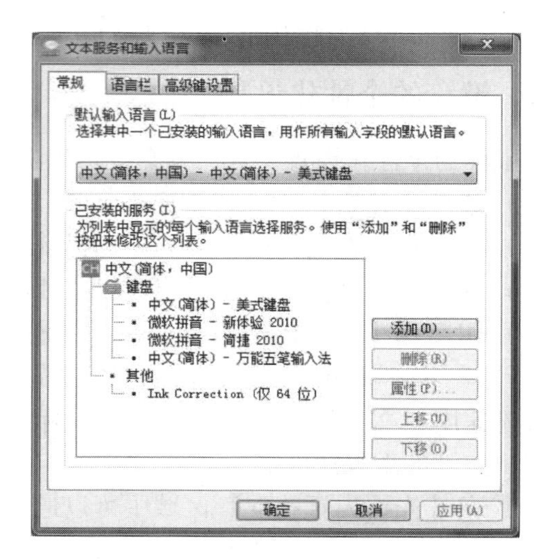

图 3-30　【文本服务和输入语言】对话框

（3）打开【常规】选项卡，再单击【添加】按钮，打开如图 3-31 所示的【添加输入语言】对话框，选中需要的输入法，再单击【确定】按钮，完成输入法的设置。

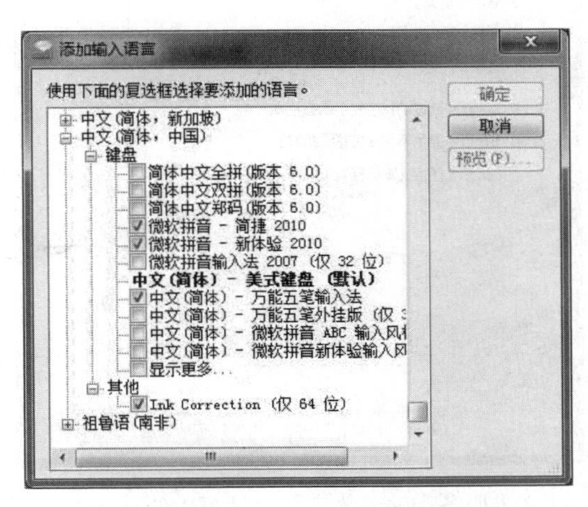

图 3-31　【添加输入语言】对话框

提示：添加或删除输入法，也可以右击任务栏中的输入法指示器，从弹出的快捷菜单中选择【设置】选项，打开如图 3-30 所示的【文本服务和输入语言】对话框进行操作。

2. 删除输入法

在【文本服务和输入语言】对话框中选中某一输入法，单击【删除】按钮，可以将其从系统中删除。

3. 设置默认输入法

添加若干个输入法后，比如有五笔、智能 ABC、搜狗拼音等，比较常用的可以将其设置为默认输入语言，方法是：在【文本服务和输入语言】对话框的【常规】选项卡里找到【默认输入语言】下拉列表，在该下拉列表中选择想设置的输入法，然后单击【应用】和【确定】按钮即可。

3.8.2　输入法语言栏及高级键设置

1. 语言栏位置及属性设置

在【文本服务和输入语言】对话框中单击【语言栏】标签，可以看到如图 3-32 所示的对话框，在该对话框中可以对语言栏的位置及属性进行设置。

2. 高级键设置

单击【文本服务和输入语言】对话框中的【高级键设置】标签，显示如图 3-33 所示的对话框，在此对话框中可以完成如下两种设置：调整关闭 Caps Lock 的热键；输入法切换热键的设置。

输入法切换设置的方法是：在【输入语言的热键】列表中选中【在输入语言之间】选项，然后单击【更改按键顺序】按钮，将弹出【更改按键顺序】对话框，如图 3-34 所示，选中其中的某一单选项后，单击【确定】按钮，然后回到如图 3-33 所示对话框，再单击【应用】和【确定】按钮。

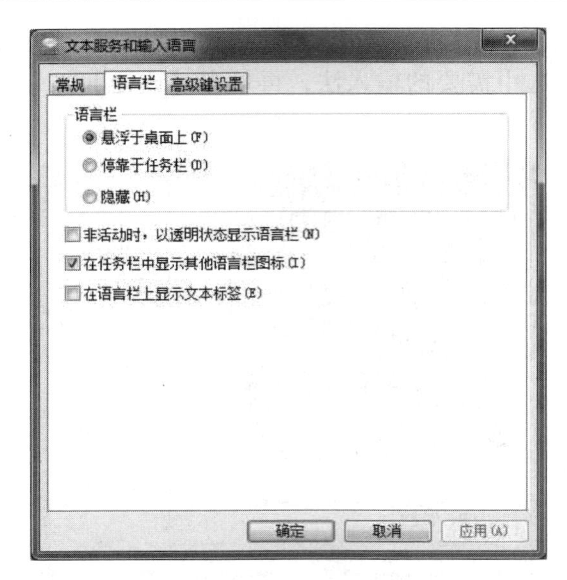

图 3-32 【文本服务和输入语言】对话框中的【语言栏】选项卡

图 3-33 【文本服务和输入语言】对话框中的【高级键设置】选项卡

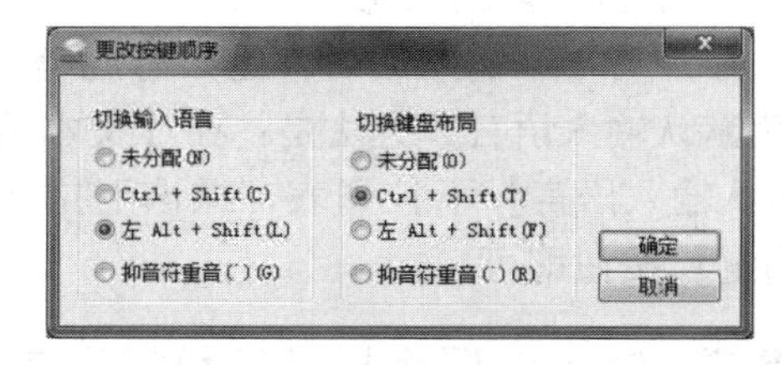

图 3-34 【更改按键顺序】对话框

3.9 认识文件和文件夹

3.9.1 文件

文件是存储在磁盘上的程序或文档，是磁盘中最基本的存储单位。用户的存储、删除和复制等操作都是以文件为单位进行的。

1. 文件名和扩展名

在操作系统中，每个文件都有一个名字，叫作文件名，以便和其他文件区分开来。文件名的格式为：主文件名 [. 扩展名]。

文件名的命名规则如下。

（1）文件或文件夹的名称最多可用 255 个字符。

（2）可使用多个间隔“.”，如“ABC. jpg. txt”文件名。

（3）文件名中可以使用汉字的中文名字，或者混合使用字符、数字，甚至空格来命名，但文件名中不能有“\”“/”“:”“<”“>”“*”“?”“"”“|”这些西文字符。

（4）文件名可大写、小写，但在操作系统中不区分文件名中字符的大小写，只是在显示时保留大小写格式。

（5）在文件名和扩展名中可以使用通配符“*”或“?”对文件进行快速查找，“*”可以表示任意多个字符，“?”可以表示任意一个字符，但不能以此给一个文件命名。

主文件名用来表示文件的名称，扩展名主要说明文件的类型。例如，名为“校训 . txt”的文件，“校训”为主文件名，“txt”为扩展名，表示该文件为文本文档类型。

2. 文件类型

操作系统是通过扩展名来识别文件类型的，因此了解一些常见的文件扩展名对于管理和操作文件将有很大的帮助。通常可以将文件分为程序文件、文本文件、图像文件，以及多媒体文件等。

表 3-1 列出了一些常见文件的扩展名及其对应的文件类型。

表 3-1　常见文件的扩展名及其文件类型

文件扩展名	文 件 类 型	文件扩展名	文 件 类 型
avi	视频文件	bmp	位图文件（一种图像文件）
wav	音频文件	mid	音频压缩文件
rar	WinRAR 压缩文件	mp3	采用 MPEG-1 layout 3 标准压缩的音频文件
bat	MS-DOS 环境中的批处理文件	pdf	图文多媒体文件
doc	Microsoft Word 文件	zip	压缩文件
html	超文本文件	txt	文本文件
jpeg	图像压缩文件	exe	可执行应用程序文件

文件的种类很多，运行方式各不相同。不同文件的图标也不一样，只有安装了相关的软件才会显示正确的图标。

默认情况下，用户可以看到文件的主文件名，而扩展名是隐藏的。如果用户想查看隐藏的扩展名，可以通过如下操作实现。

（1）双击桌面上的【计算机】快捷方式图标，打开【资源管理器】窗口。

（2）在【资源管理器】窗口中单击【组织】下三角按钮，将弹出如图 3-35 所示的下拉列表，选择【文件夹和搜索选项】选项中，打开【文件夹选项】对话框。

（3）在【文件夹选项】对话框中，单击【查看】标签，在【高级设置】列表中取消已勾选的【隐藏已知文件类型的扩展名】复选项，如图 3-36 所示，单击【确定】按钮，即可查看到隐藏的文件扩展名。

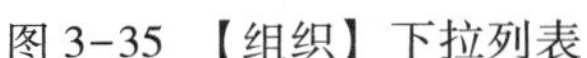
图 3-35 【组织】下拉列表

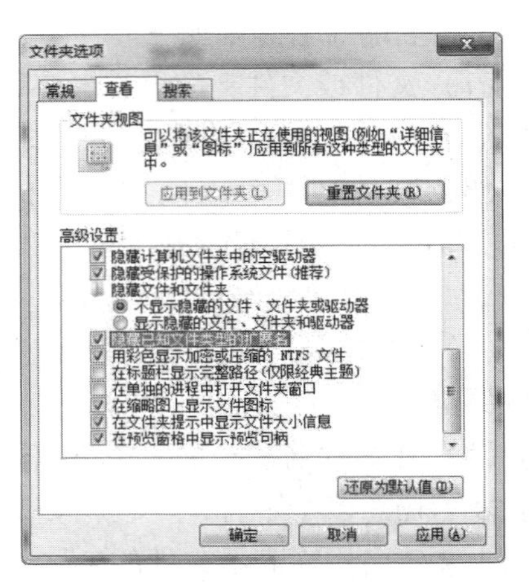

图 3-36 【文件夹选项】对话框

3.9.2 文件夹

操作系统中用于存放文件的容器就是文件夹，在 Windows 7 操作系统中文件夹的图标是 。

可以将程序、文件，以及快捷方式等各种文件存放到文件夹中，文件夹中还可以存放文件夹。为了能对各个文件进行有效管理，方便文件的查找和统计，可以将一类文件集中地放置在一个文件夹内，这样就可以按照类别存储文件了。但是，同一个文件夹中不能存放相同名称的文件或文件夹。例如，文件夹中不能同时出现两个名称为“a. doc”的文件，也不能同时出现两个名称为“a”的文件夹。

3.9.3 文件和文件夹的显示与查看

通过显示文件和文件夹，可以查看系统中所有的隐藏文件，而通过查看文件和文件夹，则可了解指定文件和文件夹的内容与属性。

1. 文件和文件夹的显示

这里以设置“system32”文件夹的显示方式为例，介绍设置单个文件夹的显示方式的具体操作步骤。

（1）找到“system32”文件夹，双击该文件夹，打开【system32】窗口。

（2）单击【更改您的视图】按钮 ▼ 右侧的下三角按钮，在弹出的下拉列表中会列出 8 个视图选项：【超大图标】【大图标】【中等图标】【小图标】【列表】【详细信息】【平铺】【内容】。

（3）按住鼠标左键拖动下拉列表左侧的小滑块，可以使视图根据滑块所在的选项位置进行切换。

若要将所有的文件和文件夹的显示方式都设置为与“system32”文件夹相同的视图显示方式，则需要在【文件夹选项】对话框中进行设置，具体的操作步骤如下。

（1）按前面方法打开【system32】窗口，单击该窗口工具栏上的 组织▼ 下三角按钮，从弹出的下拉列表中选择【文件夹和搜索选项】选项。

（2）弹出【文件夹选项】对话框，单击【查看】标签，再单击 应用到文件夹(L) 按钮，即可将“system32”文件夹使用的视图显示方式应用到所有的这种类型的文件夹中。

（3）单击【确定】按钮，弹出【文件视图】对话框，询问“是否让这种类型的所有文件夹与此文件夹的视图设置匹配”，单击【是】按钮，返回【文件夹选项】对话框，然后单击【确定】按钮即可完成设置。

2. 文件和文件夹的查看

了解文件和文件夹的属性，可以得到相关的类型、大小和创建时间等信息。下面介绍查看文件属性的方法。

（1）若要查看文件的属性，先右击文件，然后从弹出的快捷菜单中选择【属性】选项。

（2）弹出的【属性】对话框中的【常规】选项卡中包括文件类型、打开方式、位置、大小、占用空间、创建时间、修改时间、访问时间和属性等相关信息。通过创建时间、修改时间和访问时间可以查看最近对该文件进行的操作时间。在【属性】对话框的下边列出了文件的【只读】【隐藏】两个属性复选项。

（3）切换到【详细信息】选项卡，从中可以查看到关于该文件的更详细的信息。单击【关闭】按钮，即可完成对文件属性的查看。

查看文件夹的方式与查看文件的方式相同，此处不做赘述。

3.9.4　文件和文件夹的基本操作

熟悉文件和文件夹的基本操作，对于用户管理计算机中的程序和数据是非常重要的。

1. 新建文件和文件夹

新建文件的方法有两种，一种是通过右键快捷菜单新建文件，另一种是在应用程序中新建文件。文件夹的新建方法也有两种，一种是通过右键快捷菜单新建文件夹，另一种是通过窗口工具栏上的【新建文件夹】按钮新建文件夹。

2. 创建文件和文件夹快捷方式

快捷方式是用户计算机或者网络上任何一个可链接项目（文件、文件夹、程序、磁盘驱动器、网页、打印机或另一台计算机等）的链接。用户可以为常用的文件和文件夹建立快捷方式，将它们放在桌面或是能够快速访问的位置，便于日常操作。具体的操作步骤是：右击某文件或文件夹，从弹出的快捷菜单中选择【创建快捷方式】选项。

快捷方式可以存放到桌面上或者其他的文件夹中。在文件或者文件夹的右键快捷菜单中选择【发送到】→【桌面快捷方式】选项，就可以将快捷方式存放到桌面上。

3. 文件或文件夹的选择

对文件或文件夹编辑之前，第一步是要选中一个或多个文件（或文件夹）。选中一个或多个文件（或文件夹）的具体方法如下。

（1）选中单个文件或文件夹：将鼠标光标移到要选中的文件或文件夹上，并单击鼠标；若撤销选择，单击窗口空白处。

（2）选中一组连续排列的文件或文件夹：首先单击要选择的第一个文件或文件夹，然后按住 Shift 键，继续单击要选择的最后一个文件或文件夹，这一组连续排列的文件或文件夹将都被选中；若想取消其中某个文件或文件夹的选择，需在按住 Ctrl 键的同时，单击想要取消选择的文件或文件夹；若想全部取消，单击窗口空白处即可。

（3）选中多个不连续的文件或文件夹：按住 Ctrl 键，然后依次单击要选择的文件或文件夹即可；若要取消选择，方法同（2）。

（4）选择全部文件或文件夹：使用 Ctrl+A 组合键。

4. 重命名文件和文件夹

用户可以根据需要对文件和文件夹重新命名，以方便查看和管理。

1）重命名单个文件或文件夹

可以通过以下 4 种方法对文件或文件夹重命名。

通过右键快捷菜单：右击某文件或文件夹，从弹出的快捷菜单中选择【重命名】选项，此时文件或文件夹名称处于可编辑状态，直接输入新的文件或文件夹名称，输入完毕后在窗口空白区域单击或按 Enter 键即可。

通过鼠标单击：选中需要重命名的文件或文件夹，单击所选文件或文件夹的名称，使其处于可编辑状态，然后直接输入新的文件或文件夹的名称即可。

通过功能键：首先选中需要重命名的文件或者文件夹，然后按下功能键区的 F2 键，即可使所选文件或文件夹的名称处于可编辑状态，然后直接输入新的文件或文件夹名称即可。

通过工具栏上的【组织】下拉列表：选中需要重命名的文件或文件夹，单击工具栏上的【组织】按钮，从弹出的下拉列表中选择【重命名】选项；此时，所选的文件或文件夹的名称处于可编辑状态，直接输入新文件或文件夹的名称，然后在窗口的空白处单击或按 Enter 键即可。

2）批量重命名文件或文件夹

有时需要重命名多个相似的文件或文件夹，这时用户就可以使用批量重命名文件或文件夹的方法，方便快捷地完成操作，具体的操作步骤如下。

（1）选中需要重命名的多个文件或文件夹。

（2）单击工具栏上的【组织】按钮，从弹出的下拉列表中选择【重命名】选项。

（3）此时，所选中的文件或文件夹中的第 1 个文件或文件夹的名称处于可编辑状态。

（4）直接输入新的文件或文件夹名称。

（5）在窗口的空白区域单击或者按 Enter 键，可以看到所选中的其他文件或文件夹都以该名称重新命名，只是结尾处附带不同的编号。

5. 复制和移动文件和文件夹

在日常操作中，经常需要为一些重要的文件或文件夹备份，即在不删除原文件或文件夹的情况下，创建与原文件或文件夹相同的副本，这就是文件或文件夹的复制。移动文件或文件夹则是将文件或文件夹从一个位置移动到另一个位置，原文件或文件夹被删除。

复制文件或文件夹的方法有以下 4 种。

（1）通过右键快捷菜单：右击要复制的文件或文件夹，从弹出的快捷菜单中选择【复制】选项；打开要存放副本的磁盘或文件夹窗口，右击，从弹出的快捷菜单中选择【粘贴】选项，即可将文件或文件夹复制到此磁盘或文件夹窗口中。

（2）通过工具栏上的【组织】下拉列表：选中要复制的文件或文件夹，单击工具栏上的【组织】按钮，从弹出的下拉列表中选择【复制】选项；打开要存放副本的磁盘或文件夹窗口，单击【组织】按钮，从弹出的下拉列表中选择【粘贴】选项，即可将复制的文件粘贴到打开的磁盘或文件夹窗口中。

（3）通过鼠标拖动：选中要复制的文件或文件夹，按 Ctrl 键的同时（非同一磁盘分区之间进行复制可省略此步）拖动选中的文件或文件夹到目标文件夹中；释放鼠标和 Ctrl 键，即完成复制。

（4）通过组合键：按 Ctrl+C 组合键可以复制文件或文件夹，按 Ctrl+V 组合键可以粘贴文件或文件夹。

移动文件或文件夹的方法有以下 4 种。

（1）通过右键快捷菜单中的【剪切】和【粘贴】选项：右击要移动的文件或文件夹，从弹出的快捷菜单中选择【剪切】选项；打开存放该文件或文件夹的目标位置，然后右击，从弹出的快捷菜单中选择【粘贴】选项，即可实现文件或文件夹的移动。

（2）通过工具栏上的【组织】下拉列表：选中要移动的文件或文件夹，单击【工具栏】上的【组织】按钮，从弹出的下拉列表中选择【剪切】选项；打开存放该文件或文件夹的目标位置，单击【组织】按钮，从弹出的下拉列表中选择【粘贴】选项，即可实现文件或文件夹的移动。

（3）通过鼠标拖动：选中要移动的文件或文件夹，按住鼠标左键不放，将其拖动到目标文件夹中，然后释放即可实现移动操作。

（4）通过组合键：按 Ctrl+X 组合键可以剪切文件或文件夹，按 Ctrl+V 组合键可以粘贴文件或文件夹。

剪贴板：在进行复制或移动操作时，系统实际是通过内存中的一块临时存储区域来完成文件或文件夹的复本转移工作的，这个区域叫作剪贴板。

6. 删除和恢复文件和文件夹

为了节省磁盘空间，可以将一些无用的文件或文件夹删除，但有时删除后会发现有些文件或文件夹中还有一些有用的信息，这时就要对其进行恢复操作。

1）删除文件或文件夹

文件或文件夹的删除可以分为暂时删除（暂存到回收站里）和彻底删除（回收站不存储）两种。

暂时删除文件或文件夹的方法有 4 种。

（1）通过右键快捷菜单：在需要删除的文件或文件夹上右击，从弹出的快捷菜单中选择【删除】选项。

（2）通过工具栏上的【组织】下拉列表：选中要删除的文件或文件夹，然后单击工具栏上的【组织】按钮，从弹出的下拉列表中选择【删除】选项。

（3）通过 Delete 键：选中要删除的文件或文件夹，然后按下键盘上的 Delete 键，随即弹出【删除文件】对话框，单击【是】按钮。

（4）通过鼠标拖动：选中要删除的文件或文件夹，将其拖动到桌面上的【回收站】图标上，然后释放即可。

回收站是在硬盘中开辟的一块存储区域，所以暂时删除到回收站里的文件还占用硬盘的存储空间。如果想对文件或文件夹进行彻底删除，不在回收站中存放，可以对文件或文件夹进行永久删除，主要有以下 4 种方法。

（1）Shift 键+右键快捷菜单：选中要删除的文件或文件夹，按 Shift 键的同时在该文件或文件夹上右击，从弹出的快捷菜单中选择【删除】选项，在弹出的对话框中单击【是】按钮即可。

（2）Shift键+【组织】下拉列表：选中要删除的文件或文件夹，按Shift键的同时单击工具栏上的【组织】按钮，从弹出的下拉列表中选择【删除】选项，在弹出的对话框中单击【是】按钮即可。

（3）Shift+Delete组合键：选中要删除的文件或文件夹，然后按Shift+Delete组合键，在弹出的对话框中单击【是】按钮即可。

（4）Shift键+鼠标拖动：按Shift键的同时，按住鼠标左键，将要删除的文件或文件夹拖动到桌面上的【回收站】图标上，也可以将其彻底删除。

2）恢复文件或文件夹

用户将一些文件或文件夹删除后，若发现又需要用到该文件或文件夹，只要没有将其彻底删除，就可以从回收站中将其恢复，具体的操作步骤如下：双击桌面上的【回收站】图标，弹出【回收站】窗口，窗口中列出了被删除的所有文件或文件夹；右击要恢复的文件或文件夹，从弹出的快捷菜单中选择【还原】选项，或者单击【工具栏】上的【还原此项目】按钮；此时，被还原的文件就会重新回到原来存放的位置。

提示：在桌面上的【回收站】图标上右击，从弹出的快捷菜单中选择【清空回收站】选项，然后在弹出的对话框中单击【是】按钮，可以将回收站中的所有的项目彻底删除。

如果文件或文件夹已经从回收站里清空，那么文件或文件夹就不能通过正常手段恢复。不过可以通过一些技术手段对其进行恢复，这里就不再进行详述。

7. 查找文件和文件夹

计算机中的文件和文件夹会随着时间的推移而日益增多，想从众多文件中找到所需的文件则是一件非常麻烦的事情。为了省时省力，可以使用搜索功能查找文件。Windows 7操作系统提供了查找文件和文件夹的多种方法，在不同的情况下可以使用不同的方法。

1）使用【开始】菜单上的【搜索】文本框

用户可以使用【开始】菜单上的【搜索】文本框来查找存储在计算机上的文件、文件夹、程序和电子邮件等。单击【开始】按钮，在弹出的【开始】菜单中的【搜索】文本框中输入想要查找的信息。例如，想要查找计算机中所有关于图像的信息，只需在该文本框中输入“图像”，输入完毕，与所输入文本相匹配的项都会显示在【开始】菜单上。

2）使用文件夹或库窗口上搜索栏的文本框

通常用户可能知道所要查找的文件或文件夹位于某个特定的文件夹或库中，此时即可使用此文件夹或库窗口上搜索栏的文本框进行搜索。以在特定库中查找文件为例，具体的操作步骤如下：打开文档库窗口；在文档库窗口顶部的搜索文本框中输入要查找的内容，输入完毕后系统将自动对文件进行筛选，可以在窗口下方看到所有相关的文件。

如果用户想要基于一个或多个属性来搜索文件，则可在搜索时使用搜索筛选器来指定属性。在文件夹或库的搜索栏的文本框中，用户可以通过添加搜索筛选器来更加快速地查找指定的文件或文件夹。

在对文件或文件夹进行查找时，可以使用通配符对文件或文件夹进行模糊搜索。

8. 隐藏与显示文件和文件夹

有一些重要的文件或文件夹，为了避免被其他人误操作，可以将其设置为隐藏属性。当用户想要查看这些文件或文件夹时，只要设置相应的文件夹选项即可看到文件内容。

1）隐藏文件和文件夹

用户如果要隐藏文件和文件夹，首先将想要隐藏的文件和文件夹设置为隐藏属性，然后再对文件夹选项进行相应的设置。

设置文件和文件夹的隐藏属性：右击需要隐藏的文件或文件夹，从弹出的快捷菜单中选择【属性】选项；在【属性】对话框中勾选【隐藏】复选项，然后单击【确定】按钮；在弹出的【确认属性更改】对话框中选中【将更改应用于此文件夹、子文件夹和文件】单选项，然后单击【确定】按钮，即可完成对所选文件或文件夹隐藏属性的设置。

在文件夹选项中设置不显示隐藏文件：在文件夹窗口中单击工具栏上的【组织】按钮，从弹出的下拉列表中选择【文件夹和搜索选项】选项，将弹出【文件夹选项】对话框；切换到【查看】选项卡，然后在【高级设置】区域中选中【不显示隐藏的文件、文件夹和驱动器】单选项；单击【确定】按钮，即可隐藏所有设置为隐藏属性的文件、文件夹及驱动器。

如果在文件夹选项中设置了显示隐藏文件，那么隐藏的文件将会以半透明状态显示，此时还是可以看到文件夹，不能起到保护的作用，所以要在文件夹选项中设置不显示隐藏的文件。

2）显示所有隐藏的文件和文件夹

默认情况下，为了保护系统文件，系统会将一些重要的文件设置为隐藏属性。有些病毒就是利用了这一功能，将自己的名称变成与系统文件相似的类型而隐藏起来。用户如果不显示这些隐藏的系统文件，就不会发现这些隐藏的病毒。显示隐藏的所有文件及文件夹的方法如下：按前面介绍的方法打开【文件夹选项】对话框，切换到【查看】选项卡，在【高级设置】区域中撤选【隐藏受保护的操作系统文件（推荐）】复选项，并选中【显示隐藏的文件、文件夹和驱动器】单选项；设置完毕，依次单击【应用】和【确定】按钮，即可显示所有隐藏的系统文件，以及设置为隐藏属性的文件、文件夹和驱动器，这样用户就可以查看系统中是否隐藏了病毒文件。

3.10　常用附件

Windows 7 自带了很多实用的应用程序来满足不同用户的需求，如画图程序、计算器程序、记事本程序、写字板程序、截图工具等。

3.10.1　画图程序

画图程序是 Windows 7 自带的附件程序。使用该程序除了可以绘制、编辑图片，以及为图片着色外，还可以将文件和设计图案添加到其他图片中，对图片进行简单的编辑。

1. 启动画图程序

单击【开始】按钮，从弹出的【开始】菜单中选择【所有程序】→【附件】→【画图】选项，即可启动画图程序。

2. 认识【画图】窗口

【画图】窗口主要由 4 部分组成，分别是快速访问工具栏、【画图】按钮、功能区和绘图区域，如图 3-37 所示。

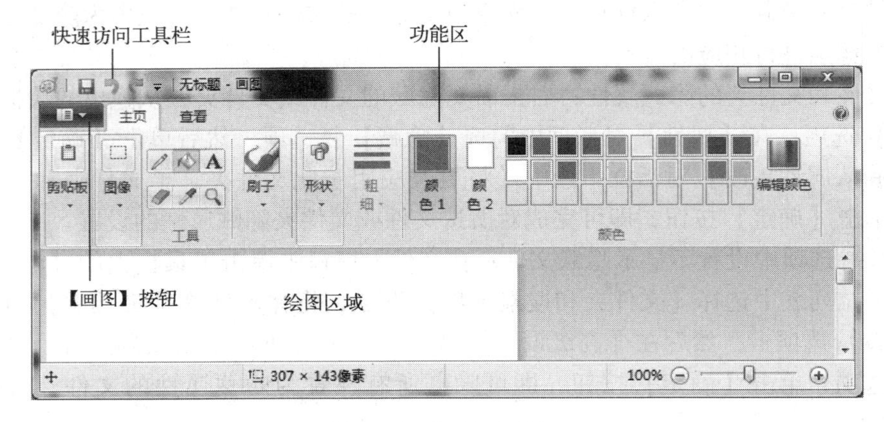

图 3-37 【画图】窗口

3. 绘制基本图形

画图程序是一款比较简单的图形编辑工具，使用它可以绘制简单的几何图形，如直线、曲线、矩形、圆形及多边形等。展开的【画图】窗口功能区如图 3-38 所示。

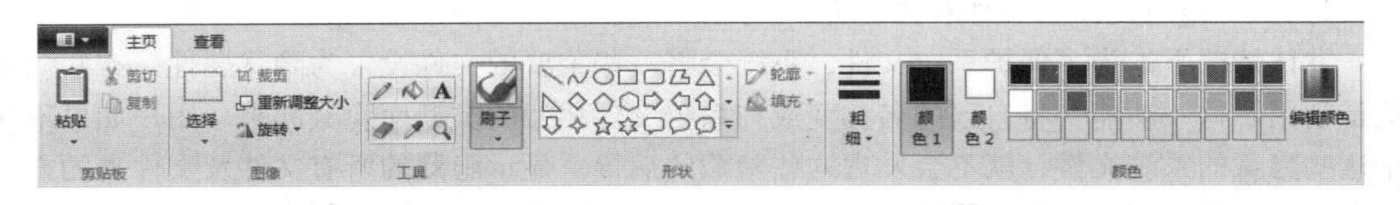

图 3-38 【画图】窗口功能区

1）绘制线条

使用画图程序绘制直线的方法如下。

（1）单击功能区中【形状】选项组中的【直线】按钮 。

（2）单击【形状】选项组中的【轮廓】按钮，然后在弹出的下拉列表中设置直线的轮廓，如图 3-39 所示。

图 3-39 【轮廓】下拉列表

（3）单击功能区中的【粗细】按钮，在弹出的下拉列表中设置直线的粗细。

（4）在【颜色】选项组中设置直线的颜色。

（5）将鼠标指针移动到绘图区域，此时指针变成 形状，拖动鼠标即可绘制直线。

（6）若要绘制竖线、横线，以及与水平成 45°角的直线，则需在绘制的同时按 Shift 键。

提示：绘制图形时默认使用的颜色都是【颜色 1】按钮中的颜色，若想使绘制的图形与【颜色 2】按钮中的颜色相同，需要按下鼠标右键进行绘制。设置【颜色 2】按钮中的颜色的方法比较简单，只需单击【颜色 2】按钮，然后在其右侧的【颜色】列表中选择要设置的颜色即可。

绘制曲线与绘制直线的方法大致相同，只是使用的工具（【曲线】按钮）不同，这里不做赘述。

2）绘制多边形

使用画图程序绘制多边形的具体操作步骤如下。

（1）单击功能区中【形状】选项组中的【多边形】按钮。

（2）单击【形状】选项组中的【轮廓】按钮，然后在弹出的下拉列表中设置线条的轮廓。

（3）单击【形状】选项组中的【填充】按钮，从弹出的下拉列表中选择某一填充类型。

（4）单击【粗细】按钮，在弹出的下拉列表中设置多边形轮廓的粗细。

（5）单击【颜色 1】按钮，在【颜色】列表中选择多边形轮廓的颜色，然后单击【颜色 2】按钮，在【颜色】列表中选择多边形的填充颜色。

（6）将鼠标指针移动到绘图区域，然后按住鼠标左键，绘制多条直线，并将它们首尾相连，组合成一个封闭的多边形区域。

3）绘制其他形状图形

使用画图程序还可以绘制矩形、圆角矩形、圆和椭圆等各种形状，它们的绘制方法大致相同。

若想绘制矩形，单击【形状】选项组中的【矩形】按钮□，在功能区完成轮廓、填充、粗细及颜色的设置，在绘制区域拖动鼠标绘制矩形（若想绘制正方形，则需在按住鼠标左键的同时按下 Shift 键）。

若想绘制圆，单击【形状】选项组中的【椭圆形】按钮○，在功能区完成轮廓、填充、粗细及颜色的设置，在绘制区域拖动鼠标绘制椭圆（若想绘制正圆，则需在按住鼠标左键的同时按下 Shift 键）。

4）添加和编辑文字

为了增加图形的效果，用户可以在所绘制的图形或添加的图片中添加文字，具体的操作步骤如下。

（1）打开画图程序，单击【文件】→【打开】选项，在弹出的对话框中选中要添加文字的图片文件，单击【打开】按钮。

（2）单击【工具】选项组中的【文本】按钮A。

（3）将鼠标指针移至绘图区域，然后在要输入文字的位置单击，将出现文本框，此时窗口将自动切换到【文本工具】下的【文本】选项卡中，并进入文字可输入状态。接下来，在【字体】选项组中设置字体格式。

（4）单击【背景】选项组中的透明按钮，可将文字的背景颜色设置为透明，然后在【颜色】选项组中设置字体颜色。设置完成后，在文本框中输入要添加的文字内容。

（5）输入完成后，将鼠标指针移至文本框的边缘位置，当鼠标指针变成✥时，拖动鼠标即可调整文字的位置。

（6）在文本框之外的任意位置单击即可完成文字的输入。

5）保存文件

（1）单击【文件】→【另存为】选项，或者按 Ctrl+S 组合键。

（2）随即弹出【另存为】对话框，在左侧列表中设置图像的存放路径，在【文件名】文本框中输入文件名，在【保存类型】下拉列表中选择保存文件的类型。

（3）单击【保存】按钮即可。

3.10.2 计算器程序

Windows 7 自带的计算器程序不仅具有标准的计算器功能，而且集成了科学型计算器、程序员型计算器和统计信息型计算器的高级功能。另外，还附带了单位转换、日期计算和工作表等功能，使计算器变得更加人性化。

1. 打开计算器程序

单击【开始】按钮，弹出【开始】菜单，单击【所有程序】→【附件】→【计算器】选项，即可弹出【计算器】窗口。

2. 计算器分类

计算器从类型上可分为标准型、科学型、程序员型和统计信息型 4 种类型。

标准型：计算器工具的默认界面为标准型界面，使用标准型计算器可以进行加、减、乘、除等简单的四则混合运算，如图 3-40 所示。

图 3-40 计算器的标准型（左）与科学型（右）

科学型：在【计算器】窗口中，单击【查看】→【科学型】选项，即可打开科学型计算器。使用科学型计算器可以进行比较复杂的运算，如三角函数运算、平方和立方运算等，运算结果可精确到 32 位，如图 3-40 所示。

程序员型：在【计算器】窗口中，单击【查看】→【程序员型】选项，即可打开程序员型计算器。使用程序员型计算器不仅可以实现进制之间的转换，而且可以进行与、或、非等逻辑运算，如图 3-41 所示。

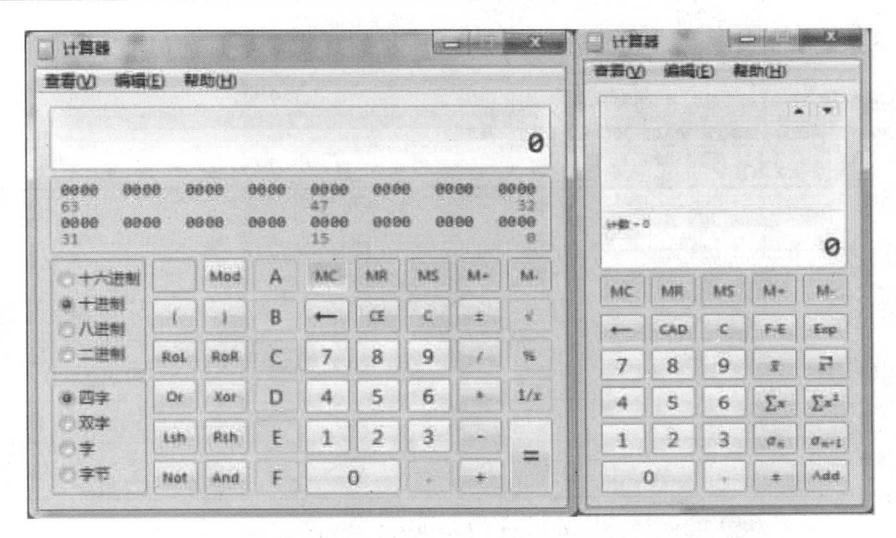

图 3-41　计算器的程序员型（左）与统计信息型（右）

统计信息型：在【计算器】窗口中，单击【查看】→【统计信息】选项，即可打开统计信息型计算器。使用统计信息型计算器可以进行样本均值、求和、平方值总和、标准偏差，以及样本标准差等统计运算，如图 3-41 所示。

3. 计算器的使用

实例：

1. 求(17+98)×100/19 的值。

操作步骤：将计算器类型切换到科学型，单击按钮的顺序如下：(→ 1 → 7 → + → 9 → 8 →) → * → 1 → 0 → 0 → / → 1 → 9 → =。

2. 求 9^4（9 的 4 次幂）的值。

操作步骤：将计算器类型切换到科学型，单击按钮的顺序如下：9 → x^y → 4 → =，其中按钮 x^y 表示 x 的 y 次幂。

3. 将十进制数 1798 转换为十六进制数。

操作步骤：将计算器类型切换到程序员型，单击按钮的顺序如下：◉十进制 → 1 → 7 → 9 → 8 → ◉十六进制。

4. 计算 11、13、15、17 和 19 这 5 个数的总和、样本均值和样本标准差。

操作步骤：打开统计信息型计算器，单击 1 → 1 按钮，然后单击【添加】按钮 Add，将输入的数字添加到统计框中，用相同的方法依次将数字 13、15、17 和 19 添加到统计框中，单击【求和】按钮 Σx，即可计算出这 5 个数的总和；单击【求样本均值】按钮 $\bar{x}$，即可计算出这 5 个数的样本均值；单击【求样本标准差】按钮 σ_{n-1}，即可计算出这 5 个数的样本标准差。

3.10.3　记事本程序

记事本程序是 Windows 7 自带的一个用来创建简单文档的文本编辑器。记事本程序常用来查看或编辑纯文本（.txt）文件，是创建网页的简单工具。单击【开始】→【所有程序】→

【附件】→【记事本】选项，将打开如图 3-42 所示的【记事本】窗口。

图 3-42 【记事本】窗口

3.10.4 写字板程序

写字板程序是一个功能比记事本稍强的文字处理工具，它接近于标准的文字处理软件，是适用于短小文档的文本编辑器。在写字板程序中可用各种不同的字体和段落样式来编辑和排版文档，还可插入图片等对象，所编辑的文本存档时的默认扩展名为“rtf”，【写字板】窗口如图 3-43 所示。

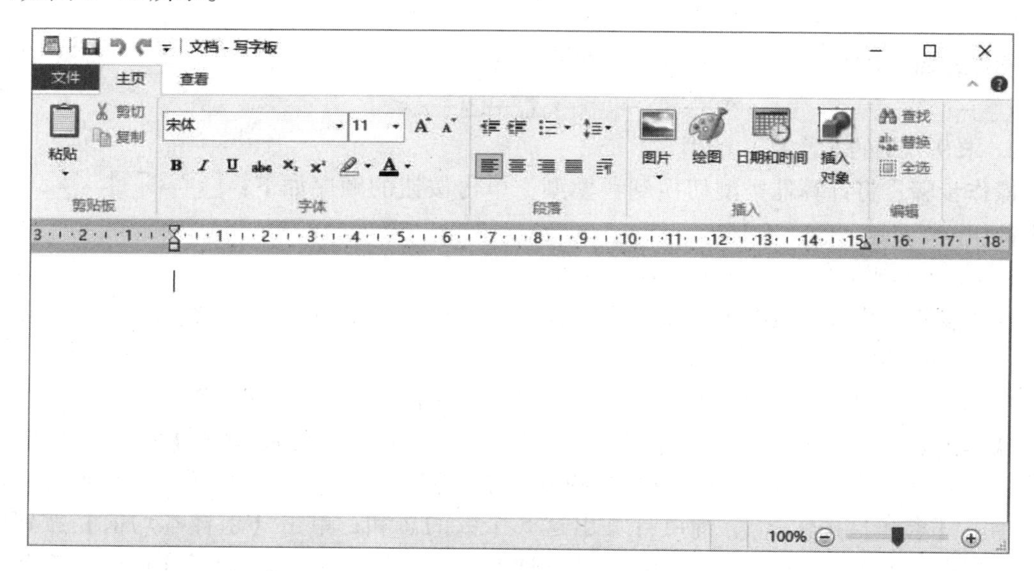

图 3-43 【写字板】窗口

3.10.5 截图工具

Windows 7 系统自带了一款截图工具，具有便捷、简单、截图清晰等突出优点，可实现多种形状的截图、全屏截图及局部截图，并且可以对截取的图像进行编辑。

1. 新建截图

新建截图的具体操作步骤如下。

（1）单击【开始】按钮，在弹出的【开始】菜单中选择【所有程序】→【附件】→【截图工具】选项，也可以通过在【运行】文本框中输入“Snipping Tool”命令来启动截图工具，弹出的【截图工具】窗口如图 3-44 所示。

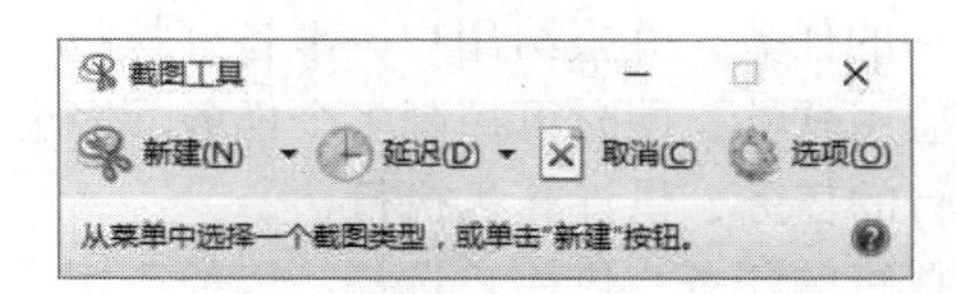

图 3-44　【截图工具】窗口

（2）单击新建(N)按钮右侧的下三角按钮，从弹出的下拉列表中选择【任意格式截图】【矩形截图】【窗口截图】或【全屏幕截图】中的一项。此时，鼠标指针变成“十”字形状，单击要截取图片的起始位置，然后按住鼠标左键不放，拖动选中要截取的图像区域。

（3）释放鼠标即可完成截图，此时在【截图工具】窗口中会显示截取的图像。

2. 编辑截图

截图工具带有简单的图像编辑功能：单击【复制】按钮可以复制图像；单击【笔】按钮可以使用画笔功能绘制图形或者书写文字；单击【荧光笔】按钮可以绘制和书写具有荧光效果的图形和文字；单击【橡皮擦】按钮可以擦除利用【笔】和【荧光笔】按钮绘制的图形和文字。

3. 保存截图

截取的图像可以保存到计算机中，以方便以后查看和编辑。保存截图的具体操作步骤如下：在【截图工具】窗口中，单击【文件】→【另存为】选项，或者按 Ctrl+S 组合键，都可以将截图保存为 HTML、PNG、GIF 或 JPEG 格式的文件。

习题

一、选择题

1. Windows 7 操作系统桌面上任务栏的作用是（　　）。

A. 记录已经执行完毕的任务，并报给用户，准备好执行新的任务
B. 记录正在运行的应用软件，同时可控制多个任务、多个窗口之间的切换
C. 列出用户计划执行的任务，供计算机执行
D. 列出计算机可以执行的任务，供用户选择，以便于用户在不同任务之间进行切换

2. Windows 7 操作系统中的文件夹组织结构是一种（　　）。

A. 表格结构　　B. 树形结构　　C. 网状结构　　D. 线性结构

3. Windows 7 操作系统是一个（　　）操作系统。

A. 多任务　　B. 单任务　　C. 实时　　D. 批处理

4. Windows 7 操作系统中文件的扩展名的长度为（　　）字符。

A. 1 个　　B. 2 个　　C. 3 个　　D. 4 个

5. Windows 7 操作系统自带的网络浏览器是（　　）。

A. NETSCAPE　　B. HOT-MAIL　　C. CUTFTP　　D. Internet Explorer

6. 在 Windows 7 操作系统的中文输入法状态下，以下说法不正确的是（　　）。

A. Ctrl+Space 组合键可以切换中/英文输入法
B. Shift+Space 组合键可以切换全/半角输入状态
C. Ctrl+Shift 组合键可以切换其他已安装的输入法
D. 右 Shift 键可以关闭汉字输入法

7. 在 Windows 7 操作系统中，能弹出对话框的操作是（　　）。

A. 选择了带省略号的选项　　B. 选择了带▶的选项
C. 选择了颜色变灰的选项　　D. 运行了与对话框对应的应用程序

8. 在 Windows 7 操作系统中，不同文档之间互相复制信息需要借助于（　　）。

A. 剪贴板　　B. 记事本　　C. 写字板　　D. 磁盘缓冲器

9. 在 Windows 7 操作系统中，若鼠标指针变成了“I”形状，则表示（　　）。

A. 当前系统正在访问磁盘　　B. 可以改变窗口大小
C. 可以改变窗口位置　　D. 可以在鼠标光标所在位置输入文本

10. 在 Windows 7 操作系统中，当某个程序因某种原因陷入死循环时，下列哪一个方法能较好地结束该程序？（　　）

A. 按 Ctrl+Alt+Delete 组合键，在弹出的对话框中的任务列表中选择该程序，并单击【结束任务】按钮，结束该程序的运行
B. 按 Ctrl+Delete 组合键，在弹出的对话框中的任务列表中选择该程序，并单击【结束任务】按钮，结束该程序的运行
C. 按 Alt+Delete 组合键，在弹出的对话框中的任务列表中选择该程序，并单击【结束任务】按钮，结束该程序的运行
D. 直接重启计算机，结束该程序的运行

11. 在 Windows 7 操作系统中，文件名为“MM. txt”和“mm. txt”的文件（　　）。

A. 是同一个文件　　B. 不是同一个文件

C. 有时候是同一个文件　　D. 是两个文件

12. 在 Windows 7 操作系统中，允许用户同时打开（　　）个窗口。

A. 8　　B. 16　　C. 32　　D. 无限多

13. 在 Windows 7 操作系统中，允许用户同时打开多个窗口，但只有一个窗口处于激活状态，其特征是标题栏高亮显示，该窗口称为（　　）窗口。

A. 主　　B. 运行　　C. 活动　　D. 前端

14. 在 Windows 7 操作系统中，可按（　　）键得到帮助信息。

A. F1　　B. F2　　C. F3　　D. F10

15. 在 Windows 7 操作系统中，可按 Alt+（　　）组合键在多个已打开的程序窗口中进行切换。

A. Enter　　B. Space　　C. Insert　　D. Tab

16. 在 Windows 7 操作系统中，在实施打印前（　　）。

A. 需要安装打印应用程序

B. 用户需要根据打印机的型号，安装相应的打印机驱动程序

C. 不需要安装打印机驱动程序

D. 系统将自动安装打印机驱动程序

17. 在 Windows 7 操作系统中，当应用程序窗口最大化后，该应用程序窗口将（　　）。

A. 扩大到整个屏幕，程序照常运行

B. 不能用鼠标拖动的方法改变窗口的大小，系统暂时进入挂起状态

C. 扩大到整个屏幕，程序运行速度加快

D. 可以用鼠标拖动的方法改变窗口的大小，程序照常运行

18. 在 Windows 7 操作系统中，为保护文件不被修改，可将它的属性设置为（　　）。

A. 只读　　B. 存档　　C. 隐藏　　D. 系统

19. 操作系统是（　　）。

A. 用户与软件的接口　　B. 系统软件与应用软件的接口

C. 主机与外设的接口　　D. 用户和计算机的接口

20. 以下四项不属于 Windows 7 操作系统特点的是（　　）。

A. 图形界面　　B. 多任务

C. 即插即用　　D. 不会受到黑客攻击

21. 下列不是汉字输入法的是（　　）。

A. 全拼　　B. 五笔字型　　C. ASCII 码　　D. 双拼

22. 任务栏上不可能存在的内容为（　　）。

A. 对话框窗口的图标　　B. 正在执行的应用程序窗口的图标

C. 已打开文档窗口的图标　　D. 语言栏的图标

23. 在 Windows 7 操作系统中，下面的叙述正确的是（　　）。

A. 写字板是文字处理软件，不能进行图文处理

B. 画图是绘图工具，不能输入文字

C. 写字板和画图均可以进行文字和图形处理

D. 记事本文件中可以插入自选图形

24. 关于 Windows 7 操作系统窗口的概念，以下叙述正确的是（　　）。

A. 屏幕上只能出现一个窗口，这就是活动窗口

B. 屏幕上可以出现多个窗口，但只有一个是活动窗口

C. 屏幕上可以出现多个窗口，且不止一个是活动窗口

D. 当屏幕上出现多个窗口时，就没有了活动窗口

25. 在 Windows 7 操作系统中，剪贴板是用来在程序和文件间传递信息的临时存储区，此存储区是（　　）。

A. 回收站的一部分　　B. 硬盘的一部分

C. 内存的一部分　　D. 软盘的一部分

二、填空题

1. Windows 7 操作系统是由________公司开发的具有革命性变化的操作系统。

2. Windows 7 操作系统有 4 个默认库，分别是视频、图片、________和音乐。

3. Windows 7 操作系统从软件归类来看属于________软件。

4. Windows 7 操作系统提供了长文件名命名方法，一个文件名的长度最多可达到________个字符。

5. 在 Windows 7 操作系统中，被删除的文件或文件夹将存放在________中。

6. 在 Windows 7 操作系统中，当打开多个窗口时，标题栏的颜色与众不同的窗口是________窗口。

7. 在 Windows 7 操作系统中，菜单有 3 类，分别是下拉式菜单、控制菜单和________。

8. 在 Windows 7 操作系统中，Ctrl+C 是________命令的组合键。

9. 在 Windows 7 操作系统中，Ctrl+V 是________命令的组合键。

10. 在 Windows 7 操作系统中，Ctrl+X 是________命令的组合键。

11. 在 Windows 7 操作系统的窗口中，为了使系统中具有隐藏属性的文件或文件夹不显示出来，应先进行的操作是选择________菜单中的【文件夹】选项。

12. 在 Windows 7 操作系统中，为了在系统启动成功后自动执行某个程序，应该将该程序文件添加到________文件夹中。

13. 在 Windows 7 操作系统中，回收站是________中的一块区域。

14. 在 Windows 7 操作系统中，如果要把整幅屏幕内容复制到剪贴板上，可按________键。

15. 在 Windows 7 的中文输入法状态下，默认的切换中文和英文输入法的组合键是________。

三、判断题

1. Windows 7 操作系统家庭普通版支持的功能最少。（　　）

2. Windows 7 操作系统旗舰版支持的功能最多。（　　）

3. 在 Windows 7 操作系统中，必须先选择操作对象，再选择操作项。（　　）

4. Windows 7 操作系统的桌面是不可以调整的。（　　）

5. Windows 7 操作系统的【资源管理器】窗口可分为两部分。（　）

6. Windows 7 操作系统的剪贴板是内存中的一块区域。（　）

7. 在 Windows 7 操作系统的任务栏中，不能修改文件属性。（　）

8. 在 Windows 7 操作系统环境中，可以同时运行多个应用程序。（　）

9. Windows 7 操作系统是一个多用户、多任务的操作系统。（　）

10. 在 Windows 7 操作系统中，窗口大小的改变可通过对窗口的边框进行操作来实现。（　）

11. 在 Windows 操作系统的各个版本中，支持的功能都一样。（　）

12. 在 Windows 7 操作系统中，默认库被删除后可以通过恢复默认库功能进行恢复。（　）

13. 在 Windows 7 操作系统中，默认库被删除了就无法恢复。（　）

14. 在 Windows 7 操作系统中，任何一个打开的窗口都有滚动条。（　）

15. 在 Windows 7 操作系统中，若选项前面带有“√”符号，则表示该选项所代表的状态已经呈现。（　）

16. 在 Windows 7 操作系统中，如果要把整幅屏幕内容复制到剪贴板上，可以按 PrintScreen+Ctrl 组合键。（　）

17. 在 Windows 7 操作系统中，如果要将当前窗口内容复制到剪贴板上，可以按 Alt+PrintScreen 组合键。（　）

第 4 章　Word 2003

Word 2003 是 Microsoft 公司推出的 Microsoft Office 2003 系列软件中专门用于处理文档的软件。它的出现使文字处理变得非常方便，也让办公人员进入了一个崭新的时代。Word 2003 是 Office 2003 中的一个极为重要的组成部分。Word 2003 在保持 Word 2002 超强功能的基础上，在用户界面、文档管理、文字编辑、图形处理、文档使用权限等方面都进行了很大的改进。Word 2003 可以在一定的情况下判断用户下一步的操作，操作过程非常简便。Word 2003 还具有强大的数据库管理功能，丰富的函数和宏选项，强有力的决策支持工具。

本章介绍 Word 2003 中文版的基本应用，以及文档的建立、编辑、排版和打印等应用技巧。

4.1　概述

4.1.1　启动和退出

启动 Word 是指将 Word 系统的核心程序 Winword. exe 调入内存，同时进入 Word 应用程序及文档窗口进行文档操作。退出 Word 是指结束 Word 应用程序的运行，同时关闭所有 Word 文档。

1. 启动 Word

启动 Word 有多种方法，常用的方法如下。

1）正常启动

选择【开始】→【所有程序】→【Microsoft Office】→【Microsoft Word 2003】选项，即可启动 Word 2003 中文版。

2）通过桌面快捷方式启动

如果在 Windows 桌面上建立了 Word 2003 的快捷方式图标，就可以通过双击桌面上的"Microsoft Word 2003"快捷方式图标启动 Word 2003。

3）利用创建新文档进入 Word 2003

在桌面上右击，在弹出的快捷菜单中选择【新建】→【Microsoft Word 文档】选项，即可进入 Word 并创建一个新文档。

4）通过已有的 Word 文档启动

直接将鼠标移动到已经创建的 Word 2003 文档的图标上，双击即可进入 Word 2003。

2. 退出 Word

退出 Word 2003 的方法也有很多，最常用的方法有以下 4 种。

（1）双击 Word 窗口左上角的控制按钮。

（2）选择【文件】菜单中的【退出】选项。

(3) 单击窗口右上角的【关闭】按钮。

(4) 使用快捷键 Alt+F4。

如果在退出之前没有对修改过的文档进行保存，在退出时系统将提示是否将编辑的文档存盘。

4.1.2 Word 2003 窗口组成

运行 Word 应用程序后即进入 Word 应用程序窗口，同时系统自动创建文档编辑窗口，并用“文档 1”命名，如图 4-1 所示。

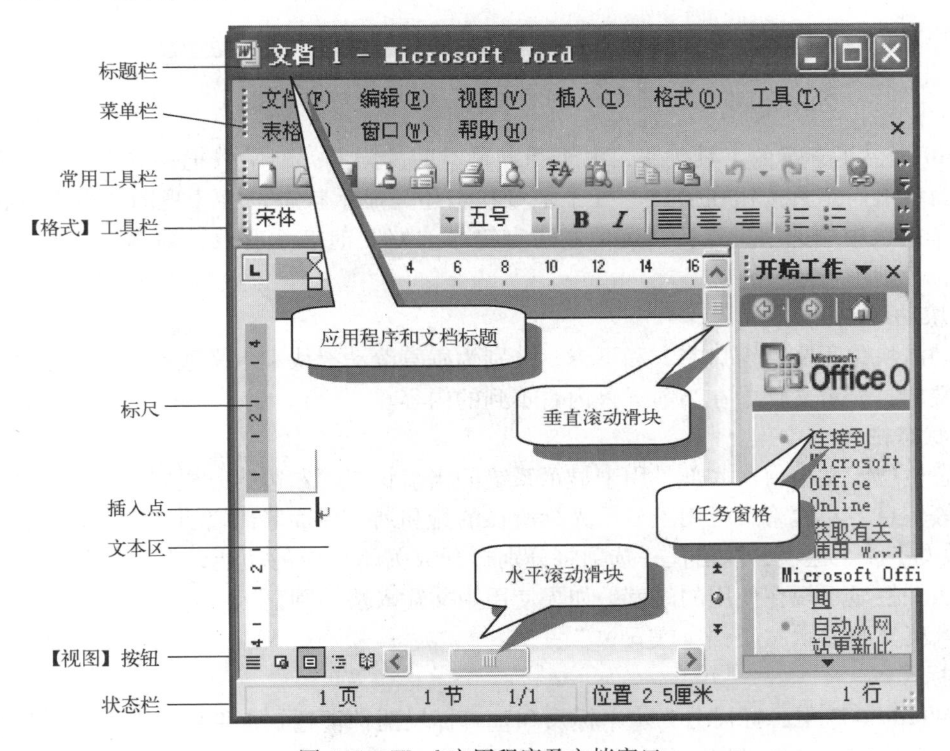

图 4-1 Word 应用程序及文档窗口

Word 窗口提供了各种菜单选项和常用的工具栏，可以方便地对文档中的各种对象进行格式化操作，绘制各种图形，以及在各个视图之间切换。该窗口由 Word 应用程序窗口和 Word 文档窗口两部分构成。应用程序窗口主要由标题栏、菜单栏、常用工具栏、【格式】工具栏、状态栏及窗口控制按钮等组成；文档窗口主要由标尺、插入点、文本区、【视图】按钮、滚动滑块等组成。

1. 标题栏

标题栏位于整个 Word 2003 窗口界面的最上面，用来显示应用程序的名称和此时窗口所编辑文档的文件名。

2. 菜单栏

菜单栏位于标题栏的下面，包含有许多菜单选项，单击每个菜单选项都会弹出相应的菜单。Word 2003 共提供了 9 个下拉式菜单，分别是【文件】【编辑】【视图】【插入】【格式】

【工具】【表格】【窗口】【帮助】菜单，使用这些菜单中的选项可以完成文档编辑的各种操作。

3. 工具栏

工具栏是指可以自由移动，并且可以停留在操作界面的任何一个地方的工具条，它们由一系列按钮组成，并按功能被分成若干个组，如图 4-2 所示。这些按钮是一些菜单中选项的快捷方式，每个按钮对应于一个选项。使用工具栏的优点在于使用工具按钮执行各种命令，比通过选择菜单栏中的各菜单选项更方便、快捷。当鼠标指向某个工具按钮时，该工具按钮的名称就会在按钮旁显示。

图 4-2 常用工具栏中的工具按钮

Word 提供了丰富的工具按钮，由于受屏幕空间的限制，通常只把一些常用的工具按钮显示在窗口上。工具按钮在窗口上处于隐藏状态还是显示状态，由【视图】菜单中的【工具栏】子列表中的选项决定；当选项左边有符号“√”时表示有效，即该工具按钮显示在窗口上，否则不显示。

4. 滚动滑块

滚动滑块位于文档窗口右方和下方，分别为垂直滚动滑块和水平滚动滑块。滚动滑块用于滚动文档，显示文档中在当前屏幕内看不到的内容。

5. 状态栏

状态栏位于文档窗口底部，用于显示系统的当前状态。左边第一栏用于显示当前页数及总页数等信息。左边第二栏用于显示光标所在的行和列，后面紧跟着【录制】【修订】【扩展】【改写】4 个选项，双击任一选项将分别打开或关闭相应的功能，在这里不进行详细介绍。最后一栏显示现在使用的语言，如果使用中文输入法，则显示“中文（中国）”，如果正在输入英文则显示“英语（美国）”。

6. 标尺

在 Word 2003 中，标尺分为水平标尺和垂直标尺两种类型。水平标尺上的标记可以实现插入点所在段落的各种设置。拖动水平标尺的标记可以调整段落的缩进量、页边距和栏宽等参数。垂直标尺上的标记可以实现页面上、下边框和表格的行高设置，拖动垂直标尺的标记可以调整这些参数。

7. 文本区

文本区又称为编辑区，是输入、编辑文档的区域。文本区内闪烁的符号“|”是插入点，表示当前输入的文字将要出现的位置。进入文档窗口后，插入点即位于文档当前页的第 1 行第 1 列位置上，此时即可输入正文。利用 Word 2003 新增加的即点即输功能，用户可以根据需要在文档文本区的任意位置通过单击设置正文插入点。

8. 【视图】按钮

【视图】按钮用于切换文档页面的显示方式，通常有普通视图、页面视图、Web 版式视图、大纲视图和阅读版式视图 5 种方式。创建文档一般选择页面视图。

1）普通视图

普通视图是最常用的视图模式之一，可以完成大多数的文本输入和编辑工作。在普通视图模式中，连续显示正文时，页与页之间用一条虚线表示分页符，节与节之间用双行虚线表示分节符，使文档阅读起来更连贯。在普通视图中，可以键入、编辑文本，设置文本格式，而且可以显示文本和段落格式，但多栏将显示为单栏格式，页眉、页脚、页号及页边距等也显示不出来。

要切换到普通视图模式，可选择【视图】菜单中的【普通】选项，也可单击水平滚动滑块左侧的【普通视图】按钮≡。

2）页面视图

页面视图模式是所见即所得的视图模式。也就是说，在页面视图浏览到的文档是什么样子，那么打印出来的就是什么样子。在这种视图模式下，Word 2003 将显示文档编排的各种效果，包括显示页眉、页脚、分栏、环绕固定位置对象的文字等。

要切换到页面视图模式，可以选择【视图】菜单中的【页面】选项，或者单击水平滚动滑块左侧的【页面视图】按钮。在页面视图中，不再以虚线表示分页，而是直接显示页边距。

3）Web 版式视图

Web 版式视图专为浏览、编辑 Web 网页而设计，它能够模仿 Web 浏览器显示文档。在 Web 版式视图模式下，可以看到背景和为适应窗口而换行显示的文本，且图形位置与在 Web 浏览器中的位置一致。

要切换到 Web 版式视图模式，可以选择【视图】菜单中的【Web 版式】选项，或者单击水平滚动滑块左侧的【Web 版式视图】按钮。

4）大纲视图

大纲视图模式主要用于显示文档的结构。在这种视图模式下，可以看到文档标题的层次关系。

在大纲视图中，可以折叠文档，仅查看标题，或者展开文档，这样可以更好地查看整个文档的内容，移动、复制文字和重组文档也都比较方便。

在大纲视图模式下，想改变文档的结构是一件很方便的事。例如，如果想把一段文本移动到其他位置，将鼠标放在文本的项目符号上，单击鼠标，此时可以发现整段文本均被选中，在该段文本的项目符号上按住鼠标左键不放，拖动鼠标即可移动该段文本。

在大纲视图下的主要操作集中在【大纲】工具栏里，这里不再作详细说明。

5）阅读版式视图

阅读版式视图是 Word 2003 新增加的视图方式，使用该视图可以对文档进行阅读。该视图中把整篇文档分屏显示，文档中的文本为了适应屏幕自动折行。在该视图中没有页的概念，当然也就不会显示页眉和页脚了。屏幕的顶部显示了文档当前屏数和总屏数。对阅读版式视图的操作可以在【阅读版式】工具栏中进行。

9. 任务窗格

在任务窗格中，系统提供了一个友好的各种任务的操作界面。

4.2 文档的编辑技术

文档编辑技术主要包括：文档的建立、保存、打开和关闭，文档正文的增、删、改，英文拼写和语法检查，格式化文档及页面设计等操作。

4.2.1 文档的创建和打开

1. 新建文档

在 Word 中建立一个新文档，可以使用选择【文件】菜单中的【新建】选项，单击常用工具栏中的【新建】按钮和按组合键 Ctrl+N 三种方法。

单击【新建】按钮或按 Ctrl+N 组合键，可在 Word 应用程序窗口建立一个空白文档窗口供用户输入文本。以后每单击一次按钮或按一次 Ctrl+N 组合键就会出现一个新文档窗口，并依次取名为“文档 1”“文档 2”……，这是建立新文档最方便的方法。

选择【文件】菜单中的【新建】选项，可根据系统提供的文档模板建立新文档。模板是一种特殊文件，利用它可以快速建立具有标准格式的文档。无论是创建文档文件还是模板文件，用户都可以从已有的模板中选取一个样版作为当前文档的模板。当然，Word 提供的文档模板不一定完全符合用户的要求，这时用户可以选择系统默认的标准模板（空白文档），再按自己的要求建立文档。利用【文件】菜单新建空白文档的操作步骤如下。

（1）选择【文件】菜单中的【新建】选项，在窗口的右侧显示【新建文档】任务窗格，在其中选择【本机上的模板】选项，弹出如图 4-3 所示对话框。或者直接选择任务窗格中的【空白文档】选项。

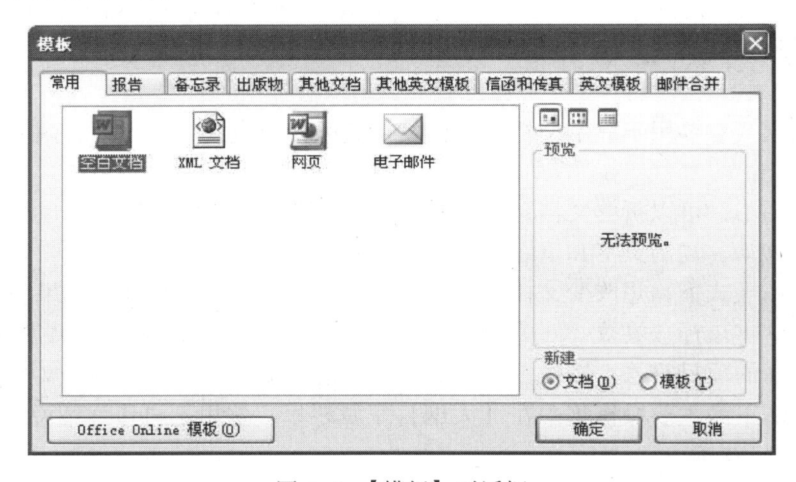

图 4-3 【模板】对话框

（2）打开【常用】选项卡，然后在新建文档类型列表中选中【空白文档】图标。

（3）选中【新建】区域中的【文档】单选项，然后单击【确定】按钮即可新建一个空白文档。

如果要新建其他类型的文档，选择【文件】菜单中的【新建】选项，显示【新建文档】任务窗格。在【新建文档】任务窗格中，根据文字提示选择要创建文档类型的标签即可。

2. 打开已存在的文档

打开文档是指将磁盘上已有的 Word 文件，或 Word 支持的文件调入 Word 应用程序窗口进行编辑，即将文件由外存调入内存。每打开一个文件就建立一个 Word 文档窗口。打开文档文件时，需要向系统提供文件的类型、文件所在的位置和文件名三方面信息。

对于已存在的文档，若该文档是最近使用过的文件，可以从【文件】菜单底部的文件列表中看到该文件名，单击该文件名即可打开文件。

如果菜单底部没有列出文件名，可以通过选择【文件】菜单中的【打开】选项，单击【打开】按钮，按组合键 Ctrl+O 或 Ctrl+F12 等方式打开文档。不论使用哪一种方式，操作后均弹出【打开】对话框，如图 4-4 所示。

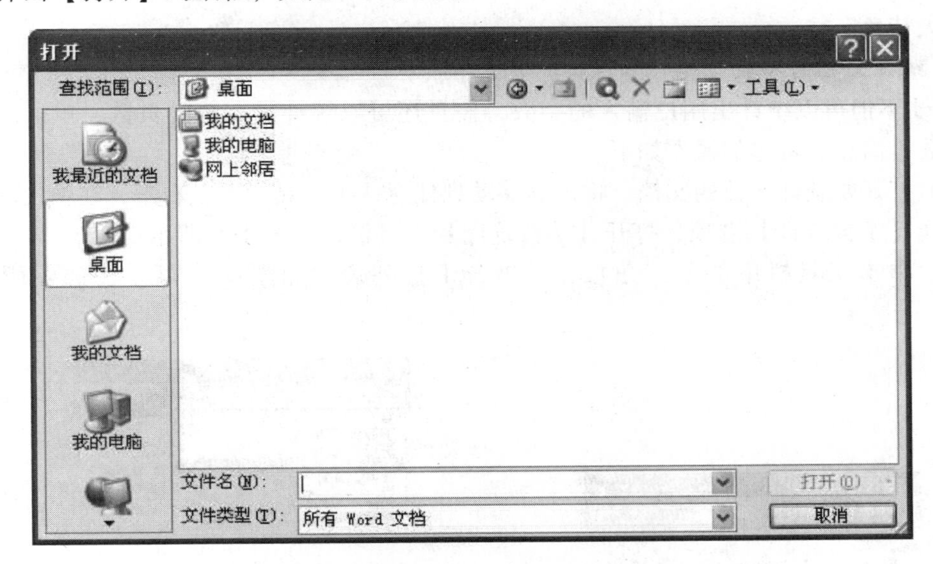

图 4-4 【打开】对话框

在【打开】对话框中确定要打开文件的类型、文件所在的位置及文件名，然后单击【打开】按钮便可将文件打开。

4.2.2 文档的编辑

1. 文档的输入

1）输入正文

启动 Word 后，工作区内有一闪动的光标（插入点），表示可以在此输入文字。在输入时，如果要输入中文，需要启用中文输入法；如果要输入英文，则需要将输入法切换到英文输入状态。当输入的信息到达一行的右页边距时，Word 会自动折回下一行（软回车），折回点取决于页面设置中确定的纸张大小。当需要另起一个自然段时，按 Enter 键。

用鼠标或方向键“←”“↑”“→”“↓”移动插入点，或者拖动滚动滑块，均可以在屏幕上/下、左/右移动正文，查看未在屏幕上显示的内容。

2）插入一个文件

在文档中插入一个文件是指将另一个文件的全部内容插入当前文档的插入点处。首先，在文档中设置插入点；然后，选择【插入】菜单中的【文件】选项，打开【插入文件】对话框，按对话框要求选择要插入的文件；最后，单击【确定】按钮，选中的文件就被插入当前文档的插入点处。

3）插入另一个文件中的部分数据

当需要在一个文件中插入另一个文件中的部分数据时，应分别将两个文件打开，前者为目标文件，后者为源文件。首先，置源文件为当前文档，选中要插入的数据，用剪切或复制命令将其置于剪贴板上；然后，置目标文件为当前文档，确定插入点后用粘贴命令将剪贴板上的数据插入当前文档的插入点处。

通常，称这一操作为多文档之间的数据共享，在编辑文档时经常用到。它既可以在同一应用程序的不同文档之间进行，也可以在不同应用程序的文档之间进行，这也是 Windows 系统的一大特色。

4）统计文档的字数

Word 不但可以统计出用户输入的字数，而且还可以统计出文档的页数、单词数、段落数、行数等信息。具体的操作如下。

(1) 打开要统计字数的文档。将鼠标移动到任意一个工具栏上，右击，在弹出的快捷菜单中选择【字数统计】选项，打开【字数统计】工具栏，如图 4-5 所示。

(2) 单击工具栏中的下三角按钮，展开下拉列表，如图 4-6 所示，选中所需选项即可。

图 4-5 【字数统计】工具栏

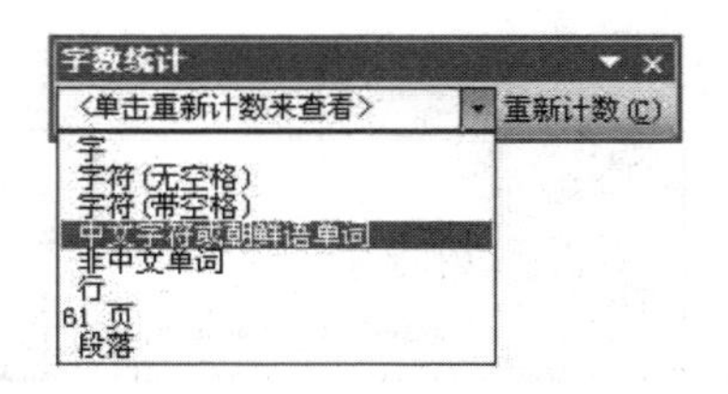

图 4-6 【字数统计】工具栏中的下拉列表

2. 文档编辑

文档编辑是指对文档中已有的字符、段落或整个文档进行编辑。例如，修改错误的内容、复制重复的信息、查找和替换等。这些操作都是通过【编辑】菜单中的选项或工具按钮实现的。但是，无论进行哪一种操作，操作前都必须先选中操作的对象，然后才可以进行相应的操作。

编辑文本也可以在【打印预览】视图中进行。选择【文件】菜单中的【打印预览】选项即进入【打印预览】视图，单击要放大的页面，再单击【打印预览】工具栏中的【放大镜】按钮，指针就变成闪烁的竖条状，可在此时对文本进行编辑。

【编辑】菜单中的【剪切】【复制】和【粘贴】选项，即常用工具栏中对应的按钮、和，其含义如下。

- 【剪切】——从文档文件中删除选中的文本对象，将删除的文本对象置于剪贴板上。
- 【复制】——将选中的文本对象生成副本，放到剪贴板上。
- 【粘贴】——将剪贴板上的信息粘贴到插入点处。如果剪贴板是空的，则该选项无效。

1）选中文本

选中文本是文档编辑的基础。编辑操作大部分是在选中文本的基础上进行的。文本被选中的部分，将变成黑底白字。选中文本可以使用鼠标，也可以使用键盘。

（1）使用组合键选中文本。使用组合键选中文本有时可提高选中文本的速度。表 4-1 给出了一些常用的组合键。

表 4-1　选中文本的常用组合键

组　合　键	功　能
Shift+→，Shift+←	选中到下一字或上一字
Shift+↑，Shift+↓	选中到上一行或下一行
Shift+End，Shift+Home	选中到行尾或行首
Shift+PgDn，Shift +PgUp	选中到下一屏或上一屏
Shift+Ctrl+End，Shift+Ctrl+Home	选中到文件尾或文件头
Ctrl+A	选中整个文档

（2）使用鼠标选中文本。使用鼠标选中文本常用的操作是将鼠标指针置于选中文本的第一个字前面，按住鼠标左键并拖动到文本最后一个字，之后释放鼠标左键，则第一个字到最后一个字之间部分被高亮选中。表 4-2 给出了常用的鼠标选中方法。

表 4-2　选中文本的常用鼠标选中方法

任　　务	操 作 方 法
选中一个单词	双击该单词的任意位置
选中一个句子	按住 Ctrl 键，并单击句子上的任意位置
选中一行文本	将鼠标指针移到最左边的选择栏中，此时鼠标指针变成指向右上方的箭头，然后单击
选中多行文本	在选择栏中单击并拖动鼠标至相应位置
选中一个段落	双击段落旁边的选择栏
选中整个文档	按住 Ctrl 键，并在选择栏内任意位置单击，或在选择栏中连击 3 次鼠标左键

如果需要取消所选中的文本，在文档的任意部位单击鼠标或者按方向键即可。

2）移动文本

移动文本是指将选中的文本从文档中的一个位置移动到另一个位置。

移动正文有一个简单的方法，即选中对象后，将鼠标置于该部分并按住左键，此时鼠标箭头旁出现一条虚线和一个虚框，然后拖动鼠标直接到插入点处后松开鼠标按键，此时选中的对象便移动到新位置上。另外，还可以选中要移动的文本，按 F2 键，将鼠标定位在移动目标位置后按 Enter 键，这种方法适合于少量数据对象在本页中移动。

此外，还可以使用剪贴板移动文本，操作步骤如下。

（1）选中要移动的文本，选择【编辑】菜单中的【剪切】选项，或者单击常用工具栏中的【剪切】按钮，或者按组合键 Ctrl+X。此时，选中的文本已从文档中删除，被放到剪贴板上。

（2）将插入点定位到文本欲插入的位置，选择【编辑】菜单中的【粘贴】选项，或者单击【粘贴】按钮，或者按组合键 Ctrl+V，即可插入文本，完成移动。

3）修改文本

对已有的内容进行修改的方法比较简单，通常是选中对象后直接键入新内容。这样，新键入的内容就替换了选中的内容。也可以采用选中对象后先删除，再输入的方式。

4）复制对象

复制对象是指使选中的对象生成副本。如果文档中有反复出现的信息，利用复制功能可以节省重复输入的时间。

复制文本的方法有两种，一种是拖动的方法，即选中要复制的文本后，按住 Ctrl 键，用鼠标拖动选中的文本到需要的位置；另一种是使用剪贴板复制，方法是，选中要复制的文本，再选择【编辑】菜单中的【复制】选项，或者单击常用工具栏上的【复制】按钮，或者按组合键 Ctrl+C，将插入点定位到欲复制的位置，再选择【编辑】菜单中的【粘贴】选项，或者单击常用工具栏上的【粘贴】按钮，或者按组合键 Ctrl+V。

5）删除对象

删除对象的方法是选中对象后，单击常用工具栏上的【剪切】按钮，将其置于剪贴板上，或按 Delete 键删除所选对象。Delete 键与【剪切】按钮的区别是，前者删除后不能再使用，而后者是将删除掉的信息放到剪贴板上，可以再使用，通常用于数据资源共享。

发生误删除时，可以用【编辑】菜单中的【撤销键入】（图中“消”统一为“销”）选项恢复删除的内容，也可以单击常用工具栏上的【撤销】按钮，或按组合键 Ctrl+Z 撤销删除操作。如果需要一次撤销最近的多个操作，可以单击【撤销】按钮右边的下三角按钮，在打开的下拉列表中拖动选择。表 4-3 给出了常用的快捷键及其功能。

表 4-3 常用快捷键表

快 捷 键	功 能	快 捷 键	功 能
Ctrl+C	复制	Ctrl+A	全选
Ctrl+X	剪切	Ctrl+Z	撤销
Ctrl+V	粘贴	Alt+F4	关闭

6）查找和替换

查找和替换是 Word 提供的编辑文档的高级应用。查找是指从已有的文档中根据指定的关键字找到相匹配的字符串进行查看或修改。

通过选择【编辑】菜单中的【查找】和【替换】选项可以实现查找和替换，也可以通过按 Ctrl+F 组合键和 Ctrl+H 组合键实现。通常，有简单查找与替换和带格式的查找与替换两种情况。

（1）简单查找与替换。

简单查找与替换是指按系统的默认值进行操作，对要查找和替换的文字不限定格式。系统默认的查找范围为主文档，且区分全/半角。操作方法是，打开【编辑】菜单，选择【查找】、【替换】或【定位】选项，打开【查找和替换】对话框，此对话框在查找过程中始终出现在屏幕上，如图 4-7 所示。

【查找和替换】对话框有 3 个选项卡。

- 【查找】选项卡。查找的操作方法是，选择【编辑】菜单中的【查找】选项，或按组合键 Crtl+F，弹出【查找和替换】对话框（如图 4-7 所示）；在【查找内容】文本框中输入要查找的关键字，随之系统自动激活【查找下一处】按钮；单击【查找下一处】按钮，插入点即定位在查找区域内的第一个与关键字相匹配的字符串处；再次单

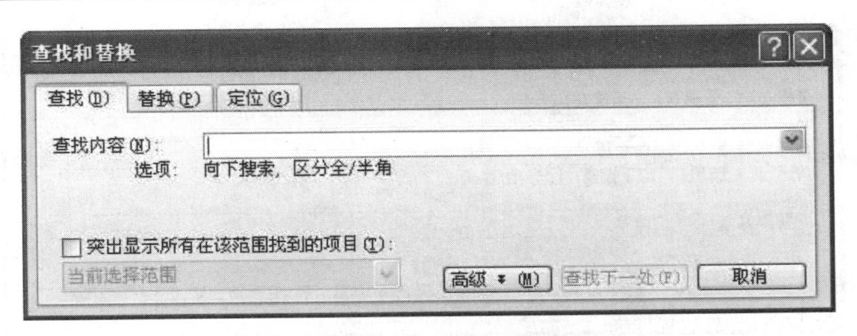

图 4-7 【查找和替换】对话框

击【查找下一处】按钮，将继续进行查找。到达文档尾部时，系统给出全部文档搜索完毕提示框，单击【确定】按钮返回【查找和替换】对话框。单击【查找和替换】对话框中的【取消】按钮或按 Esc 键可以随时结束查找操作。

- 【替换】选项卡。替换的操作方法是，选择【编辑】菜单中的【替换】选项，弹出【查找和替换】对话框，打开【替换】选项卡，如图 4-8 所示。在【查找内容】文本框中输入要查找的关键字，在【替换为】文本框中输入要替换的字符串，单击【查找下一处】按钮，插入点即定位在文档中查找区域内的第一个与关键字相匹配的字符串处；再次单击【查找下一处】按钮，则继续进行查找。如果需要进行替换，单击【替换】按钮；如果要将所有相匹配的关键字全部进行替换，单击【全部替换】按钮即可。查找到文档尾部后，系统将给出完成提示框；单击【确定】按钮，返回【查找和替换】对话框。单击【查找和替换】对话框中的【取消】按钮，则结束查找和替换操作，同时关闭【查找和替换】对话框，返回 Word 文档窗口。

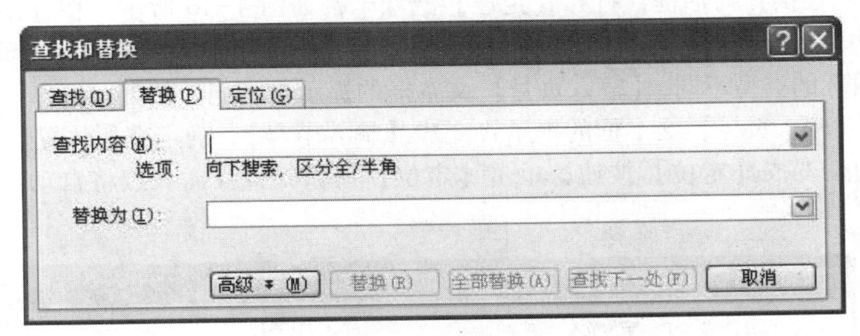

图 4-8 【替换】选项卡

例如，欲将文档中的“命令项”替换为“命令”字符串，操作方法如下。

① 选择【编辑】菜单中的【替换】选项，弹出【查找和替换】对话框，打开【替换】选项卡。

② 在【查找内容】文本框中输入查找关键字“命令项”。

③ 在【替换为】文本框中输入替换关键字“命令”。

④ 单击【查找下一处】按钮，系统将执行查找操作并定位到第一个与查找关键字“命令项”相匹配的字符串，如图 4-9 所示。

⑤ 如果是需要替换的关键字，则单击【替换】按钮。

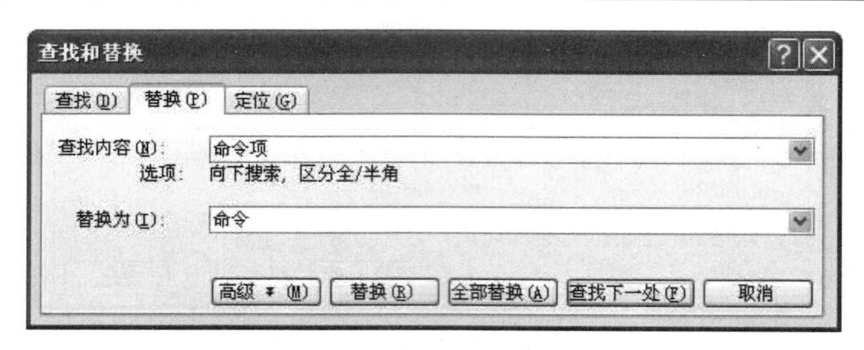

图 4-9 将“命令项”替换为“命令”示例

⑥ 再单击【查找下一处】按钮，系统将继续执行查找操作并定位到第二个与查找关键字相匹配的字符串。如果要将文档中所有相匹配的字符串进行替换，单击【全部替换】按钮即可。就这样操作直到文档尾部弹出操作完成消息框，若单击【确定】按钮，则返回到【查找和替换】对话框；若单击【取消】按钮，则结束查找与替换操作，返回到文档中。

注意 为了保证替换操作的正确性，通常不采用全部替换方式，而是通过查找下一处的方式定位到相匹配的字符串后，查看该字符串是否是需要进行替换的关键字，确认后再单击【替换】按钮；如果不是需要进行替换的字符串，单击【查找下一处】按钮，跳过当前匹配的字符串，定位到下一个匹配的字符串。就这样一个一个地进行查找或替换，直到文档尾部。

- 【定位】选项卡。定位的操作方法是，打开【编辑】菜单，选择【定位】选项，弹出【查找和替换】对话框，打开【定位】选项卡，如图 4-10 所示；在【定位目标】列表框中选择查找的起点类型，在【输入页号】文本框中输入具体内容。随着查找起点定位目标的类型不同，【输入页号】文本框的提示也不同。例如，选择按【节】进行查找，【输入页号】文本框的提示将变成【输入节号】；确定查找位置后，【下一处】按钮自动变成【定位】按钮，单击【定位】按钮，查找插入点将自动定位在指定的区域。

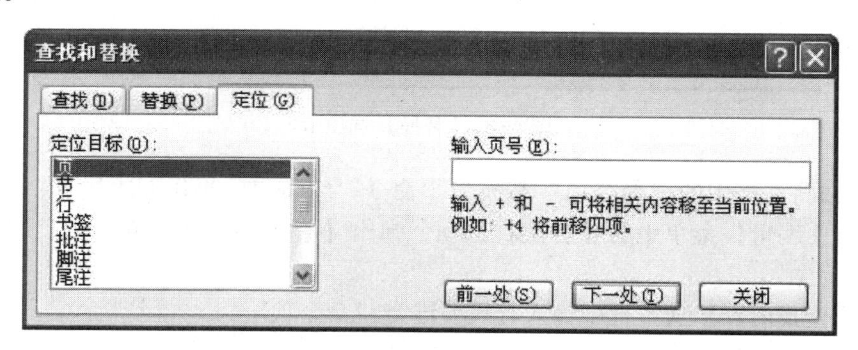

图 4-10 【定位】选项卡

（2）带格式的查找与替换。

带格式的查找与替换是指查找带有格式设置的文字，或将没有进行格式设置的文字替换成有格式设置的文字。这项操作是通过【查找和替换】对话框中的【高级】按钮实现的。

在【查找和替换】对话框中，单击【高级】按钮，弹出带格式的【查找和替换】对话框。此时，用户可以根据需要对查找的关键字和替换的关键字分别从【格式】或【特殊字符】下拉列表中选择所需格式，并进行设置。

7）自动更正

执行自动更正功能可以自动修改经常拼错的单词，或者插入常用的文本、图形和其他常用词条。

(1) 创建自动更正词条。选择【工具】菜单中的【自动更正选项】选项，打开【自动更正】对话框，如图 4-11 所示。为使自动更正功能实现，必须确定【键入时自动替换】复选项已勾选。

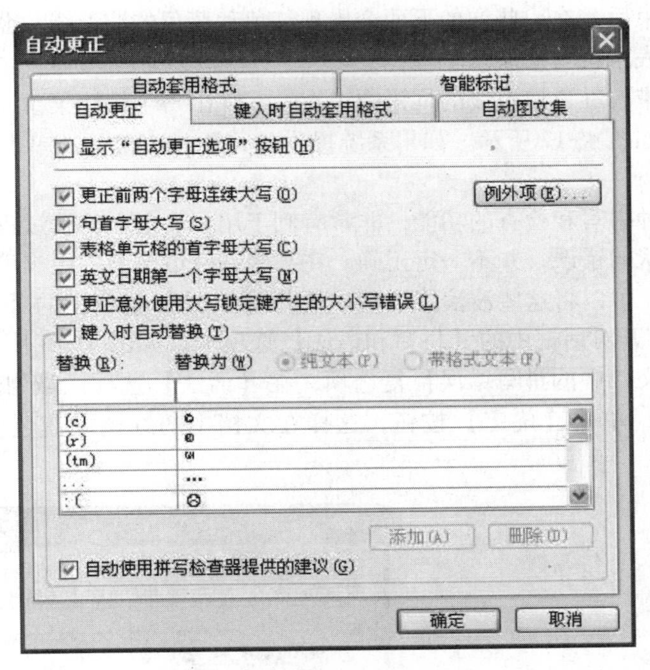

图 4-11 【自动更正】对话框

在【替换】文本框中键入自动更正词条（自动更正词条最多可以包含 31 个字符，不可带空格），并在【替换为】文本框中键入自动更正词条的替代文本；单击【添加】按钮，然后再单击【确定】按钮。

(2) 删除自动更正词条。打开【自动更正】对话框，在列表中选中要删除的词条，单击【删除】按钮，然后单击【确定】按钮。

8）批注与修订文档

(1) 批注文档。批注是指审阅者根据自己对文档的理解，给文档添加上的注解和说明文字。文档的作者可以根据审阅者的批注对文档进行修改和更正。具体操作方法如下。

① 选择【工具】菜单中的【修订】选项。

② 在打开的【审阅】工具栏中单击【插入批注】按钮。

③ 将插入点置于要插入批注的文档后面，或者选中要在其后插入“批注”的文档内容。

④ 在【批注】框中，输入所需注解或说明文字。

⑤ 在文档窗口中的其他区域右击，即可完成当前批注的创建。

(2) 修订文档。修订是指审阅者根据自己对文档的理解，给文档所做的各种修改。它可以把审阅者对文档的各种修改意图以各种不同的标记准确地表现出来，以供文档的作者进行修改和确认。具体操作方法如下。

① 选择【工具】菜单中的【修订】选项。

② 在打开的【审阅】工具栏中单击【修订】按钮，此时所有的文档操作都会以修订的形式显示出来。

③ 可以用工具栏上的按钮对所做的修订进行接受或拒绝操作。

9) 拼写和检查

当文档输入结束后，在一些词的下面会出现红色和蓝色的波浪线。蓝色波浪线表示语法错误，红色波浪线表示拼写错误。

将鼠标定位在带有红色波浪线的词语中，右击，弹出一个快捷菜单，在菜单的顶部系统给出了更正建议，如图 4-12 所示。如果系统提供的词语是正确的，单击该词语则原词语被替换。

系统提供的这种拼写和检查的功能，非常有利于用户发现在编辑过程中出现的错误，当然这些都是系统自认的错误，并不一定正确。在某些特殊情况下，用户可能会感到这种拼写检查功能影响工作，可以将这些波浪线取消。选择【工具】菜单中的【选项】选项，打开【选项】对话框，打开对话框中的【拼写和语法】选项卡，如图 4-13 所示。在【拼写】选项区域勾选【隐藏文档中的拼写错误】复选项，在【语法】选项区域勾选【隐藏文档中的语法错误】复选项，单击【确定】按钮，这样在文档中的红色或蓝色波浪线就不会再出现了。

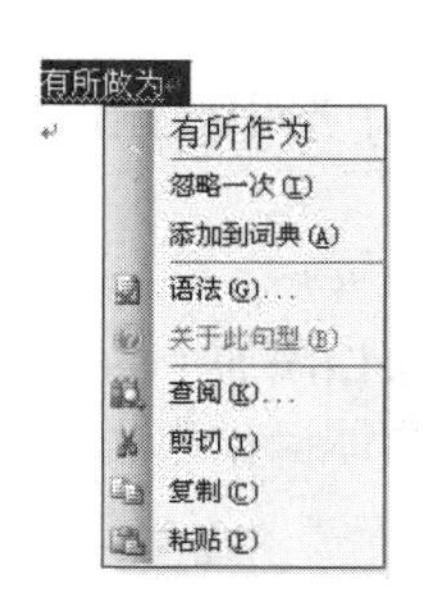

图 4-12 更改拼写错误的快捷菜单

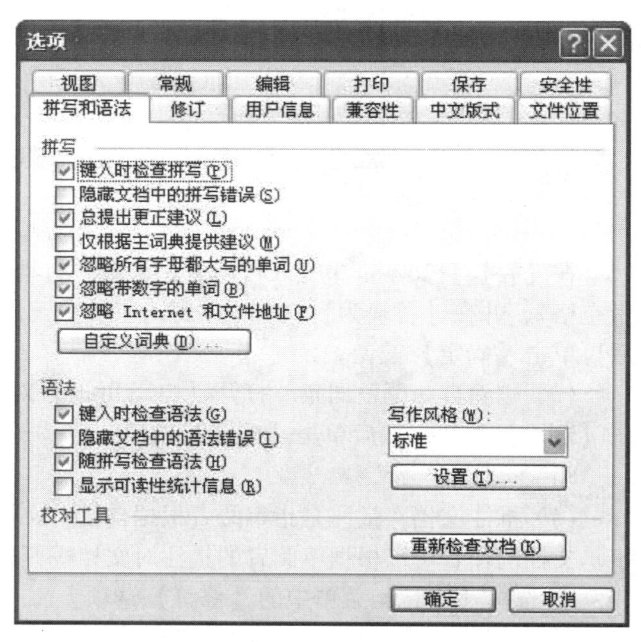

图 4-13 【拼写和语法】选项卡

4.2.3　文档的保存和保护

1. 保存文档

新创建的文档和正在编辑窗口编辑的信息均存放在计算机内存中，如果退出 Word 或关闭计算机，内存中的信息就不再保留。保存文档，就需要对输入的文档命名，并以文件的形式保存在外存上（如 U 盘、硬盘等），也就是将文档信息由内存传送到外存，该过程称为保存文档，即建立磁盘文件。

保存文件可以使用【文件】菜单中的【保存】选项，或者常用工具栏中的【保存】按钮，或者组合键 Ctrl+S，也可以使用【文件】菜单中的【另存为】选项。

1）用【保存】选项、【保存】按钮或组合键保存文件

如果保存的是一个新建的文件，选择【文件】菜单中的【保存】选项，或者单击常用工具栏中的【保存】按钮，或者按 Ctrl+S 组合键后，均可弹出【另存为】对话框，填入保存文件的有关参数，单击【确定】按钮即可。

如果保存的是一个已保存过的文件，需要用当前的内容覆盖以前的内容，选择【保存】选项，单击【保存】按钮或按 Ctrl+S 组合键后，系统会弹出确认保存对话框，确认后立刻保存当前编辑过的文件。

2）用【另存为】选项保存文件

【另存为】选项是指建立一个当前文件的副本，相当于文件的复制操作。通常，在由一个文件产生另一个文件，或需要保持原文件时采取这种方式。选择【文件】菜单中的【另存为】选项后，弹出【另存为】对话框，填入保存文件的有关参数后单击【确定】按钮即可。

3）保存文件的参数设置

将文档制作成磁盘文件，需要向系统提供文件的类型、文件所在的位置和文件名三方面信息。对于文件的类型，系统默认值为 Word 文档，即以 doc 为扩展名。当然，也允许将文件保存为非 Word 格式的文档，例如 ASCII 码文本文档。文件所在位置，即文件存放在哪一个磁盘的文件夹中，这些信息都是通过【另存为】对话框实现的，如图 4-14 所示。

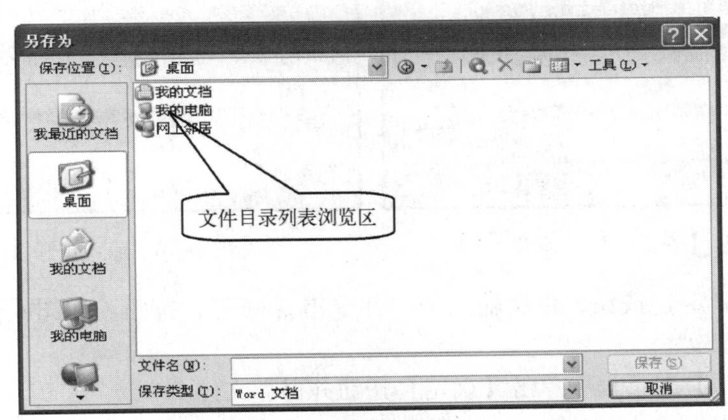

图 4-14　【另存为】对话框

在【另存为】对话框的【保存类型】下拉列表中可以选择文件类型，系统默认为Word文档；在【保存位置】下拉列表中可以选择文件存放的磁盘及相应的文件夹；在【文件名】文本框输入文件名，也可以在文件目录列表浏览区选择一个已有的文件名作为当前文件名，此时意味着用当前文件覆盖已有的文件；最后，单击【保存】按钮进行保存操作。

Word还提供了自动保存功能，可以按指定的时间间隔自动保存文档。设置方法是，单击【工具】菜单中的【选项】选项，在弹出的对话框中打开【保存】选项卡，选择并设置自动保存时间，系统默认时间为10分钟。在指定的时间间隔后，Word将文档存放在临时文件中。文档修改结束后，还需要进行保存文档的操作。

2. 保护文档

如果与其他用户共享文件或机器，可能有些文件需要防止其他用户打开或者修改其中的内容。因此，为了防止别人打开文件，可以给文件指定一个保护密码以保护文档。在打开文件时，必须键入这个密码才能打开。具体指定密码方法如下。

(1) 选择【工具】菜单中的【选项】选项，在弹出的【选项】对话框中打开【安全性】选项卡，如图4-15所示。

(2) 若要设成必须输入密码才能打开文件，则在【打开文件时的密码】文本框中输入密码。密码不能超过15个字符，包括字母、数字、符号、空格，在显示器上只能看到星号，如图4-16所示。

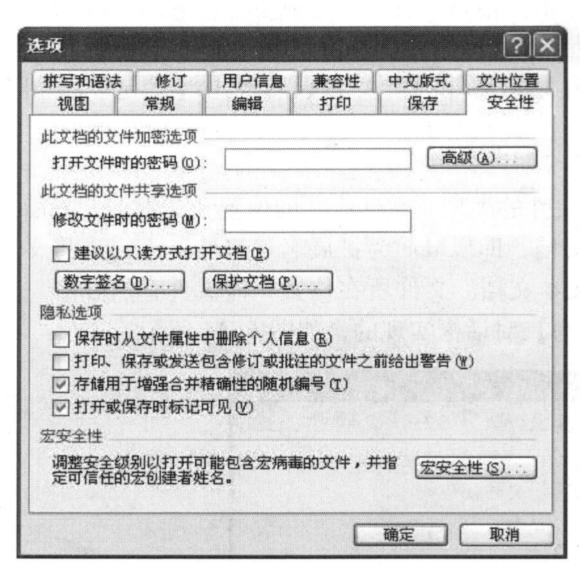

图4-15 【安全性】选项卡

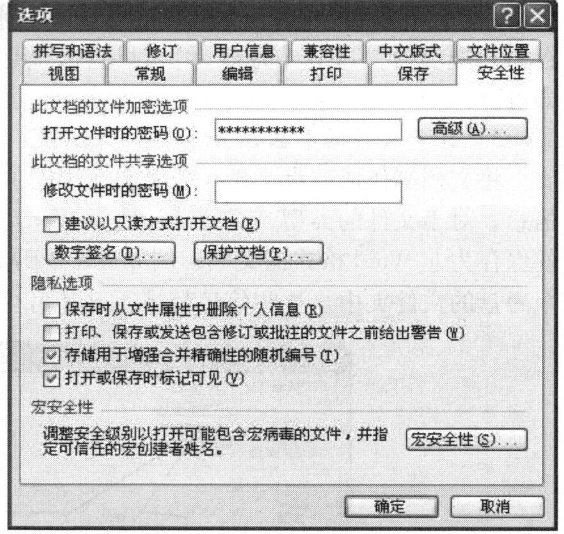

图4-16 输入打开权限密码

(3) 单击【确定】按钮，再次输入密码并单击【确定】按钮，如图4-17所示，返回【选项】对话框。

(4) 在【选项】对话框中单击【确定】按钮并保存文件。

通过以上操作，可以给文件加上密码。下次打开该文件时，会弹出一个【密码】对话框，如图4-18所示。若要删除或修改密码，可以按照同样的步骤操作，先删除现有的密码，然后再键入新的密码。

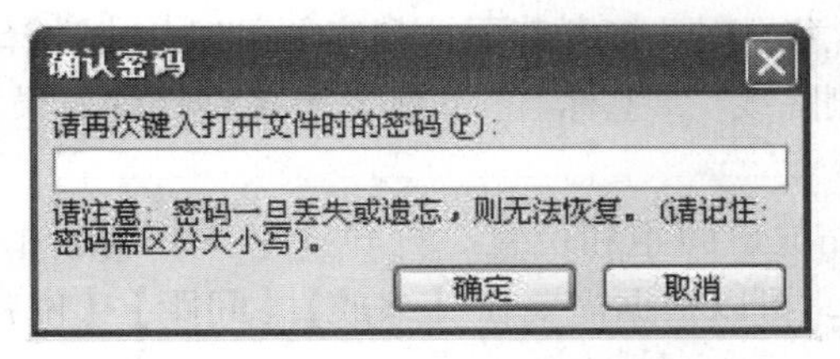

图 4-17 【确认密码】对话框

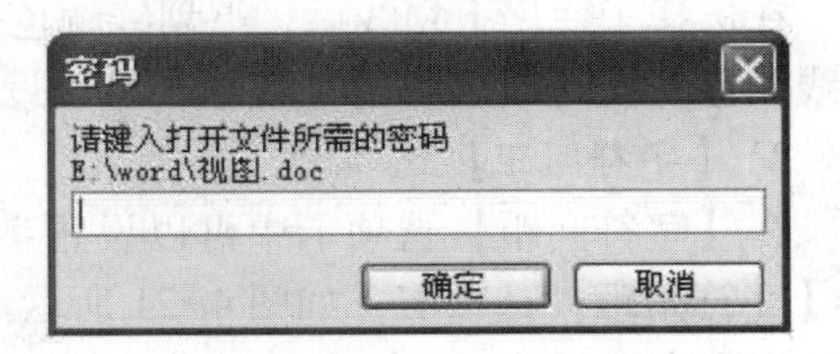

图 4-18 【密码】对话框

【安全性】选项卡中还有一个【修改文件时的密码】选项，它的作用是允许知道指定密码的人打开这个文档，并可对它进行修改和保存。不知道密码的人可以打开文件，但只能以只读方式打开；可以阅读文档，但是不能对文档进行任何修改和保存。其设定和修改的方法与【打开文件时的密码】选项相同。

【安全性】选项卡中还有一个【建议以只读方式打开文档】复选项，勾选后，当以只读方式打开文档时，会出现一个消息对话框，如图 4-19 所示。

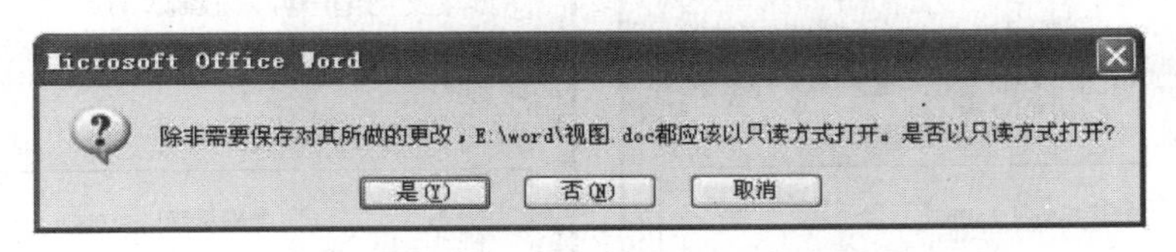

图 4-19 建议消息对话框

建议以只读方式打开文档，这样对文档的修改不会被保存，但是也可以以正常的方式打开文档并保存对文档所做的修改。

4.3 文档的排版

Word 提供了许多排版功能，例如可以改变文字的字体、字号、颜色、底纹等，使制作的文档更加美观。

4.3.1 设置字符格式

1. 利用菜单设置字体

字符格式设置在文档格式化中是最为重要的。对于文字，可以设置其字体、颜色，以及特殊效果等。设置字体格式的操作方法是，先选中要格式化的文字，然后选择【格式】菜单中的【字体】选项，或鼠标右击选中区域，在弹出的快捷菜单中选择【字体】选项，打开【字体】对话框，如图 4-20 所示。打开【字体】选项卡，在其中进行字体设置，最后单击【确定】按钮完成设置。

【字体】对话框各选项卡的功能如下。

1)【字体】选项卡

在【中文字体】下拉列表中可以设置字体类型，可供选择的有宋体、楷体、仿宋等多种字体。在【字形】列表框中可以设置常规、倾斜、加粗等，在【字号】列表框中可以设置字体大小。在【所有文字】选项区域，可以设置字体颜色、下划线、着重号等。

在选择了使用下划线后，下划线颜色列表成为可用，打开其下拉列表便可以从中选择下划线颜色。在【效果】选项区域，可以设置“删除线”“上标”“下标”等多种特殊效果。

2）【字符间距】选项卡

在【字符间距】选项卡中可以设置字符的缩放、间距和位置。打开【字体】对话框中的【字符间距】选项卡，如图 4-21 所示。这时，可以根据需要在【缩放】【间距】【位置】下拉列表中进行选择。

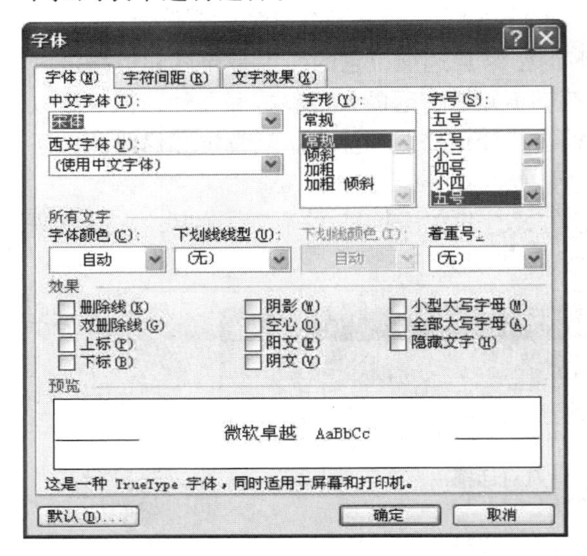

图 4-20 【字体】选项卡

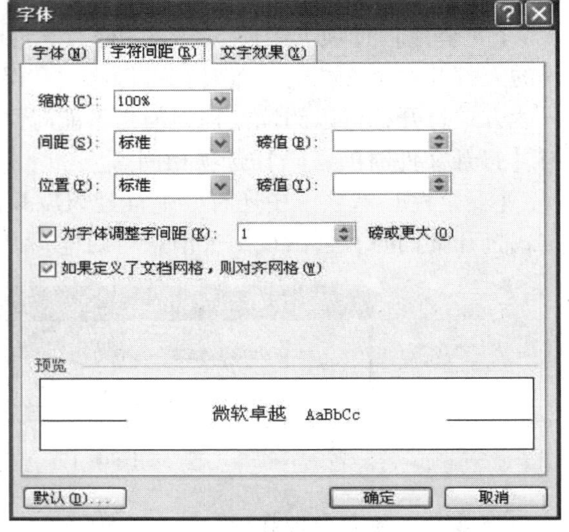

图 4-21 【字符间距】选项卡

3）【文字效果】选项卡

通过文字效果设置可以使字符产生各种动态效果，如赤水情深、礼花绽放等效果。

2. 利用【格式】工具栏设置字体

【格式】工具栏显示了当前插入点字符的格式设置，给出了常用的字符设置格式。设置时，根据需要选择【格式】工具栏中各项下拉列表中的选项，或单击各按钮。【格式】工具栏如图 4-22 所示，其按钮含义如下。

图 4-22 【格式】工具栏

- 格式窗格——显示【样式和格式】窗格。
- 样式——定义文本的样式。
- 字体——定义字体类型。字体类型有宋体、楷体、仿宋等。
- 字号——定义字体大小。中文字号从八号到初号，英文字号从 5 磅到 72 磅。
- B I U 按钮——分别为【加粗】【倾斜】【下划线】按钮，下划线的样式可通过单击【下划线】按钮右边的下三角按钮进行选择。
- A A 按钮——分别为【字符边框】【字符底纹】【字符缩放】和【字体颜色】按钮。选择字体颜色时，单击【字体颜色】按钮右边的下三角按钮，打开颜色列表，从中选择需要的颜色即可。

3. 设置边框

Word 提供了为文字或段落设置边框的功能。设置边框的操作方法是：选中要设置边框的区域，选择【格式】菜单中的【边框和底纹】选项，弹出如图 4-23 所示【边框】对话框；在【边框】选项卡的【设置】选项区域有【无】【方框】【阴影】【三维】和【自定义】5 项设置，可以根据需要进行边框设置；在【应用于】下拉列表中，可以设置边框的应用范围是文字还是段落；最后，单击【确定】按钮，完成设置。

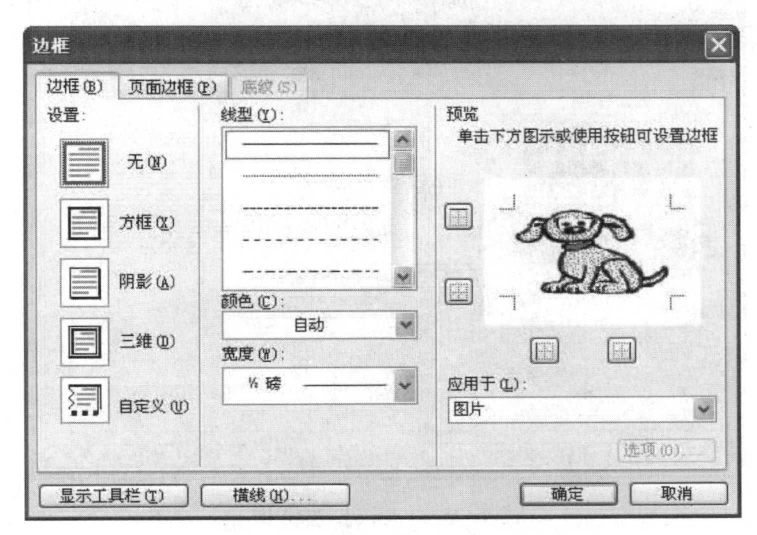

图 4-23 【边框】选项卡

同样，可以对页面设置边框。打开【边框】对话框中的【页面边框】选项卡，如图 4-24 所示。该选项卡中的大部分设置与【边框】选项卡中的相同，不同的是【艺术型】下拉列表。在这个下拉列表中，有很多具有艺术形式的边框，例如树、音乐符号、小人、五角星等，其应用范围为整篇文档或节。

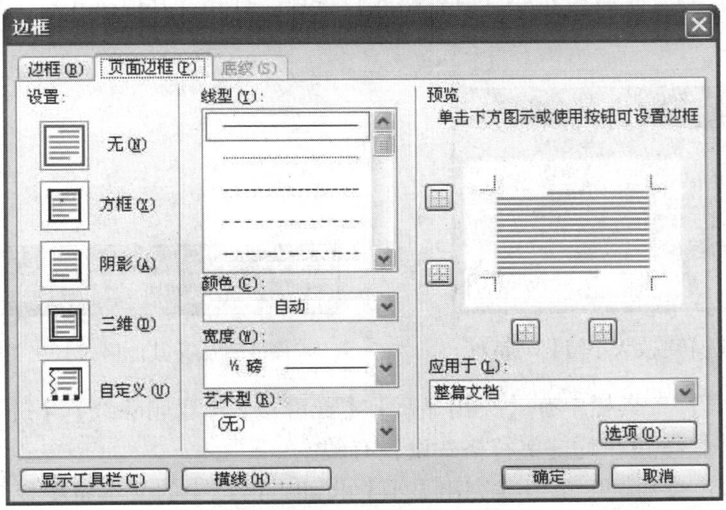

图 4-24 【页面边框】选项卡

4. 设置底纹

设置底纹的操作方法是：选中要设置底纹的区域；选择【格式】菜单中的【边框和底纹】选项，打开【边框和底纹】对话框，打开【底纹】选项卡，如图 4-25 所示，可以根据要求选择底纹的填充色和图案的样式；在【应用于】下拉列表中，可以设置边框的应用范围是文字还是段落；最后，单击【确定】按钮，完成设置。

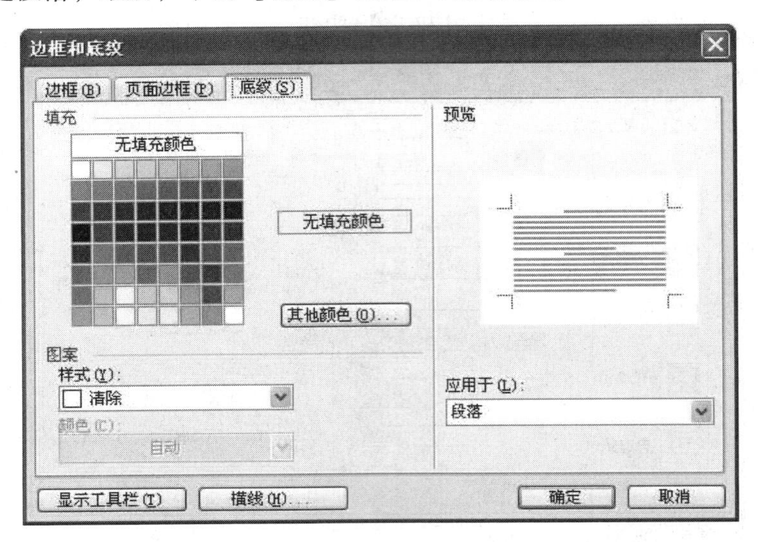

图 4-25 【底纹】选项卡

5. 更改字母的大小写

更改字母大小写的操作如下：选中要更改字母大小写的字符；选择【格式】菜单中的【更改大小写】选项，打开【更改大小写】对话框，如图 4-26 所示（根据具体情况，在对话框中选择更改的方式）；单击【确定】按钮，完成操作。

6. 使用【其他格式】工具栏

选择【视图】→【工具栏】→【其他格式】选项，打开【其他格式】工具栏，如图 4-27 所示。

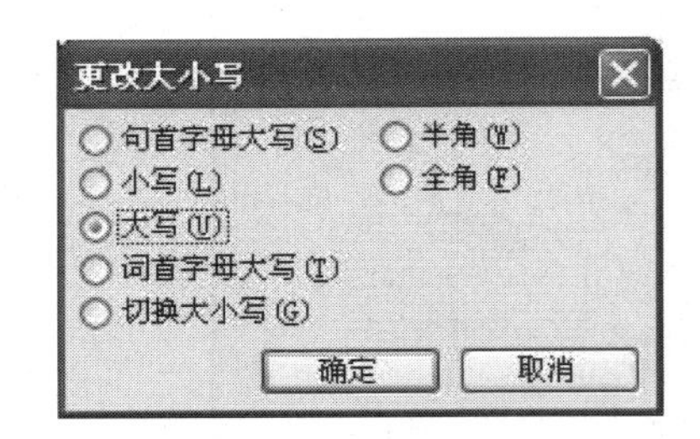

图 4-26 【更改大小写】对话框

图 4-27 【其他格式】工具栏

在【其他格式】工具栏中有【突出显示】【着重号】【双删除线】【拼音指南】【合并字符】【带圈字符】按钮，均与字符格式设置有关。

- 【突出显示】按钮——单击【突出显示】按钮，已选中的文本将变成带有背景色的文本，鼠标的外观会变为彩笔样式，这时按住左键，用它拖过的文本都会带上背景色；

再次单击【突出显示】按钮，鼠标恢复到文本编辑状态。单击【突出显示】按钮右边的下三角按钮可以设置背景色。

- 【着重号】按钮——有时在文档中为了突出显示某部分内容或某种观点，往往需要添加着重号。方法是，用鼠标选中需要添加着重号的文档，然后单击【其他格式】工具栏中的【着重号】按钮即可。
- 【双删除线】按钮——用鼠标选中需要添加双删除线的文档，然后单击【其他格式】工具栏中的【双删除线】按钮即可。
- 【拼音指南】按钮——利用 Word 中文版式中的“拼音指南”功能，可以在中文字符上标注汉语拼音。用鼠标选中需要加注拼音的文档，然后单击【其他格式】工具栏中的【拼音指南】按钮，在打开的【拼音指南】对话框中进行相应的设置后单击【确定】按钮即可。
- 【合并字符】按钮——单击【合并字符】按钮，打开【合并字符】对话框，如图 4-28 所示。在【文字】文本框中输入文本，在【字体】和【字号】下拉列表中设定字体和字号后即可在预览框中看到合并后的效果。
- 【带圈字符】按钮——单击【带圈字符】按钮，打开【带圈字符】对话框，如图 4-29 所示。在【文字】文本框中输入一个字或在下方列表框中选择，在【圈号】列表框中选择图形，在【样式】选项区域选择【无】、【缩小文字】或【增大圈号】选项，单击【确定】按钮后，Word 便在文档中加入了带圈字符。

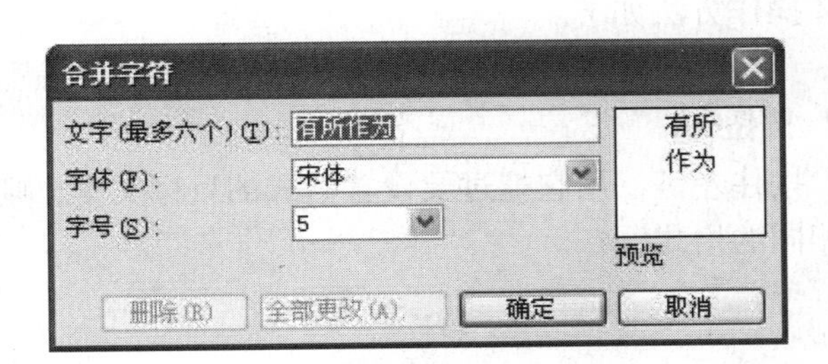

图 4-28　【合并字符】对话框

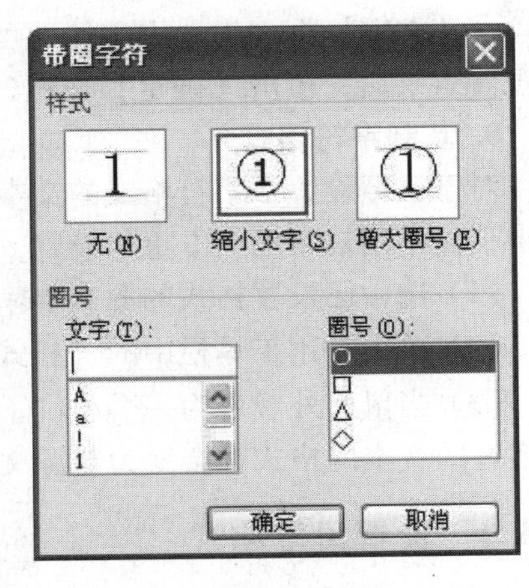

图 4-29　【带圈字符】对话框

7. 中文版式

在中文排版中经常会用到一些特殊的格式，Word 的中文版式支持包括拼音指南、带圈字符、纵横混排、合并字符和双行合一等功能。前面已经介绍了带圈字符和合并字符功能的使用，下面将介绍纵横混排和双行合一功能。

(1) 纵横混排功能。使用 Word 的纵横混排功能，可以实现在竖排版的文档中插入横排版的文档，具体操作方法如下。

① 选中需要混排的文档。

② 选择【格式】→【中文版式】→【纵横混排】选项。

③ 打开【纵横混排】对话框，如图 4-30 所示。

④ 勾选【适应行宽】复选项，则选中文字会根据行宽自动调整大小。在【预览】框中观看效果后，单击【确定】按钮，完成操作。

（2）双行合一功能。双行合一的效果与前面介绍的合并字符的效果类似，只是它不能设置字号和字体，但可以使文本带上括号，具体操作方法如下。

① 选中需要合并的文字。

② 选择【格式】→【中文版式】→【双行合一】选项，打开【双行合一】对话框，如图 4-31 所示。

图 4-30 【纵横混排】对话框

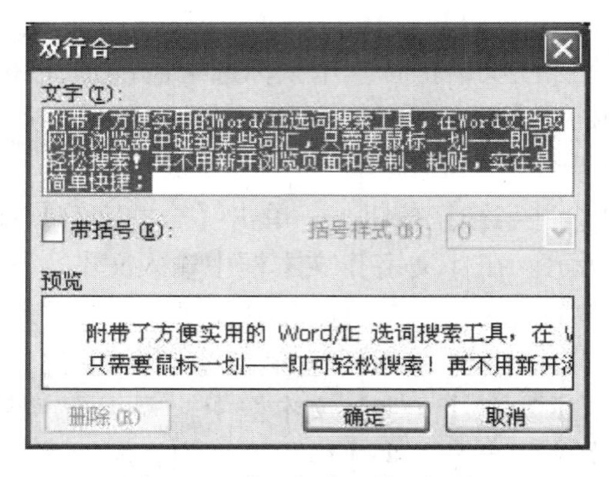

图 4-31 【双行合一】对话框

③【文字】框内为选中字符，可以选择是否带括号，以及括号的样式。在【预览】框中观看效果后，单击【确定】按钮，完成操作。

8. 复制字符格式

对于已经设置了字符格式的文本，可以将它的格式复制到文档中其他要求相同格式的文本中，而不用对每段文本重复设置，具体操作方法如下。

（1）选中已设置格式的源文本。

（2）单击常用工具栏中的【格式刷】按钮。

（3）当鼠标外观变为一个小刷子后，按住左键，用它拖过要设置格式的目标文本，则所有拖过的文本的格式都会变为与源文本相同的格式。

4.3.2 设置段落格式

段落是文章的一个基本单位，是由输入文本后按 Enter 键形成的。如果在【视图】菜单中选择【显示段落标记】选项，则可以清楚地看到段落的情况。对段落的整体布局进行格式化操作称为段落格式化。段落格式化包括设置段落的对齐、缩进、行间距、段间距等。

1. 段落的对齐

段落的对齐方式包括两端对齐、居中对齐、右对齐、左对齐和分散对齐。

设置对齐方式可以使用【格式】工具栏上的按钮，也可以使用【段落】对话框。使用【格式】工具栏上的按钮，只须在选中段落后，单击【格式】工具栏上相应的按钮，即可改变段落的对齐方式，这些按钮如图 4-32 所示。使用【段落】对话框设置段落对齐方式的操作如下。

（1）选中需要改变对齐方式的段落。

（2）选择【格式】菜单中的【段落】选项，打开【段落】对话框，再打开【缩进和间距】选项卡，如图 4-33 所示。

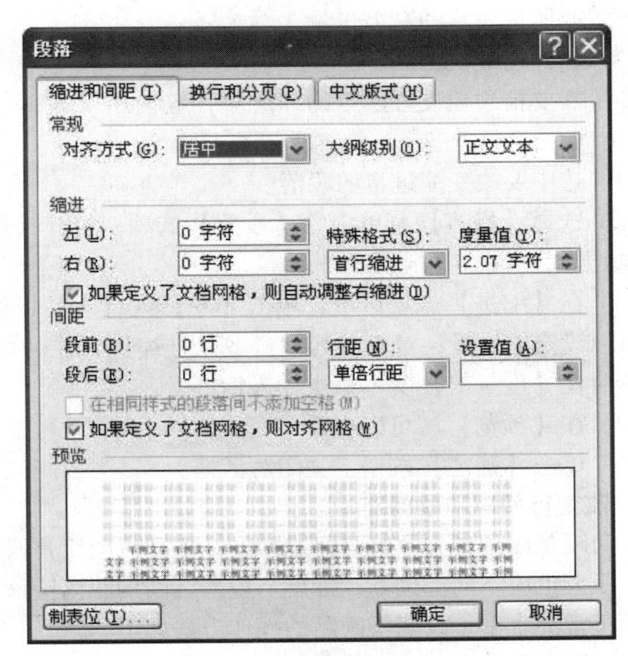

图 4-32　段落对齐按钮　　　　图 4-33　【缩进和间距】选项卡

（3）在【对齐方式】下拉列表中选择一种对齐方式；在【预览】区查看改变的效果。

（4）单击【确定】按钮，关闭对话框。

2. 段落的缩进

缩进是指段落文本与文档边界的相对水平位置。对于一般的段落，大都规定首行缩进两个汉字。与页边界不同的是，缩进应用于单行和小段正文。在同一文档中，对各个段落的左、右边界和段落首行可以设置不同的缩进量。

使用【格式】工具栏中的按钮、水平标尺，或使用【段落】对话框均可设置缩进量。

1）使用标尺设置缩进量

使用标尺直接在文档视图中设置缩进量是最简单的方法。在文档的标尺上分别标有段落的各种缩进符号，如图 4-34 所示，标尺上有 4 个缩进标记块，即【首行缩进】、【悬挂缩进】【左缩进】和【右缩进】标记块。

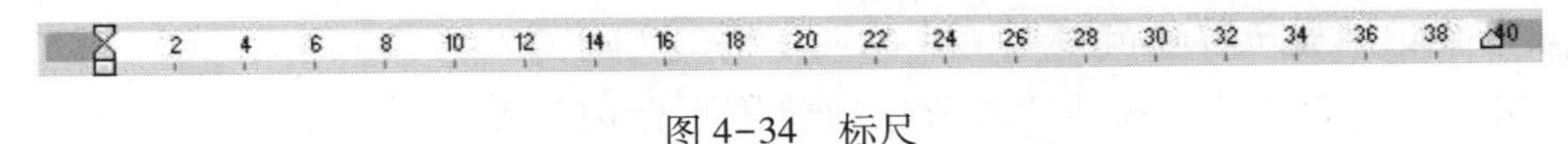

图 4-34　标尺

使用标尺改变缩进量时，先选中要改变缩进的段落，然后再将缩进标记块拖动到合适的位置上。在拖动时，文档中会显示一条竖虚线，表明正在拖动的新位置。

如果在【视图】窗口中没有显示出标尺，则选择【视图】菜单中的【标尺】选项即可显示。如果在【视图】窗口中没有显示出【格式】工具栏，则选择【视图】→【工具栏】→【格式】选项即可将【格式】工具栏显示在窗口中。

2）用【格式】工具栏中的按钮设置缩进量

单击【格式】工具栏上的【增加缩进量】或【减少缩进量】按钮可以快速增加或减少当前段落或所选段落的左缩进量。

3）用对话框设置缩进量

如果需要精确地设置段落的缩进量，应使用【段落】对话框设置缩进量，具体操作方法如下。

（1）选中要改变缩进量的段落。

（2）选择【格式】菜单中的【段落】选项，打开【段落】对话框，再打开【缩进和间距】选项卡，如图4-33所示。

（3）在【缩进】选项区域，单击【左】或【右】的微调按钮，或直接在文本框中输入数值可以设定缩进量；对于首行缩进或悬挂缩进，在【特殊格式】下拉列表中选择缩进类型，然后在【度量值】文本框中输入缩进量。

（4）在【预览】区可以查看改变的效果。

（5）单击【确定】按钮，关闭对话框。

3. 改变行间距和段间距

行间距是段落中文本行与行之间的距离。段间距是段与段之间的距离，不同类型的段落之间的距离也应不同。例如，标题与段落之间的距离应该大一些，而正文各段之间的距离应该保持正常的水平。改变行间距的操作方法如下。

（1）选中要改变行间距的段落。

（2）选择【格式】菜单中的【段落】选项，打开【段落】对话框，再打开【缩进和间距】选项卡。

（3）在【行距】下拉列表中选择适当的行间距。其中，“单倍行距”为行与行之间保持正常的1倍行距；“1.5倍行距”为行与行之间保持正常的1.5倍行距；“2倍行距”表示行与行之间保持正常的2倍行距；“多倍行距”按在【设置值】数值框中输入的具体倍数来改变行间距；“固定值”表示行间距是一定值，该值由【设置值】数值框中的值确定；“最小值”表示行间距至少是【设置值】数值框中的值。

（4）单击【确定】按钮，关闭对话框。

Word提供了段落前距和段落后距两种方式，可以在【段落】对话框的【缩进和间距】选项卡中进行设置。改变段间距的操作方法是，选中要改变段间距的段落，在如图4-33所示的【间距】选项区域【段前】和【段后】数值框中分别输入段落之间的间距值，单击【确定】按钮，关闭对话框。

4. 段落标记的显示和隐藏

为了更好地编排文档，在编排过程中应将段落标记显示在屏幕上，以便于查看。通过【格式】工具栏中的【显示/隐藏编辑标记】按钮可以显示或隐藏段落标记。一旦设置显示段落标记，就会在文档的所有段落末生成一个段落标记符号。

4.3.3 设置项目符号和编号

项目符号和编号是文档中对列表信息非常有用的格式工具。Word可以快速地给列表添加项目符号和编号。Word 2003中文版既可以实现自动添加，也可以使用【格式】工具栏上的按钮，或通过【格式】菜单启动的对话框创建及修改项目符号和编号。

1. 自动生成项目符号和编号

如果在段落的开始时输入了诸如“1.”“（2）”“三、”“第 4 章”等格式的起始编号，在该段落结束并按 Enter 键后，Word 则自动将本段转换为编号列表，同时将下一个编号加入到下一段的开始。

如果在段落的开始时输入了诸如“*（星号后加空格）”“-（连字符后加空格）”类型的符号，当按 Enter 键后，Word 则自动将本段设置为项目符号列表，同时将该项目符号加入到下一段的开始。如果按上述步骤操作但没有自动地创建出项目符号和编号，则选择【工具】菜单中的【自动更正】选项，在弹出的对话框中打开【键入时自动套用格式】选项卡，并勾选【自动项目符号列表】或【自动编号列表】复选项即可。

2. 创建编号

1）使用【格式】工具栏创建编号列表

选中想要创建编号的段落，单击【格式】工具栏上的【编号】按钮。在创建编号列表之后，每一段的前面都将有一个自动排列的编号，编号列表的段落一般是悬挂缩进的。

2）使用【项目符号和编号】对话框创建编号列表

选中想要为之创建编号的段落，选择【格式】菜单中的【项目符号和编号】选项，打开【项目符号和编号】对话框，再打开【编号】选项卡，如图 4-35 所示；根据需要，在对话框中选择一种编号列表的类型；最后，单击【确定】按钮，关闭对话框。

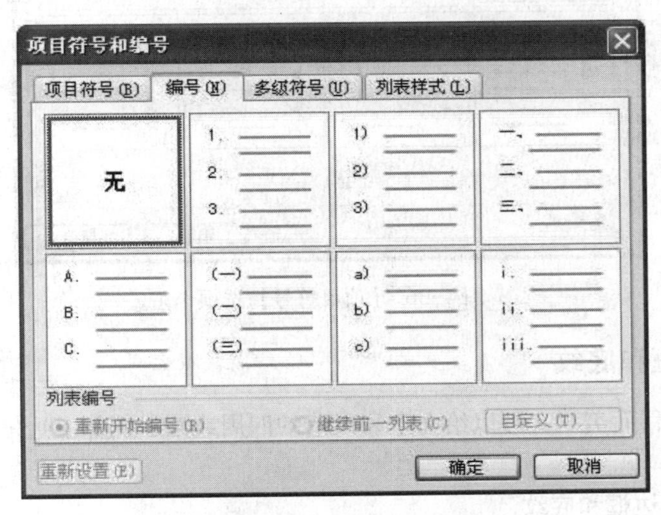

图 4-35 【项目符号和编号】对话框

如果对选择的编号不太满意，可以单击对话框中的【自定义】按钮；在弹出的【自定义编号列表】对话框中还可以设置编号的字体、样式、起始编号的编号位置等。

如果需要创建多级编号，可以打开【项目符号和编号】对话框中的【多级符号】选项卡，选择某一种多级符号的类型并单击【确定】按钮即可。

3. 创建项目符号

编号与项目符号类似，但它们最大的不同是，前者使用连续的数字或字母，而后者使用相同的符号。

1）使用【格式】工具栏创建项目符号

选中想要创建项目符号的正文段落，单击【格式】工具栏上的【项目符号】按钮即可创建项目符号。创建项目符号之后，每一段前面都有一个相同的项目符号，项目符号的段落一般为悬挂缩进。

2）使用对话框创建项目符号

选中想要创建项目符号的段落，选择【格式】菜单中的【项目符号和编号】选项，打开【项目符号和编号】对话框，并打开【项目符号】选项卡，如图 4-36 所示；根据需要，选择某一种项目符号类型；最后，单击【确定】按钮，关闭对话框。

与编号一样，也可以通过【自定义】按钮来设置自己喜欢的项目符号。Word 2003 还提供了图片类型的项目符号，只须单击【项目符号和编号】对话框中的【自定义】按钮，在打开的对话框中单击【图片】按钮，并在弹出的【图片符号】对话框中选择一种图片类型的项目符号即可。

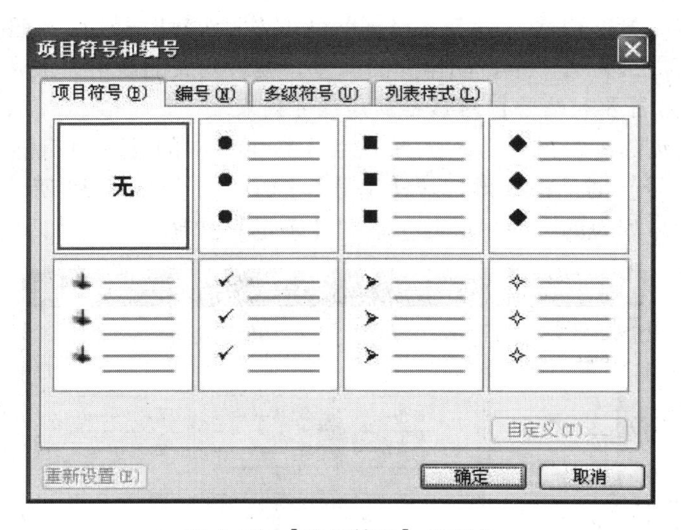

图 4-36 【项目符号】选项卡

4.3.4 设置边框和底纹

为了使文档醒目而美观，可以给文本和段落的四周或某一侧加上边框，甚至可以给文档的某一页加上边框。

1. 给文字添加边框和底纹

给文档中的文字添加边框和底纹的操作步骤如下。

（1）选择要添加边框和底纹的文字。

（2）选择【格式】菜单中的【边框和底纹】选项，打开【边框和底纹】对话框，打开【边框】选项卡，如图 4-37 所示。

在【设置】选项区域可以选择的边框样式如下。

- 【无】——不设置边框。如果文字原来有边框，边框将被去掉。
- 【方框】——给所选文字加上边框。
- 【阴影】——给所选文字加上边框，并且采用预设的底纹。

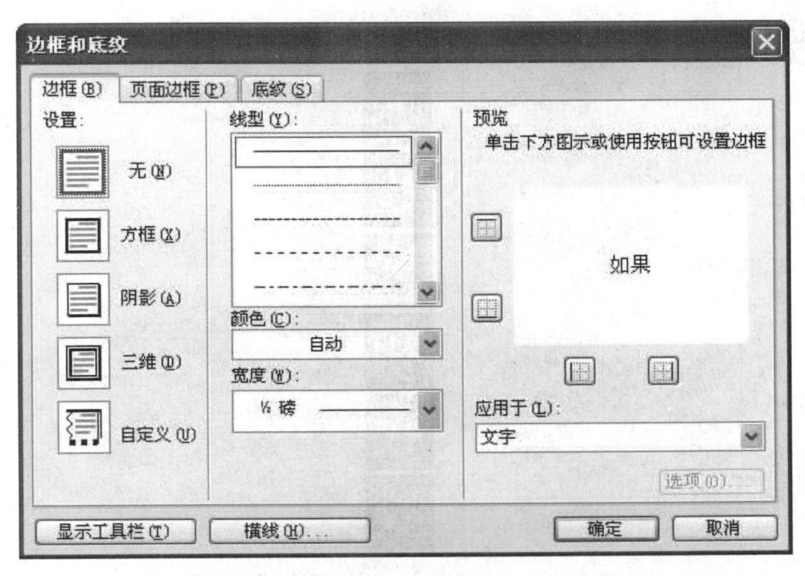

图 4-37 【边框和底纹】对话框

- 【三维】——给所选文字加上边框，并且采用三维的线型。
- 【自定义】——边框的样式可以在【预览】框内定制，或者单击【预览】框内的任意一个按钮，都相当于选择【自定义】选项。

在【线型】【颜色】【宽度】列表中选择适当的选项；在【应用于】下拉列表中选择【文字】选项。

(3) 打开【底纹】选项卡，如图 4-38 所示，在【填充】列表中选择要添加的底纹颜色，在【图案】选项区域选择图案的样式和颜色，在【应用于】下拉列表中选择【文字】选项。

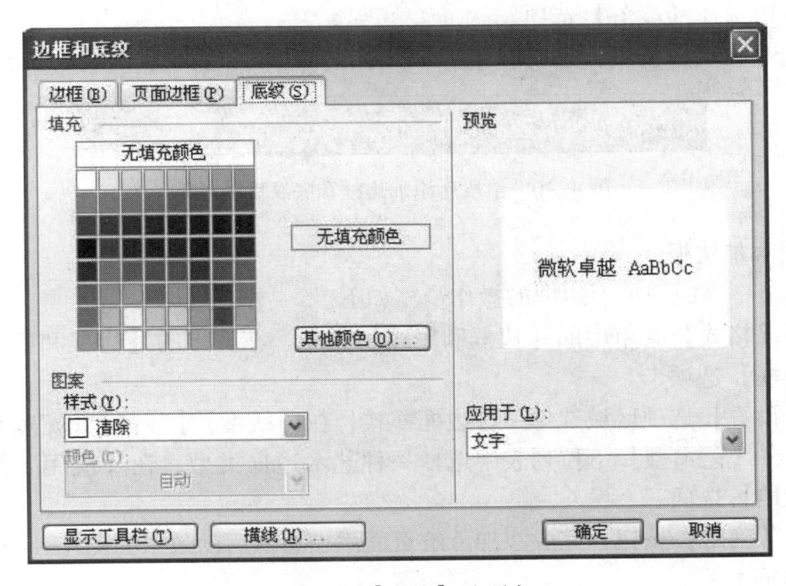

图 4-38 【底纹】选项卡

（4）单击【确定】按钮，完成添加。给文字添加边框和底纹后的效果如图 4-39 所示。

图 4-39　给文字添加边框和底纹后的效果

2. 给段落添加边框和底纹

给文档中的段落添加边框和底纹的操作步骤如下。

（1）选中要添加边框和底纹的段落。

（2）选择【格式】菜单中的【边框和底纹】选项，打开【边框和底纹】对话框，再打开【边框】选项卡。

在【设置】选项区域选择一种边框样式，在【线型】【颜色】【宽度】列表中选择适当的选项，在【应用于】下拉列表中选择【段落】选项。

（3）打开【底纹】选项卡，在【填充】选项区域选择要添加的底纹颜色，在【应用于】下拉列表中选择【段落】选项。

（4）单击【确定】按钮，完成添加。给段落添加边框和底纹后的效果如图 4-40 所示。

给段落添加边框和底纹

图 4-40　给段落添加边框和底纹后的效果

3. 给页面添加边框

给文档的某一页四周加上边框的操作步骤如下。

（1）选择【格式】菜单中的【边框和底纹】选项，在弹出的【边框和底纹】对话框中打开【页面边框】选项卡。

（2）在【设置】选项区域选择一种边框样式，在【线型】【颜色】【宽度】列表中选择适当的选项，在【艺术型】下拉列表中选择一种艺术边框类型，在【应用于】下拉列表中选择【整篇文档】选项。

（3）单击【确定】按钮，完成添加。给页面添加边框后的效果如图 4-41 所示。

4. 取消边框

首先选中要取消边框的文字、段落或页面，然后选择【格式】菜单中的【边框和底纹】

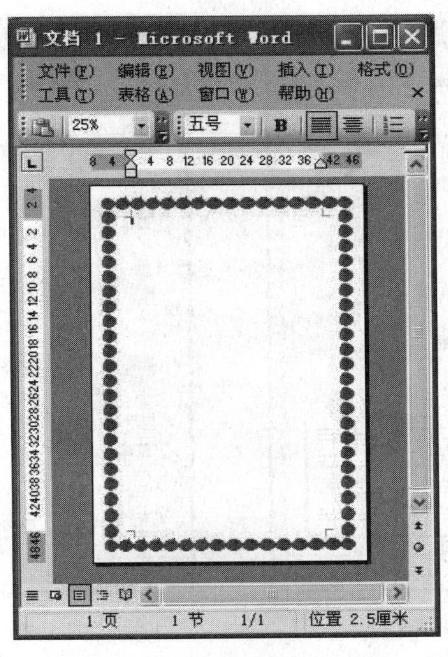

图 4-41　添加边框后的页面效果

选项，在弹出的【边框和底纹】对话框的【设置】选项区域选择【无】选项，边框即被取消。

4.3.5　设置页面格式

1. 页面设置

页面设置的操作步骤如下。

(1) 打开要进行页面设置的文档。

(2) 选择【文件】菜单中的【页面设置】选项，弹出【页面设置】对话框，再打开【页边距】选项卡，如图 4-42 所示。

在【页边距】选项卡中可以设置正文的上、下、左、右与页边界之间的距离，以及页眉/页脚与页边界之间的距离。如有必要，还可以设定装订线的位置和距离。

(3) 打开【纸张】选项卡，在该选项卡中可以设选纸张的大小和方向。默认情况下，纸型为 A4 纸，方向为纵向。

(4) 在【纸张】选项卡中还可以设定打印时纸张的进纸方式。如果不设置，则为 Word 中的默认纸盒。

(5) 打开【版式】选项卡，在该选项卡中可以设置页眉和页脚的格式，在【节的起始位置】下拉列表中可以选择分节符类型，在【垂直对齐方式】下拉列表中可以选择文本在垂直方向的对齐方式。单击【行号】或【边框】按钮，可以进行行号或边框的设置。

(6) 打开【文档网格】选项卡，如图 4-43 所示，在该选项卡中可以设置文档的每页行数，每行字数，正文的字体、字号、栏数，正文的排列方式，应用范围，以及字间距和行间距。

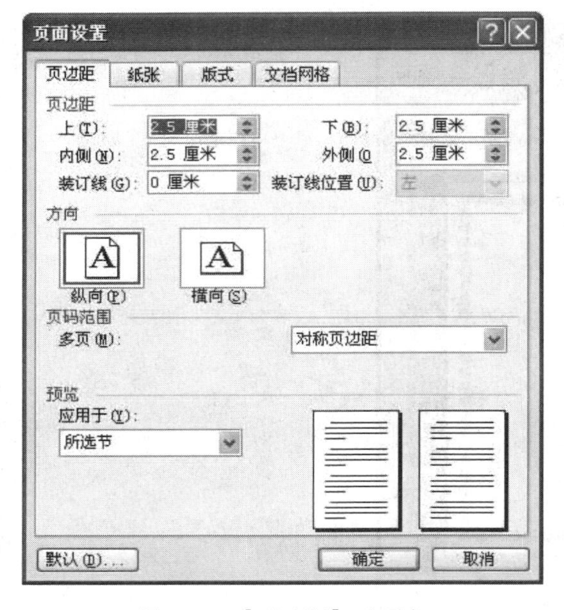

图 4-42 【页边距】选项卡

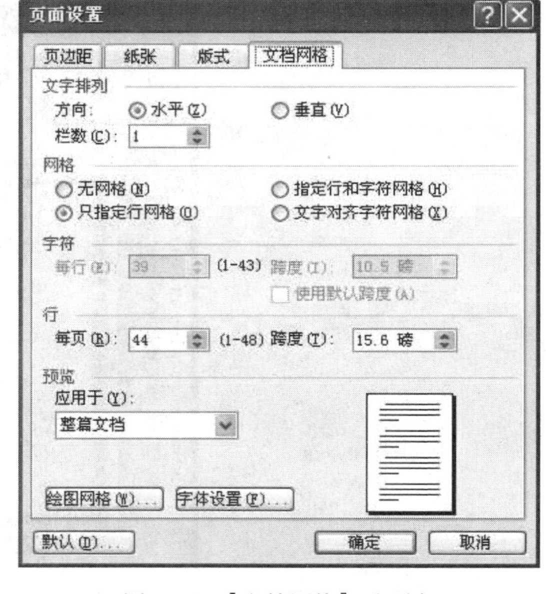

图 4-43 【文档网格】选项卡

（7）单击【确定】按钮，完成页面的设置。

2. 分页

输入文字或图形时，Word 会根据需要自动插入分页符来开始新的一页。当然，也可以在文档的任何位置手动插入分页符来强制分页。例如，一个表格在一页上显示不全时，可以在表格前面插入分页符，使表格整个移到下一页。

手工插入分页符的操作步骤如下。

（1）将光标移到要分页的位置。

（2）选择【插入】菜单中的【分隔符】选项，打开【分隔符】对话框，如图 4-44（a）所示，选中【分页符】单选项。

（3）单击【确定】按钮，则在当前插入点处强制分页，并把插入点移到新的一页上。在普通视图方式下，自动分页后会产生一条虚线，该虚线称为自动分页符，如图 4-44（b）所示。

（4）如果要删除分页符，在普通视图方式下，选中分页符，按 Delete 键即可。

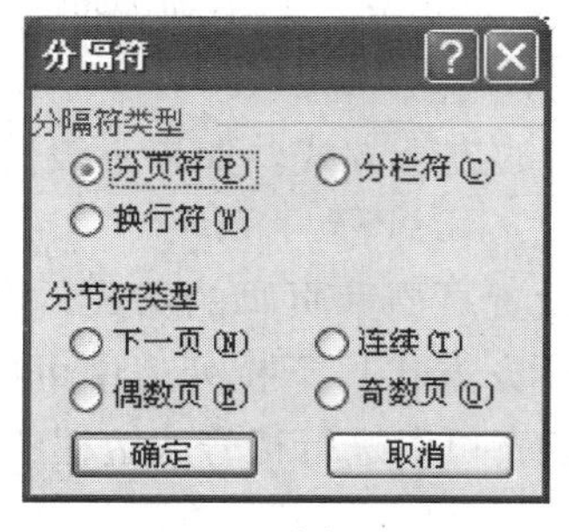

（a）

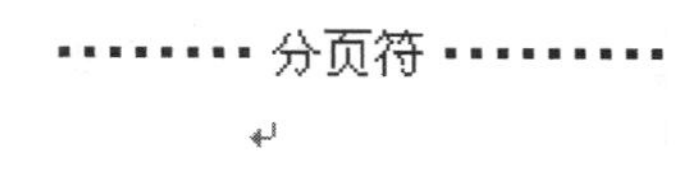

（b）

图 4-44 【分隔符】对话框与自动分页符

分节符及【分隔符】对话框【分节符类型】选项区域的选项说明如下。

- 分节符——在 Word 里，可以在一页的不同部分应用不同的排版格式，这就要用分节符。不同的节里，可以设置不同的版式，如页眉、页脚、页边距、分栏等。
- 【下一页】——插入分节符后强行分页，新的节从下一页开始。
- 【连续】——插入分节符后不分页，新的节从下一行开始。
- 【偶数页】或【奇数页】——插入分节符后强行分页，新的节从下一个偶数页或奇数页开始。

注意　这里所说的分节符是为表示节结束而插入的标记。分节符储存了节的格式设置信息。分节符显示为包含有“分节符”字样的双虚线。

3. 分栏

如果要使文档具有类似于报纸的分栏效果，可以使用 Word 的分栏功能。在分栏的文档中，文字是逐栏排列的，排满一栏后才转排下一栏。对每一栏，都可以单独进行格式化和版面设计。

将文档分栏的操作步骤如下。

（1）选中要进行分栏的文本。

（2）选择【格式】菜单中的【分栏】选项，打开【分栏】对话框，如图 4-45 所示。根据需要，可以选择的栏数如下。

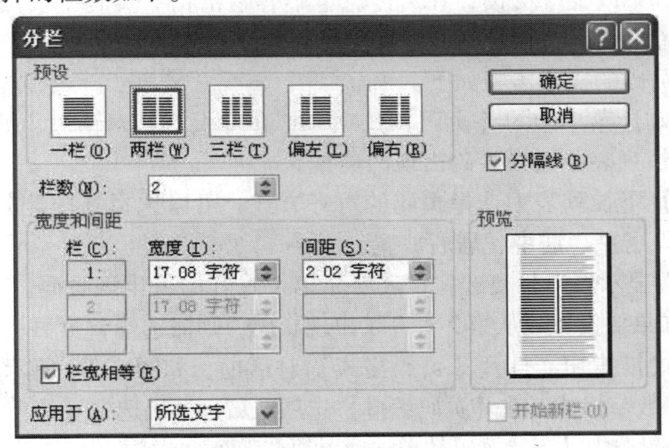

图 4-45 【分栏】对话框

- 【一栏】——不分栏。
- 【两栏】——分为 2 栏。
- 【三栏】——分为 3 栏。
- 【偏左】——分为 2 栏，左栏窄右栏宽。
- 【偏右】——分为 2 栏，左栏宽右栏窄。
- 【栏数】——如果分的栏数超过 3，可在【栏数】文本框内指定栏数。

如果要使每一栏等宽，应勾选【栏宽相等】复选项；如果要使每一栏不等宽，不要勾选【栏宽相等】复选项，然后在【宽度和间距】选项区域分别设置每一栏的宽度及栏与栏之间的间距。

如果勾选了【分隔线】复选项，栏与栏之间将被分隔线隔开。

（3）单击【确定】按钮，完成设置。分栏后的效果如图 4-46 所示。

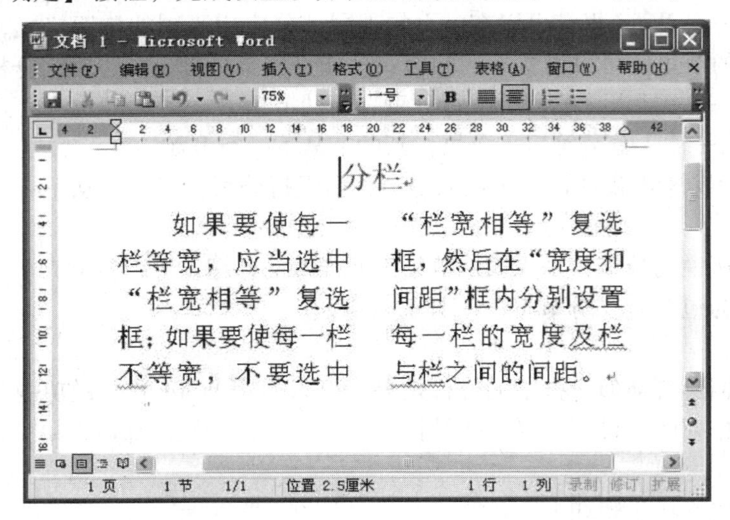

图 4-46 分栏后的效果

4. 插入页码

给文档加上页码，既便于阅读，在装订时也不容易出错。页码一般加在页眉或页脚中，当然也可以加在页面的其他位置。

在文档中插入页码的操作步骤如下。

（1）选择【插入】菜单中的【页码】选项，打开【页码】对话框，如图 4-47 所示。

在【位置】下拉列表中选择页码出现的位置。

在【对齐方式】下拉列表中选择页码的对齐方式，可以选择【内侧】【居中】【外侧】选项，分别表示页码居左、居中、居右放置。

如果勾选【首页显示页码】复选项，表示从第 1 页开始就出现页码。多数情况下，首页往往不需要页码。如果要设置成从第 2 页开始出现页码，则撤选【首页显示页码】复选项。

（2）单击【格式】按钮，打开【页码格式】对话框，如图 4-48 所示。在【数字格式】下拉列表中选择一种数字格式。在【页码编排】选项区域，如果选中【续前节】单选项，将延续前一节的页码；如果选中【起始页码】单选项，须在后面的文本框中指定一个起始页码。

（3）单击【确定】按钮，完成设置。插入页码后的效果如图 4-49 所示。

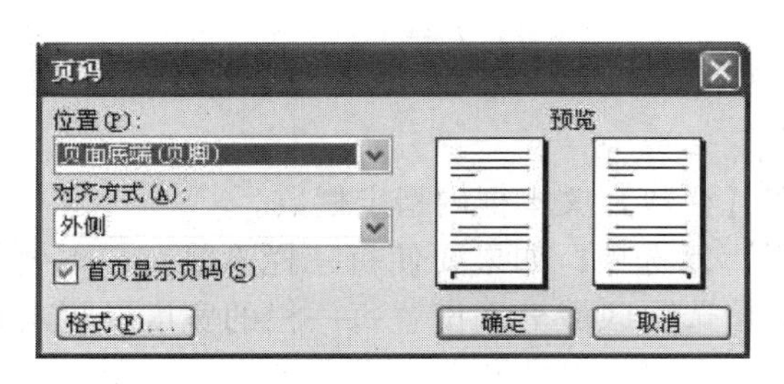

图 4-47 【页码】对话框

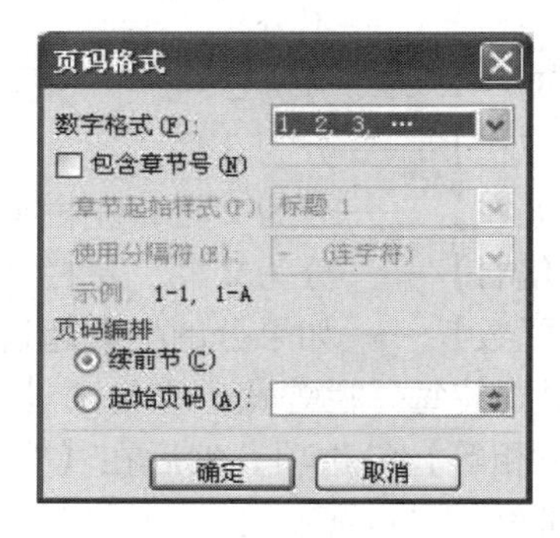

图 4-48 【页码格式】对话框

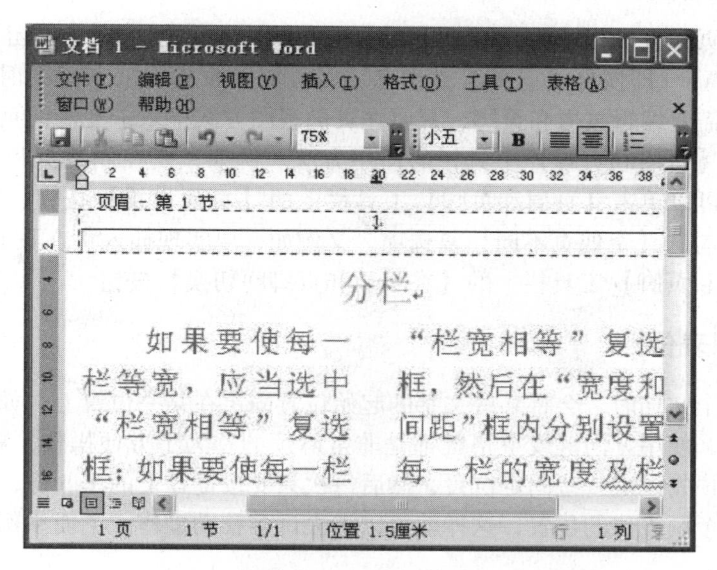

图 4-49 插入页码后的效果

5. 页眉和页脚

页眉和页脚通常用于显示文档的附加信息，如页码、日期、作者名称、单位名称、徽标及章节名等。其中，页眉显示在页面的顶部，而页脚显示在页面的底部。

创建页眉和页脚的操作步骤如下。

（1）选择【视图】菜单中的【页眉和页脚】选项，Word 将自动把正文变灰，表示当前不能编辑正文。页面的顶部和底部将各出现一个虚线框，其中，顶部的虚线框用于设计页眉（框的左上角有“页眉”字样），底部的虚线框用于设计页脚（框的左上角有“页脚”字样）。这两个虚线框的宽度与页面的宽度相同。

（2）在页眉和页脚的虚线框内输入要显示的内容，也可以使用【页眉和页脚】工具栏上的按钮插入页码、日期、自动图文集等，如图 4-50 所示。

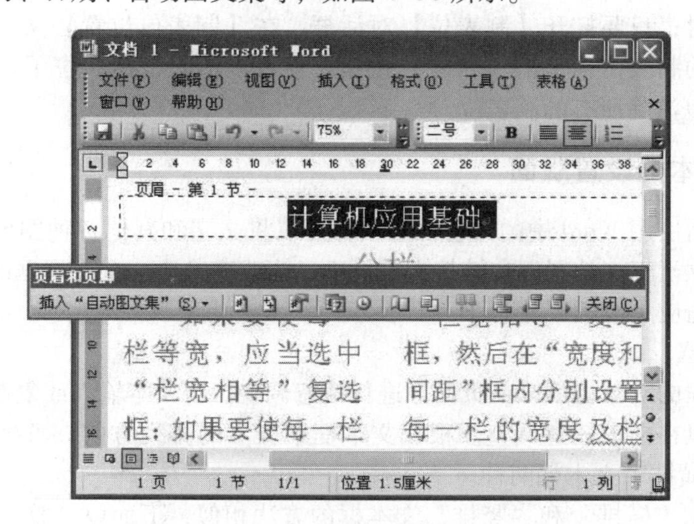

图 4-50 【页眉和页脚】工具栏

（3）页眉或页脚设计完毕后，单击【页眉和页脚】工具栏上的【关闭】按钮，或者双击变灰的正文，Word 即恢复成正文编辑状态，而页眉和页脚将变灰，同时【页眉和页脚】工具栏将隐去。需要编辑页眉和页脚，只要在页面视图方式下双击变灰的页眉或页脚即可。

有必要掌握【页眉和页脚】工具栏的使用方法。例如，要在偶数页和奇数页建立不同的页眉和页脚，可以单击【页眉和页脚】工具栏上的【页面设置】按钮，在弹出的【页面设置】对话框中勾选【奇偶页不同】复选项。又例如，要实现插入点在页眉和页脚间切换，可以单击【页眉和页脚】工具栏上的【在页眉和页脚间切换】按钮。

4.3.6 设置制表位

通常创建一个文档时，会将某些文字的起始位置固定在某一位置上。如果要将光标移动一个固定的长度，使用方向键或空格键都是非常麻烦的。为了方便操作，Word 提供了制表位功能。它可以预先设定一些固定位置，然后每次只要按键盘上的 Tab 键，当前插入点就可以直接移到下一个制表位的位置，这样就可以省去许多移动操作。下面举例说明具体的操作方法。

（1）单击常用工具栏中的【新建】按钮，创建一个新的空白文档。

（2）选择【格式】菜单中的【制表位】选项，打开【制表位】对话框。在该对话框中，【制表位位置】文本框用于设置制表位在水平标尺中的值。

（3）设置对齐方式和前导符。在【制表位位置】文本框中输入“4 厘米”，在【默认制表位】文本框中输入“2 厘米”，选中【对齐方式】区域中的【左对齐】和【前导符】区域中的【无】单选项，单击【设置】按钮，即设定了 1 个制表位。

（4）在【制表位位置】文本框中再输入“9 厘米”，选中【对齐方式】区域中的【居中】单选项，单击【设置】按钮，设定第 2 个制表位。

（5）在【制表位位置】文本框中再输入“14 厘米”，选中【对齐方式】区域中的【小数点对齐】单选项，再单击【设置】按钮，设定第 3 个制表位。

（6）单击【确定】按钮，完成制表位的设置。

删除制表位时，只要打开【制表位】对话框，在【制表位位置】文本框所列出的制表位中选中要删除的制表位，单击【清除】按钮，就可以清除该制表位了。如果单击【全部清除】按钮，可以清除所有的制表位。

4.3.7 使用文本框设置版面

在文档中灵活使用 Word 中的文本框对象，可以将文字和其他各种图形、图片、表格等对象在页面中独立于正文放置。在链接文本框中，当改变其中一个文本框的尺寸时，其他内容将自动改变以适应更改的尺寸。

1. 创建文本框

文本框是独立的对象，可以在页面上进行任意调整。将文本输入或复制到文本框中，文本框中的文本可以在框中任意调整。根据文本框中文本的排列方向，可将文本框分为“竖排”文本框和“横排”文本框两种。

在文档中创建“横排”和“竖排”文本框的方法相似，下面以“横排”文本框为例介绍文本框的创建过程。

（1）在【绘图】工具栏上单击【横排文本框】按钮，或选择【插入】→【文本框】→【横排】选项。

（2）与插入其他图形类似，此时文档中会出现标明有【在此处创建图形】的绘图选项，在其中按住左键拖动鼠标，即可绘制出文本框。

（3）在文本框中单击鼠标，文本框处于编辑状态，可以在其中输入文本或者插入图片、图形、艺术字等对象，也可以利用前文所述方法设置字符格式和图片、图形、艺术字格式。编辑和格式化的方法与文档正文相同。

（4）选中文本框后，它的四周会出现 8 个句柄。将鼠标置于句柄上，当鼠标变为双向箭头状时，按住左键拖动即可改变文本框的尺寸。将鼠标置于文本框边框上，当鼠标变为四向箭头状时按住左键拖动即可将文本框拖动到文档中的任意位置。

（5）如果需要为文本框设置格式，右击文本框，在弹出的快捷菜单中选择【设置文本框格式】选项，弹出【设置文本框格式】对话框。在此对话框中可以设置文本框的图文混排、边框、颜色、边距等多种属性。

2. 文本框的链接

可以在多个文本框之间建立链接关系，这样当在前一个文本框中编辑的内容超出范围时会被自动放入下一个文本框中。

选中要建立链接文本框的第一个文本框，此时如果没有自动弹出【文本框】工具栏，则选择【视图】→【工具栏】→【文本框】选项，即会弹出【文本框】工具栏。单击【文本框】工具栏中的【创建文本框链接】按钮，将鼠标移至下一个文本框时单击，这样两个文本框就创建了链接关系。此时，如果在第一个文本框中输入文本，溢出的部分将自动流到下一个文本框中。

如果要断开链接，选中第一个文本框，单击【断开向前链接】按钮，则第一个文本框与第二个文本框之间的链接被取消，第二个文本框中的内容将会流回第一个文本框。单击【文本框】工具栏上的【前一文本框】按钮和【下一文本框】按钮，则可以在链接的文本框之间切换光标。

4.4　表格制作

表格以行和列的形式组织信息，具有数据清晰、直观、信息量大等特点。Word 具有功能强大的表格处理能力，用户可以非常方便地制作、使用各种表格。

4.4.1　创建表格

在 Word 2003 中，可以通过多种方式创建表格，下面分别介绍几种创建表格的方法。

1. 利用工具按钮创建表格

首先，在 Word 文档正文中设置表格插入点（通常位于一行的行首），单击 Word 应用程序窗口常用工具栏上的【插入表格】按钮，弹出由行和列组成的空白网格，按住鼠标左键沿网格向下拖动鼠标可以定义表格的行数，沿网格向右拖动鼠标可以定义表格的列数，直到满足要求为止松开鼠标左键。鼠标拖动时，空白网格的底部会显示选中的行数和列数。这样，便在文档当前插入点成功插入了一个空白表，如图 4-51 所示。

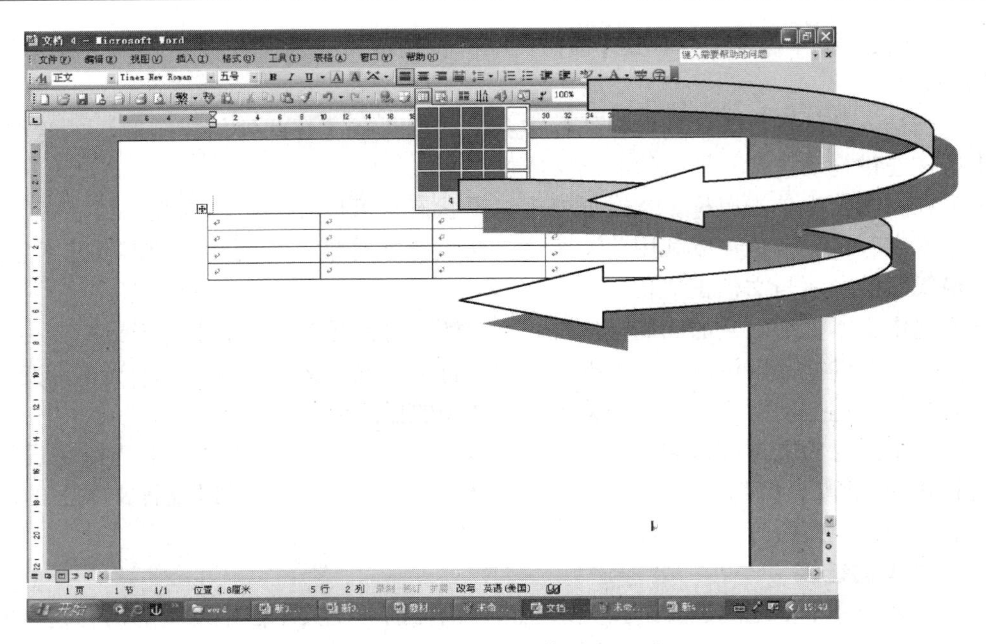

图 4-51　利用【插入表格】按钮创建表格

2. 利用菜单选项创建表格

利用菜单创建表格的功能更加完善，设置更加精确，具体操作步骤如下。

（1）在 Word 文档中设置表格插入的位置，即将光标移到插入点处。

（2）选择【表格】菜单中的【插入表格】选项，弹出【插入表格】对话框。

（3）在【列数】和【行数】文本框中输入表格的列数和行数值；在【固定列宽】文本框中输入列宽值（通常取系统默认的自动值）。

（4）单击【确定】按钮，完成表格创建。

例如，在【插入表格】对话框中设置的参数为 5 列 4 行，单击【确定】按钮后，便在文档当前插入点处插入一个 5 列 4 行的表格，如图 4-52 所示。

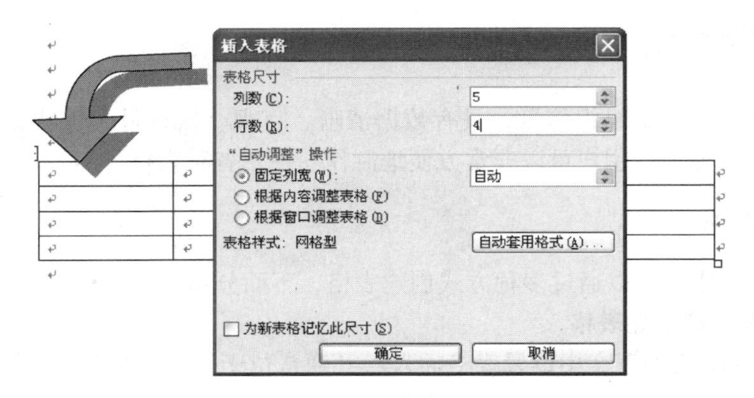

图 4-52　利用【插入表格】对话框创建表格

另外，在【插入表格】对话框中，还可以通过单击【自动套用格式】按钮建立基于模板样式的表格。

3. 利用向导创建复杂表格

利用 Word 提供的模板向导，可以创建多种不同风格和样式的表格，操作方法是：单击【插入表格】对话框中的【自动套用格式】按钮，弹出【表格自动套用格式】对话框；在【表格样式】列表框中选择表格样式模板，随后在【预览】框中会呈现出所选模板的样式；单击【确定】按钮，返回【插入表格】对话框；单击【插入表格】对话框中的【确定】按钮，表格创建完毕。此时，便在文档插入点处创建了一个基于模板的表格，如图 4-53 所示。

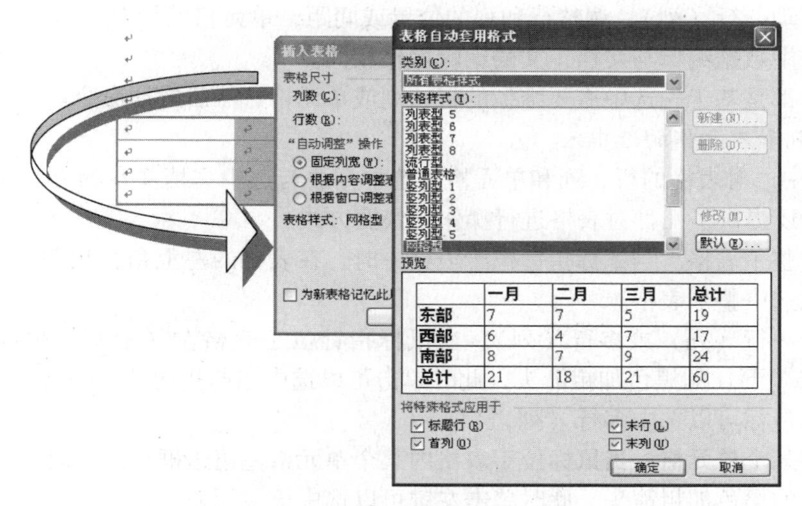

图 4-53　利用模板创建表格

4. 绘制表格

除了上面介绍的创建表格的方法外，Word 2003 还提供了绘制表格的功能，就像在白纸上用笔画表格一样，具体操作步骤如下。

（1）选择【表格】菜单中的【绘制表格】选项，弹出【表格和边框】工具栏，如图 4-54 所示。

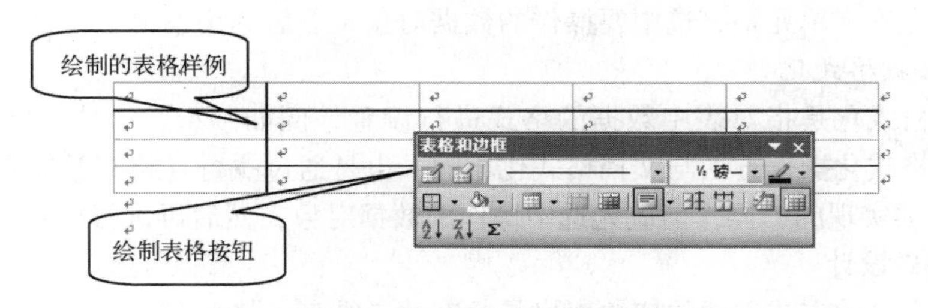

图 4-54　利用【表格和边框】工具栏绘制表格

（2）单击【表格和边框】工具栏上的【绘制表格】按钮，此时鼠标指针在文档窗口中显示为铅笔形状，表示用户可以随意绘制表格。在需要插入表格的位置按鼠标左键并向右下方拖动鼠标，到适当位置后松开鼠标左键，就可以得到一个表格的外框。

（3）在表格的边框内，在需要绘制表格线的位置按下鼠标左键，横向或纵向拖动鼠标，即成功绘制出表格的行或列，用同样的方法也可以绘制斜线。

(4) 如果要擦除不需要的表线，单击【表格和边框】工具栏上的【擦除】按钮，将橡皮擦形状的鼠标指针移到需要擦除的表线的一端，按下鼠标左键，然后拖动鼠标到表线的另一端，再松开鼠标左键，就可以擦除此表线。

4.4.2 表格的基本操作

1. 表格的维护

表格的维护是指对已建立好的表格或表中数据的编辑操作。编辑表格的操作主要有：添加、删除或移动一行（列），调整行和列的位置或间距，单元格的拆分与合并，表格的拆分与合并等。表中数据编辑与文档正文的编辑操作相同。

所有操作都是基于先选中需要维护的行、列或单元格，然后施加命令。

1）行、列和单元格的选中

在 Word 中，对表格的行、列和单元格的选中方法与选中文档文本的方法相似，除此之外 Word 2003 还提供了几种对表格进行操作的快捷方式。

(1) 选中整个表格。当鼠标指针位于表格中时，在表格的左上角会出现符号“⊞”，单击此符号可以选中整个表格。

(2) 选中一行（列）或多行（列）。当鼠标指针位于表格左（上）边框线时，鼠标会变成一个向右（下）的黑色加粗箭头，此时单击可以选中当前指向的这一行（列），按住鼠标左键并拖动鼠标可以选中多行（列）。

(3) 选中某个单元格。当鼠标位于表格内某个单元格左边边框线附近时，鼠标会变成一个斜向右上方的黑色加粗箭头，此时单击左键可以选中该单元格。

2）编辑表格

通过【表格】菜单中的选项可以编辑表格。操作前，应先选中要操作的表格，然后再施加命令。例如，删除表格的方法是，选中表格（或选中某行/列）后，选择【表格】→【删除】→【表格】选项。

3）编辑数据

编辑数据是指对表中的信息进行增、删、改等操作，操作方法与文档文本编辑相同。操作原则仍然是先确定单元格，选中要操作的数据对象，然后利用编辑工具进行相应的操作。

4）表格数据格式化

表格数据格式化是指对表中数据的格式进行设置，例如字型、字体、字号、对齐方式等。表格数据格式化操作方法与文档格式化相同，也是通过执行【格式】菜单中的【字体】与【段落】选项实现的，操作前应先选中操作的数据对象，然后再进行格式化操作。

2. 表格格式设计

利用系统提供的方式创建的初始表格是标准的二维表，然而在实际应用中这种表格不能完全满足要求，因此经常需要使用非标准二维表格，这时就要自己设计或更改已有的表格。表格格式设计就是指对已有的表格按用户实际要求进行格式设置和美化的过程。

通过【表格】菜单中的【表格自动套用格式】选项，可以按系统给定的模板样式快速建立各种样式的表格，也可以利用【表格和边框】对话框建立表格，并对表格进行各种设置，还可以利用【表格】菜单中的【合并单元格】和【拆分单元格】选项建立非标准二维表格等。

1）表格自动套用格式

首先选中要进行格式套用的表格，选择【表格】菜单中的【表格自动套用格式】选项，打开【表格自动套用格式】对话框；【表格样式】列表框中列出了系统所提供的表格模板样式，用户可以选择其中适合的模板样式，这时【预览】框中将显示出当前选中的样式示例供用户参考；选中后单击【应用】按钮，表格就配置上了选中的格式。

例如，已建立初始表格（见表 4-4），利用【表格自动套用格式】对话框对该表进行美化的具体操作如下。

表 4-4　初始表格样例

编　　号	姓　　名	性　　别	毕业学校
20050801	张伟明	男	清华大学
20050802	刘庆华	男	北京交通大学
20050803	王 仔	女	齐齐哈尔运输技术学院

（1）选中表格。

（2）选择【表格】菜单中的【表格自动套用格式】选项，打开【表格自动套用格式】对话框。

（3）从系统给出的模板中选择一种满意的样式，本例为“古典型 2”，如图 4-55 所示。

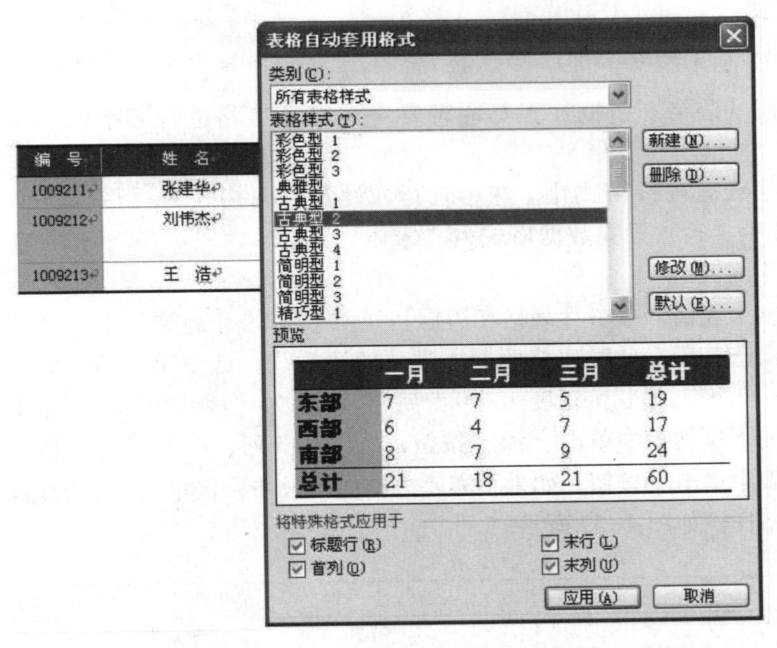

图 4-55　利用【表格自动套用格式】对话框美化表格

（4）单击【应用】按钮。此时，被选中的表格就配置上了系统模板样式，如图 4-56 所示。

2）【表格和边框】工具栏的使用

利用【表格和边框】工具栏中的按钮可以设置表格的外围框线，调整表格线条的粗细，

编号	姓名	性别	毕业学校
20050801	张伟明	男	清华大学
20050802	刘庆华	男	北京交通大学
20050803	王 仔	女	齐齐哈尔运输技术学院

图 4-56 利用【表格自动套用格式】对话框创建的表格样例

选择线型，设置表格底纹颜色，绘制表格，以及对数据进行排序等。

打开【表格和边框】工具栏，如图 4-57 所示。如果当前插入点不位于表格中，打开【表格和边框】工具栏时，工具栏上的一些工具按钮呈灰色，当插入点放入表格中后，这些按钮将自动激活。

单击各按钮旁的下三角按钮，将弹出对应于该项的下拉列表，从中选择即可。例如，如果要设置表格外围框线，首先选中表格，然后单击【边框】按钮右侧的下三角按钮，弹出【边框】下拉列表，如图 4-58 所示，从中选择一种即可。

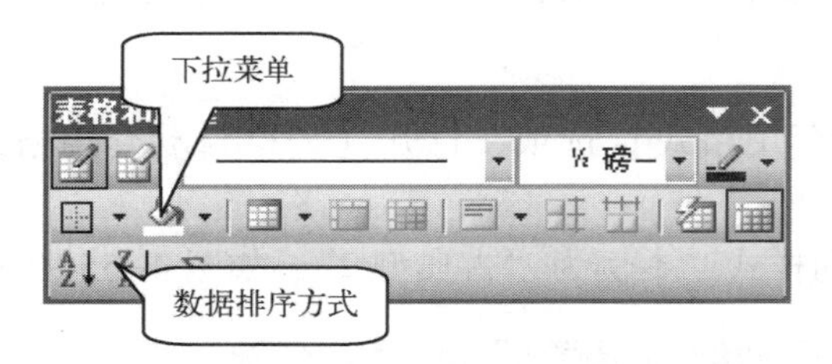

图 4-57 【表格和边框】工具栏

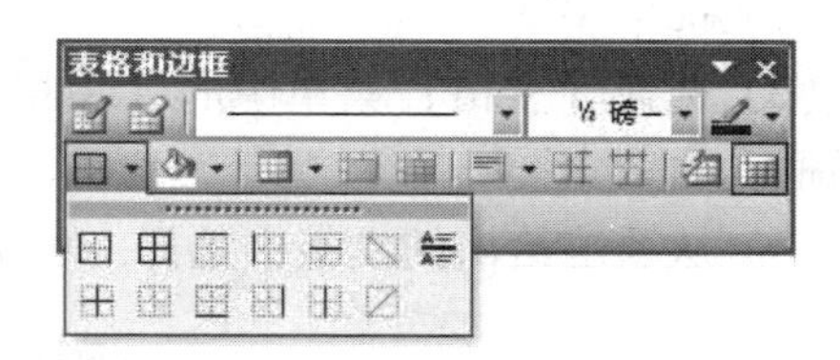

图 4-58 【边框】下拉列表

例如，利用【表格和边框】工具栏对表 4-4 所示表格进行表格格式设计，操作步骤如下。

（1）对表格数据进行格式化。选中首行，设置数据格式为“黑体、小五号、居中对齐”；选中第 2 ～ 4 行，设置数据格式为“宋体、小五号、左对齐”；选中前 3 列，设置数据格式为“居中对齐”。

（2）选中整个表格，单击【表格和边框】工具栏中的【边框】下三角按钮，在弹出的下拉列表中单击按钮，此时表格四周取默认的边框线；选中第 2 列，设置表格边框竖线为“…………………”形状，粗度为“0.5 磅”，颜色为“浅灰色”，单击【边框】下三角按钮，在弹出的下拉列表中单击和按钮；选中第 3 列，单击【边框】下三角按钮，在弹出的下拉列表中单击按钮。如果不需要边框线，只须再次单击相应的边框线按钮即可。格式化后的表格样例如图 4-59 所示。

编　号	姓　名	性　别	毕 业 学 校
20050801	张伟明	男	清华大学
20050802	刘庆华	男	北京交通大学
20050803	王　仔	女	齐齐哈尔运输技术学院

图 4-59 格式化后的表格样例

3）创建非标准二维表格

使用【表格】菜单中的选项，可以将已有的表格更新为非标准二维表格。例如，有一职工登记卡片，其表格样例如图 4-60 所示。

姓 名		性别		年龄		照片
住 址			邮政编码			
宅 电		传 真				
手 机		电子邮件				
特 长						

图 4-60　职工登记卡片样例

制作该表的操作步骤如下。

（1）单击常用工具栏上的【插入表格】按钮，创建一个 7 列 5 行的表格。

（2）利用鼠标调整行和列的宽度和高度。

（3）在各个单元格中输入相应数据。

（4）选中所有表格，设置单元格数据的字体为“宋体”，字号为“小五号”。

（5）选中所有表格，右击，在弹出的快捷菜单中选择【单元格对齐方式】选项，如图 4-61 所示，并在右侧弹出的列表框中单击【中部居中】按钮。

（6）组合单元格，选中第 2 行的第 2 ～ 4 列，选择【表格】菜单中的【合并单元格】选项，再以同样的方式按表格样例组合其他单元格。

（7）选中所有表格，选择【表格】菜单中的【表格属性】选项，打开【表格属性】对话框，单击【边框和底纹】按钮，弹出【边框和底纹】对话框，设置表格填充色为“灰色 20%”，如图 4-62 所示。

（8）单击【确定】按钮，职工登记卡片创建完成。

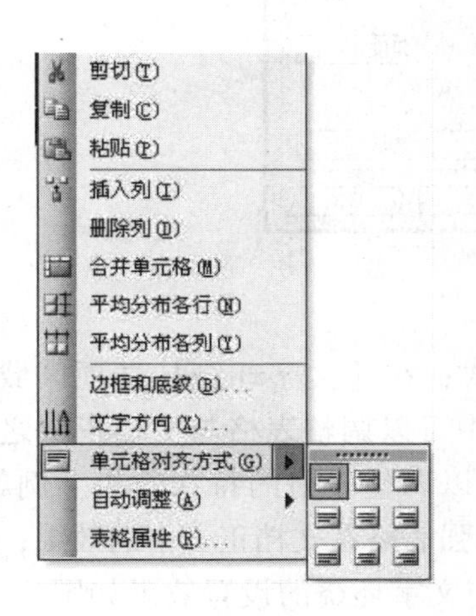

图 4-61　设置单元格对齐方式

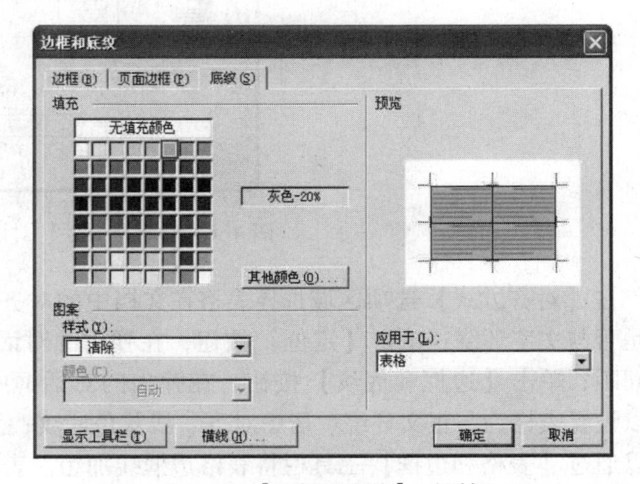

图 4-62　【边框和底纹】对话框

4）表格的特殊应用

在 Word 2003 中，表格的排版更加方便灵活。用户可以在页面上通过拖动表格对象句柄来移动和缩放表格，也可以通过【表格属性】对话框设置表格和文档文字的环绕方式。

（1）移动表格。单击表格左上角的符号“⊞”，选中整个表格，然后按住鼠标左键，此时鼠标指针旁会出现一个呈虚状的方框，拖动表格到所需位置后释放鼠标左键，即可实现表格的移动。

（2）缩放表格。当鼠标指针位于表格中时，表格的右下角有一个符号“□”，称为句柄。当鼠标指针被置于句柄上时会变成双向箭头，此时拖动句柄可以随意缩放表格。带有句柄符号的表格样例如图 4-63 所示。

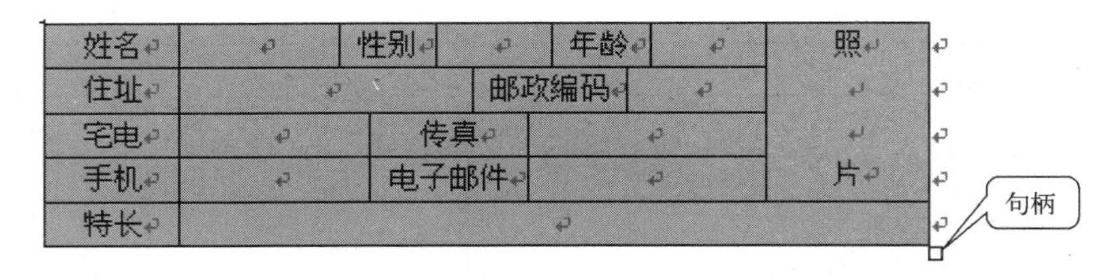

图 4-63　带有句柄符号的表格样例

（3）设置表格与文字的环绕方式。选中表格或将当前插入点置于表格中，选择【表格】菜单中的【表格属性】选项，将弹出【表格属性】对话框，如图 4-64 所示。

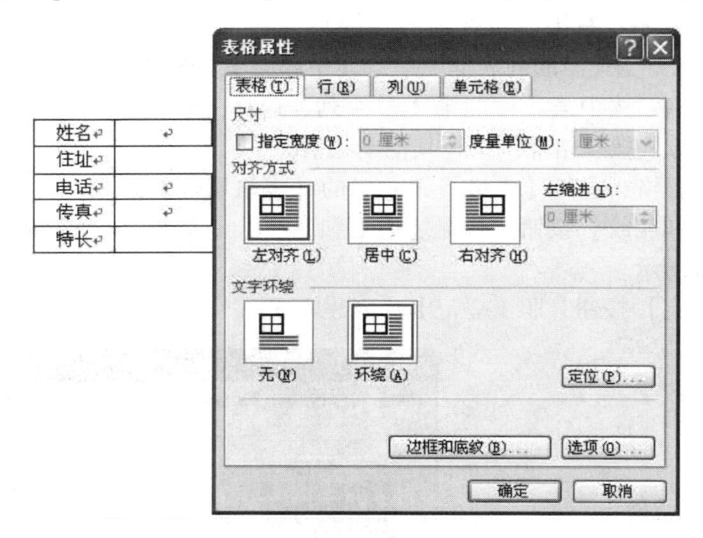

图 4-64　【表格属性】对话框

在【对齐方式】选项区域选择表格在文档中的对齐方式；在【文字环绕】选项区域确定是否与文字环绕；单击【定位】按钮，在弹出的对话框中可以调整表格与文档正文之间的间距；单击【边框和底纹】按钮，在弹出的对话框中可以调整表格的特殊效果。例如，可以设置表格为与正文环绕、居中对齐、浅灰色底纹；为增强表格在文档正文中的效果，还可以通过【表格和边框】工具栏将表格边框线加粗。表格与文字环绕的设置效果如图 4-65 所示。

3. 表格计算

Word 本身是一个功能强大的文字处理软件。它提供了计算功能，可以对表中的数据进行简单的加、减、乘、除运算，实现表格数据的排序、求和、求平均值等。这些操作是通过【表格】菜单中的【排序】或【公式】选项实现的。

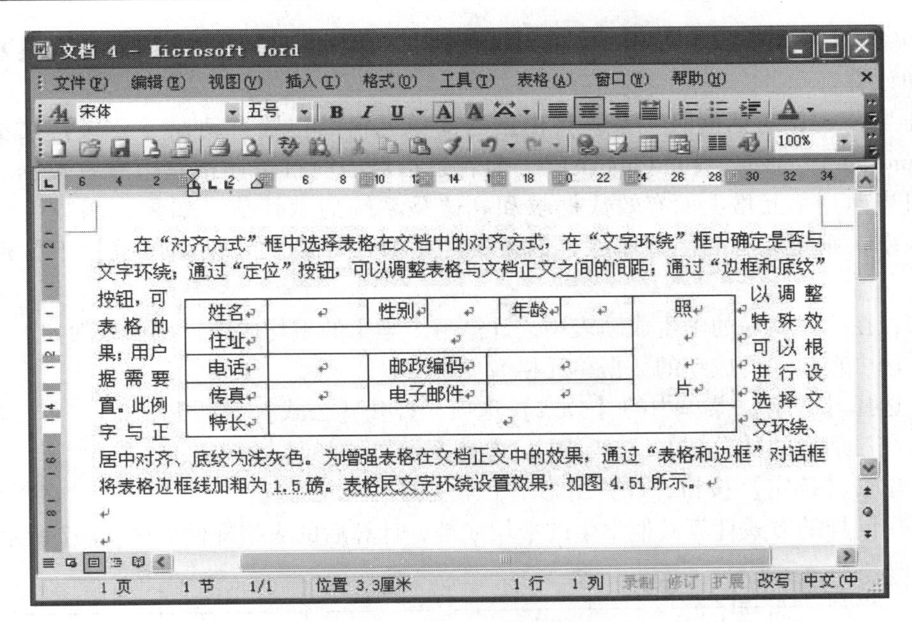

图 4-65 表格与文字环绕样例

1)【公式】选项

【表格】菜单中的【公式】选项用于对表中数据进行加工、处理，包括求和、求平均值、求 n 个数中的最大值或最小值等。操作方法如下。

先选中存放计算结果的单元格，选择【表格】菜单中的【公式】选项，打开如图 4-66 所示【公式】对话框。其中，【公式】文本框是数字计算的公式区，该区域的内容由用户添加；【数字格式】下拉列表用于确定计算结果的数字表示方式，例如数字是否带有小数点，小数点后保留几位数字，是否带有钱币符号等；【粘贴函数】下拉列表提供了若干计算函数，根据需要可以从中选择相应的计算函数，而随着函数的选择，其内容会自动填到【公式】文本框中。

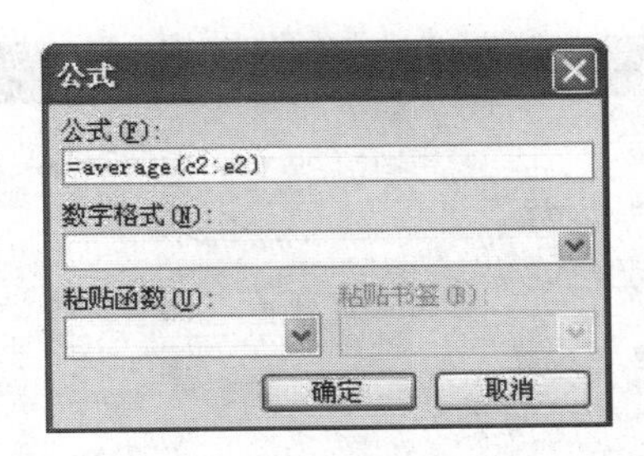

图 4-66 利用【公式】对话框计算平均成绩

例如，函数格式

F(x1:x2)

其中，F 为函数名，x1 为数据单元格起始位置（由列坐标和行坐标构成），x2 为数据单元格终止位置（由列坐标和行坐标构成）。

Word 中规定，用英文字母 a ～ z 表示列坐标，用数字 0 ～ 9 表示行坐标。例如，“=

sum(b3:d4)” 表示对第 2 列第 3 行单元格到第 4 列第 4 行单元格之内的所有单元格数据进行求和计算。

打开【公式】对话框时，系统将根据当前单元格的位置自动在【公式】文本框中添入“=sum(left)”或“=sum(above)”。前者是指对当前行单元格左边有效数据求和，后者是指对当前列单元格上面有效数据求和。这是系统的默认值，如果该函数不满足当前的计算要求，则将原有的函数删除，键入实际函数命令或从【粘贴函数】下拉列表中选择即可。

例如，在已建立好的学生成绩表中，计算每个学生的平均成绩，操作步骤如下。

（1）选中存放平均成绩的数据单元格 f2。

（2）选择【表格】菜单中的【公式】选项，打开【公式】对话框。

（3）在对话框的【公式】文本框中填入计算函数“=average(c2:e2)”。

（4）单击【确定】按钮，计算出第 1 个学生的平均成绩。

（5）用同样的方式计算其他学生的平均成绩，计算后的表格样例如图 4-67 所示。

学号	姓名	数学	外语	计算机	平均成绩
980101	郭 伟	75	70	95	80.00
980118	雷 雨	60	76	93	76.33
980106	韩 鹏	70	80	75	75.00
980102	贾 政	89	95	84	89.33

图 4-67 利用公式计算后的表格样例

2）【排序】选项

排序是指以某个数据为依据重新排列记录的顺序，而该数据称为排序关键字。这种功能是通过【表格】菜单中的【排序】选项实现的。

选中要排序的数据单元格，或将插入点定位在表格的任意单元格中，选择【表格】菜单中的【排序】选项，打开【排序】对话框，如图 4-68 所示。

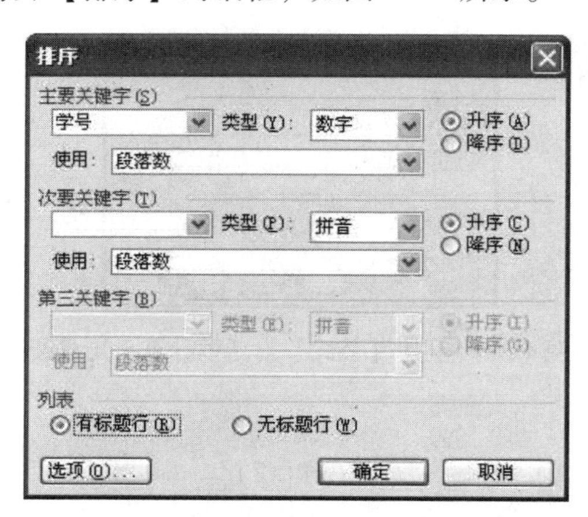

图 4-68 【排序】对话框

排序的依据是排序的关键字。以表中某一个单元格数据为依据，可以有一个或多个关键字，分别为主要关键字、次要关键字等。【排序】对话框中的【主要关键字】为排序的第一关键字，【次要关键字】为第二关键字，接下来为【第三关键字】，所有关键字均从其下拉列表中选择。

排序类型是指分类的依据，如按关键字的笔画、数值大小、日期或拼音等分类。

排序方式是指按关键字的升序排列还是降序排列。对于数字型数据，按代数值排序；对于字符型数据，按 ASCII 码值排序；对于一级汉字，按汉语拼音的顺序排列；对于二级汉字，按偏旁部首的顺序排列。

【列表】选项区域有两个单选项，【有标题行】单选项指以选中区域第一行的数据作为排序关键字进行排序，这是系统的默认格式；【无标题行】单选项指选中区域第一行参与排序。不同的排序方式，排序关键字列表的内容是不同的，其排序效果也不同。

排序命令的执行过程是，先根据主要关键字按指定的排序方式进行排序；当主要关键字相同时，再根据次要关键字进行排列……如此依次进行。

4.5　图文混排技术

在文字处理软件中，Word 最突出的特点是图文并茂。这些图片既可以是由其他软件制作的图片文件，也可以是由 Word 自身提供的绘图工具制作的图形。

4.5.1　插入图片

图片操作是指对插入或粘贴到文档中的图片进行编辑，例如裁剪与缩放图片，为图片加边框，设置图片格式，改变对比度，设置图片与文字的环绕方式等。这些操作都是通过【图片】工具栏完成的。

1. 启动【图片】工具栏

选择【视图】→【工具栏】→【图片】选项，启动【图片】工具栏，如图 4-69 所示。

利用【图片】工具栏中的【插入图片】按钮，或使用【插入】菜单中的【图片】选项，都可以在文档中插入图片。这些图片可以来自剪贴画，来自一个图片文件，也可以是艺术字等。

例如，要插入的图片来自剪贴画，应首先确定图片插入点，然后选择【插入】→【图片】→【剪贴画】选项，或利用【绘图】工具栏中的【插入剪贴画】按钮，都可以打开【剪贴画】窗口，如图 4-70 所示。

在窗口中选好搜索范围和结果类型后，单击【搜索】按钮。在搜索到的图片中单击符合要求的图片，即成功将图片插入文档中。

刚刚插入的图片很大且浮于文字上方，此时应拖动图形句柄进行缩放操作，以将图片调至适当大小。若要使图片不浮于文字上方，则右击并在弹出的快捷菜单中选择【设置图片格式】选项，打开【设置图片格式】对话框，从中进行调整。

2. 编辑图片

使用【图片】工具栏中的按钮，可以对插入 Word 中的图片进行快速编排。编排方法是，先选中需要编辑的图片，此时系统自动打开【图片】工具栏，再按要求选择适当的工具按钮完成对图片的编排。

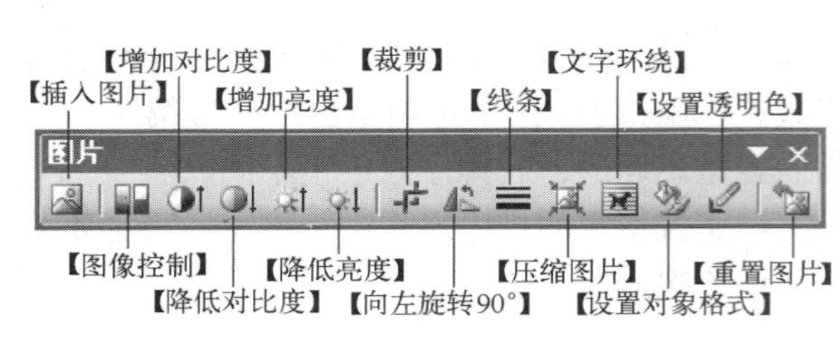

图 4-69 【图片】工具栏

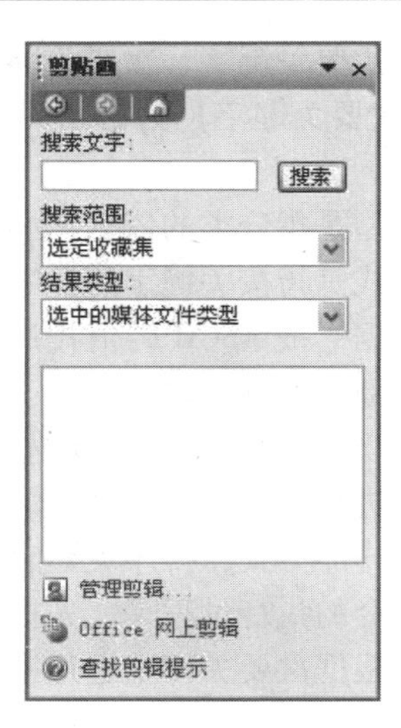

图 4-70 【剪贴画】窗口

裁剪图片是指将图片中不需要的部分去掉。具体操作是：选中欲裁剪的图片，启动【图片】工具栏，单击【裁剪】按钮；将鼠标指针移动至图片的某个句柄处，此时鼠标指针变成类似于【裁剪】按钮的形状；按住鼠标左键向图片内部拖动可以裁剪图片的部分区域，向图片外部拖动可以增大图片周围的空白区域，直到满足要求为止，松开鼠标左键完成裁剪操作。另外，选择右键快捷菜单中的【设置对象格式】选项，在打开的【设置对象格式】对话框中可以实现精确裁剪图片。

缩放图片是指按比例放大或缩小原有图片。选中欲缩放的图片，将鼠标指针移动到某个句柄处，此时光标变为双向箭头，按住鼠标左键拖动句柄即可进行放大或缩小操作。

4.5.2 绘图

利用 Word 提供的【绘图】工具栏，可以绘制各种图形。

1. 启动【绘图】工具栏

单击常用工具栏中的【绘图】按钮，或选择【视图】→【工具栏】→【绘图】选项，将启动【绘图】工具栏。利用【绘图】工具栏上的工具按钮可以绘制各种各样的图形，例如椭圆、圆角矩形、长方形、弧线、任意多边形等，还可以在图形中添加文字，并对制作的图形进行美化，如图 4-71 所示。

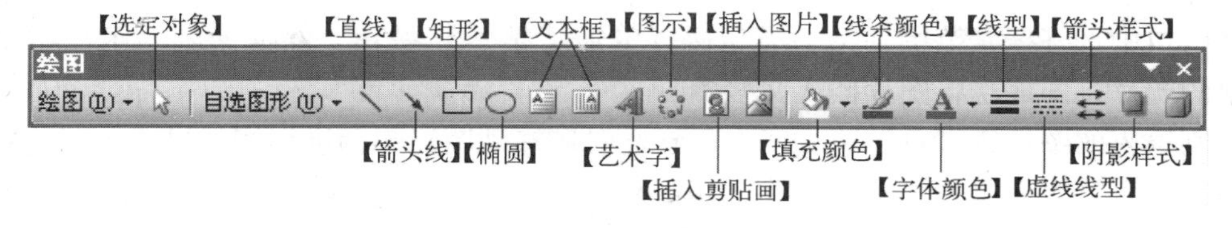

图 4-71 【绘图】工具栏

2. 绘图工具按钮的使用

Word 包含一套现成的图形工具，可以调整图形的尺寸，也可以对图形进行旋转、翻转、添加颜色等操作，并允许将多个图形组合为更复杂的图形，还可以在文档中将图形中一个或多个对象放到其他对象之前或之后。【绘图】工具栏上一些按钮的作用如下。

- 【填充颜色】——指图形内部和图案背景的颜色。
- 【线条颜色】——线条、外框、图案前景的颜色。
- 【字体颜色】——文本文字的颜色。
- 【线型】——线的形状和粗度。
- 【插入剪贴画】——插入各种剪贴画。
- 【艺术字】——创建各种形状的艺术字。
- 【自选图形】——在其下拉列表中提供了多种类型的图形组，每一组又包含多种图形，单击这些图形按钮可以快速创建常用的标准图形，如图 4-72 所示。

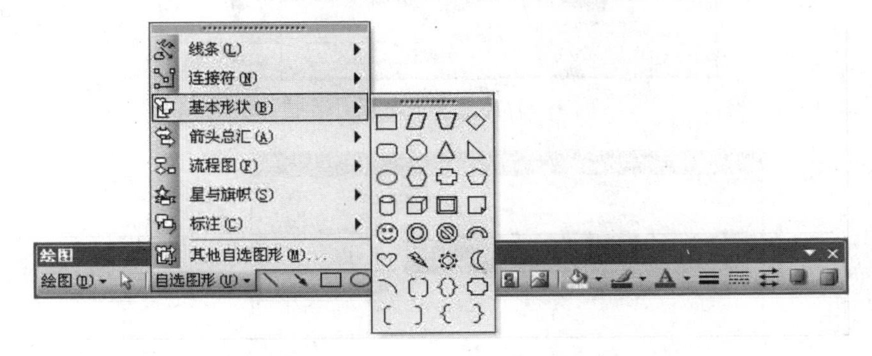

图 4-72　【自选图形】下拉列表

3. 制作图形

单击【自选图形】下拉列表中的按钮，将鼠标移到文档窗口需要绘图的位置，这时鼠标变成加号形状；按住鼠标左键并拖动，即可按所选图形画图；将图形拖动至合适大小后，松开鼠标左键，图形的周围由句柄包围；再按一下鼠标左键，句柄消失，该图便绘制完成。

通过句柄可以调整图形的尺寸：当鼠标位于句柄上时，鼠标指针自动变成↔或↕形状；此时，按住鼠标左键向外拖动即可放大图形，向内拖动即可缩小图形。

4.5.3　插入艺术字

插入艺术字的操作步骤如下。

(1) 单击【绘图】工具栏中的【艺术字】按钮，或选择【插入】菜单【图片】级联菜单中的【艺术字】选项，都可以打开艺术字处理程序。

(2) 打开艺术字处理程序后，将自动弹出【艺术字库】对话框，如图 4-73 所示。

(3) 从对话框中选择某种艺术字的样式，单击【确定】按钮，弹出【编辑“艺术字”文字】对话框。在该对话框的【文字】框中输入文字即可，本例为“计算机应用基础”，如图 4-74 所示。

(4) 在对话框的文本框内输入文字后，单击【确定】按钮，艺术字创建完毕。此时，在文档插入点处将以图片方式给出艺术字，同时系统自动弹出【艺术字】工具栏，如图 4-75所示。

(5) 通过【艺术字】工具栏上的按钮，可以对艺术字进行编辑。

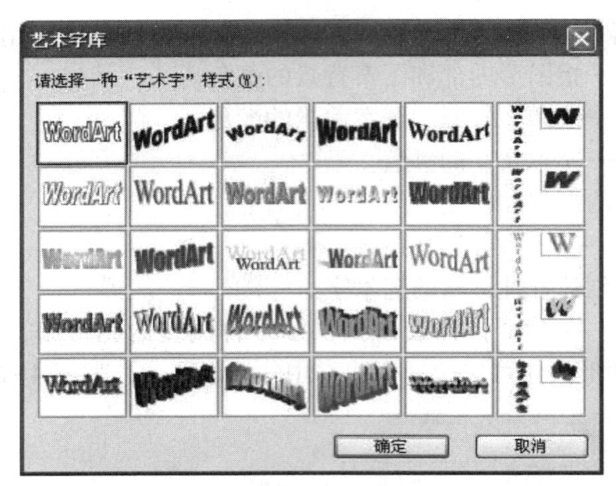

图 4-73 【艺术字库】对话框

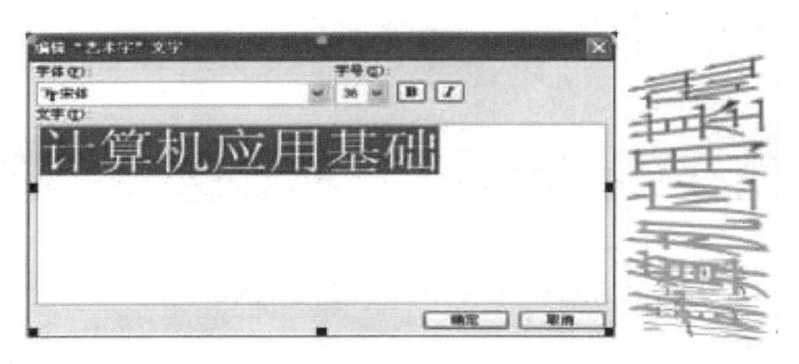

图 4-74 【编辑“艺术字”文字】对话框

图 4-75 【艺术字】工具栏

4.5.4 图文混排技巧

图文混排是 Word 的主要特色之一，常用来设置文档编排的特殊效果。通常，有 3 种混排方式。

- 嵌入型方式。图片在文档中与文字一样占有固定位置。
- 图片环绕文字方式。图片在文档中将随着文字的移动而移动。
- 层次方式。图片浮于文字上方或文字下方。

这些效果都可以通过【设置图片格式】对话框实现。

1. 启动【设置图片格式】对话框

选择【格式】菜单中的【图片】选项，或单击【图片】工具栏中的【设置对象格式】按钮，都可以弹出【设置图片格式】对话框，如图 4-76 所示。

对话框中有 6 个选项卡用于设置图片的格式，包括图片的【颜色与线条】【大小】【版式】等。

2. 嵌入型文字环绕方式

嵌入图片是指图片与文档中的文字一样占有实际位置，它在文档中与上、下、左、右文

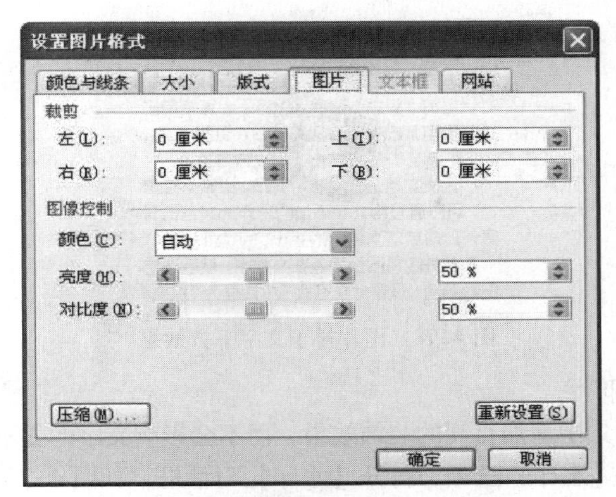

图 4-76 【设置图片格式】对话框

字的相对位置始终保持不变。操作方法是，选中图片，打开【设置图片格式】对话框，再打开【版式】选项卡，在【环绕方式】选项区域选择【嵌入型】选项。

例如，在图 4-77 的照片位置上插入一张剪贴画图片。这是一个典型的嵌入型，具体操作方法如下。

（1）确定图片插入点，即选中插入照片单元格中的文字“照片”。

（2）选择【插入】→【图片】→【剪贴画】选项，打开【剪贴画】对话框。

（3）选择好搜索范围和结果类型后单击【搜索】按钮，进入图片选择窗口，从中选择任意图片并单击即可。关闭【剪贴画】对话框后，已选图片便成功插入到插入点处。

（4）选中图片，打开【设置图片格式】对话框，再打开【版式】选项卡，在【环绕方式】选项区域选择【嵌入型】选项。

注意　刚刚插入文档中的图片一般都比较大，通过图片句柄可以将图片调整到所需尺寸。插入图片后的表格效果如图 4-77 所示。

姓名		性别		年龄		
住址		邮政编码				
宅电		传真				
手机		电子邮件				
特长						

图 4-77　嵌入图片样例

3. 图片环绕文字方式

通常，图片环绕文字有四周型和紧密型两种方式。操作方法是，选中图片后，打开【设置图片格式】对话框的【版式】选项卡，选择【四周型】或【紧密型】选项，并单击【确定】按钮。

4. 图片浮于文字上方或文字下方

操作方法是，将图片插入文档中，选中图片后，打开【设置图片格式】对话框的【版式】选项卡，选择【衬于文字下方】选项，并单击【确定】按钮，关闭【设置图片格式】对话框。这时，图片便浮于文字下方。设置后的图文混排效果，如图 4-78 所示。

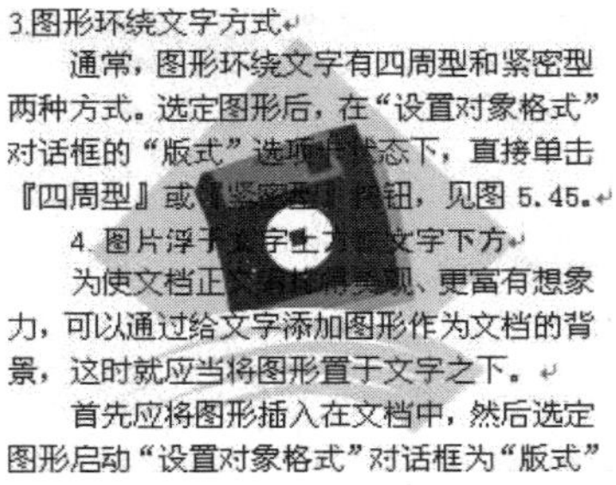

3.图形环绕文字方式

通常，图形环绕文字有四周型和紧密型两种方式。选定图形后，在“设置对象格式”对话框的“版式”选项卡状态下，直接单击『四周型』或『紧密型』按钮，见图 5.45。

4.图片浮于文字上方或文字下方

为使文档正文看起来更美观、更富有想象力，可以通过给文字添加图形作为文档的背景，这时就应当将图形置于文字之下。

首先应将图形插入在文档中，然后选定图形启动“设置对象格式”对话框为“版式”

图 4-78 图片衬于文字下方效果

5. 给文档添加水印

水印可以在文档背景中增加直观的装饰效果，而不会影响文字的显示。操作方法是，选择【格式】→【背景】→【水印】选项，打开【水印】对话框，如图 4-79 所示；在对话框中选择【图片水印】单选项并勾选【冲蚀】复选项；再单击【选择图片】按钮，在打开的对话框中选择一张图片即可。

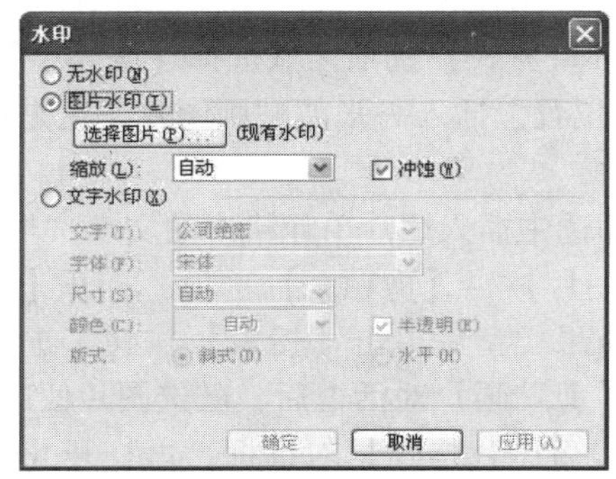

图 4-79 【水印】对话框

4.6 打印

文档格式编排好之后，便可以打印文档。选择【文件】菜单中的【打印】选项，打开【打印】对话框，如图 4-80 所示。

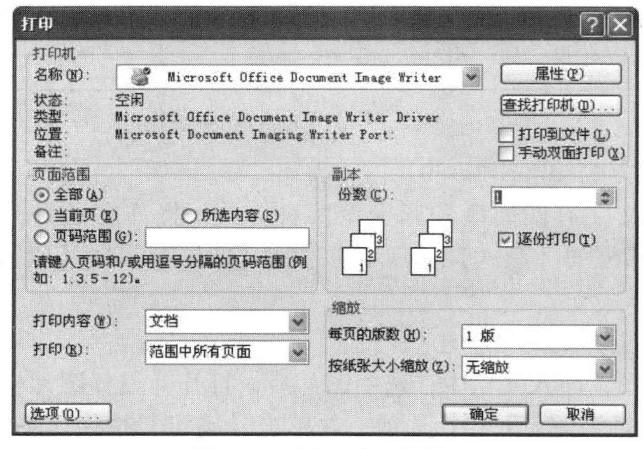

图 4-80 【打印】对话框

1. 选择打印机

在【打印】对话框中，【名称】下拉列表列出了本机已安装的本地打印机和网络打印机的型号，从中选择即可。一般采用系统的默认设置。

2. 设置打印范围

在【页面范围】选项区域有 4 个单选项，用于定义打印的范围，包括打印全部文档、当前页、所选内容或按指定页码范围打印。

3. 设置打印去向

Word 允许用户将文档输出到打印机上，也允许将文档输出到一个文件中（这一操作类似于保存文件操作）。系统默认的打印去向为当前设置的打印机。

勾选【打印机】选项区域的【打印到文件】复选项，单击【确定】按钮，打开【打印到文件】对话框，在对话框中输入相应信息，如文件的类型、存放的位置及文件名等，再单击【确定】按钮，便可将文档输出到一个文件中。

4. 设置打印份数

在【份数】文本框中设置打印份数。如果要打印多份并勾选【逐份打印】复选项，文件将逐份打印；如果没有勾选【逐份打印】复选项，打印将逐页进行，即先打印完第一页的份数，再打印下一页的份数，直至所有页打印完成。

5. 打印预览

打印参数设置好后，便可以打印文档。打印前，用户可以使用打印预览功能，在屏幕上预览整个文档的实际打印效果，如果不满意可以重新设置，直到满意后再打印。

6. 打印

单击常用工具栏上的【打印】按钮即可执行打印操作；也可以选择【文件】菜单中的【打印】选项，在弹出的【打印】对话框中完成设置后，单击【确定】按钮。前一种方式只能打印整份文档，后一种方式可以进行选择性打印。

习题

一、选择题

1. 在 Word 2003 中，首字下沉可以通过选择________。

A.【格式】→【字符】选项来实现　　B.【格式】→【段落】选项来实现

C.【格式】→【首字下沉】选项来实现　　D.【格式】→【分栏】选项来实现

2. 在 Word 2003 窗口中，不能创建新文档的操作是________。

A. 选择【文件】菜单中的【新建】选项

B. 单击常用工具栏中的【新建】按钮

C. 按 Ctrl+N 组合键

D. 单击【格式】工具栏中的【新建】按钮

3. 在 Word 2003 中，与打印预览基本相同的视图方式是________。

A. 普通视图　　B. 大纲视图

C. 页面视图　　D. 全屏显示

4. 在 Word 2003 编辑状态下，若将文档中的标题设置为黑体字，则首先应该________。

A. 单击【格式】工具栏上的按钮

B. 选择【格式】菜单中的【字体】选项

C. 单击【格式】工具栏上的【字体框】按钮

D. 将标题选中

5. 在 Word 2003 编辑状态下，对于文档中所插入的图片，不能进行的操作是________。

A. 修改其中的图形　　B. 移动或复制

C. 放大或缩小　　D. 剪切

6. Word 程序中允许打开多个文档，可以实现文档窗口之间切换的菜单是________。

A.【编辑】菜单　　B.【窗口】菜单　　C.【视图】菜单　　D.【工具】菜单

7. 要将文档中一部分选中文字的字体、字形、字号、颜色等各项同时进行设置，应使用________________。

A.【格式】菜单中的【字体】选项

B. 常用工具栏中的【字体】下拉列表

C.【工具】菜单

D. 常用工具栏中的【字号】下拉列表

8. 在下列视图中，可以插入页眉和页脚的是________。

A. 普通视图　　B. 大纲视图

C. 页面视图　　D. 主控文档视图

9. 下列操作中不能打印输出当前编辑文档的是________。

A. 选择【文件】菜单中的【打印】选项

B. 选择【文件】菜单中的【页面设置】选项

C. 单击常用工具栏中的【打印】按钮

D. 选择【文件】菜单中的【打印预览】选项，再单击常用工具栏中的【打印】

按钮

10. 在 Word 2003 中可以显示分页效果的视图方式是________。

A. 普通视图　　B. 大纲视图

C. 页面视图　　D. 主控文档视图

11. 在 Word 2003 的编辑状态下，打开已有的 Word 文档，选择【文件】菜单中的【保存】选项后________。

A. 可以将所有打开的文档存盘

B. 只能将当前文档存储在原文件夹内

C. 可以将当前文档存储在已有的任意文件夹内

D. 可以先建立一个新文件夹，再将文档存储在该文件夹内

12. 在 Word 2003 的编辑状态下，要在文档中添加符号“★”，应当选择________。

A.【文件】菜单中的选项　　B.【编辑】菜单中的选项

C.【格式】菜单中的选项　　D.【插入】菜单中的选项

13. 在 Word 2003 的编辑状态下，进行替换操作时，应当选择________。

A.【工具】菜单中的选项　　B.【编辑】菜单中的选项

C.【格式】菜单中的选项　　D.【视图】菜单中的选项

14. 在 Word 2003 的编辑状态下，执行两次剪切操作，剪贴板中________。

A. 仅有第一次被剪切的内容　　B. 仅有第二次被剪切的内容

C. 有两次被剪切的内容　　D. 内容被清除

15. 在 Word 2003 中，可以实现不显示常用工具栏的菜单是________。

A.【工具】菜单　　B.【格式】菜单　　C.【窗口】菜单　　D.【视图】菜单

16. 在 Word 2003 的编辑状态下，当前编辑文档中的字体全是宋体，选中了一段文字使之成为反显状态，先设定了楷体，又设定了仿宋体，则________。

A. 文档全文都是楷体　　B. 被选择的内容仍为宋体

C. 被选中的内容变为仿宋体　　D. 文档的全部文字的字体不变

17. 下列操作中，不能完成选择整个文档的操作是________。

A. 将鼠标光标移至某行左边文本选择区域，当鼠标指针变为指向右方的箭头时双击鼠标左键

B. 将鼠标光标移至某行左边文本选择区域，当鼠标指针变为指向右方的箭头时三击鼠标左键

C. 选择【编辑】菜单中的【全选】选项

D. 按 Ctrl+A 组合键

18. 在 Word 2003 的编辑状态下，选中整个表格，然后选择【表格】菜单中的【删除行】选项，则________。

A. 整个表格被删除　　B. 表格中的一行被删除

C. 表格中的一列被删除　　D. 表格中没有被删除的内容

19. 在 Word 2003 的编辑状态下，当前编辑的文档是 C 盘中的 Test. doc 文档，要将该文档复制到 U 盘中，应当选择________。

A.【文件】菜单中的【另存为】选项

B.【文件】菜单中的【保存】选项

C.【文件】菜单中的【新建】选项

D.【插入】菜单中的选项

20. 在 Word 2003 的编辑状态下，要选取某个自然段，可以将鼠标移到该段选择区，然后________。

A. 单击鼠标 B. 双击鼠标

C. 三击鼠标左键 D. 右击鼠标

21. 在 Word 2003 的编辑状态下，可以调整表格左右边界，并改变表格列宽和行高的是________。

A. 标尺 B.【格式】工具栏

C.【绘图】工具栏 D. 常用工具栏

22. 在 Word 2003 的编辑状态下，利用鼠标选中一个矩形区域的文字块，须先按住________。

A. Alt 键 B. Shift 键 C. Enter 键 D. Ctrl 键

23. 在 Word 2003 的表格中，如果只改变当前列的列宽，并不改变其右边列的列宽；但如果要改变整个表格的宽度，须在用鼠标拖动列边框的同时，按住________。

A. Ctrl 键 B. Shift 键 C. Ctrl+Shift 键 D. Alt 键

24. 在 Word 2003 的编辑状态下，通过选择【格式】菜单中的【字体】选项，可以设定文字的________。

A. 缩进量 B. 字间距 C. 对齐方式 D. 行距

25. 在 Word 2003 中，包含【字体】和【字号】按钮的是________。

A. 菜单栏 B.【文本框】工具栏 C.【格式】工具栏 D. 常用工具栏

26. 在 Word 2003 中，段落缩进排版最快捷的方法是通过拖动标尺上方的缩进符进行设置，左缩进应拖动标尺上的________。

A. 左侧正三角 B. 左侧倒三角 C. 左侧小方块 D. 右侧正三角

27. 关于 Word 2003，下面描述正确的是________。

A. 它是数据库管理软件 B. 它是电子表格处理软件

C. 它是文字处理软件 D. 它是幻灯片制作软件

28. 将两个 Word 文件合并，需要进行的操作是________。

A. 选择【合并】选项 B. 选择【插入】→【文件】选项

C. 选择【编辑】→【剪切】选项 D. 选择【编辑】→【复制】选项

29. 在 Word 2003 的文档编辑中，删除插入点前的文字内容可按________。

A. Backspace 键 B. Delete 键

C. Insert 键 D. Tab 键

30. 若想将文档的页眉设置为奇偶页不同，需要通过________菜单中的选项来完成。

A.【视图】 B.【编辑】 C.【格式】 D.【文件】

31. 设置下标，需要进行的操作是________。

A. 选择【插入】→【批注】选项 B. 选择【插入】→【题注】选项

C. 选择【格式】→【首字下沉】选项 D. 选择【格式】→【字体】选项

32. 使用________选项可以设置动态效果。

A. 【格式】菜单中的【字体】　B. 【格式】菜单中的【段落】

C. 【格式】菜单中的【文字方向】　D. 【格式】菜单中的【动画】

33. 在 Word 2003 中，若要对文字进行带圈字符设置，应该使用________工具栏。

A. 常用　B. 【格式】　C. 【绘图】　D. 【表格和边框】

34. Word 系统默认的自动保存时间间隔是________。

A. 10 分钟　B. 2 分钟　C. 15 分钟　D. 5 分钟

35. 在 Word 2003 的编辑状态下，统计文档的字数需要使用的菜单是________。

A. 【文件】菜单　B. 【视图】菜单　C. 【格式】菜单　D. 【工具】菜单

36. 在 Word 2003 中，若要计算表格中某列数值的总和，可以使用的统计函数是________。

A. sum　B. total　C. count　D. average

37. 在 Word 2003 的文档中插入声音文件，应选择【插入】菜单中的________选项。

A. 【对象】　B. 【图片】　C. 【图文框】　D. 【文本框】

38. 在 Word 2003 表格操作中，若当前插入点在表格中某行的最后一个单元格内，按 Enter 键后，则________。

A. 插入点所在的行加宽　B. 插入点所在的列加宽

C. 在插入点下一行增加一空表格行　D. 对表格不起作用

39. 在 Word 2003 中，________实际上应该在文档的编辑、排版和打印等操作之前进行，因为它对许多操作都会产生影响。

A. 字体设置　B. 页面设置　C. 打印预览　D. 页码设定

40. 在 Word 2003 中，视图的作用是________。

A. 对文档进行重新排版

B. 从不同的侧面展示文档的内容

C. 给文档增加不同的格式

D. 改变文档的属性

二、填空题

1. 在 Word 2003 中，常用制表方式有两种，即插入表格和________。

2. 在 Word 2003 中，当【编辑】菜单中的【剪切】和【复制】选项呈浅灰色而不能被选择时，表示剪贴板里________信息。

3. 如果要强行分页，应选择【插入】菜单中的________选项。

4. Word 2003 的【格式】工具栏为文本提供了 4 种对齐方式按钮，可分别实现________对齐、________对齐、________对齐和________对齐。

5. 在【页面设置】对话框的________选项卡中可以进行上、下、左、右页边距的设置。

6. 对于新建的文档，不论选择【文件】菜单中的【保存】还是【另存为】选项，都将弹出________对话框。

7. 在 Word 2003 中，标尺分为__________和__________两种。

8. Word 2003 提供了 5 种视图方式，分别是__________、__________、__________、________和__________。

9. 在 Word 2003 文档中，当鼠标指针在选中区域时，按住________ 键和鼠标左键可以选中整篇文档。

10. 在 Word 2003 中，要在文档中插入剪贴画应选择【插入】菜单中__________选项，然后在其子菜单中选择【剪贴画】选项。

11. 在 Word 2003 文档中，字体的“磅”值是“必须介于 1 与__________之间的数字”，并且小数点后可以是 0 和 5。

12. 段落对齐的方式有 5 种，分别为两端对齐、__________、右对齐、左对齐和分散对齐。

13. 段落对齐方式中，__________一般用于文章最后附加的日期、署名等。

14. 对段落的整体布局进行格式化操作称为段落的__________。

15. 为文档添加打开权限密码是在____________ 菜单中完成的。

三、判断题

1. 启动 Word 2003 后，系统会自动新建一个名为“文档 1”的文档。 ( )

2. 保存用 Word 编辑的文件，其扩展名为“xls”。 ( )

3. 在 Word 2003 中的打印预览状态下也可以编辑文档。 ( )

4. 在 Word 2003 的应用主窗口中不能同时打开多个窗口。 ( )

5. 在 Word 2003 中，在编辑状态输入文本时，每按一次 Enter 键，就会产生一个段落标记。 ( )

6. 打开一个 Word 文档，通常是指把文档的内容从内存中读入并显示。 ( )

7. 退出 Word 的正确操作方法是选择【文件】菜单中的【退出】选项。 ( )

8. 在 Word 2003 的编辑状态下，为文档设置页码，可以使用【插入】菜单中的选项。 ( )

9. 在 Word 2003 的编辑状态下，可以用标尺调整左、右边界。 ( )

10. Word 2003 的分栏功能最多可将文档分为 4 栏。 ( )

11. 在 Word 2003 中，保存文档的组合键是 Ctrl+C。 ( )

12. 在 Word 2003 的编辑状态下，对当前文档中的文字进行字数统计操作应使用【工具】菜单。 ( )

13. 在 Word 2003 中，设置页眉和页脚应使用【编辑】菜单。 ( )

14. Word 2003 提供了多种显示文档的方式，具有“所见即所得”显示效果的方式是普通视图。 ( )

15. 在 Word 2003 中，剪贴板只能存放最后一次剪切或复制的内容。 ( )

第 5 章　Excel 2003

Excel 2003 是 Microsoft Office 2003 的套装软件之一，是通用的专门用于处理数据、管理表格的软件。它的主要功能是快捷地创建和编辑大数据量的表格；借助于多种公式对数据进行进一步处理，并能快速地将数据制成各种类型的图表，以便对数据进行直观的分析。

5.1　概述

5.1.1　启动和退出

1. 启动

启动 Excel 2003 的方法有多种，其中常用的方法如下。

1）利用【开始】菜单启动

鼠标单击【开始】按钮，打开【开始】菜单，然后将鼠标指针指向【所有程序】选项，打开【所有程序】菜单，选择【Microsoft Office】→【Microsoft Office Excel 2003】选项即可。

2）利用工作簿文件启动

如果已有工作簿文件，则打开工作簿的同时也打开了 Excel 2003。如果没有，则首先应先创建一个工作簿文件。方法是，鼠标右击桌面，在弹出的快捷菜单中选择【新建】→【Microsoft Excel 工作表】选项，再双击桌面上新创建的【新建 Microsoft Excel 工作表】图标。

3）利用桌面快捷方式启动

这是一种快捷的启动方式，双击桌面上的 Excel 2003 快捷方式图标即可。

4）利用【运行】菜单启动

打开【开始】菜单，选择【运行】选项，打开【运行】对话框，在【打开】文本框中输入“Excel”，单击【确定】按钮即可。

2. 退出

当不再需要使用 Excel 2003 的时候，可以采用以下常用的 4 种方法之一退出。

- 单击 Excel 2003 窗口右上角的【关闭】按钮⊠。
- 单击 Excel 2003 窗口左上角图标按钮⊠，在弹出菜单中选择【关闭】选项。
- 在 Excel 2003 窗口处于活动状态下，按 Alt+F4 组合键。
- 双击窗口左上角的 Excel 2003 图标按钮⊠。

如果在对 Excel 2003 进行各种操作之后没有进行保存操作，在退出前，系统将弹出是否保存询问对话框，可以根据需要进行相应的选择。

5.1.2　窗口组成

Excel 2003 的基本工作界面如图 5-1 所示。

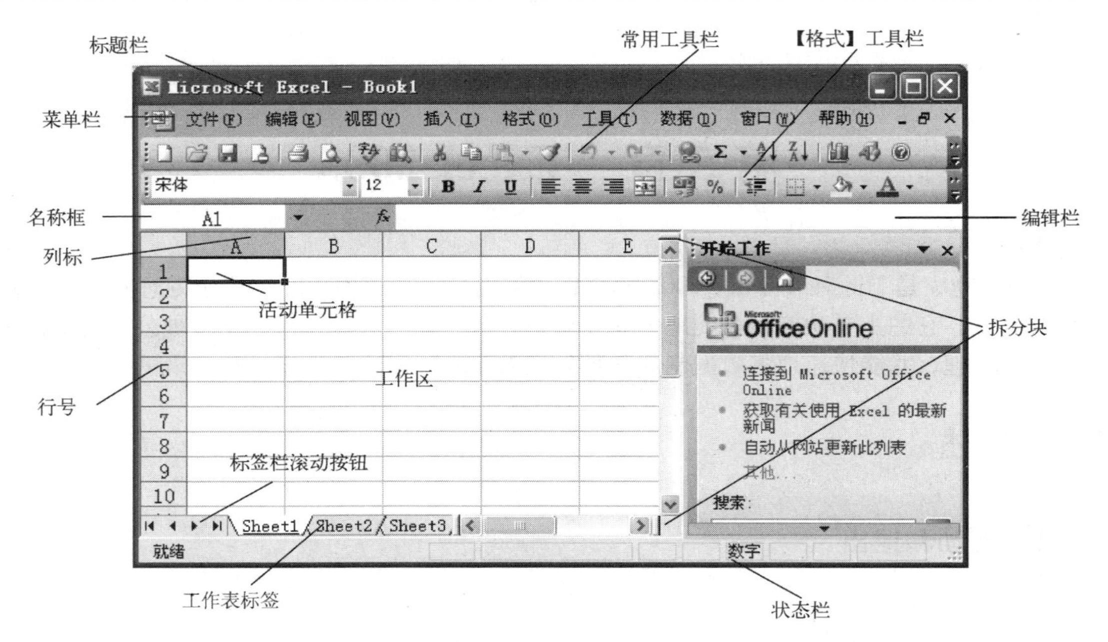

图 5-1 基本工作界面

1. 标题栏

标题栏上左边有 Excel 2003 图标、启动的应用程序名称（Microsoft Excel）、当前打开的工作簿的名称（如 Book1），右边有【最小化】按钮、【还原】按钮（或【最大化】按钮）和【关闭】按钮。

2. 菜单栏

菜单栏位于标题栏的下面，通过菜单栏的操作可以执行 Excel 2003 中的所有命令，进行所有的设置。每一个下拉菜单提供了一组选项，用户可以根据需要在相应的选项上单击鼠标，实现 Excel 2003 菜单功能操作。

下拉菜单上出现的项目通常不是全部菜单选项，而是最近使用过的菜单选项，单击菜单最下面的向下箭头，可以打开全部菜单。

3. 工具栏

Excel 2003 提供了功能丰富的多个工具栏，例如常用工具栏、【格式】工具栏、【绘图】工具栏等。工具栏中的一些按钮可实现最常用的 Excel 2003 命令和设置操作，每个按钮对应着某个菜单选项或操作。熟练使用工具栏中的按钮可以提高操作效率。

为了使用方便，Excel 2003 将工具栏划分成组，用户可以根据需要进行选择。选择【视图】→【工具栏】选项可以打开【工具栏】菜单；将鼠标指针指向任意一个工具栏，然后右击，也会弹出【工具栏】菜单，如图 5-2 所示。

Excel 2003 可以记忆用户使用菜单选项和工具栏按钮的频率，并把不常使用的选项或按钮隐藏起来。这样，在打开的菜单中用户看到的是最常用的菜单选项，这使用户的 Excel 2003 窗口简洁、操作方便。

4. 名称框

名称框可以显示活动单元格的地址，用户可以在名称框中给单元格或区域定义一个名

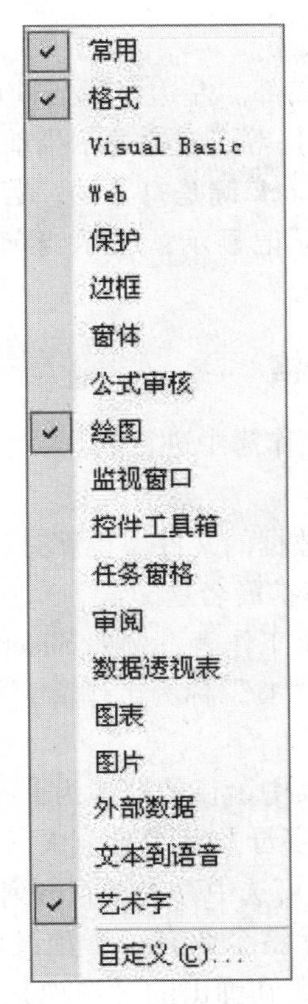

图 5-2 【工具栏】菜单

字，也可以在名称框中输入单元格地址，或通过选择定义过的名字来选中相应的单元格或区域。这样，可以在数据繁杂的工作表中快速选中相应区域或单元格，提高操作效率。

5. 编辑栏

用户可以在编辑栏中为活动单元格输入内容，例如数据、文字或公式等。在名称框和编辑栏之间会出现【取消】按钮✕、【输入】按钮✓和【函数】按钮fx。其中，【取消】按钮可将单元格的内容恢复为此次输入前的状态；【输入】按钮用于确定输入栏中的内容为当前活动单元格的内容；【函数】按钮可实现在单元格中插入函数。

6.【全选】按钮

单击【全选】按钮可以选中当前工作表的全部单元格。

7. 行号和列标

在 Excel 2003 二维工作表中横向的标识 A，B，C，…是列标，纵向的标识 1，2，3，…是行号。

8. 工作区

工作簿中间的最大区域是 Excel 2003 的工作区，是用户放置表格内容的地方。

9. 工作表标签

工作表标签位于工作表底端的标签栏，用于显示工作表的名称。单击工作表标签将打开相应工作表，使用标签栏滚动按钮，可以滚动显示工作表标签。

10. 状态栏

状态栏位于 Excel 2003 窗口的底部。左边显示当前的工作状态，例如【就绪】【编辑】【正在保存文件】【把对象移向何处】等。右边显示当前键盘中 Num Lock 等键的状态。若有【数字】标记显示，表示当前 Num Lock 键是打开的，若【数字】标记消失，表示当前 Num Lock 键是关闭的；若有【大写】标记显示，表示当前 Caps Lock 键是打开的，否则表示 Caps Lock 键关闭。

5.1.3 工作簿、工作表和单元格

Excel 2003 的全部操作都是在工作簿中进行的。

1. 工作簿

工作簿是用来储存并处理工作数据的文件。也就是说，在 Windows 操作系统中，一个单独的 Excel 文档称为一个工作簿，其扩展名是 xls。

一个工作簿可以包含一个或多个工作表，例如 Sheet1，Sheet2 等均代表一个工作表。类似于一本书由若干页组成，这里的"书"称为工作簿，每一"页"称为一个工作表。

2. 工作表

工作表是一个二维表格结构。其中，行的范围为 1 ～ 65 536，每行用相应数字标识。列的范围为 1 ～ 256，列用 26 个英文字母及其组合（A ～ Z，AA ～ AZ，BA ～ BZ，…，IA ～ IV）标识。单击【全选】按钮，可选中并查看到行列范围。

在 Excel 2003 窗口中，工作表标签个数有一个预设值，通常为 3。若要重新定义该值，可以选择【工具】→【选项】选项，在弹出的【选项】对话框中打开【常规】选项卡，在【新工作簿内的工作表数】中，可以设置工作表的标签个数，如图 5-3 所示，单击【确定】按钮，完成设置。工作表默认的名字分别为 Sheet1，Sheet2 和 Sheet3。用户在标签上单击工作表的名字可以实现在同一个工作簿中切换不同的工作表。当工作表很多，而窗口底部没有要查找的工作表标签时，可以按标签栏滚动按钮，向左或向右移动标签以查找需要的工作表标签。用户可以根据需要插入、删除工作表或修改工作表的名字等。常见的操作方法是，在工作表标签处右击鼠标，将弹出有关工作表操作的快捷菜单，用户可以根据需要选择相应的选项。

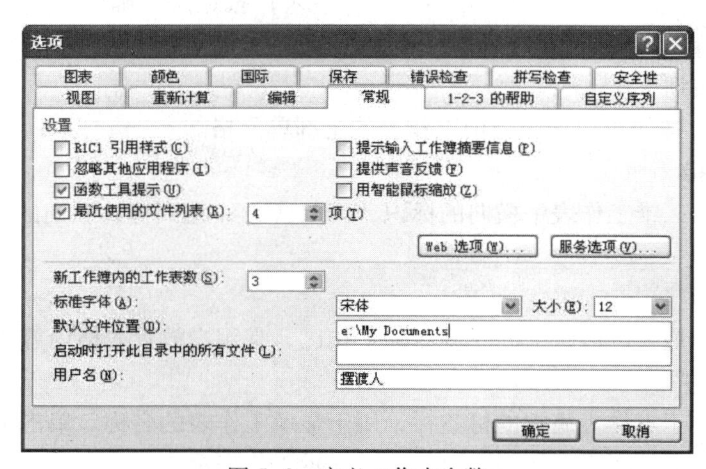

图 5-3 定义工作表个数

3. 单元格

在 Excel 基本工作界面（图 5-1）中有由行、列组成的二维表格，每一格称为一个单元格。用户输入的数据被存放在单元格中。单元格是存放数据的基本单位，其中的数据可以是一个字符串、一个数据、一个公式、一个图形或一个声音文件等。

每个单元格有固定的地址，例如“B6”代表了第 B 列，第 6 行的单元格；每个单元格有唯一的单元格地址，单元格与其地址是一一对应的。

活动单元格是指正在使用的单元格，也称为当前单元格。图 5-1 中有黑色边框的单元格就是活动单元格。用户所做的操作，如输入或编辑数据仅对当前活动的单元格有效。活动单元格通常是一个单元格，也可以是由多个单元格合并后组成的区域，有关单元格的操作方法见 5.2.1 节。

5.1.4　Excel 文件操作

文件操作是 Excel 2003 一切操作的开始。一个工作簿就是一个文件，其中存放着用户建立的数据表。

1. 创建新的工作簿

进入 Excel 2003 时总是打开一个新的工作簿，其中的第一个工作表显示在 Excel 窗口中。用户可以利用这个新的工作表进行各种编辑工作。

用户也可以利用下列方法创建新的工作簿。

1）菜单操作

（1）选择【文件】→【新建】选项，在 Excel 2003 窗口右侧出现如图 5-4 所示的【新建工作簿】任务窗格。

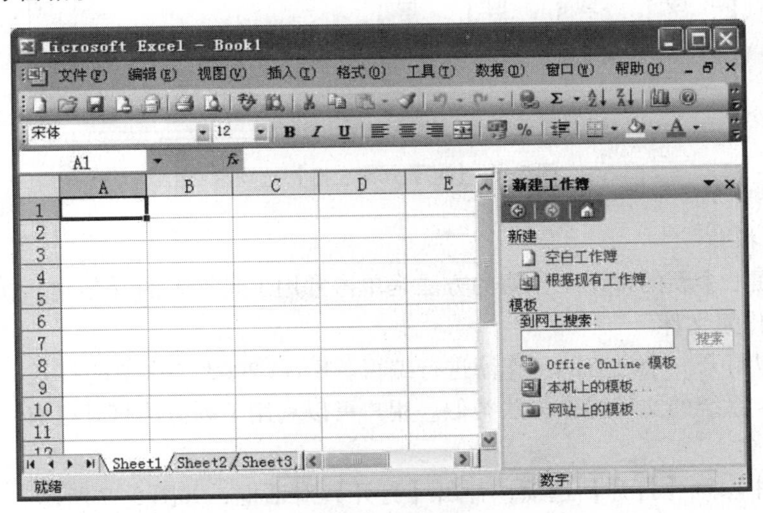

图 5-4　【新建工作簿】任务窗格

（2）单击【本机上的模板】，弹出如图 5-5 所示的【模板】对话框。

如果要创建与打开时自动创建的工作簿相同的工作簿，打开【常用】选项卡，选中【工作簿】后单击【确定】按钮。

若要在 Excel 2003 提供的多个电子方案表格中选择某一模板，可以在【模板】对话框

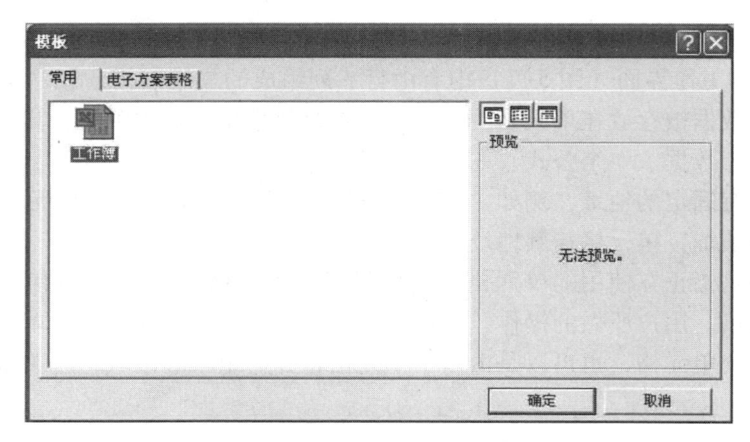

图 5-5 【模板】对话框

【电子方案表格】选项卡中双击其中的任一模板创建新的工作簿文件，如图 5-6 所示。利用模板创建的新工作簿应用在某些领域比较快捷且规范。

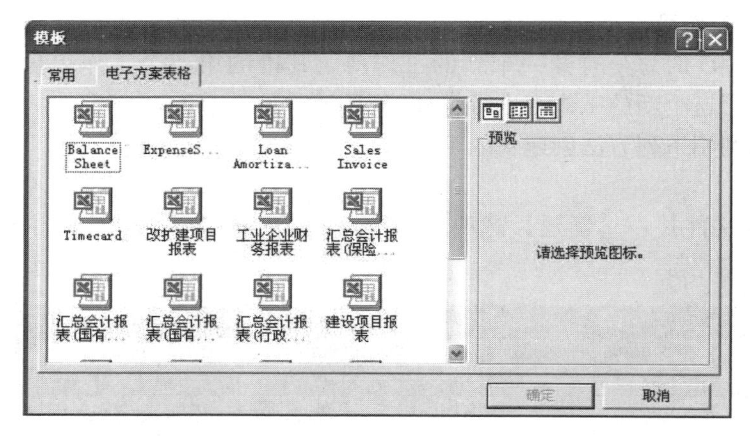

图 5-6 【电子方案表格】选项卡

2）工具栏操作

通常，创建一个新的常用工作簿的方法是单击常用工具栏上的【新建】按钮。

2. 打开工作簿文件

用户也可以打开一个已有的工作簿进行编辑。Excel 2003 工作簿的打开、保存、关闭等操作与 Windows 系统的文件操作方法类似。用户可以利用下列方法打开已有的工作簿。

1）菜单操作

选择【文件】→【打开】选项，弹出【打开】对话框，如图 5-7 所示。

2）工具栏操作

在常用工具栏中单击【打开】按钮，也可以打开如图 5-7 所示的【打开】对话框。

在【打开】对话框中，在【查找范围】下拉列表中选择用户需要打开的 Excel 2003 文件所在的驱动器，再在目录清单中一级一级地确定该文件的位置，直到找到要打开的文件；鼠标双击该文件名字，或者选中该文件名字后单击【打开】按钮即可。

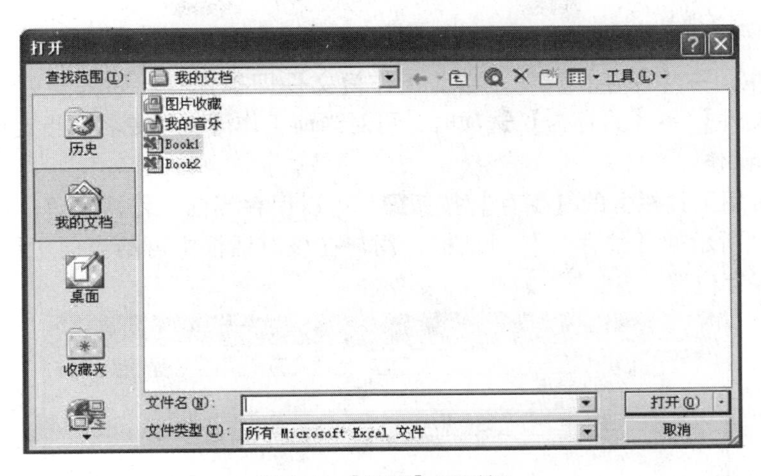

图 5-7 【打开】对话框

3. 查找工作簿文件

如果用户忘记了要打开的工作簿名字，可以使用 Excel 2003 提供的查找功能进行查找，方法如下。

1）菜单操作

在图 5-7 的【打开】对话框中，选择最右侧的【工具】→【查找】选项，弹出【搜索】对话框，如图 5-8 所示。通常，在【基本】选项卡中输入要查找的文件所包含的文字，在【搜索范围】下拉列表中选择要查找文件的位置，在【搜索文件类型】下拉列表中选择文件类型，单击【搜索】按钮即可进行查找。

2）工具栏操作

单击常用工具栏上的【搜索】按钮，同样会弹出如图 5-8 所示的【搜索】对话框，实现同样的搜索功能。

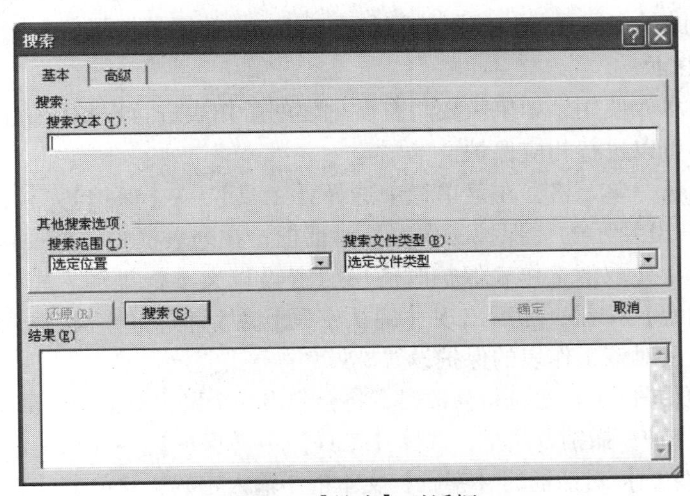

图 5-8 【搜索】对话框

4. 保存工作簿文件

对编辑好的工作簿进行保存的时候，可以使用下列方法。

1）菜单操作

选择【文件】→【保存】选项，当前工作簿文件即被保存。如果是第一次保存文件，或者是选择【文件】→【另存为】选项时，可对当前工作簿文件更名或指定位置保存。

2）工具栏操作

直接单击常用工具栏上的【保存】按钮，可以保存当前工作簿文件。若第一次保存，会弹出如图5-9所示的【另存为】对话框；用户在该对话框中可给当前工作簿文件确定文件名字并选择保存位置。

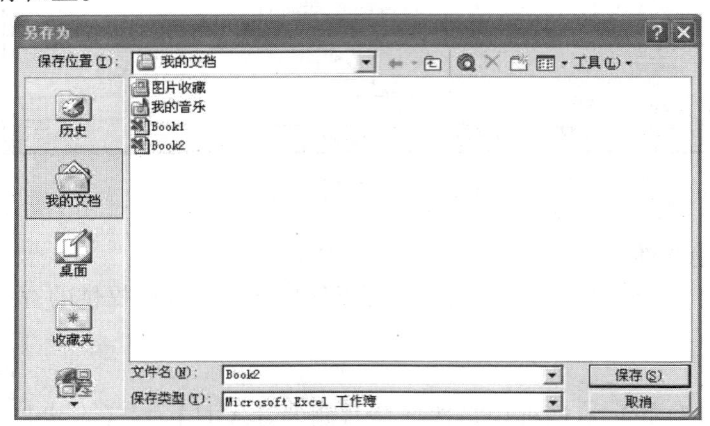

图5-9 【另存为】对话框

3）自动保存

与Word一样，Excel也提供了自动保存功能，使用户可以按指定的时间间隔自动保存数据表。操作方法同Word章节相关内容。

5. 工作表和工作簿的保护

Excel 2003特有的数据保护功能，可以防止数据被篡改或避免由于误操作等带来的损失。Excel 2003提供了多层保护，控制访问和更改Excel数据的权限。

1）工作表的保护

工作表可能由多人使用，如果需要将自己创建的工作表进行保护，防止其他人修改或删除工作表的内容，可以进行相应保护。

单击工作表中任一单元格，在菜单栏中选择【工具】→【保护】→【保护工作表】选项，会弹出如图5-10所示的【保护工作表】对话框；在列表框中选择要保护的内容、对象或保护方案，然后在【取消工作表保护时使用的密码】文本框里输入密码，密码以*号方式显示，单击【确定】按钮；随后出现【确认密码】对话框，再一次输入密码并单击【确定】按钮后，即完成对该工作表的保护设置。

下一次对经过保护的工作表进行修改时，将会弹出一个警告对话框，如果要修改的话，需要撤销对工作表的保护。撤销方法是，选择【工具】→【保护】→【撤销保护工作表】选项，在弹出的【工作表保护】对话框的【密码】文本框中输入密码，并单击【确定】即可。

2）工作簿的保护

除了可以对工作表进行保护外，还可以对工作簿进行保护。

保护方法是，选择【文件】→【另存为】选项，打开【另存为】对话框；在【工具】

下拉列表中选择【常规选项】选项，打开如图 5-11 图所示的【保存选项】对话框；在【文件共享】选项区域，可以设置“打开权限密码”（此密码可以防止他人打开文件）和“修改权限密码”（此密码可以防止他人修改文件，其他人只可以以只读方式打开文件）；单击【确定】按钮，将弹出【确认密码】对话框，此时需要再输入密码进行确认；单击【确定】按钮返回【另存为】对话框，最后单击【保存】按钮保存工作簿。

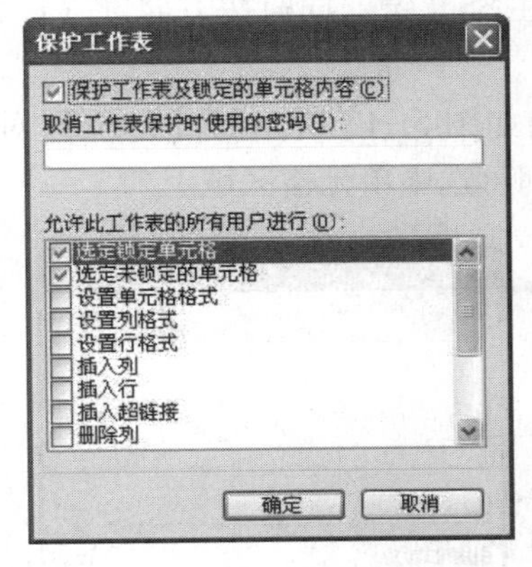

图 5-10 【保护工作表】对话框

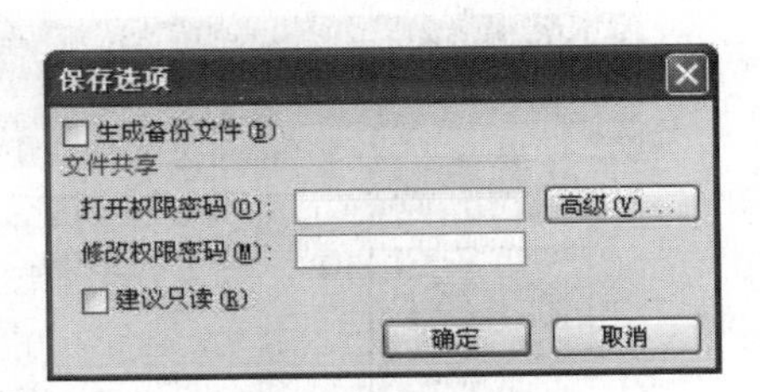

图 5-11 【保存选项】对话框

5.2 数据输入

Excel 2003 是一种处理数据表的电子软件。因此，需要输入大量数据，并需要经常对数据进行修改。Excel 2003 中的工作表可以存储不同类型的数据，例如数字、时间、日期、公式、数据库、图表等，用户可以利用 Excel 2003 组织、计算和分析数据。

5.2.1 数据的输入

工作表输入是要求比较严格的项目之一。在 Excel 2003 中，除了通常意义下的数据形式，还有特殊格式的数据形式，例如带有货币符号的数字等。总的来说，数据的输入包括数值的输入和文字的输入。

1. 单元格的选中

在工作表中，信息存储在单元格中，用户要对某个或某些单元格进行操作，必须先选中该单元格。

1）选中单个单元格

将鼠标指针指向任意一个单元格，然后单击，就可以使这个单元格成为活动单元格。活动单元格与其他单元格的区别是它具有黑色边框。

如果用户想要选中的单元格不在屏幕上，可以用鼠标单击垂直（水平）滚动条的滚动按钮，使工作表每次向上或向下（向左或向右）移动一行；或用鼠标拖动垂直（水平）滚动条，快速移到工作表的某个位置。拖动滚动条时，会自动出现滚动提示，提示已移到的行（列），也可以通过单击滚动条的方法查看当前所处的行（列）。

当在屏幕上看到所需单元格之后，必须用鼠标单击该单元格使其成为活动单元格，才能输入数据。

2）选中由若干单元格组成的连续的单元格区域

方法 1 将鼠标箭头指向要选中区域的第一个单元格，按住鼠标左键沿着要选中区域的对角线拖动鼠标到要选中区域的最后一个单元格，然后释放鼠标左键，此时一个连续的单元格区域就选中了。如图 5-12 所示，选中单元格区域为 A2:B9。

方法 2 先选中区域的第一个单元格，然后按住 Shift 键，同时按方向键（←，→，↑，↓）扩展选中的单元格区域。

方法 3 选择【编辑】→【定位】选项，弹出如图 5-13 所示的【定位】对话框，在【引用位置】文本框中输入区域地址，如 A2:B9，即可选中单元格区域。

	A	B	C	D	E
1	0412班成绩表				
2	学号	姓名	英语	数学	计算机基础
3	041201	李茜	68	74	76
4	041202	米婷婷	72	65	72
5	041203	陆天一	63	57	67
6	041204	张冰	83	60	83
7	041205	李万红	92	70	69
8	041206	刘庆	86	82	90
9	041207	王克兢	70	69	92
10		平均成绩	76.3	68.1	78.4
11					

图 5-12 选中连续的单元格区域

图 5-13 【定位】对话框

3）选中由若干单元格组成的不连续的单元格区域

方法 1 首先选中第一个单元格区域，然后在按住 Ctrl 键同时用鼠标选中其他单元格或区域，直到选中最后一个单元格或区域，如图 5-14 所示。

	A	B	C	D	E
1	0412班成绩表				
2	学号	姓名	英语	数学	计算机基础
3	041201	李茜	68	74	76
4	041202	米婷婷	72	65	72
5	041203	陆天一	63	57	67
6	041204	张冰	83	60	83
7	041205	李万红	92	70	69
8	041206	刘庆	86	82	90
9	041207	王克兢	70	69	92
10		平均成绩	76.3	68.1	78.4
11					

图 5-14 选中不连续的单元格区域

方法 2 选择【编辑】→【定位】选项，弹出如图 5-13 所示的【定位】对话框，在【引用位置】文本框中输入由逗号分隔的区域地址，如“A2:B9，D2:D9”。

4）选中整行或整列的单元格

在工作表上用鼠标单击某一列的列标，可以选中一整列，以便用户对一整列单元格进行操作；单击要选中区域的第一列列标，按住 Shift 键，同时单击要选中区域最末一列的列标，可以选中连续的整个列区域；若在按住 Ctrl 键的同时单击想要选中列的列标，可以选中不连续整列区域。

选中整行与选中整列的方法基本相似，只须把针对列的操作改成针对行的操作即可。

以上关于单元格的选中，都可以通过【名称】框实现，在【名称】框里输入相应单元格地址后按 Enter 键即可。

2. 数据类型

1）数字

Excel 2003 中的数字具有很多种形式。

（1）正数、负数、小数，例如 39，-15，86.5。

（2）百分数，例如 36.5%。

（3）带货币单位的数，例如 $100，￥80。

如果输入数字超过 15 位，Excel 2003 会将第 15 位后的数字全部用 0 表示。例如，输入 12345678901234567 8，则被 Excel 2003 接受的数字为 123456789012345000。

如果输入数字超过字段显示的位数，Excel 2003 将用科学表示法表示。例如，输入 123456789012345678，表示为 1.23457E+17。

当字段的宽度发生变化时，科学表示法表示的有效数位会发生变化，以能够显示为限，但单元格中的存储值不变。因此在一些情况下，单元格中显示的数字只是其真实值的近似表示。

2）日期和时间

在 Excel 2003 中，日期和时间同样被视为数字，只是它们具有特定的格式。

（1）输入日期。输入时，必须用斜线“/”或短线“-”分隔日期的年、月、日部分。例如，输入 2017-8-5，代表日期 2017 年 8 月 5 日。

（2）输入时间。在默认的条件下，Excel 2003 以 24 小时制显示时间。如果希望以 12 小时制显示时间，则在时间数字后留一空格，并键入 a（或 A）表示上午，键入 p（或 P）表示下午。例如，键入 9:00 A 将代表早上 9 点。如果只输入时间数字，Excel 2003 将把时间按上午处理。如果要输入当前系统时间，按 Shift+Ctrl+：组合键。

在键入 Excel 2003 可以识别的日期和时间数据后，单元格内数据格式会从常规数字格式改为某种内置的日期和时间格式。如果 Excel 2003 不能识别输入的日期和时间格式，输入内容将被视为文本。

用户手工设置单元格格式的方法详见 5.5.1 节。

3）文本

在 Excel 2003 中，每个单元格最多可以容纳 32 000 个字符。文本输入规则为，文本可以是数字、空格或非数字字符的组合。

在一个单元格的输入过程中，若需要另起一行输入，可使用 Alt+Enter 组合键。

由于身份证号码、电话号码等数据不需要进行累加或求平均值等数值计算，因此通常被设置为文本类型，而不是数字类型。

3. 数据输入

在单元格中输入数据时，要先使输入数据的单元格成为活动单元格。在 Excel 2003 中，数据输入后可以使用多种方法进行确认。

（1）按方向键，或在某个单元格处单击，将活动单元格移至下一个想要输入数据的单元格位置。

（2）输入数据后按 Enter 键，表示数据输入结束，活动单元格将移至下一单元格。

（3）按 Shift+Enter 组合键，活动单元格将移至上一单元格。

（4）按 Tab 键表示确认，活动单元格移至右边相邻的单元格；按 Shift+Tab 组合键，活动单元格移至左边相邻的单元格。

4. 公式输入

在单元格中输入公式后，单元格将把公式计算后的结果显示出来。输入公式时，一定要先输入一个符号“=”，然后再输入公式内容。

使用公式时，通常需要引用其他单元格。关于引用其他单元格的方法将在 5.4 节中介绍。

5. 添加批注

批注是对单元格的数据内容简要的注释。添加批注的操作方法如下。

单击要添加批注的单元格，并选择【插入】→【批注】选项，此时单元格右上角出现红色批注标记并弹出批注框，或者右击要添加批注的单元格，在弹出的快捷菜单中选择【插入批注】选项，也会出现批注框。在批注框中输入文本后，单击此框外部的工作表区域，即可完成批注的插入。

另外，选择【视图】→【批注】选项，可以进行批注显示/隐藏切换。在隐藏批注状态下，若将光标放在批注标记上，会自动显示批注内容，如图 5-15 所示。若要编辑批注，可右击含批注的单元格，在弹出的快捷菜单中选择【编辑批注】选项，即可重新修改批注内容。

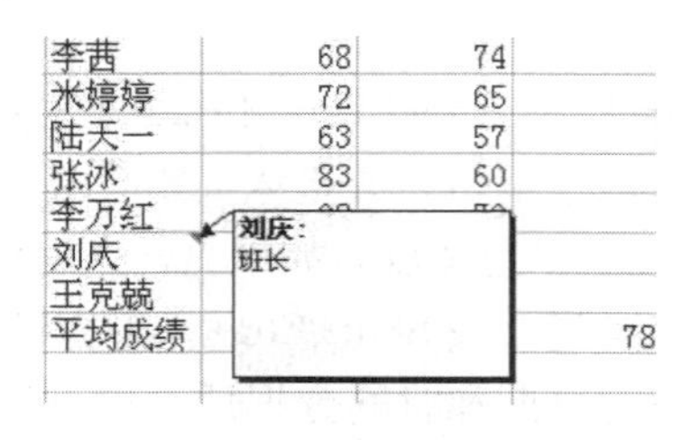

图 5-15 添加单元格批注

5.2.2 数据的复制

如果要在工作表中重复输入一些相同的数字或文本，使用复制输入便可以大大减少工作量，这是一种既简便又实用的方法。

1. 复制数据

Excel 2003 提供了多种复制单元格中数据的方法。例如，使用鼠标拖动方式，或者使用剪贴板进行复制。

要将数据复制到相邻的区域，一种实用的快速复制方法是借助于 Excel 2003 的“填充柄”实现。填充柄是位于选中区域或活动单元格右下角的小黑方块，如图 5-16 所示。当鼠标指向填充柄时，鼠标的指针会变为黑十字形状。

首先单击想复制其内容的单元格填充柄，然后拖动填充柄到相邻单元格，即把数据复制到相邻的单元格中。

注意　如果复制的是带有数字的数据，则在拖动的同时还要按住 Ctrl 键。

2. 选择性粘贴

有时，需要使用选择性粘贴有选择地进行数据的复制。选择需要复制数据的区域，然后将该区域数据复制到剪贴板中；选中待复制目标区域中的第一个单元格，选择【编辑】→【选择性粘贴】选项，弹出【选择性粘贴】对话框，如图 5-17 所示；根据需要在对话框中选择所需要的选项之后，单击【确定】按钮。

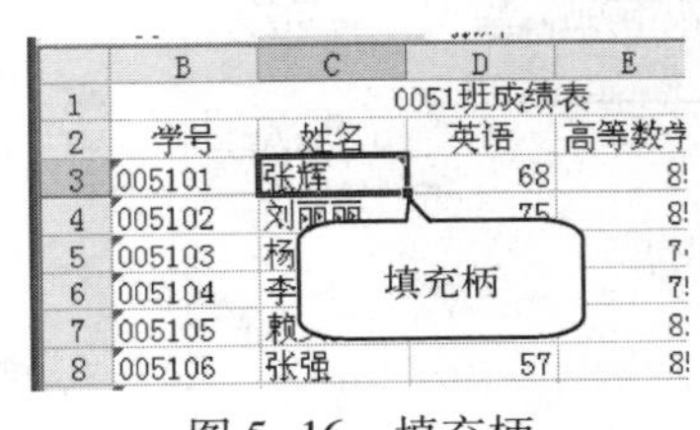

图 5-16　填充柄

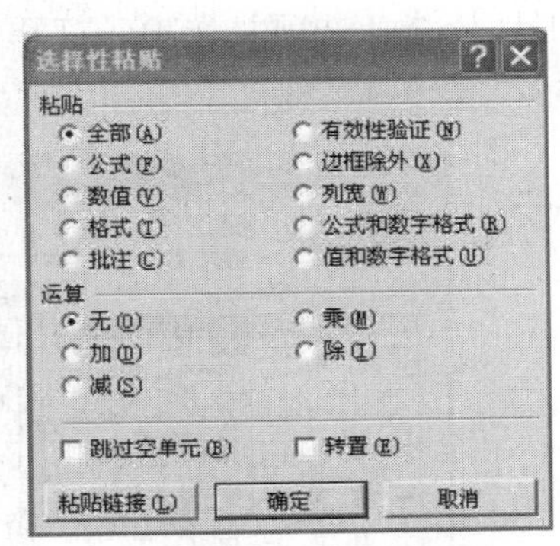

图 5-17　【选择性粘贴】对话框

5.2.3　数据的自动填充

1. 利用自动填充功能添加连续递增数据

在前面使用填充柄拖动数据时，如果数据中包含数字或数值，则当按照填充相同数据方法填充时，文字不变，数字递增。例如，初始值为 2005 年，自动填充时显示的数据依次为 2006 年，2007 年……，如图 5-18 所示。此外，利用自动填充功能还可以输入数字序列，例如等差序列、等比序列等。

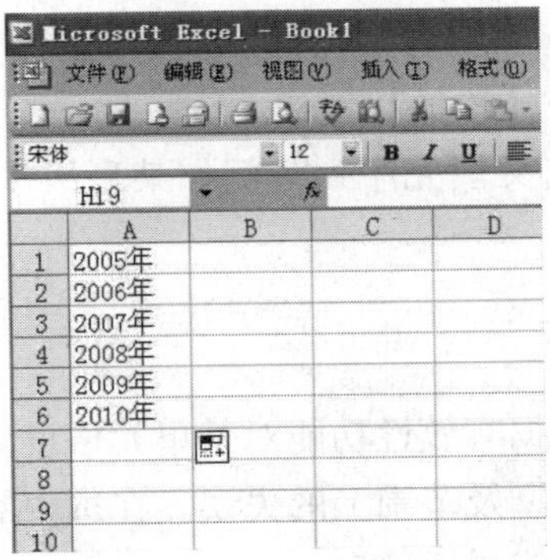

图 5-18　利用自动填充功能添加数据

2. 利用记忆式键入功能输入数据

记忆式键入功能，就是 Excel 将输入的内容“记住”，在下次输入相同的内容时，输入第一个字符，后面的内容将自动出现。

如果系统中没有记忆式键入功能，可选择【工具】→【选项】选项，在打开的【选项】对话框【编辑】选项卡中勾选【记忆式键入】复选项，这样便可以利用记忆式键入功能输入数据了。

5.2.4 自定义序列

通过工作表中现有的数据项或以临时输入的方式，可以创建自定义填充序列。创建自定义填充序列的操作方法如下。

(1) 如果已经输入了将要作为填充序列的数据清单，应选中工作表中相应的数据区域，然后选择【工具】→【选项】选项，打开【选项】对话框中的【自定义序列】选项卡，如图 5-19 所示。

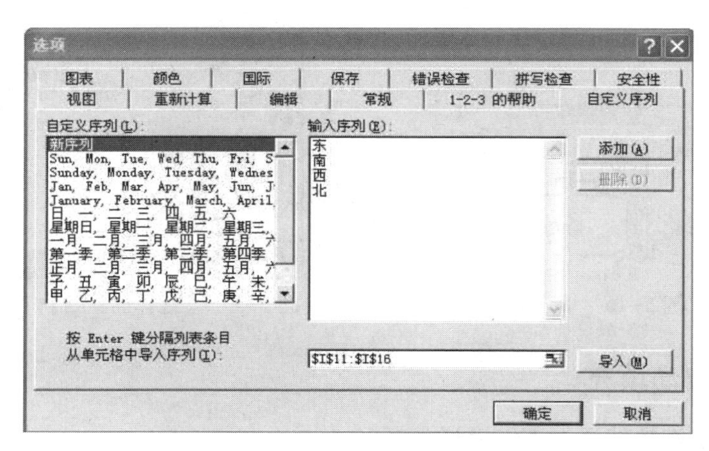

图 5-19 【自定义序列】选项卡

(2) 执行下列操作之一。

① 若要使用选中的数据清单，单击【导入】按钮。

② 若要键入新的序列列表，选择【自定义序列】列表框中的【新序列】选项，然后在【输入序列】列表框中，从第一个序列元素开始输入新的序列；键入每个元素后，按 Enter 键；整个序列输入完毕后，单击【添加】按钮。

可以为常用文本项创建自定义填充序列，例如某班级学员的姓名、某公司的销售区域名称。

5.2.5 输入数据有效性检查

在 Excel 2003 中可以使用数据有效性功能对某单元格设置输入数据的类型和范围，以尽可能地避免用户输入的数据在类型及范围上的失误。在选中的限定区域内的单元格中输入无效数据时，系统会显示相应的出错提示信息。

指定有效的数据类型和范围的方法是，选中要限制其有效范围的单元格，然后选择

【数据】→【有效性】选项，打开如图 5-20 所示的【数据有效性】对话框，例如如果只允许输入数字，则选择【允许】下拉列表中的【整数】或【小数】选项，如图 5-21 所示，再如图 5-22 所示设置数据的范围。

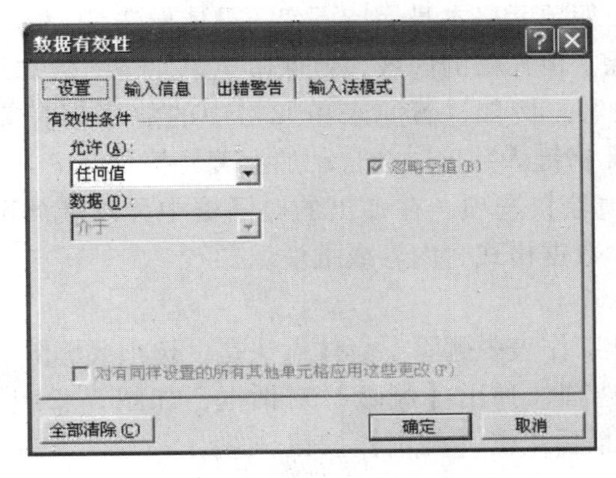

图 5-20 【数据有效性】对话框

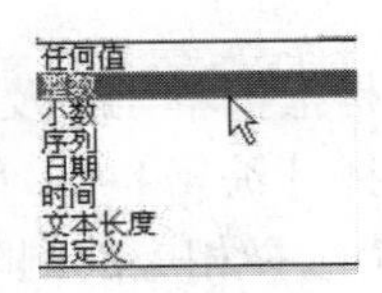

图 5-21 【允许】下拉列表

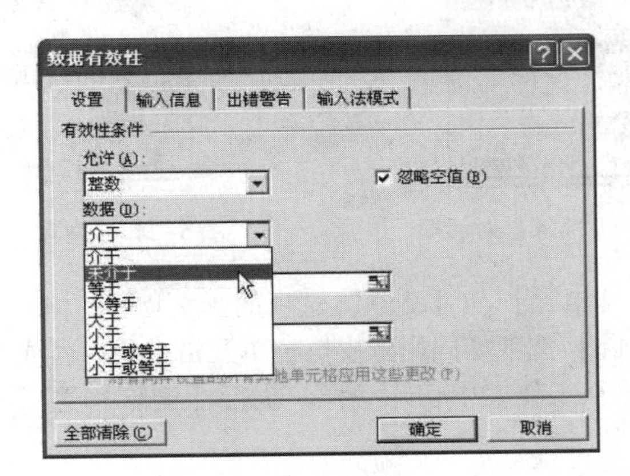

图 5-22 设置数据的范围

在图 5-20 相应的选项卡中还可以找到其他有效性的设置，例如限制录入字符的个数，输入数据时显示的提示信息，出错时显示的提示信息等的实现方法。

5.3 编辑单元格

在 Excel 2003 中，最基本的单元是单元格，因此在处理电子表格时，常常会涉及对单元格的编辑。

5.3.1 数据的插入、清除和删除

1. 插入

如果发现编辑的工作表中少输入了一些内容，可以在工作表中插入新的单元格，或者插入一行或一列单元格。

首先，选择插入单元格的位置，然后选择【插入】→【单元格】选项，弹出如图 5-23

所示【插入】对话框；若在对话框中选择【活动单元格下移】单选项，则将在所选择的单元格的上方插入一个新的单元格。

2. 清除

清除单元格是指清除单元格的内容，而单元格本身保持不变。具体做法是，选中要清除的单元格，然后按 Delete 键。此时，清除了单元格的内容，但保留了单元格的格式，可以按原有的格式继续在单元格中键入新的内容。例如，若原来单元格中的数值带有美元符号"＄"，只清除其中的内容后，再往该单元格键入数值时会自动加上美元符号"＄"。若要有选择地进行清除，则选择【编辑】→【清除】选项，在弹出的对话框中可以继续选择所要清除的类型，清除单元格中的全部信息、数据格式、内容或批注。

3. 删除

删除单元格是指把单元格及其内容从工作表中删除。具体做法是，选中要删除的单元格或区域，然后选择【编辑】→【删除】选项，弹出【删除】对话框，如图 5-24 所示，在【删除】对话框中选择相应的删除方式，最后单击【确定】按钮。

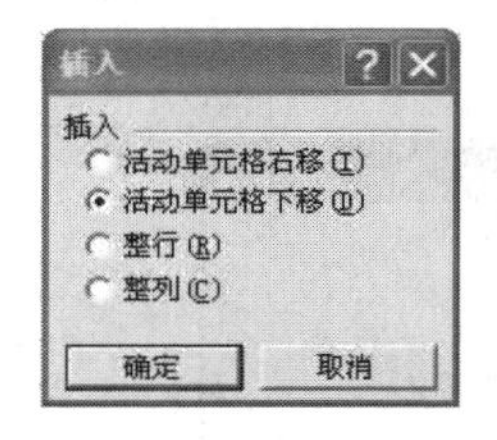

图 5-23 【插入】对话框

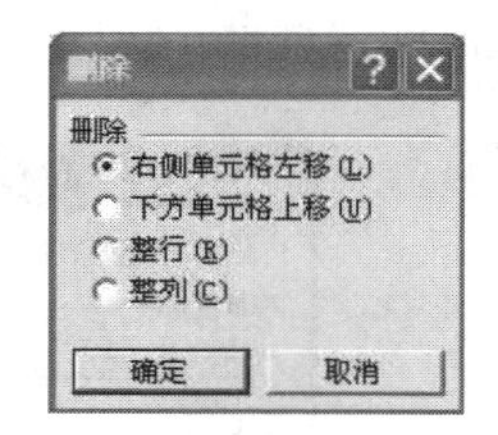

图 5-24 【删除】对话框

在许多应用程序中，【清除】与【删除】选项的含义相同，但在 Excel 2003 中，这两个选项有明显的差别。【清除】选项如同用橡皮擦掉单元格中的内容或格式，而【删除】选项如同是用刀子把该单元格从工作表中切除一样。执行【删除】选项后，其余单元格自动移动以填充留下的空缺。

5.3.2 单元格的复制和移动

1. 复制

使用复制和粘贴方法可以复制数据。首先选中要复制数据所在的单元格，然后选择【编辑】→【复制】选项（或按 Ctrl+C 组合键），选中的单元格外围将环绕一个虚线边框，表示选择的单元格内容已被复制到剪贴板上；选中复制数据的新位置，选择【编辑】→【粘贴】选项（或按 Ctrl+V 组合键），新位置原来的内容被复制数据所取代。

利用常用工具栏上的【复制】按钮、【粘贴】按钮也可以复制数据。

2. 移动

使用剪切和粘贴方法可以移动数据。首先选中要移动数据所在的单元格，然后选择【编辑】→【剪切】选项（或按 Ctrl+X 组合键），选中的单元格外围将环绕一个虚线边框，表示选择的单元格内容已被剪切到剪贴板上；选中移动数据的新位置，然后选择【编辑】→【粘贴】选项（或按 Ctrl+V 组合键），同样，新位置原来的内容被移动数据所取代。

利用常用工具栏上的【剪切】按钮、【粘贴】按钮也可以移动数据。

移动单元格操作中速度最快的方法是直接拖动单元格。首先选中一组要移动的单元格

（通常用鼠标进行），将鼠标指针移到选中区域的外边框上，当鼠标指针变形为十字箭头形状后，再按住鼠标左键将选中区域拖到新位置（若同时按 Ctrl 键，则可以复制到新位置），释放鼠标按钮即完成移动操作。伴随拖动，Excel 2003 同时显示一个范围轮廓线和该范围当前的地址，协助用户为拖动的内容定位。当出现虚线边框时，如果想取消它放弃本次的复制或移动操作，按 Esc 键即可。

5.3.3　数据的查找和替换

在处理大型工作表时，数据的查找和替换功能十分重要，它可以节省查找某些内容的时间。而且，在需要对工作表中反复出现的某些数据进行修改时，替换功能将使这项复杂的工作变得十分简单。

1. 查找

查找功能可以用来查找整个工作表，也可以用来查找工作表的某个区域。前者可以先单击工作表中的任意一个单元格，后者需要先选中该单元格区域，然后选择【编辑】→【查找】选项，或按 Ctrl+F 组合键，即弹出如图 5-25 所示的【查找和替换】对话框。

图 5-25　【查找和替换】对话框【查找】选项卡

单击【选项】按钮，就会弹出如图 5-26 所示的更有效的【查找和替换】对话框。在对话框中，可以继续设置查找的“范围”是工作表或者是工作簿；“搜索”方式是按行或者是按列，以及“查找范围”是在单元格公式中、单元格数值中或者是在单元格批注中等。

2. 替换

查找功能仅能查找到某个数据的位置，而替换功能可以在找到某个数据的基础上用新的数据进行代替。替换类似于查找操作，首先选择【编辑】→【替换】选项，或按 Ctrl+H 组合键，弹出如图 5-27 所示的【查找和替换】对话框。

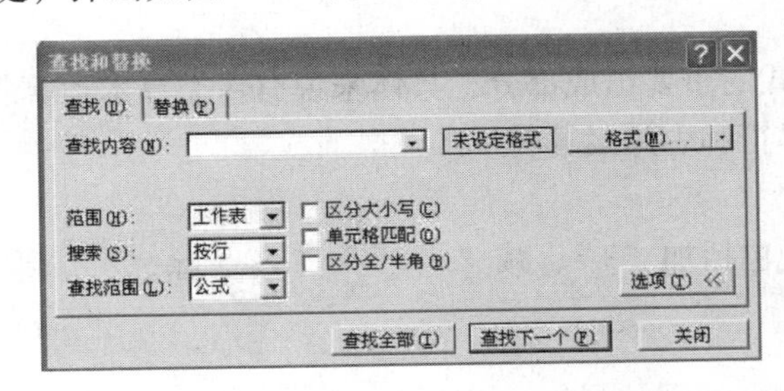

图 5-26　单击【选项】按钮启动的【查找和替换】对话框

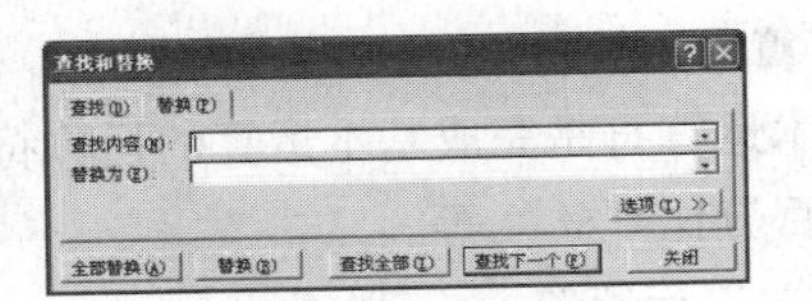

图 5-27　【查找和替换】对话框【替换】选项卡

然后，在【查找内容】文本框中输入要查找的内容，在【替换为】文本框中输入要替换的新内容，单击【替换】按钮进行替换，也可以单击【查找下一个】按钮跳过此次查找的内容并继续进行搜索；单击【全部替换】按钮，可以把所有与查找内容相符的单元格都替换成新的内容，完成后系统将自动关闭该对话框。同样，更为有效的替换功能需要通过单击【选项】按钮，并启动【查找和替换】对话框来完成。

5.4 公式和函数

Excel 2003 除了能进行一般的表格处理外，还可以在工作表单元格中输入公式和函数，用于对工作表的数据进行计算。

5.4.1 公式

公式通常是由一个或者多个单元格地址、值和算术运算符组成的。例如，如图 5-28 所示，如果要计算单元格 C3，D3，E3 中数值的平均值，则只需要在要显示结果的单元格（F3）中输入公式“=(C3+D3+E3)/3”，并按 Enter 键，计算结果就会显示在 F3 单元格中。注意，任何公式总是以一个等号“=”开始。

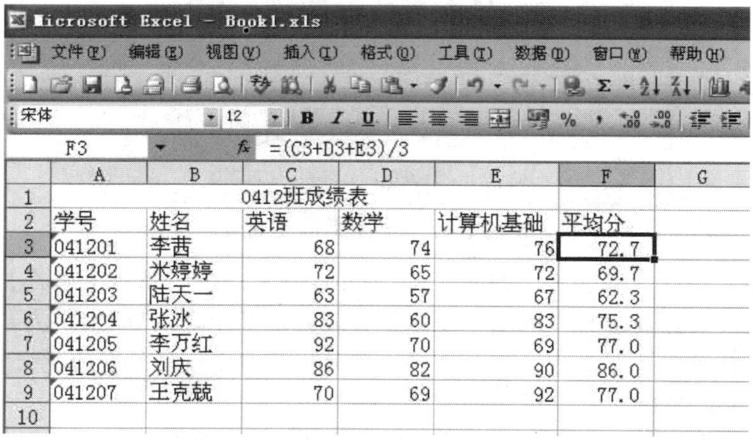

	A	B	C	D	E	F
1			0412班成绩表			
2	学号	姓名	英语	数学	计算机基础	平均分
3	041201	李茜	68	74	76	72.7
4	041202	米婷婷	72	65	72	69.7
5	041203	陆天一	63	57	67	62.3
6	041204	张冰	83	60	83	75.3
7	041205	李万红	92	70	69	77.0
8	041206	刘庆	86	82	90	86.0
9	041207	王克兢	70	69	92	77.0
10						

图 5-28 在单元格中插入公式

利用公式，可以根据已有的值计算出一个新的值。当公式中引用的单元格的值改变时，由公式生成的值也随之改变。

Excel 2003 中的算术运算符是 Excel 公式的重要组成部分，具体来说有 4 类算术运算符，分别是算术运算符、关系运算符、文本运算符和引用运算符。

1. 算术运算符

算术运算符是完成基本运算的运算符，包括加“+”、减“-”、乘“×”、除“/”、乘方“^”和百分比“%”等。

2. 关系运算符

关系运算符用来比较两个数值大小关系，返回逻辑值 Ture 或 False。它包括等于“=”、大于“>”、小于“<”、大于等于“>=”、小于等于“<=”和不等于“<>”。

3. 文本运算符

文本运算符“&”用来将多个文本连接成组合文本。例如，North&west 产生 Northwest。

4. 引用运算符

引用运算符用于完成单元格区域合并运算，包括区域运算符“：”、联合运算符“,”、空格运算符、工作表运算符“!”和工作簿运算符 [ ]。

1）区域运算符

区域运算符“：”的功能是对两个引用之间（包括两个引用在内）的所有单元格进行引用。例如，上面求平均值的例子中，也可以在 F3 单元格中输入公式“=SUM(C3:E3)/3”或公式“=AVERAGE(C3:E3)”求平均值，其中 C3:E3 表示引用从 C3 到 E3 区域的所有单元格。

2）联合运算符

联合运算符“,”的功能是将多个引用合并为一个引用。例如，“SUM(B5:B10, D5:D10)”表示计算 B 列、D 列共 12 个单元格数值之和。

3）空格运算符

空格运算符的功能是将多个引用区域交集为一个引用。例如，“SUM(B5:B10 A6:C8)”表示计算同时属于两个区域的 B6 到 B8 共 3 个单元格数值之和。

4）工作表运算符

工作表运算符“!”的功能是对其他工作表中单元格的引用。例如，Sheet2! A5 表示引用的是 Sheet2 工作表中 A5 单元格的数据。

5）工作簿运算符

工作簿运算符“[ ]”的功能是引用其他工作簿中的数据。引用方式为

[工作簿名]工作表名! 单元格地址

例如，[Book2.xls]Sheet1!A5 表示引用的是 Book2 工作簿 Sheet1 工作表中 A5 单元格的数据。

注意，如果工作簿没有打开，则须加上工作簿的位置，即为‘E:\[Book2.xls]Sheet1’!A5。

运算符的运算优先级从高到低依次为引用运算符、算术运算符、文本运算符、关系运算符。

5.4.2　函数

Excel 2003 提供了多种功能完备且易于使用的函数，可以完成更为复杂的数学计算或文字处理操作。函数是预先定义好的公式，用于进行数学、文字、逻辑运算，或者查找工作区的有关信息。通常，函数名后面是包括在括号中的函数参数，如“AVERAGE(C3:E3)”。

使用时，可以直接将函数输入单元格中，例如在单元格中输入“=SQRT(B1)”，也可以使用【插入函数】按钮将函数插入单元格的公式中，方法是选择【插入】→【函数】选项，或直接单击编辑栏左侧的【插入函数】按钮 fx，即弹出如图 5-29 所示的【插入函数】对话框。

【插入函数】对话框中的【选择类别】下拉列表中列出了 Excel 2003 提供的所有函数，主要包括数据库函数、日期与时间函数、数学与三角函数、统计函数等；在下拉列表中选择函数类型以后，在【选择函数】列表框中选择所需要的函数，单击【确定】按钮，弹出如图 5-30 所示的【函数参数】对话框；在对话框中输入函数参数值（常引用工作表中的单元

格地址)，单击【确定】按钮即可。

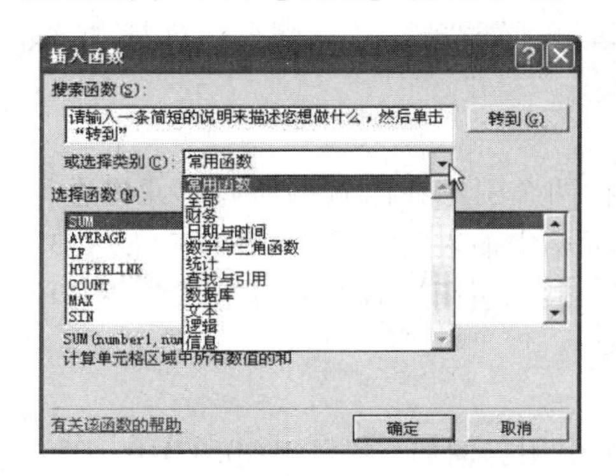

图 5-29 【插入函数】对话框

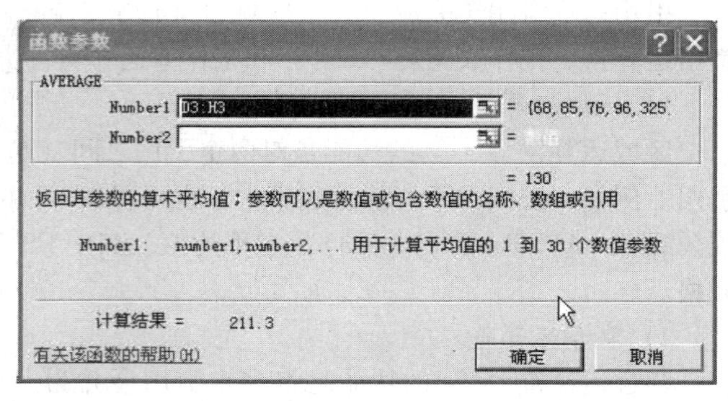

图 5-30 【函数参数】对话框

Excel 2003 的常用工具栏中提供了【自动求和】按钮Σ。利用该按钮，可以对工作表中所选中的单元格自动插入求和函数 SUM，实现求和计算。该功能使累加公式变得简捷，例如公式“=SUM(C3:E3)”的功能与公式“=C3+D3+E3”相同。

5.4.3 公式中单元格的引用

公式中可以引用单元格名字或单元格地址，使单元格的内容参与公式的计算。根据单元格的地址在被复制到其他单元格时是否会改变，单元格的引用可以分为绝对引用、相对引用和混合引用。

1. 绝对引用

在指明一个或多个特定的单元格时，在单元格坐标之前加货币符号“$”（例如$A$1)，表示绝对引用。绝对引用中，在把公式复制或填入新位置时，所引用单元格地址保持不变。例如，若单元格 A1 中内容为数值 5，单元格 B1 中内容为含有绝对引用的公式“=A1”，把 B1 中的内容复制到单元格 B2，则 B1,B2 单元格与 A1 中显示的值一样，都是 5。

2. 相对引用

相对引用指引用的是相对于某给定位置单元格的相对位置。相对引用就是在简单的列标之后加行号（如 A1)。对一个单元格的相对引用，是指该单元格相对于包含公式单元格的位置。例如，若单元格 A1,A2,B1 中的内容分别为数值 5,6 和公式“=A1”；B1 中的内容“=A1”，其意义为“该单元格的内容与其同一行左边的一个单元格的内容相同”，显示值为 5；复制到单元格 B2，则 B2 单元格的内容为“=A2”，其意义为“该单元格的内容与其同一行左边的一个单元格的内容相同”，显示值为 6，显然与 B1 的内容不一样。

类似地，如图 5-28 所示，如果向下拖动 F3 单元格的填充柄，可以将含有相对引用的公式复制到下面相邻的单元格，自动计算出下面每名学生的平均成绩。

3. 混合引用

混合引用是具有绝对列和相对行（如$A1)，或绝对行和相对列（如 A$1）的引用，分别用于实现固定某列引用而改变行引用，或者固定某行引用而改变列引用。例如，$C3 就是混合引用，此时引用中固定了列 C，而行 3 是可以改变的。混合引用综合了相对引用和绝对引用的效果，在使用时一定要注意根据实际情况判断使用哪种引用方法。

5.5　工作表操作

工作表中显示的数据应该既准确、有效，又直观、漂亮。相关的工作表格式设置可以更好地显示工作表的内容。

5.5.1　单元格格式的设置

在 Excel 2003 中，可以进行单元格的数字类型、文本对齐方式、字体、边框、图案及保护等设置。单元格格式的设置方法是，选择【格式】→【单元格】选项，或者右击活动单元格，在弹出的快捷菜单中选择【设置单元格格式】选项，即打开【单元格格式】对话框，如图 5-31 所示。

1. 设置数字格式

在【单元格格式】对话框的【数字】选项卡中，可以设置数字格式，有常规、数值、货币等类型。其中，日期和时间类型的数据，在该选项卡中的【分类】列表框中均有相应的【日期】和【时间】选项对应。如果设置数字格式为【常规】类型，则日期数据将显示为序列号，时间数据将显示为小数。

2. 设置对齐方式

在默认情况下，所有的文本在单元格中均为左对齐方式，而数字、日期和时间均为右对齐方式。如果要改变对齐方式，在如图 5-32 所示的【单元格格式】对话框的【对齐】选项卡中，可以进行水平对齐、垂直对齐和文本旋转方向等操作。

如果要在同一单元格显示多行文本，可以勾选图 5-32 中的【自动换行】复选项。

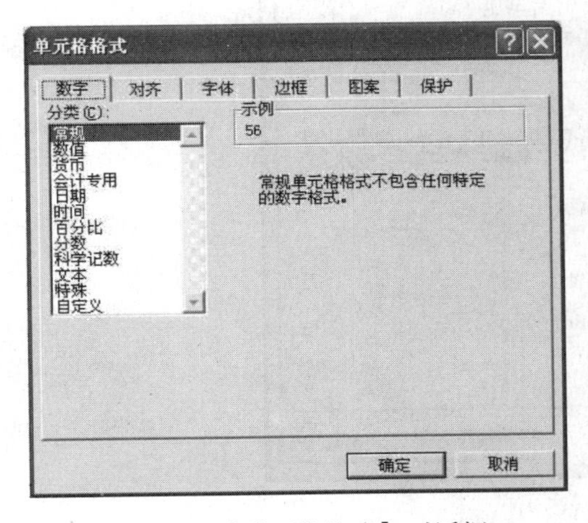

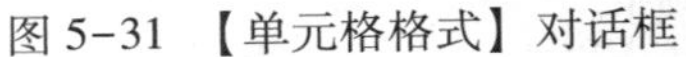
图 5-31　【单元格格式】对话框

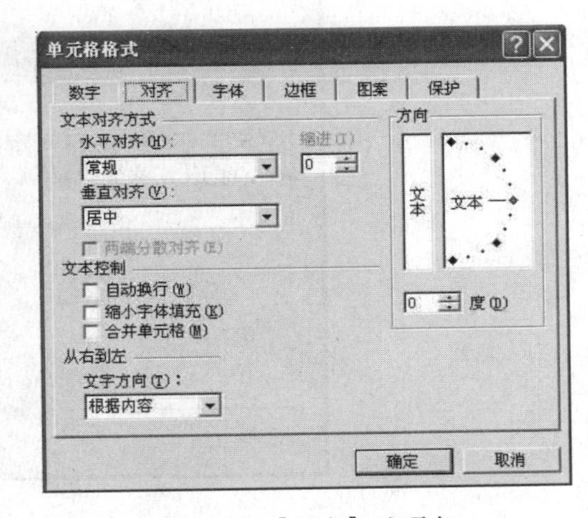

图 5-32　【对齐】选项卡

3. 设置单元格的字体

在【单元格格式】对话框的【字体】选项卡中，如图 5-33 所示，可以进行单元格数据的字体、字形、字号、颜色等设置。

4. 设置单元格边框

为了使工作表更加清晰明了，可以给选中的一个或一组单元格添加边框。在【单元格格式】对话框的【边框】选项卡中，如图 5-34 所示，可以设置单元格的边框。

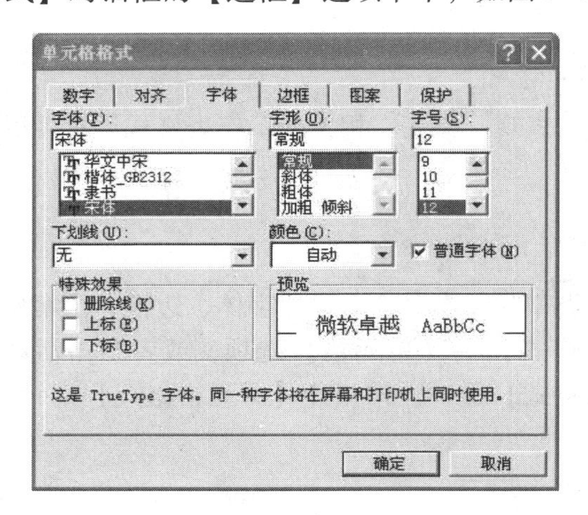

图 5-33 【字体】选项卡

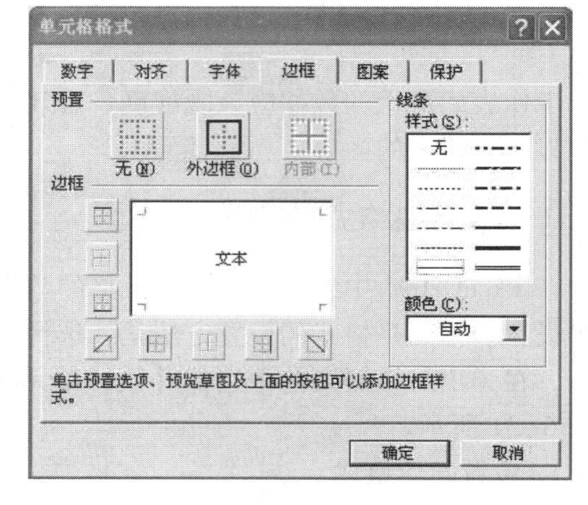

图 5-34 【边框】选项卡

5. 设置单元格图案

在【单元格格式】对话框的【图案】选项卡中，可以设置单元格的背景颜色和图案。

6. 设置单元格保护

在【单元格格式】对话框的【保护】选项卡中，如图 5-35 所示，可以对单元格进行一定的保护设置，保护方式有锁定和隐藏两种。

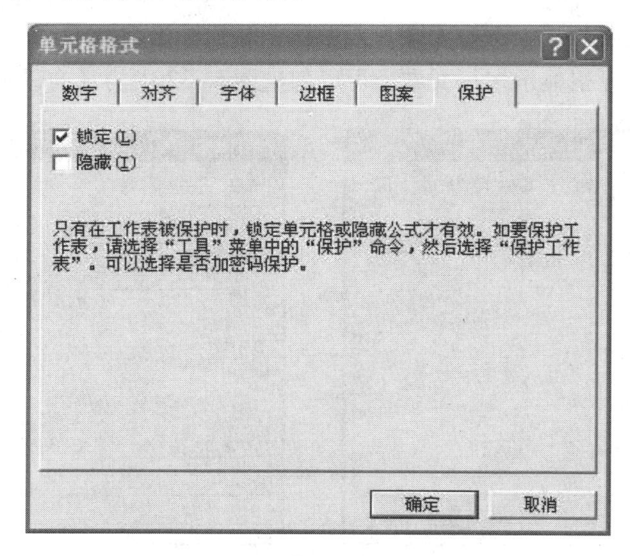

图 5-35 【保护】选项卡

对单元格设置保护后，在对单元格进行相应操作时会弹出报警信息。勾选【锁定】复选项，可以防止对单元格进行移动、修改、删除及隐藏等操作；勾选【隐藏】复选项，可以隐藏单元格中的公式。

注意 要锁定或隐藏单元格，只有在工作表被保护之后才能生效。

5.5.2　工作表格式的设置

1. 设置工作表列宽和行高

方法 1　选中一个单元格或一组单元格区域，选择【格式】→【列】→【列宽】选项，在弹出的如图 5-36 所示的【列宽】对话框中设定所需列宽值，或选择【格式】→【行】→【行高】选项进行行高设置。

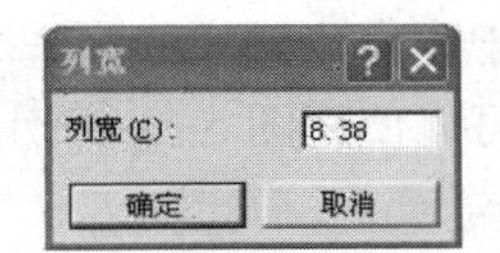

图 5-36　【列宽】对话框

方法 2　将鼠标指针指向欲改变列宽（或行高）的工作表的列（或行）编号之间的竖线（或横线），按住鼠标左键拖动鼠标，将列宽（或行高）调整到需要的宽度（或高度）后，释放鼠标即可。这是改变列宽或行高最快捷的方法。

方法 3　选择【格式】→【列】→【最合适的列宽】选项，或选择【格式】→【行】→【最合适的行高】选项，可以自动调整列宽或行高。

2. 使用自动套用格式

表格套用功能可以将制作的表格格式化，生成美观的报表。表格样式自动套用的方法是，选中欲套用样式的单元格区域，选择【格式】→【自动套用格式】选项，打开如图 5-37 所示的【自动套用格式】对话框，选择某一种格式后单击【确定】按钮，Excel 就会以该格式对选中的单元格区域进行格式化。如果对格式化的效果不够满意，可以选择【编辑】→【复原】选项，或按 Ctrl+Z 组合键取消格式套用。

3. 使用样式

如果经常对工作表中的某些单元格使用同一格式设置，可以创建一个格式样式，并将该格式样式与工作簿一起保存，需要时可以随时调用。

创建格式样式的方法是，选择【格式】→【样式】选项，打开如图 5-38 所示的【样式】对话框，在该对话框中可以进行多种选择设置。

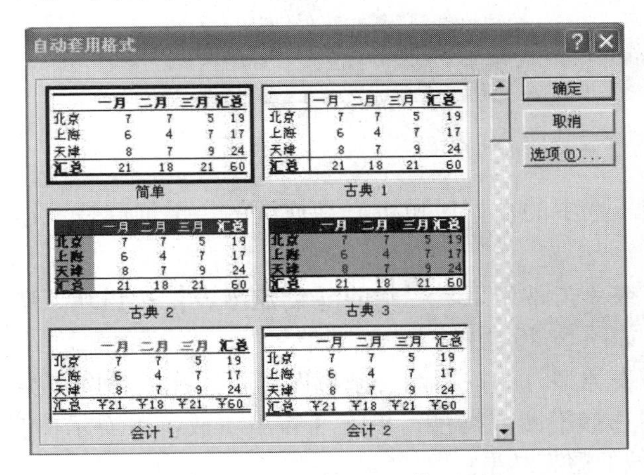

图 5-37　【自动套用格式】对话框

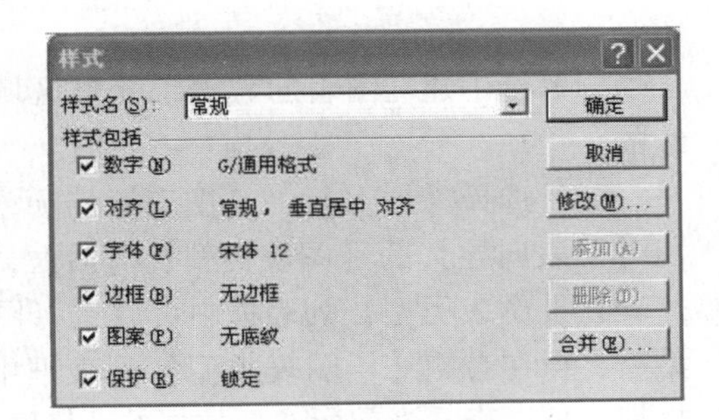

图 5-38　【样式】对话框

依据某单元格的格式也可以创建一种新的样式。操作方法是，选中具有所需格式的单元格（需事先格式化该单元格）后，选择【格式】→【样式】选项，然后为该格式样式指定一个新的名字即可。这种利用工作表中的格式定义样式的方法称为示例法。

在工作簿中，可以使用已有的样式，包括系统本身具有的样式和用户自己建立的样式。这些样式都显示在图 5-38 所示对话框的【样式名】下拉列表中，选择欲应用的样式后，单击【确定】按钮，即可将该样式应用于选中的单元格。

通常，新建立的样式只能应用于建立该样式的工作簿，并与该工作簿一起存盘。若要将某新建的样式应用于其他工作簿，可以使用图 5-38 所示对话框中的【合并】按钮。

5.6 图表操作

在 Excel 2003 中，可以基于工作表中任何数据创建一个图表。图表比数字更直观，更容易被人们所接受，能够帮助用户直观地看到数据的变化趋势。

5.6.1 图表的创建

1. 利用图表向导创建图表

在建立了如图 5-39 所示的工作表之后，就可以创建图表了，一般的创建步骤如下。

课程 / 姓名	英语	高等数学	政治	计算机基础	总成绩
张辉	68	85	76	96	325
刘丽丽	75	85	70	80	310
杨英	83	74	68	87	312
李云	88	75	63	94	320
赖文文	63	82	71	64	280
张强	57	85	65	81	288
孙小齐	88	76	65	82	311
万胜军	68	91	87	67	313

图 5-39 学生成绩工作表

（1）选中建立图表的数据单元格区域。选中的数据区域可以是连续的，也可以是不连续的。

（2）选择【插入】→【图表】选项，或单击常用工具栏中的【创建图表】按钮，弹出【图表向导】的【图表类型】对话框，如图 5-40 所示。

在【图表类型】列表框中可以选择图表类型，如柱形图、条形图等，选择一种图表类型后，再在右侧【子图表类型】列表框中选择子图表类型；单击【按下不放可查看示例】按钮，可以查看当前所选择数据单元格区域的图表结果。

（3）单击【下一步】按钮，弹出如图 5-41 所示【图表向导】的【图表源数据】对话

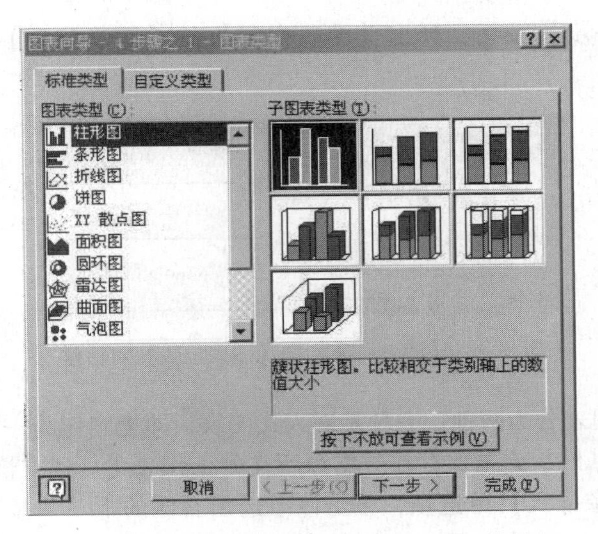

图 5-40 【图表向导】的【图表类型】对话框

框。在该对话框中可以确定图表的数据区域，以及放置图表的单元格范围。

（4）单击【下一步】按钮，弹出如图 5-42 所示【图表向导】的【图表选项】对话框。在该对话框中可以设置图表标题、图例和数据标志等。对话框中各选项卡的功能如下。

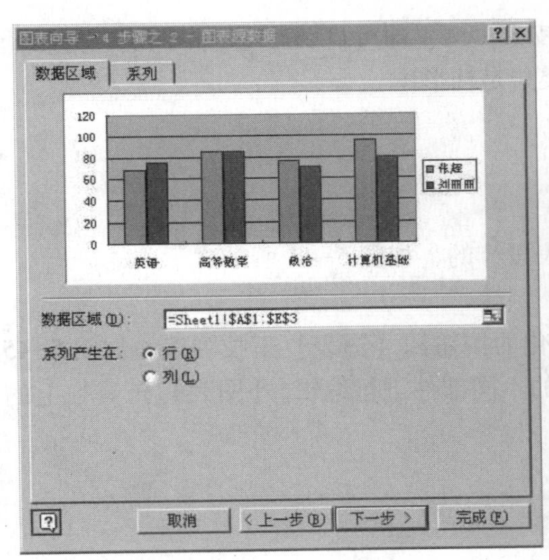

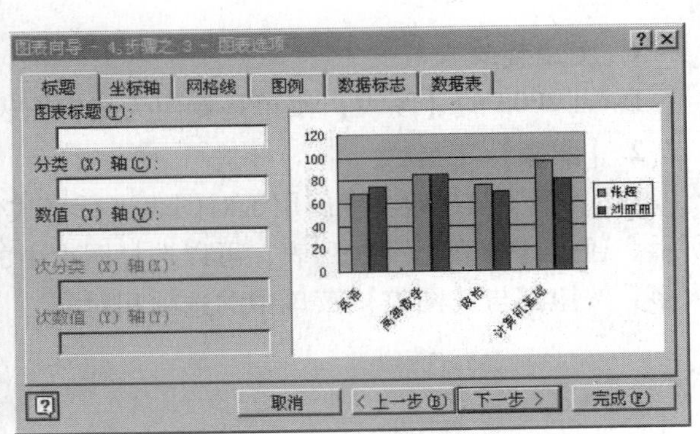

图 5-41 【图表向导】的【图表源数据】对话框　　图 5-42 【图表向导】的【图表选项】对话框

- 【标题】选项卡——确定是否添加图表标题、分类轴（X 轴）标题、数值轴（Y 轴）标题。
- 【坐标轴】选项卡——确定是否显示分类轴（X 轴）和数值轴（Y 轴）。
- 【网格线】选项卡——确定是否显示主要网格线和次要网格线。
- 【图例】选项卡——确定是否显示图例。
- 【数据标志】选项卡——确定是否显示数据标志。
- 【数据表】选项卡——确定是否在图表中显示数据表。

（5）单击【下一步】按钮，弹出【图表向导】的【图表位置】对话框，如图 5-43 所示。

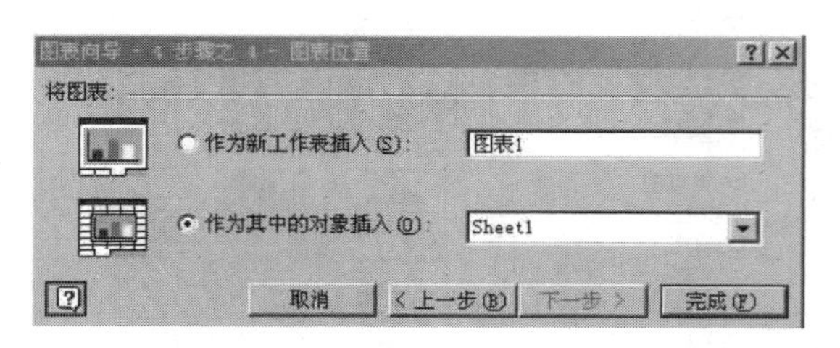

图 5-43 【图表向导】的【图表位置】对话框

Excel 2003 中的图表分为两种。一种是嵌入式图表，即把它作为一个对象放在现有的工作表中。在保存工作簿时，它被保存在数据源所在的工作表中。建立嵌入式图表的方法是，选择【作为其中的对象插入】单选项，单击该单选项右侧的下三角按钮，在弹出的下拉列表中选择图表要插入的工作表；最后，单击【完成】按钮。

另一种是图表工作表，它是创建在工作簿中的一个新的工作表。建立图表工作表的方法是，选择【作为新工作表插入】单选项，在右侧的文本框中输入图表的名字后，单击【完成】按钮。

2. 快速创建图表

在工作表中选中要创建图表的数据区域后，按 F11 键，即可自动产生一个图表，并且插入在一个新的工作表中。Excel 2003 默认的图表类型是柱形图。

5.6.2 图表的编辑

1. 图表菜单

Excel 2003 的【图表】菜单是专门为编辑图表设计的，如图 5-44 所示。

2.【图表】工具栏

【图表】工具栏包含专门用于对图表进行格式化的按钮和【图表】下拉列表，如图 5-45 所示。通过【图表】下拉列表，可以选择图表中的不同部件进行编辑。【图表】工具栏上的大多数按钮都与【图表】菜单中的选项相对应。

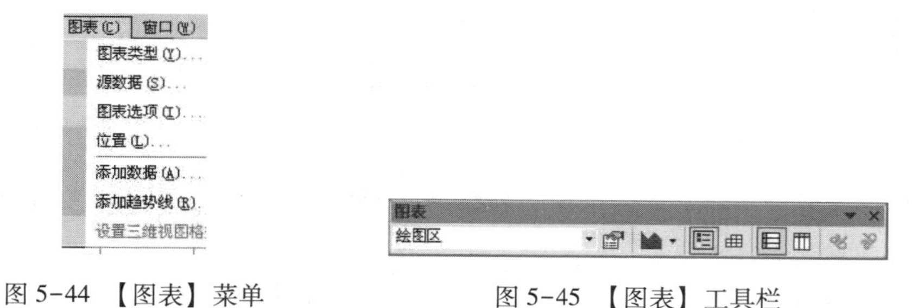

图 5-44 【图表】菜单

图 5-45 【图表】工具栏

3. 更改图表类型

创建的图表并非一成不变，只要数据合理，即可将图表转变为 14 种标准类型中的任何一种。具体操作是，单击【图表】工具栏中的【图表类型】按钮，或选择【图表】→

【图表类型】选项，弹出【图表类型】对话框，如图 5-40 所示，在该对话框中即可完成图表类型的更改。

4. 改变图表标题

在 Excel 2003 中，可以编辑图表标题的内容，也可以修改标题的字体、对齐方式，设置背景图案。

如果是嵌入式图表，单击图表激活它，再选择【图表】→【图表选项】选项，弹出【图表选项】对话框，如图 5-42 所示。在该对话框的【标题】选项卡中，可以设置或修改图表标题及 X 轴和 Y 轴的标题。

5. 调整网格线

创建图表时可以添加网格线，这有助于把图形和数据联系起来。对两组数据进行精确比较时，网格线非常有用。对于嵌入式图表，单击该图表即激活 Excel 2003 的【图表】菜单。

选择【图表】→【图表选项】选项，打开【图表选项】对话框，再打开对话框中的【网格线】选项卡，如图 5-46 所示；选择需要的网格线类型并单击【确定】按钮，即可添加网格线。如果要添加 X 轴和 Y 轴网格线，则勾选两个【主要网格线】复选项；如果要添加更密集的网格线，则勾选两个【次要网格线】复选项，单击【确定】按钮即可。如果要删除网格线，则撤选相应的复选项，然后单击【确定】按钮即可。

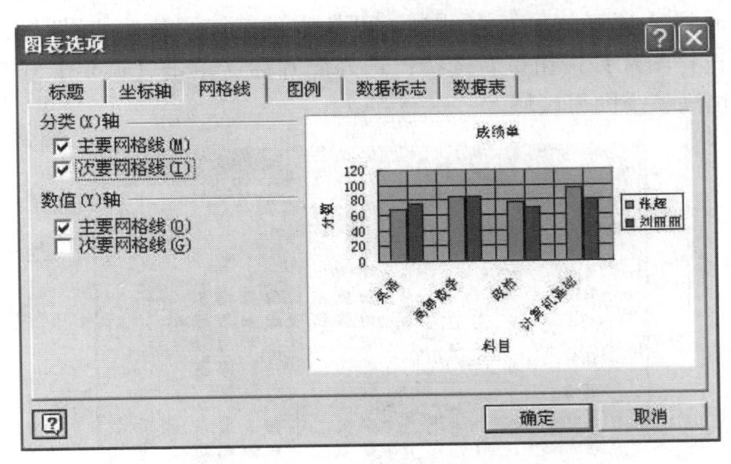

图 5-46 【网格线】选项卡

6. 修改图例

图例用于说明图表中的颜色和图案所代表的分类的值。在图 5-46 所示对话框的【图例】选项卡中可以更改现有图例的字体、颜色和位置。

7. 修改图表数据

Excel 2003 的图表与工作表的数据互有联系，对任一方进行修改时，另一方将随之改变。图表完成后，仍然可以向其中增加或删除数据项。

1）在嵌入式图表中增加数据

利用鼠标拖动操作可以在嵌入式图表中增加数据。方法是，先选中图表，再选中要加入图表中的数据系列（既要包含数据，又要包含数据系列的名字），然后把鼠标指针移到选中的数据系列边框上，这时鼠标指针变为十字箭头形状，按住鼠标左键将选中的数据系列拖动到嵌入式图表中后释放即可。如果要向图表中添加的数据系列是不相邻的，则需要通过选择【图表】→【添加数据】选项来完成。

2）更新绘图数据

改变某单元格（或区域）数据，图表会自动更新。

3）删除绘图数据

删除某单元格（或区域）中的数据，Excel 2003 会自动从图表中删除该数据点的标记。但如果直接在图表中选中要删除的图表框，按 Delete 键删除某个数据点（或系列）时，工作表中的相应数据不会受影响。

5.6.3 图表中特殊效果的添加

在图表中可以通过添加特殊效果增加图表的感染力，强调重要的变化趋势。例如，可以给嵌入式图表添加背景图片。

操作方法是，单击要添加背景图片的图表，选择【格式】→【图表区】选项，打开【图表区格式】对话框，再打开【图案】选项卡，如图 5-47 所示；单击【填充效果】按钮，打开【填充效果】对话框；在该对话框中，打开【图片】选项卡，并单击该选项卡中的【选择图片】按钮，在弹出的【选择图片】对话框中找到要显示的图形文件；双击要选用的图形文件，回到【填充效果】对话框，可从中预览该图片；如果对所选图片不满意，可以再次单击【选择图片】按钮重新选择；选好图片后，单击【确定】按钮，则该图片就会作为背景图案填满整个图表区域。

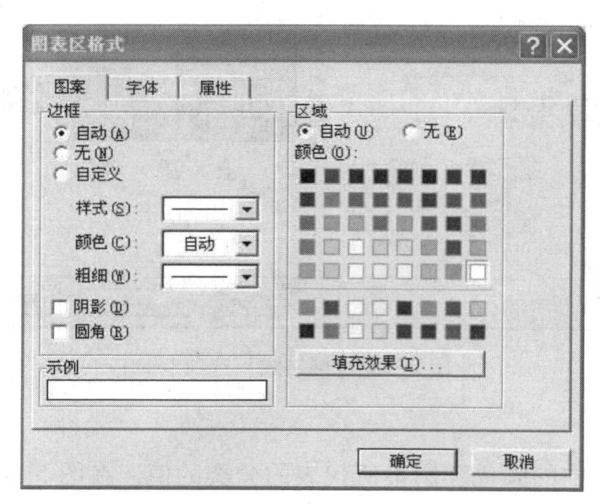

图 5-47 【图表区格式】对话框

5.7 数据管理和分析

与其他数据库管理系统类似，Excel 2003 可以定义以行、列结构组织起来的关系型数据库，支持数据库操作，通过数据库将大量数据按照其相关特性组织起来，并对其进行编辑、查询、排序、筛选、汇总等管理工作，具有实用性强、方便灵活等特点。

5.7.1　数据库的创建

Excel 2003 数据库是二维结构的表格，以行、列的方式组织和管理数据。这些数据具有统一的格式，并且遵循比通常工作表更为严格的规则。建立数据库时，要使数据库中含有固定的列数（信息分类数），但行数可变，以便实现数据库中记录的添加、删除或重排，使数据库总是保持数据的最新状态。数据库中每列的信息类型应该是相同的，而且数据库内不能有空白的行或列。

在数据库中，行表示记录，列表示字段。数据库的第一行是字段名称，其余行为数据，如图 5-48 所示，数据库的每一列必须是相同类型的数据。

课程 姓名	英语	高等数学	政治	计算机基础	总成绩
张辉	68	85	76	96	325
刘丽丽	75	85	70	80	310
杨英	83	74	68	87	312
李云	88	75	63	94	320
赖文文	63	82	71	64	280
张强	57	85	65	81	288
孙小齐	88	76	65	82	311
万胜军	68	91	87	67	313

图 5-48　数据库

Excel 2003 允许为数据库的每一个字段指定一个列标题名字（字段名），列标题与第一条记录之间不能有空行。

一个数据库只能存储于一个工作表中，而在一个工作表中可以包含多个数据库，同一工作表中的数据库与其他数据库之间至少要留出一个空白行或一个空白列。

1. 输入数据

建立数据库有两种方法，一种方法是直接在工作表中输入字段名和记录，另一种方法是在输入字段名后，单击字段名下面一行中的任何一个单元格，然后选择【数据】→【记录单】选项，打开如图 5-49 所示对话框，在对话框中根据文字提示输入记录。后一种方法比较方便管理数据库中的数据。

1）数据的输入

在图 5-49 所示的对话框中，列出了这个数据库的所有字段名，字段名的右侧是输入数据的文本框，在文本框中可以直接输入数据。

对已经存在的数据库，该对话框默认显示数据库中的第一个记录，按垂直滚动条可以显示数据库中的其他记录。对话框右上角的指示器（例如图 5-49 中的“1/8”）用于指示当前的记录号（分子）及数据库中记录的总数（分母）。

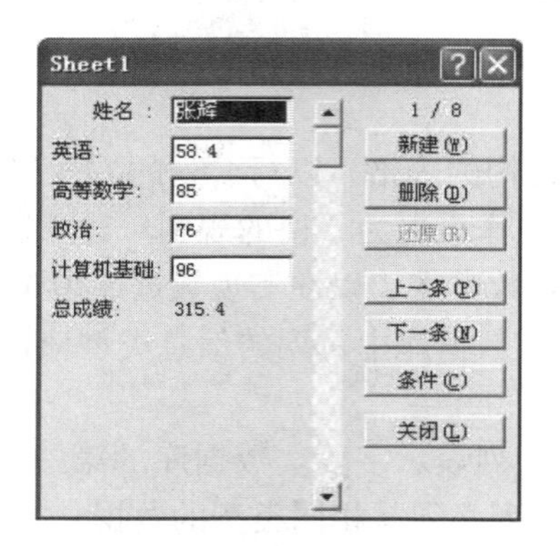

图 5-49 记录单对话框

2）添加记录

Excel 2003 默认将新记录添加在数据库的末尾。一条记录的字段输入完毕，按 Enter 键或单击【新建】按钮，就会出现下一条空记录等待输入，右上角的指示器由数字提示变成新建记录提示，表示进入添加新记录状态。继续依次输入，直到所有的数据输入完毕后，单击【关闭】按钮，即完成一个数据库的创建。

3）搜索记录

在图 5-49 所示对话框中，单击【条件】按钮，打开【条件】对话框，字段名右侧的文本框用来输入查找条件。在输入查找条件时，可以使用 >，<，>=，<=，<>，= 等比较运算符。例如，如果要搜索所有女员工，则在文本框中输入“女”（或“=女”）；如果要查找工资大于 5000 的女员工，则在文本框中输入“>5000”，Excel 2003 将自动按照所输入的条件找到满足条件的记录。另外，通过单击【上一条】和【下一条】按钮可以查看符合条件的所有记录。

4）修改记录

修改记录应先使用滚动记录（单击【上一条】和【下一条】按钮）或条件查询方法找到要修改的记录，然后直接在字段名右侧文本框中进行修改即可。在修改过程中，可以随时单击【还原】按钮将该记录恢复原状。但是，如果记录指针已移动，则不能用【还原】按钮恢复。

5）删除记录

删除记录应首先用滚动记录或条件查询方法找到要删除的记录，单击【删除】按钮，此时将弹出询问对话框要求确认删除。另外，也可以先选中要修改或删除的记录行或列，然后选择【编辑】菜单中的【删除】选项完成删除记录工作。用这种方法删除记录时，系统不提供确认对话框而是直接执行命令。注意，这样删除的记录不能用【还原】按钮恢复，但工作表未保存之前，直接在工作表中进行的修改或删除操作可以使用 Excel 2003 提供的撤销功能恢复。

2. 输入时检查数据的有效性

在多用户共享数据库的情况下，最好能控制允许输入的信息类型，以减少输入错误。利用 Excel 2003 数据有效性设置功能，可以设定输入数据的格式，预防数据的输入错误。操作步骤如下。

（1）选中要进行数据有效性设置的单元格，然后选择【数据】→【有效性】选项，打开【数据有效性】对话框，如图 5-50 所示。

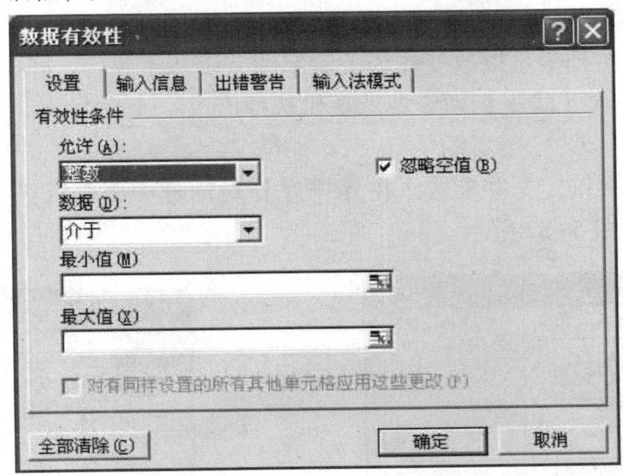

图 5-50 【数据有效性】对话框

（2）打开【设置】选项卡，在【有效性条件】选项区域的【允许】下拉列表中，指定选中单元格中所要求的数据格式。可以选择“任何数值”（用于删除当前的有效条件）、“整数”、“小数”、“序列”、“日期”、“时间”、“文本长度”、“自定义”（采用公式本身的格式）等数据格式。在【允许】下拉列表中选择一个选项后，还可以通过下面的选项指定其他条件或限制，例如允许的最小值和最大值等。

（3）打开【输入信息】选项卡，勾选【选中单元格时显示输入信息】复选项，进而指定当一个单元格被选中时显示的信息；在【输入信息】文本框中输入所要显示的词语。

（4）打开【出错警告】选项卡，勾选【输入无效数据时显示警告信息】复选项，在文本框中输入指定信息。当用户输入无效数据时，在弹出的错误信息警告框中将显示此处指定的信息。

（5）单击【确定】按钮，完成数据有效性设置。

5.7.2 数据排序

为了更好地分析和查看数据，常常需要对数据库的记录按某种顺序进行排序，即用某个字段名作为分类关键字重新组织记录的排列顺序。Excel 2003 允许对整个工作表，或对表中指定单元格区域的记录按行或列进行升序、降序排列，或按多关键字排序。按列排序是指以某个字段名或某些字段名为关键字重新组织记录的排列顺序，这是系统默认的排序方式。按行排序是指以某行字符的 ASCII 码值的顺序进行排列，即改变字段（列）的先后顺序。

1. 对选中数据区域排序

对数据进行排序，应先选中参加排序的数据区域（若是对所有数据进行排序，则不用选中排序数据区域），然后选择【数据】→【排序】选项，弹出如图 5-51 所示【排序】对话框。

Excel 2003 允许最多指定 3 个关键字作为组合关键字，分别是主要关键字、次要关键字和第三关键字。当主要关键字相同时，次要关键字才起作用；当主要关键字和次要关键字都相同时，第三关键字才起作用。

指定关键字时，在【主要关键字】下拉列表中选择作为关键字的字段名，这些字段名是系统根据选中的排序数据区域自动提取产生的。例如，可以选择“姓名”字段名作为主要关键字。通过该下拉列表可以改变作为关键字的字段名。然后，确定排序方式，在每个关键字区都有【升序】和【降序】两个单选项供选择。

2. 排序选项

在排序之前还需要确定一些参数。在【排序】对话框中单击【选项】按钮，打开【排序选项】对话框，如图 5-52 所示。

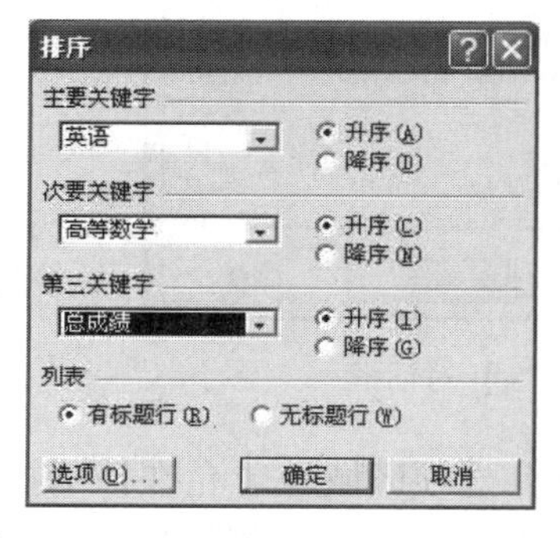

图 5-51 【排序】对话框

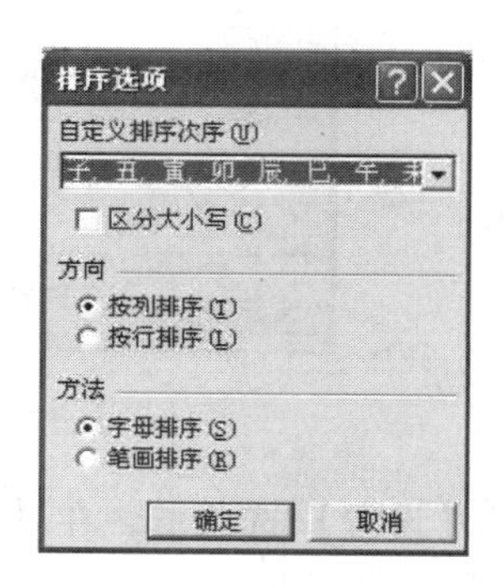

图 5-52 【排序选项】对话框

在【自定义排序次序】下拉列表中，有一系列月份、星期、季度、天干、地支等排序规则供用户选用。如果勾选【区分大小写】复选项，表示精确按 ASCII 码值进行排序。如果不勾选该复选项，则表示忽略字母大小写；也就是说，排序时 A 与 a 是等价的。【方向】选项区域用于确定排序的方向，有【按列排序】和【按行排序】两种选择。

所有设置确定以后，在【排序】对话框中单击【确定】按钮，关闭对话框。系统将对所选中的排序数据区域，自动按指定的关键字和排序方式重新进行排列。

3. 快速排序

利用 Excel 2003 窗口常用工具栏中的工具按钮，可以快速对工作表中的数据进行排序。例如，选中图 5-48 所示数据库中的“总成绩”列中的任意一个单元格，单击【升序】按钮或【降序】按钮，可以对数据库中的数据按“总成绩”的递增或递减顺序排列，升序排序后的结果如图 5-53 所示。

如果数据库中某些记录在排序列中有相同的内容，可以按照主要关键字、次要关键字和第三关键字的顺序进一步指定排序条件，继续对数据库进行排序。

5.7.3 数据筛选

筛选是指将不符合某些条件的记录暂时隐藏起来，而在数据库中只显示符合条件的记录，供用户使用和查询。Excel 2003 提供了自动筛选和高级筛选两种工作方式。自动筛选是按简单条件进行查询；高级筛选是按多种条件组合进行查询。

1. 自动筛选

自动筛选一般又分为单一条件筛选和自定义筛选。单一条件筛选是指筛选的条件只有一

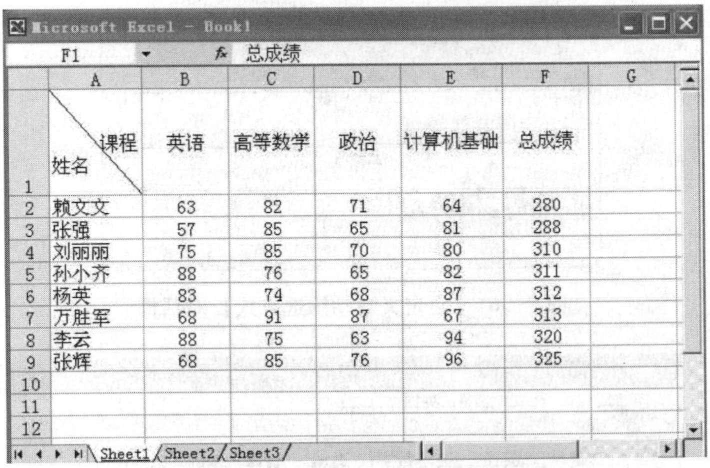

Microsoft Excel - Book1

F1　总成绩

	A	B	C	D	E	F	G
1	课程 姓名	英语	高等数学	政治	计算机基础	总成绩	
2	赖文文	63	82	71	64	280	
3	张强	57	85	65	81	288	
4	刘丽丽	75	85	70	80	310	
5	孙小齐	88	76	65	82	311	
6	杨英	83	74	68	87	312	
7	万胜军	68	91	87	67	313	
8	李云	88	75	63	94	320	
9	张辉	68	85	76	96	325	
10							
11							
12							

Sheet1 / Sheet2 / Sheet3

图 5-53　升序排序后的结果

个；自定义筛选是指筛选的条件有两个或在某个条件范围内。

自动筛选的操作方法是，选择【数据】→【筛选】→【自动筛选】选项，此时每个列标题中都出现一个下三角按钮，如图 5-54 所示；单击标题中的下三角按钮，弹出筛选条件选择列表；在选择列表中确定筛选条件后，即显示出筛选结果。

例如，单击“英语”字段的下三角按钮，弹出如图 5-55 所示的选择列表。如果单击要用作筛选条件的值，Excel 2003 将隐藏所有不满足指定筛选条件的记录，并显示那些满足条件的记录。通过多个筛选条件下三角按钮可以选择多个筛选条件。如果数据库中记录很多，这个功能就显得非常有效。如果选择选择列表中的【自定义】选项，即打开如图 5-56 所示的【自定义自动筛选方式】对话框。例如，在该对话框中可以选择显示英语成绩 80 分以上的学生记录，而将其他不满足筛选条件的学生的记录隐藏起来，筛选后的结果如图 5-57 所示。

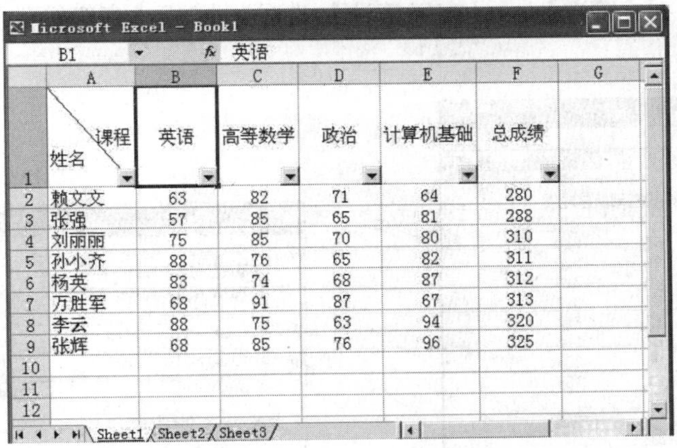

Microsoft Excel - Book1

B1　英语

	A	B	C	D	E	F	G
1	课程 姓名	英语	高等数学	政治	计算机基础	总成绩	
2	赖文文	63	82	71	64	280	
3	张强	57	85	65	81	288	
4	刘丽丽	75	85	70	80	310	
5	孙小齐	88	76	65	82	311	
6	杨英	83	74	68	87	312	
7	万胜军	68	91	87	67	313	
8	李云	88	75	63	94	320	
9	张辉	68	85	76	96	325	
10							
11							
12							

Sheet1 / Sheet2 / Sheet3

图 5-54　自动筛选后的结果

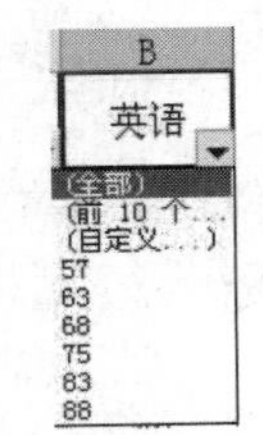

图 5-55　选择列表

自动筛选后，需要恢复显示所有记录时，选择【数据】→【筛选】→【全部显示】选项即可。如果再次选择【数据】→【筛选】→【自动筛选】选项，系统将自动退出筛选状态。

2. 高级筛选

如果要在一个工作表中筛选出满足特定条件的记录，使用自动筛选方式过于烦琐，而高

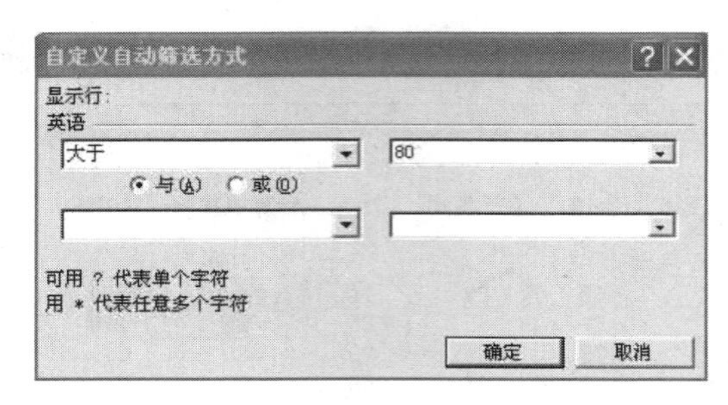

图 5-56 【自定义自动筛选方式】对话框

Microsoft Excel - Book1

B1 英语

	A	B	C	D	E	F
1	课程 姓名	英语	高等数学	政治	计算机基础	总成绩
5	孙小齐	88	76	65	82	311
6	杨英	83	74	68	87	312
8	李云	88	75	63	94	320
10						

Sheet1 / Sheet2 / Sheet3

图 5-57 自动筛选后的结果

级筛选方式则简单得多。按多种条件组合进行查询的方式称为高级筛选。Excel 2003 的高级筛选条件包括：指定筛选条件区域，指定筛选的数据区域和指定存放筛选结果的数据区域。具体操作步骤如下。

（1）在远离筛选数据库的工作表上建立筛选条件区域（如图 5-58 所示的 F11:F12）。筛选条件区域必须具有列标志（如“总成绩”），并且筛选条件区域与数据库之间至少留有一个空白行，另外在列标志下面的一行中要键入所要匹配的条件（如“<300”）；单击数据库中的单元格，再选择【数据】→【筛选】→【高级筛选】选项，打开【高级筛选】对话框，如图 5-59 所示。

Microsoft Excel - Book1

F15

	A	B	C	D	E	F
1	课程 姓名	英语	高等数学	政治	计算机基础	总成绩
2	赖文文	63	82	71	64	280
3	李云	88	75	63	94	320
4	[illegible]	75	85	70	80	310
5	[illegible]	88	76	65	82	311
6	[illegible]	68	91	87	67	313
7	[illegible]	83	74	68	87	312
8	张辉	68	85	76	96	325
9	张强	57	85	65	81	288
10						
11						总成绩
12						<300

条件区域

Sheet1 / Sheet2 / Sheet3

图 5-58 建立筛选条件区域

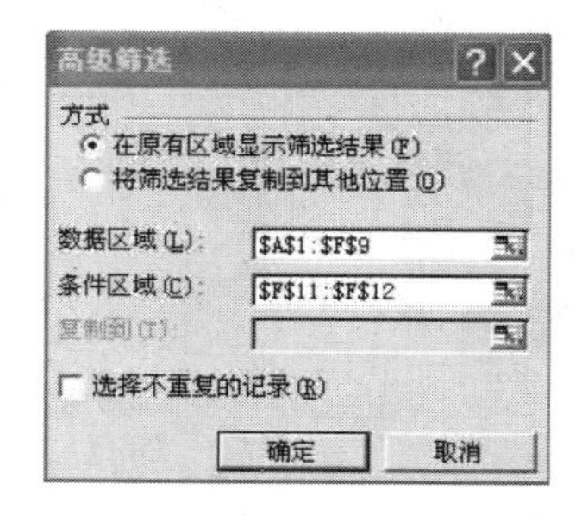

图 5-59 【高级筛选】对话框

（2）在该对话框的【方式】选项区域选择存放筛选结果的位置，例如选择【在原有区域显示筛选结果】单选项；在【数据区域】中指定进行筛选的数据区域；在【条件区域】中指定所设定的条件区域。

（3）单击【确定】按钮即进行筛选，筛选结果如图 5-60 所示。

Microsoft Excel - Book1

F17

	A	B	C	D	E	F	G
1	课程 姓名	英语	高等数学	政治	计算机基础	总成绩	
2	赖文文	63	82	71	64	280	
9	张强	57	85	65	81	288	
10							
11						总成绩	
12						<300	
13							
14							

Sheet1 / Sheet2 / Sheet3

图 5-60　进行高级筛选后的结果

5.7.4　数据分类汇总

分类汇总是根据需要将数据库中某字段中的数据分门别类地归结在一起，然后按某种要求进行合计、统计、取平均数等操作，以便对数据库的整体数据进行分析和总结。

图 5-61 为某公司产品销售统计表，下面以此为例说明如何建立分类汇总。假设分类汇总的字段为“产品”，汇总的方式为“求和”，操作方法如下。

Microsoft Excel - Book1

F19

	A	B	C	D	E	F	G
1	城市	产品	一季度	二季度	三季度	四季度	
2	北京	打印机	12400	14200	13200	14230	
3	天津	计算机	57900	46820	56800	49100	
4	重庆	打印机	14760	12850	15730	15723	
5	北京	录像机	5680	6820	4856	5263	
6	重庆	计算机	57310	56240	39800	57000	
7	上海	录像机	4520	2860	4690	5810	
8	重庆	录像机	1450	3540	5210	1420	
9	北京	计算机	45233	51220	53100	43270	
10	天津	录像机	3564	5640	5230	4562	
11	上海	计算机	60040	52140	61000	57230	
12	上海	打印机	12340	15240	13500	14230	
13	天津	打印机	11450	13520	14320	12000	
14							

Sheet1 / Sheet2 / Sheet3

图 5-61　某公司产品销售统计表

（1）将需要分类汇总的数据库的列进行排序。例如，对“产品”字段进行降序排序。这样做的主要目的是将此字段中相同类别的产品放在一起，这是实现分类汇总的首要步骤（排序方法见 5.7.2 节）。排序后的结果如图 5-62 所示。

（2）选择【数据】→【分类汇总】选项，打开如图 5-63 所示的【分类汇总】对话框。在【分类字段】下拉列表中选择【产品】选项，在【汇总方式】下拉列表中选择【求和】选项，在【选定汇总项】列表框中勾选【一季度】【二季度】【三季度】【四季度】，并勾选【替换当前分类汇总】复选项和【汇总结果显示在数据下方】复选项。

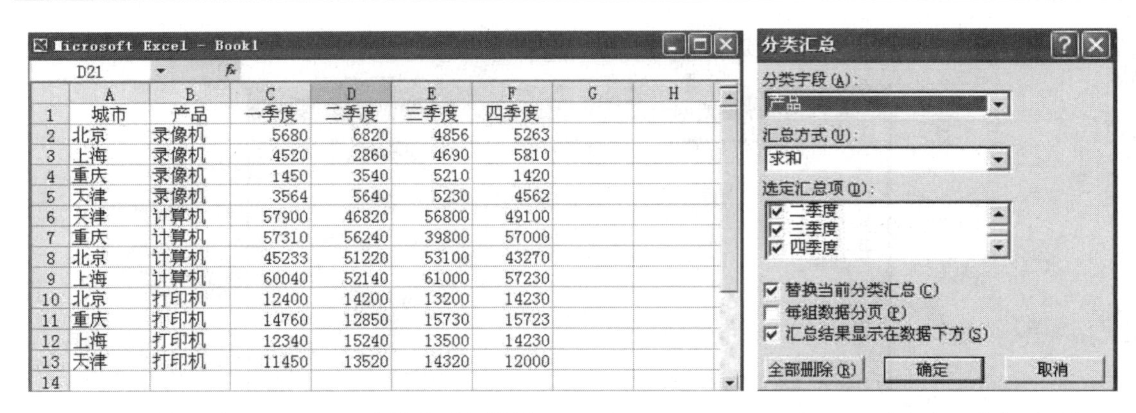

	A	B	C	D	E	F	G	H
1	城市	产品	一季度	二季度	三季度	四季度		
2	北京	录像机	5680	6820	4856	5263		
3	上海	录像机	4520	2860	4690	5810		
4	重庆	录像机	1450	3540	5210	1420		
5	天津	录像机	3564	5640	5230	4562		
6	天津	计算机	57900	46820	56800	49100		
7	重庆	计算机	57310	56240	39800	57000		
8	北京	计算机	45233	51220	53100	43270		
9	上海	计算机	60040	52140	61000	57230		
10	北京	打印机	12400	14200	13200	14230		
11	重庆	打印机	14760	12850	15730	15723		
12	上海	打印机	12340	15240	13500	14230		
13	天津	打印机	11450	13520	14320	12000		
14								

图 5-62　降序排序后的结果　　　图 5-63　【分类汇总】对话框

(3) 单击【确定】按钮，分类汇总后的结果如图 5-64 所示。

图 5-64 所示工作表左上方显示的是层次编号，单击【1】显示第一级；单击【2】显示第一级和第二级，如图 5-65 所示；单击中间层（第二级对应的层次）的加号按钮，会使其变为减号按钮，这时对应的最里面层的数据会显示出来，如图 5-66 所示；单击【3】则显示所有内容。

	A	B	C	D	E	F	G
1	城市	产品	一季度	二季度	三季度	四季度	
2	北京	录像机	5680	6820	4856	5263	
3	上海	录像机	4520	2860	4690	5810	
4	重庆	录像机	1450	3540	5210	1420	
5	天津	录像机	3564	5640	5230	4562	
6		**录像机 汇总**	15214	18860	19986	17055	
7	天津	计算机	57900	46820	56800	49100	
8	重庆	计算机	57310	56240	39800	57000	
9	北京	计算机	45233	51220	53100	43270	
10	上海	计算机	60040	52140	61000	57230	
11		**计算机 汇总**	220483	206420	210700	206600	
12	北京	打印机	12400	14200	13200	14230	
13	重庆	打印机	14760	12850	15730	15723	
14	上海	打印机	12340	15240	13500	14230	
15	天津	打印机	11450	13520	14320	12000	
16		**打印机 汇总**	50950	55810	56750	56183	
17		**总计**	286647	281090	287436	279838	
18							
19							

图 5-64　分类汇总后的结果

	A	B	C	D	E	F	G
1	城市	产品	一季度	二季度	三季度	四季度	
6		**录像机 汇总**	15214	18860	19986	17055	
11		**计算机 汇总**	220483	206420	210700	206600	
16		**打印机 汇总**	50950	55810	56750	56183	
17		**总计**	286647	281090	287436	279838	
18							

图 5-65　在汇总表中显示第一级和第二级的内容

Microsoft Excel - Book1

H15

	A	B	C	D	E	F	G
1	城市	产品	一季度	二季度	三季度	四季度	
6		**录像机 汇总**	15214	18860	19986	17055	
11		**计算机 汇总**	220483	206420	210700	206600	
12	北京	打印机	12400	14200	13200	14230	
13	重庆	打印机	14760	12850	15730	15723	
14	上海	打印机	12340	15240	13500	14230	
15	天津	打印机	11450	13520	14320	12000	
16		**打印机 汇总**	50950	55810	56750	56183	
17		**总计**	286647	281090	287436	279838	
18							

Sheet1 Sheet2 Sheet3

图 5-66　收缩显示数据层次

如图 5-63 所示，在【汇总方式】下拉列表中，选择用于进行分类汇总的函数，例如求和、计数、平均值、最大值、最小值、乘积和标准偏差等；在【选定汇总项】列表框中，选择用于汇总计算的列（勾选多个复选项则可对多个字段进行分类汇总）；最后，单击【确定】按钮即完成数据的分类汇总。

需要改变分组方式或计算方式时，可以再次进行分类汇总。完成分类汇总后，在【分类汇总】对话框中单击【全部删除】按钮，即可从数据库中删除全部分类汇总。

5.7.5　列表功能

列表功能是 Excel 2003 新增加的功能。它继承了自动筛选和分类汇总的优点，可在工作表中创建列表以分组操作相关数据。在现有数据中创建列表或在空白区域中创建列表，将某一区域指定为列表后，可以方便地管理和分析列表数据而不必理会列表之外的其他数据。操作步骤如下。

在工作表内，右击鼠标，在弹出的快捷菜单中选择【创建列表】选项，或选择【数据】→【列表】→【创建列表】选项，将打开如图 5-67 所示的【创建列表】对话框。在【列表中的数据的位置】中指定欲引用的数据区域地址。如果所引用的数据区域含有标题行，则需要同时勾选【列表有标题】复选项，否则将在数据区域的最上面自动增加标题行。单击【确定】按钮，此时每个列标题中都将出现一个下三角按钮，并在最后一行的第一个单元格中出现一个蓝色的＊号，如图 5-68 所示。单击标题行中的下三角按钮，将弹出筛选条件下拉列表，在列表中选择完筛选条件选项后即可显示筛选结果，其效果类似于 5.7.3 节的自动筛选。

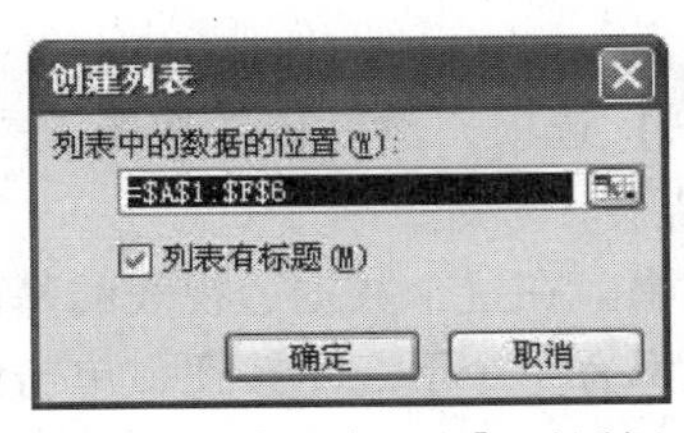

图 5-67　【创建列表】对话框

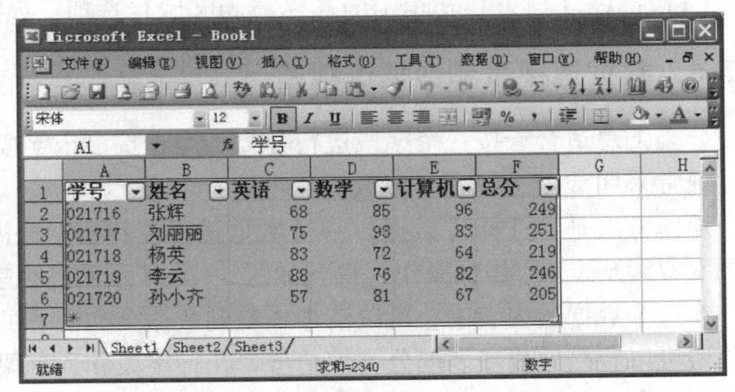

	A	B	C	D	E	F
1	学号	姓名	英语	数学	计算机	总分
2	021716	张辉	68	85	96	249
3	021717	刘丽丽	75	93	83	251
4	021718	杨英	83	72	64	219
5	021719	李云	88	76	82	246
6	021720	孙小齐	57	81	67	205
7	*					

图 5-68　创建列表后的结果

此时，【列表】菜单中的内容会发生变化，如图 5-69 所示。

（1）在【列表】菜单中选择【重设列表大小】选项，打开如图 5-70 所示的【重设列表大小】对话框，可以改变列表中数据区域的范围。

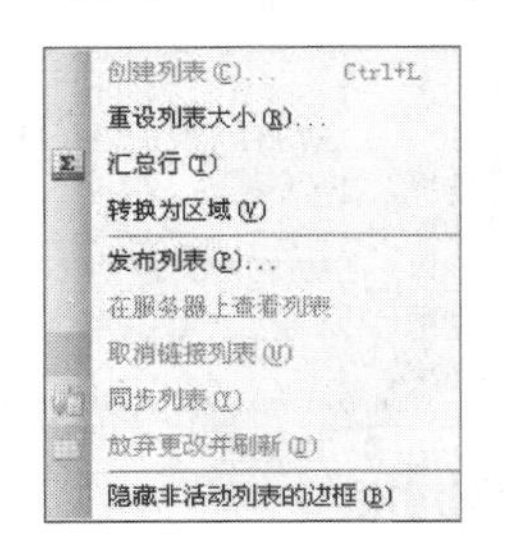

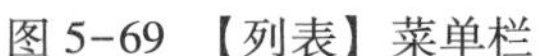
图 5-69 【列表】菜单栏

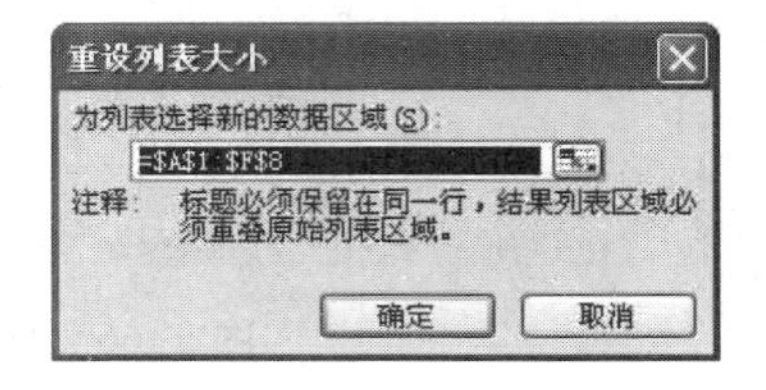

图 5-70 【重设列表大小】对话框

（2）选择【列表】菜单中的【汇总行】选项，将在列表的下面增加一个汇总行，如图 5-71所示。单击任一列标题所对应的汇总行，都将弹出一个函数选择框，例如平均值、求和等。图 5-72 所示为求得此班所有同学计算机科目的平均分数。

	A	B	C	D	E	F
1	学号	姓名	英语	数学	计算机	总分
2	021716	张辉	68	85	96	249
3	021717	刘丽丽	75	93	83	251
4	021718	杨英	83	72	64	219
5	021719	李云	88	76	82	246
6	021720	孙小齐	57	81	67	205
7	*					
8	汇总					234

图 5-71 汇总后的结果

（3）在汇总行与数据区域中间有一个蓝色的 * 号行，又称为插入行。在该行中键入的信息将自动添加到列表中。

（4）选择【列表】菜单中的【转换为区域】选项，列表将自动转换成普通文本。

5.7.6 数据透视表和数据透视图

分类汇总适合于按一个字段进行分类。对于按多个字段进行分类，分类汇总是很难实现的，通常采用数据透视表（或数据透视图）实现。

操作方法是，选择【数据】→【数据透视表和数据透视图】选项，然后依次按图 5-73～图 5-75 所示 3 个步骤操作，得到如图 5-76 所示的透视表结果。

在这个数据透视表中，可以清晰地看到数据分类汇总的结果。在这个数据透视表的基础上，还可以轻松地改变表的分类汇总项。在行字段和列字段中都有一个下三角按钮，单击该按钮打开下拉列表可以选择其他字段，进行分类汇总。

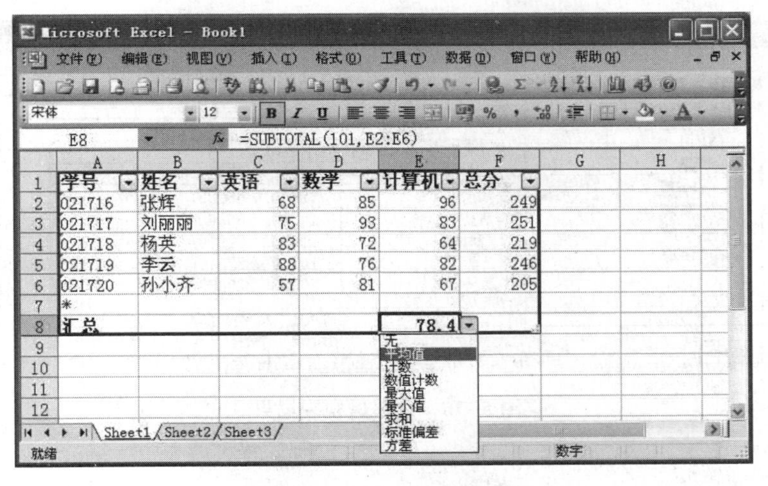

图 5-72　聚合函数选择框

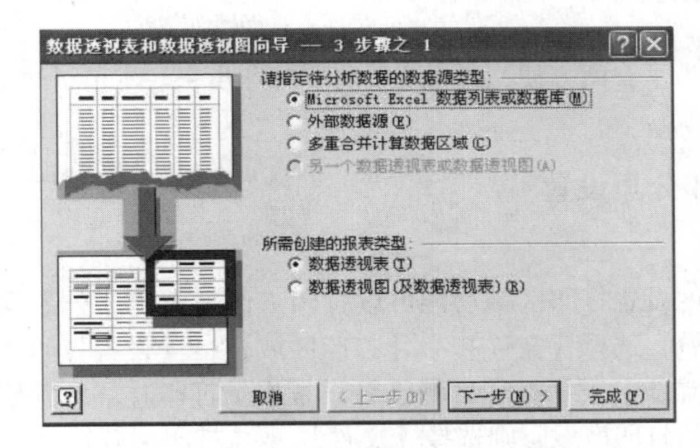

图 5-73　【数据透视表和数据透视图向导】对话框（1）

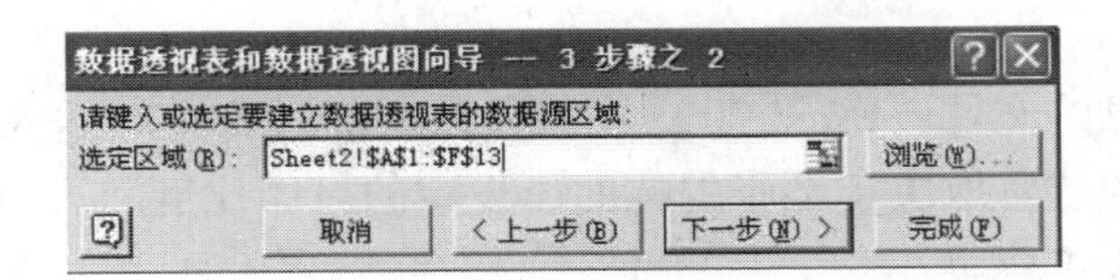

图 5-74　【数据透视表和数据透视图向导】对话框（2）

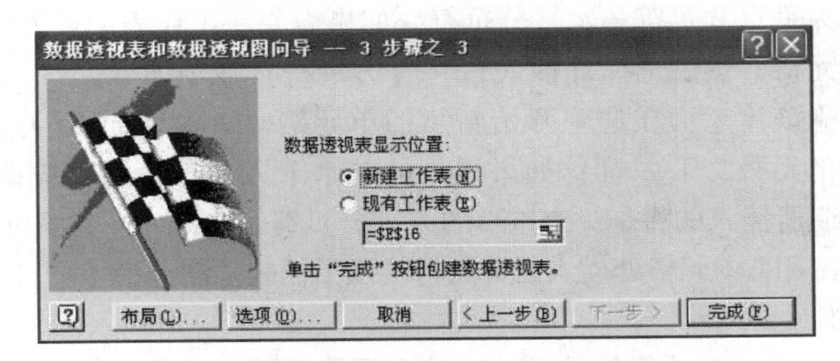

图 5-75　【数据透视表和数据透视图向导】对话框（3）

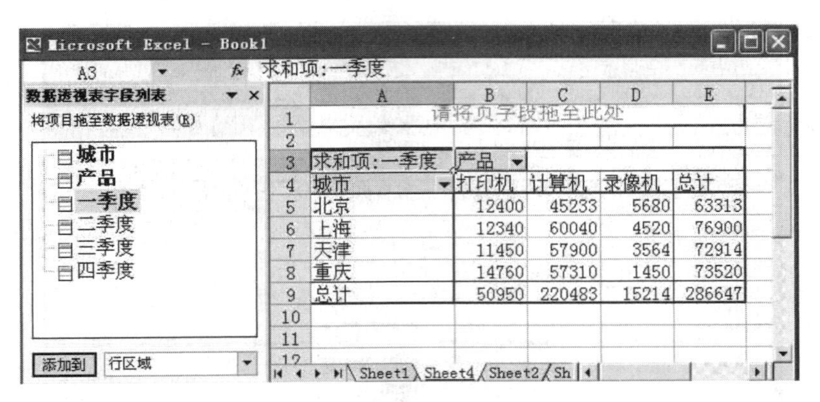

图 5-76 数据透视表结果

5.8 页面设置和打印

工作表创建后，为了查阅方便，通常需要将它打印出来。本节讲述如何根据需要打印工作表。

5.8.1 打印区域和分页设置

1. 打印区域设置

通过 Excel 2003 的设置打印区域功能可以打印工作表中的部分数据和图表。操作方法是，选中要打印的区域，选择【文件】→【打印区域】→【设置打印区域】选项，此时选中的区域边框会出现虚线，表示打印区域已经设置好。打印时，只有被选中的区域参与打印。如果要取消设置的打印区域，则选择【文件】→【打印区域】→【取消打印区域】选项即可。

2. 分页设置

对于超过一页信息的文件，Excel 2003 在打印该文件时将自动插入分页符，将工作表分成多页。这些分页符的位置取决于纸张的幅面、设定的打印比例和页边距。当需要将文件强制分页时，可以使用人工分页。

1）插入分页符

人工分页符分为垂直分页符和水平分页符。如果需要在工作表中插入人工分页符，选中新建页左上角的单元格，然后选择【插入】→【分页符】选项即可。

插入分页符时应该注意：在选中开始新页的单元格时，如果插入的是垂直的人工分页符，应确认选中的单元格属于 A 列；如果插入的是水平人工分页符，应确认选中的单元格属于第一行。否则，所插入的将是一个垂直的人工分页符和一个水平的人工分页符。图 5-77 给出的是，在工作表 E11 单元格处插入的分页符将该工作表强制分为 4 页打印的示例。

2）移动分页符

选择【视图】→【分页预览】选项，在分页预览视图中可以将分页符移动到新的位置。但是，如果移动了 Excel 2003 自动设置的分页符，则将使其变成人工设置的分页符。

Microsoft Excel - Book1

E11　　=SUBTOTAL(9,E7:E10)

	A	B	C	D	E	F	G
1	城市	产品	一季度	二季度	三季度	四季度	
2	北京	录像机	5680	6820	4856	5263	
3	上海	录像机	4520	2860	4690	5810	
4	重庆	录像机	1450	3540	5210	1420	
5	天津	录像机	3564	5640	5230	4562	
6		**录像机 汇总**	15214	18860	19986	17055	
7	天津	计算机	57900	46820	56800	49100	
8	重庆	计算机	57310	56240	39800	57000	
9	北京	计算机	45233	51220	53100	43270	
10	上海	计算机	60040	52140	61000	57230	
11		**计算机 汇总**	220483	206420	210700	206600	
12	北京	打印机	12400	14200	13200	14230	
13	重庆	打印机	14760	12850	15730	15723	
14	上海	打印机	12340	15240	13500	14230	
15	天津	打印机	11450	13520	14320	12000	
16		**打印机 汇总**	50950	55810	56750	56183	
17		**总计**	286647	281090	287436	279838	
18							
19							

Sheet1 Sheet2 Sheet3

图 5-77　人工分页

3）删除分页符

删除一个人工分页符时，可以选中人工分页符下面的第一行单元格或右边的第一列单元格，然后选择【插入】→【删除分页符】选项即可。

如果需要删除工作表中所有人工设置的分页符，可以在分页预览视图中用鼠标右键单击工作表任意位置的单元格，在弹出的快捷菜单中选择【重置所有分页符】选项，或者在分页预览视图中将分页符拖出打印区域。

5.8.2　页面设置

在实际打印之前，需要对工作表进行打印设置。操作方法是，选择【文件】→【页面设置】选项，打开如图 5-78 所示【页面设置】对话框；在对话框中根据文字提示对页面、页边距、页眉/页脚和工作表进行设置，然后单击【确定】按钮即可。

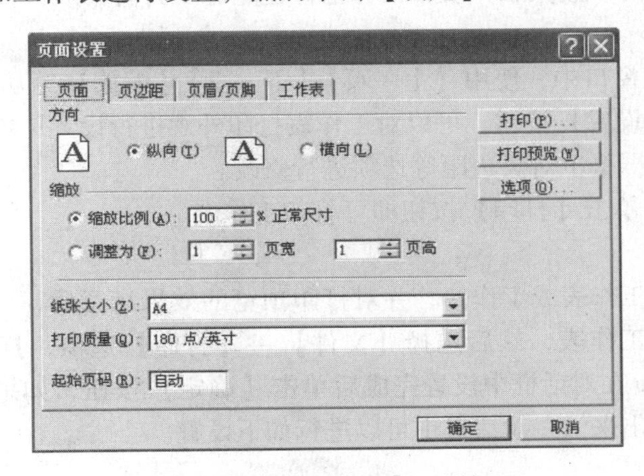

图 5-78　【页面设置】对话框

5.8.3 打印预览和打印

1. 打印预览

打印之前，可以使用打印预览功能快速查看打印页的效果，并且可以在打印预览状态下调整页边距、页面设置等，以达到满意的打印效果。操作方法如下。

（1）选择【文件】→【打印预览】选项，或单击常用工具栏中的【打印预览】按钮，打开如图 5-79 所示的打印预览窗口。

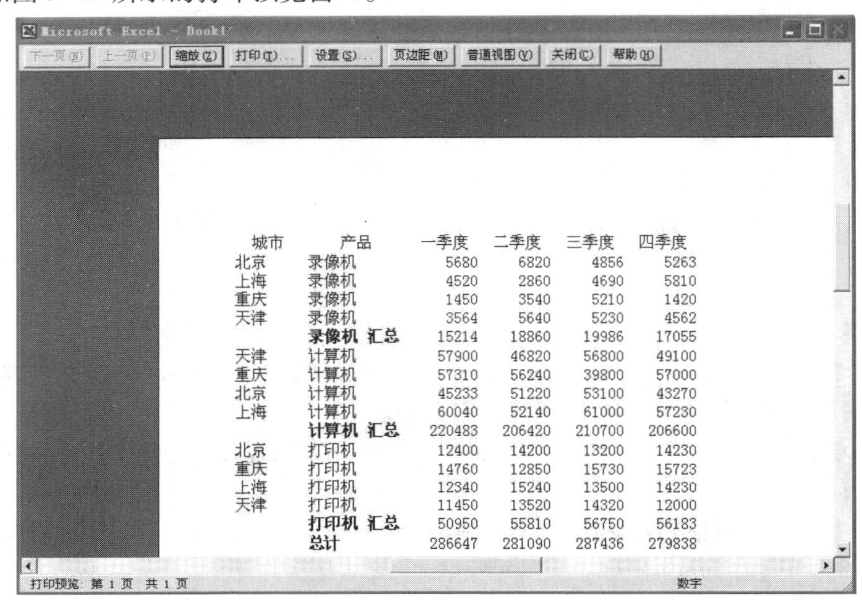

城市	产品	一季度	二季度	三季度	四季度
北京	录像机	5680	6820	4856	5263
上海	录像机	4520	2860	4690	5810
重庆	录像机	1450	3540	5210	1420
天津	录像机	3564	5640	5230	4562
	录像机 汇总	15214	18860	19986	17055
天津	计算机	57900	46820	56800	49100
重庆	计算机	57310	56240	39800	57000
北京	计算机	45233	51220	53100	43270
上海	计算机	60040	52140	61000	57230
	计算机 汇总	220483	206420	210700	206600
北京	打印机	12400	14200	13200	14230
重庆	打印机	14760	12850	15730	15723
上海	打印机	12340	15240	13500	14230
天津	打印机	11450	13520	14320	12000
	打印机 汇总	50950	55810	56750	56183
	总计	286647	281090	287436	279838

图 5-79 打印预览窗口

（2）在打印预览状态下，鼠标指针将变成放大镜的形状。此时，将鼠标指针移到需要查看的区域并单击，可以放大工作表，鼠标指针也随之变为箭头形状；再次单击，工作表将恢复原状。

（3）在打印预览窗口中，使用【上一页】【下一页】【缩放】等功能按钮可以进行内容预览。例如，单击【设置】按钮，可以对工作表打印外观进行设置；单击【页边距】按钮，可以直接使用鼠标在屏幕上对页边距等选项进行修改。

（4）修改完毕，单击【打印】按钮即可打印工作表。

2. 打印

当编辑完成一份工作表或工作簿，并对打印预览的效果满意后，就可以进行打印输出。此时，选中要打印的工作表，然后选择【文件】→【打印】选项，打开如图 5-80 所示的【打印内容】对话框，在对话框中设置完成后单击【确定】按钮，如果打印机的状态正常，工作表就可以被打印出来。在对话框中可以进行如下设置。

1）设置打印机

在【名称】下拉列表中选择要使用的打印机。单击右侧的【属性】按钮可以改变打印机的属性，包括“方向”“页序”等布局设置，以及纸张来源等纸张和质量设置。

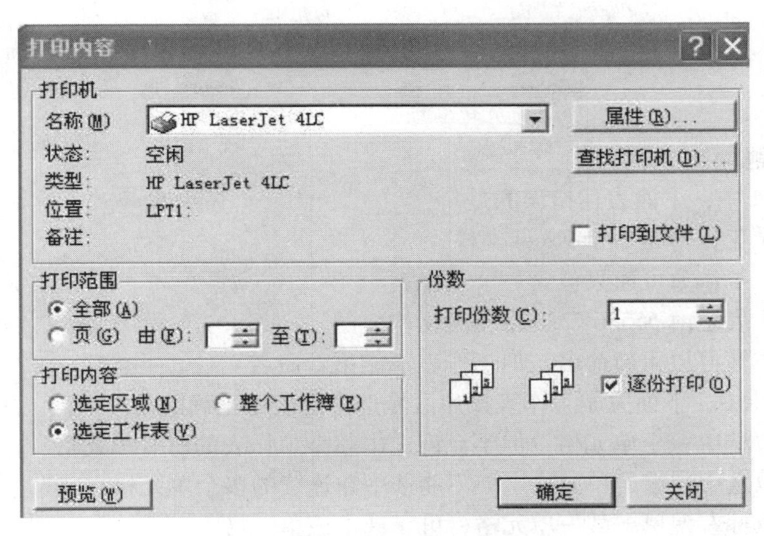

图 5-80 【打印内容】对话框

利用【打印到文件】复选项可以选择是否将工作表打印到文件。

2) 指定打印范围

在【打印范围】选项区域，选择【全部】单选项可以打印所有页，选择【页】单选项则可以指定打印页码。

3) 指定打印对象

在【打印内容】选项区域，选择【选定区域】单选项可以打印工作表的指定单元格区域，但首先需要选中打印的区域；选择【选定工作表】单选项可以打印指定的工作表；选择【整个工作簿】单选项可以打印整个工作簿，即当前工作簿中所有的工作表。

4) 指定打印份数

在【份数】选项区域，【打印份数】用于设定打印的份数。若勾选【逐份打印】复选项，则先打印一份后，再打印下一份；否则，系统默认先打印指定份数的第一页，再打印第二页，以此类推。

习题

一、选择题

1. 在 Excel 中，下面表述错误的是________。
   A. 一个工作簿是一个 Excel 文件
   B. 一个工作簿可以只包含一个工作表
   C. 工作表是由 65536×256 个单元格构成的
   D. 工作簿可以重新命名，但工作表不能重新命名
2. 在 Excel 中，下面关于工作表操作区域选中的表述正确的是________。
   A. 可以选中一个单元格，但不允许选中整个工作表的所有单元格
   B. 可以选中连续的单元格，但不能选中非连续的多个单元格
   C. 用鼠标左键单击某一单元格，可以选中该单元格
   D. 用鼠标左键双击某一单元格，可以选中该单元格
3. 在 Excel 中，有关数据的移动、删除和复制，下面表述正确的是________。
   A. 一个工作表中的数据不允许移动到另一个工作表当中
   B. 清除单元格中的数据与删除这个单元格是一回事
   C. 复制单元格中的数据可以利用剪贴板
   D. 移动单元格中的数据必须利用剪贴板
4. 在 Excel 中，工作表中的行高和列宽是可以改变的，下面正确的表述是________。
   A. 一行中各单元格的高度可以不同
   B. 一列中各单元格的宽度可以不同
   C. 当某单元格的数据高度增加并超出本单元格高度时，整行高度也自动增加
   D. 利用菜单可以改变行高和列宽
5. 在 Excel 中，有关工作表的删除、插入和移动操作，下面表述正确的是________。
   A. 一个工作簿中，工作表的排列次序是不允许改变的
   B. 不允许在一个工作簿中一次删除多个工作表
   C. 在工作簿中，一次只允许插入一个工作表
   D. 一个工作簿中，工作表的排列次序是可以改变的
6. Excel 2003 工作簿文件的扩展名是________。
   A. xls　　B. clx　　C. cls　　D. doc
7. 在 Excel 中，一个工作簿文件默认有________个工作表。
   A. 1　　B. 2　　C. 3　　D. 4
8. 在 Excel 中，公式中使用字符数据时，该数据________。
   A. 必须用单引号或双引号引起来　　B. 必须用方括号括起来
   C. 必须用双引号引起来　　D. 无须使用任何定界符
9. 在 Excel 中，先选中 A1，再拖动单元格边框到 A5，结果是________。
   A. 将 A1 中的内容移动到 A5　　B. 将 A1 中的内容复制到 A5
   C. 将 A1 中的内容剪切并粘贴到 A5　　D. 将 A1 中的内容复制到 A2，A3，A4，A5

10. 在 Excel 中，先选中 A1，再按住 Ctrl 键并拖动单元格边框到 A5，结果是________。

A. 将 A1 中的内容移动到 A5　B. 将 A1 中的内容复制到 A5

C. 将 A1 中的内容剪切并粘贴到 A5　D. 将 A1 中的内容复制到 A2，A3，A4，A5

11. 在 Excel 中，公式中引用了某单元格的相对地址，则______。

A. 当某公式单元用于复制时，公式中的单元格地址随之改变

B. 仅当某公式单元用于填充时，公式中的单元格地址随之改变

C. 仅当某公式单元用于复制时，公式中的单元格地址随之改变

D. 当某公式单元用于填充时，公式中的单元格地址随之改变

12. 在 Excel 中，自定义序列时，输入的序列各项间应用________分隔。

A. 分号　B. 回车　C. 空格　D. 双引号

13. 在 Excel 中，定义某单元格格式为 0.00，在该单元格内输入“=(3^2-3)/9+6”，确定后单元格显示________。

A. 0.40　B. (3^2-3)/9+6　C. 6.66　D. 6.67

14. 在 Excel 中，在某单元格内输入“=5&3”，确定后单元格内显示________。

A. True　B. 5&3　C. 53　D. 8

15. 在 Excel 中，在某单元格内输入“53ER”，确定后单元格内显示________。

A. 公式错误　B. False　C. 53　D. 53ER

16. 在 Excel 中，A1 单元格的值是-145.773，函数 INT(A1)的值是________。

A. 1　B. 145　C. -146　D. 145.773

17. 在 Excel 中，A1=3，A2=5，A3=7，A5=5，在 B1 中输入“=AVERAGE(A1:A5)”，确定后 B1 的值是________。

A. 5　B. 4　C. 20　D. #VALUE!

18. 在 Excel 中，函数 SUM(-3,-5,-7,“1”,-5)的值是________。

A. -19　B. -20　C. 21　D. #VALUE!

19. 在 Excel 中，________单元格。

A. 只能选中连续的　B. 可以选中不连续的

C. 可以有若干个活动的　D. 反相显示的都是活动

20. 在 Excel 图表中，不可以________。

A. 修改标题　B. 取消数据标记

C. 为直方图加上误差线　D. 将三维饼图旋转

二、填空题

1. 一个工作簿最多可以包含________个工作表。

2. 工作表的名称显示在工作簿底部的________上。

3. 对单元格地址的引用有________、________和________。

4. 数据筛选的方法有________和________两种。

5. 已知某单元格的格式为 000.00，值为 23.785，则其显示内容为________。

6. 一个单元格的数据显示形式为######，可以使用________的方法将其中的数据显示出来。

7. 利用【条件格式】选项最多可以设置________个条件。

8. 按图表的存储位置不同，Excel 的图表可分为________和________。

9. 更改了屏幕上工作表的显示比例，对打印效果________。

10. 更改了【页面设置】对话框【页面】选项卡中【缩放比例】数值框的值，对打印效果________。

11. 在 Excel 中设置的打印方向有________和________两种。

12. 在 Excel 工作表中，由行和列交叉形成的一个个小格称为________。

13. 在 Excel 工作表中，所有的单元格都约定为________对齐方式。

14. 在 Excel 中，一个工作表的第 5 行和第 E 列交叉处的单元格的绝对地址为________。

15. 在 Excel 中要向一个工作表的单元格输入分数 1/4，须先输入________，空一半角空格后再输入 1/4。

16. 在 Excel 中，一个工作表最多可以有________列。

17. 单元格是工作表的基本单元和最小的________。

18. 在 Excel 中，数值型数据最多有________位有效数字。

三、判断题

1. 每一个工作簿中最多可以有 16 个工作表。（ ）
2. 运算符有算术运算符、文字运算符和比较运算符 3 种。（ ）
3. 工作簿是在 Excel 环境中存储和处理数据的文件。（ ）
4. 正确地选中数据区域是创建图表的关键。（ ）
5. 在 Excel 中，直接处理的对象为工作表，若干工作表的集合称为工作簿。（ ）
6. 在 Excel 中，文字是指任何不被系统解释为数字、公式、日期、时间、逻辑值的字符或由字符组成的集合。（ ）
7. 保存工作表时，内嵌图表与工作表分别被存放在不同的文件中。（ ）
8. 若工作表数据已建立图表，则修改工作表数据的同时也必须修改对应的图表。（ ）
9. 在公式“=A $1+B3”中，A $1 是绝对引用，而 B3 是相对引用。（ ）
10. 数据的复制与填充的含义是相同的。（ ）
11. 在 Excel 中，由于日期被作为一个系列数存储，因此可以对日期进行计算。（ ）
12. 单元格中的错误信息都是以#开头的。（ ）
13. 在 Excel 中，可以查找单元格数据内容。（ ）
14. Excel 的功能包括电子表格和数据库。（ ）
15. 单元格的数据格式一旦选中后，不可以再改变。（ ）
16. 在 Excel 中，选中某一个单元格，再按 Delete 键，可以将单元格及其内容删掉。（ ）
17. 在 Excel 中，由于其表格是依据纸张表格而建立的，所以只能建立二维表。（ ）
18. 一个 Excel 文件就是一个工作簿；工作簿由一个或多个工作表组成；工作表又包含单元格；一个单元格中只有一个数据。（ ）
19. 在 Excel 的【页面设置】对话框中，可从【打印质量】下拉列表中选择打印机打印时使用的分辨率。（ ）
20. 在某个单元格中输入公式“=SUM($A $1: $D $10)”或“=SUM(A1:D10)”，最后计算出的值是相同的。（ ）

第 6 章　PowerPoint 2003

6.1　概述

PowerPoint 2003 是 Microsoft Office 2003 套装软件之一，主要用于设计和制作各种用于宣传、介绍、成果展示、技术交流等的电子演示文稿。

6.1.1　窗口组成

单击【开始】按钮，在弹出的【开始】菜单中选择【所有程序】→【Microsoft Office】→【Microsoft PowerPoint 2003】选项，即可启动 PowerPoint 2003。打开的窗口如图 6-1 所示。

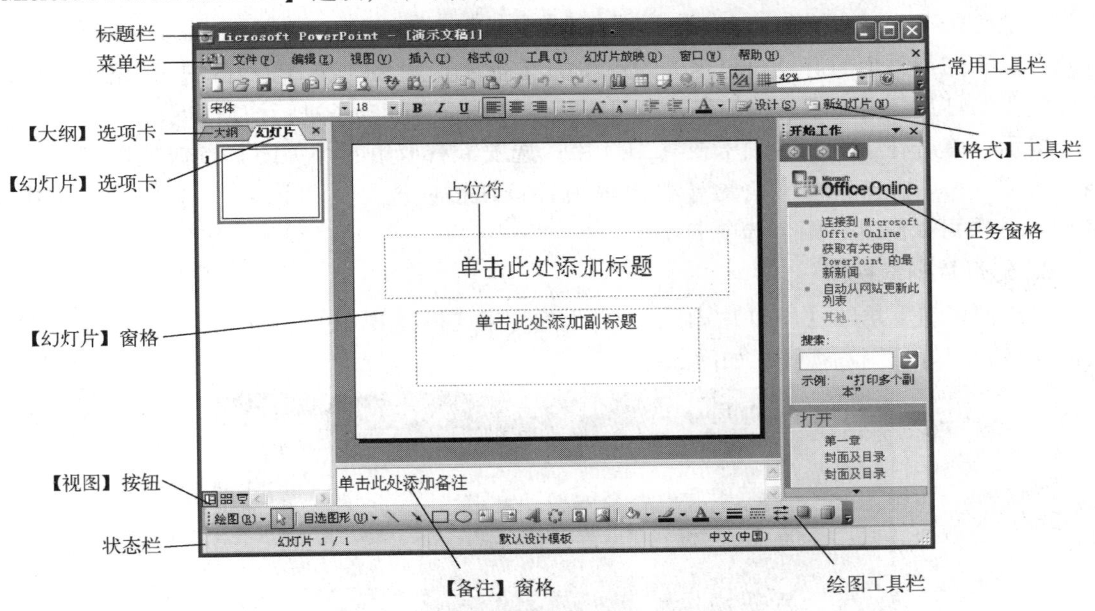

图 6-1　PowerPoint 2003 窗口组成

6.1.2　视图

PowerPoint 有 4 种主要视图：普通视图、幻灯片浏览视图、幻灯片放映视图和备注页视图。针对演示文稿不同的编辑和浏览需求，可以选用不同的视图。

1. 普通视图

普通视图是打开 PowerPoint 后默认的一种视图方式，如图 6-2 所示。

普通视图中有编辑幻灯片文本的【大纲】选项卡和以缩略图显示的【幻灯片】选项卡。

普通视图中还兼有可以添加文本，插入图片、表格和动画等对象的【幻灯片】窗格，

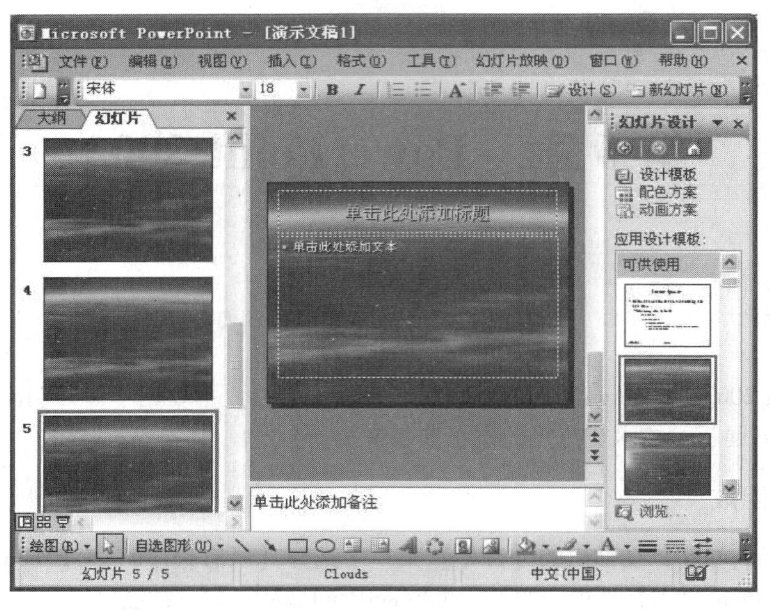

图 6-2 【普通】视图

以及可以添加与每个幻灯片内容相关的备注的【备注】窗格。在【幻灯片】窗格中，可以看到整张幻灯片，要显示其他幻灯片，可以直接拖动垂直滚动条进行切换显示。

提示 单击【大纲】选项卡或【幻灯片】选项卡右上角的【关闭】按钮☒即可关闭这两个选项卡；单击窗口左下角的【普通视图】按钮▣或选择【视图】→【普通（恢复窗格）】选项可以恢复这两个选项卡。

2. 幻灯片浏览视图

单击窗口左下角的【幻灯片浏览】按钮▦，或选择【视图】→【幻灯片浏览】选项，可以切换到幻灯片浏览视图，如图 6-3 所示。

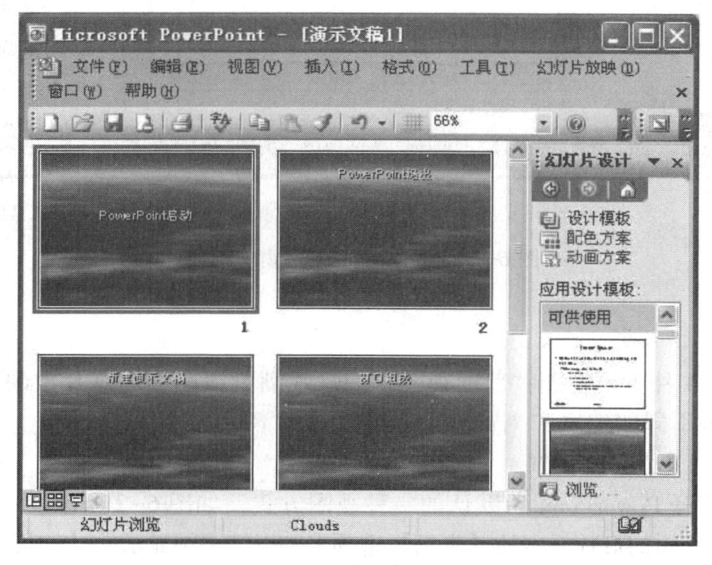

图 6-3 幻灯片浏览视图

在该视图中，幻灯片以缩略图形式按次序排列，幻灯片右下角显示幻灯片的编号。如果幻灯片左下角有按钮✰，表明该幻灯片中有动画效果，单击该按钮可以进行预览。在该视图中，可以对幻灯片进行添加、删除、复制和移动操作，也可以设置幻灯片的背景，但不能编辑幻灯片中的具体内容。

3. 幻灯片放映视图

单击窗口左下角的【从当前幻灯片开始幻灯片放映】按钮即可从当前幻灯片开始放映，如图 6-4 所示。按 Esc 键可以退出幻灯片的放映。

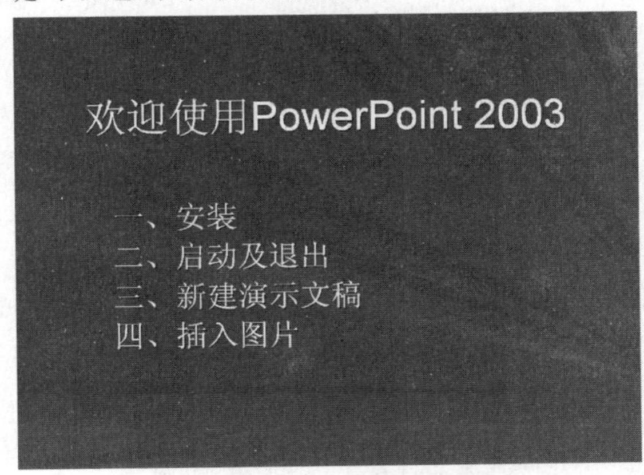

图 6-4　幻灯片放映视图

4. 备注页视图

选择【视图】→【备注页】选项，打开备注页视图，如图 6-5 所示。单击幻灯片中虚线文本框的任一位置，可在其中输入备注的信息。

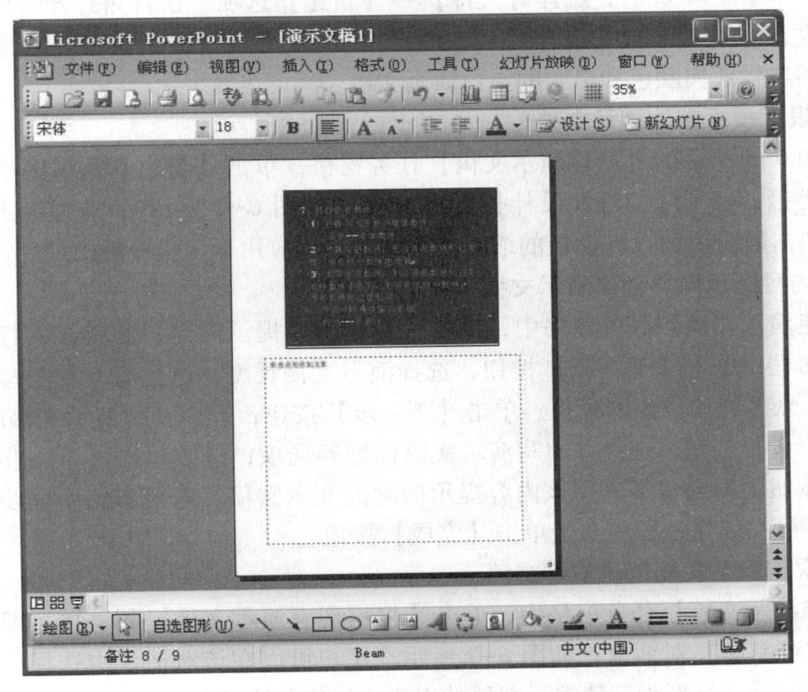

图 6-5　备注页视图

6.1.3 创建演示文稿

启动 PowerPoint 之后，窗口右侧会出现【开始工作】任务窗格；单击【开始工作】下三角按钮开始工作▼，在弹出的下拉列表中选择【新建演示文稿】选项，或选择【文件】→【新建】选项，打开【新建演示文稿】任务窗格，如图 6-6 所示；在【新建】选项区域单击相应的超链接，用户便可以利用空演示文稿、设计模板、内容提示向导、现有演示文稿和相册 5 种方式创建演示文稿。操作方法如下。

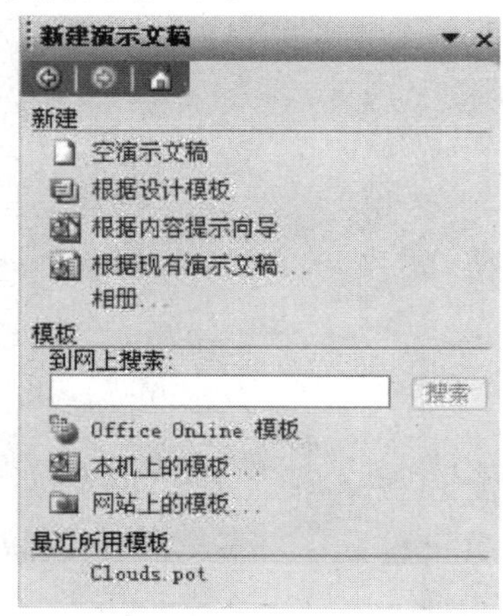

图 6-6 【新建演示文稿】任务窗格

1. 创建空演示文稿

启动 PowerPoint 2003 后，选择【文件】→【新建】选项，在右侧打开的任务窗格中选择【空演示文稿】选项（或按组合键 Ctrl+N），或在常用工具栏上单击【新建】按钮，则新建了一个不包含任何颜色和格式的空白演示文稿。

2. 根据设计模板创建演示文稿

打开如图 6-6 所示的【新建演示文稿】任务窗格，单击【新建】选项区域的【根据设计模板】超链接，打开【幻灯片设计】任务窗格（如图 6-2 所示）；在【应用设计模板】列表框中，单击所需要的设计模板的缩略图，即创建出应用于该模板的幻灯片。

3. 根据内容提示向导创建演示文稿

在【新建演示文稿】任务窗格中，单击【根据内容提示向导】超链接，打开【内容提示向导】对话框；单击【下一步】按钮，选择演示文稿类型，这里有 6 种类型的主题可供选择，包含了众多的预设内容模板；单击【下一步】按钮，选择一种演示文稿的输出样式；再单击【下一步】按钮，选择并填写演示文稿标题等选项；继续单击【下一步】按钮，单击【完成】按钮，即创建了应用该内容提示向导的演示文稿。若要省略中间步骤而快速创建演示文稿，可在创建过程中直接单击【完成】按钮。

4. 根据现有演示文稿创建演示文稿

在【新建演示文稿】任务窗格中，单击【根据现有演示文稿】超链接，即可弹出【根据现有演示文稿新建】对话框，如图 6-7 所示；用户可以在该对话框中选择一个已经存在的或打包好的演示文稿作为新建演示文稿的内容添加到新演示文稿中，即可得到一个与已存在的演示文稿内容和风格相同的新演示文稿。

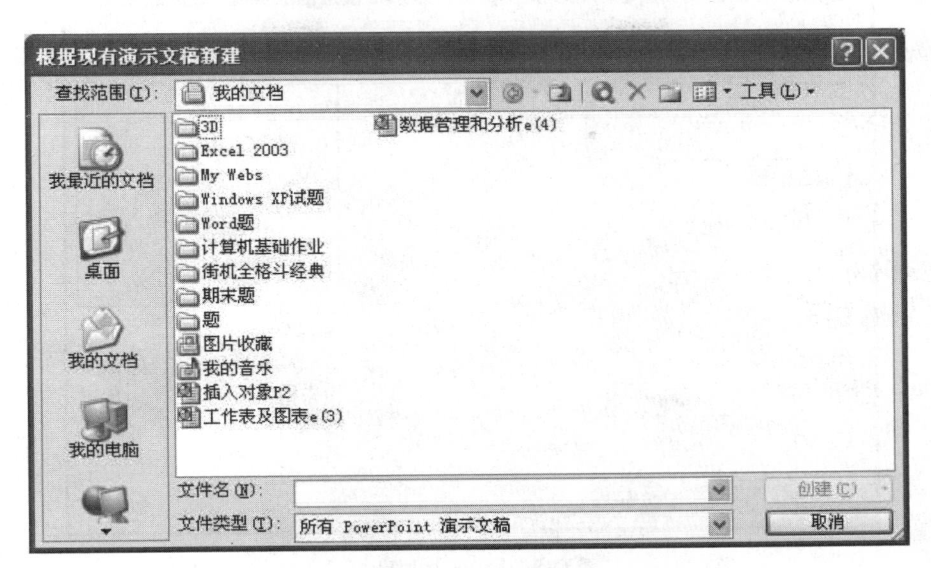

图 6-7 【根据现有演示文稿新建】对话框

5. 利用相册创建演示文稿

在【新建演示文稿】任务窗格中，单击【相册】超链接，弹出【相册】对话框，如图 6-8所示；单击【插入图片来自】下的【文件/磁盘】按钮，则从计算机中选择图片；单击【扫描仪/照相机】按钮，则从扫描仪或数码相机中选择图片。以从计算机中选择图片为例，单击【文件/磁盘】按钮，弹出【插入新图片】对话框，如图 6-9 所示；选择图片后，单击【插入】按钮，图片将按顺序被添加到【相册中的图片】列表框中；单击列表下的【向上】按钮或【向下】按钮可以改变图片的排列顺序，单击【删除】按钮可以删除被选中的图片。

在【相册中的图片】列表框中，左侧有一组排列的号码，表示这些图片在幻灯片中出现的顺序；单击图片名称后，在【预览】框中可观看该图片，如图 6-10 所示；单击【左旋】按钮，可将图片向左旋转 90 °；单击【右旋】按钮，可将图片向右旋转 90 °；单击【对比度增大】按钮可以增大图片的对比度；单击【对比度减小】按钮可以减小图片的对比度；单击【亮度增大】按钮可以增大图片的亮度；单击【亮度减小】按钮可以减小图片的亮度。

单击【插入文本】下的【新建文本框】按钮，可以在幻灯片中添加与图片尺寸相同的文本框；单击【向上】或【向下】按钮可调整其位置。在创建后的幻灯片中可编辑文本框的内容。

勾选【图片选项】下的【标题在所有图片下面】复选项，可以创建能够输入图片说明的小文本框，效果如图 6-11 所示。勾选【所有图片以黑白方式显示】复选项，图片将以黑白片显示，适宜创建黑白打印的演示文稿。

在【相册版式】选项区域可设置图片的版式。在【图片版式】下拉列表中可以选择 1 张图片、2 张图片、4 张图片等，表示一张幻灯片中将显示的图片数。在【相框形状】下拉

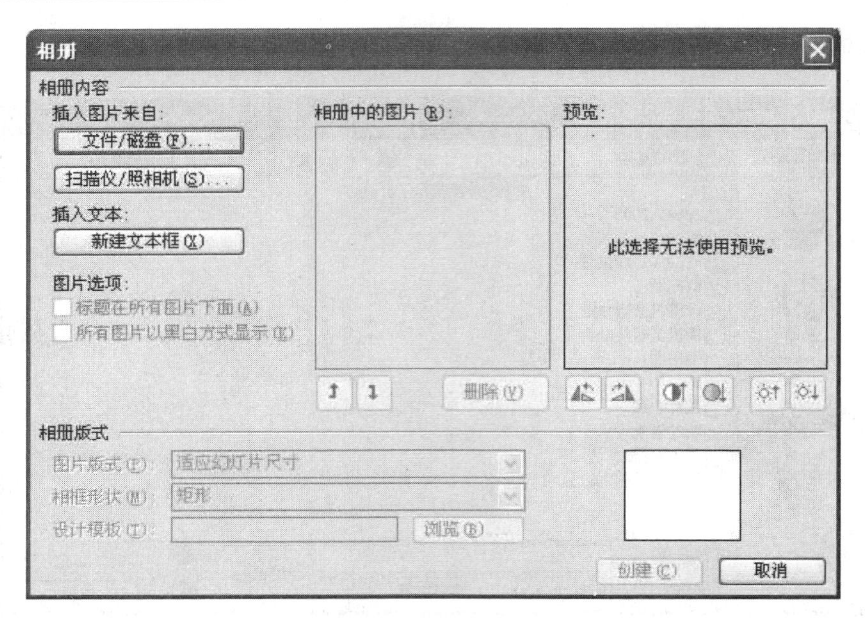

图 6-8 【相册】对话框

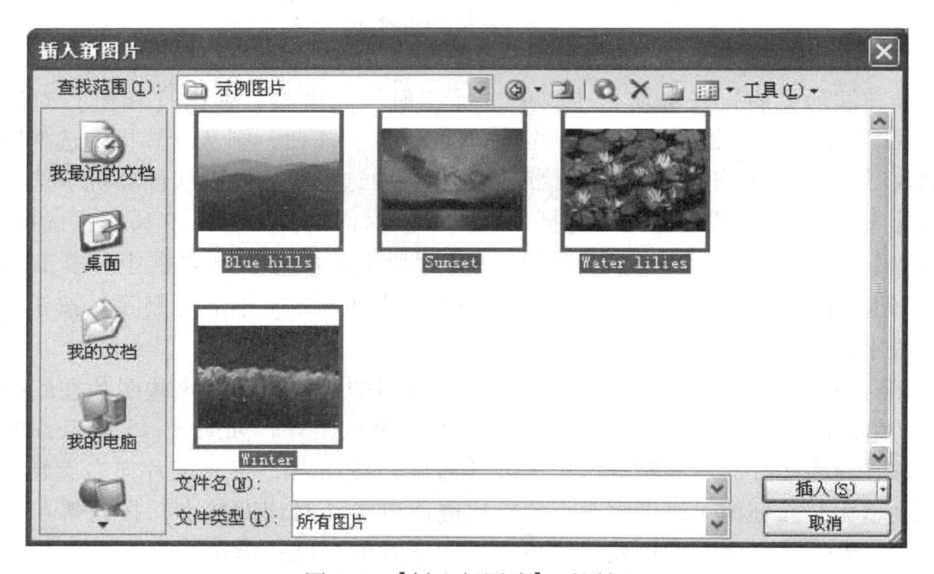

图 6-9 【插入新图片】对话框

列表中可选择【矩形】【圆角矩形】【三角形相角】等样式。在【设计模板】下拉列表中可选择幻灯片的设计模板，单击【浏览】按钮，可在 Microsoft Office \ Templates \ Presentation Designs 路径下选择 PowerPoint 2003 自带的模板。

单击【创建】按钮，将自动创建相册中所有照片的幻灯片；单击【取消】按钮，则取消相册的创建。

提示 在幻灯片编辑过程中，可以选择【插入】→【图片】→【新建相册】选项创建相册，还可以选择【格式】→【相册】选项重新设置相册格式。

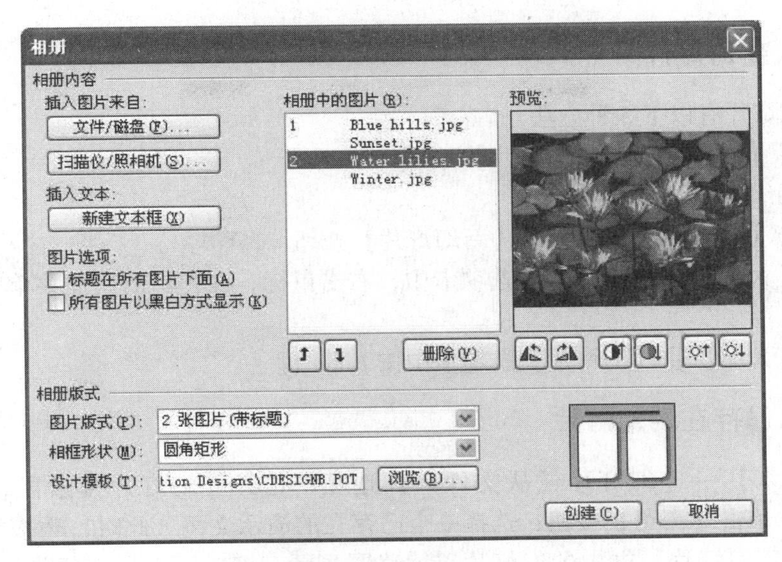

图 6-10　预览插入的图片

图 6-11　标题在所有图片的下面

6.1.4　退出

退出 PowerPoint 2003 的方法与退出 Word 2003 的方法类似，最常用的方法是单击标题栏上的【关闭】按钮。

6.2　管理幻灯片

建立了演示文稿后，还需要对其进行管理、编辑，主要包括幻灯片的插入、选择、复制、删除、移动等基本操作。

6.2.1 插入新幻灯片

插入新幻灯片有以下 5 种方法。

(1) 选择【插入】→【新幻灯片】选项。

(2) 使用组合键 Ctrl+M。

(3) 单击【格式】工具栏上的【新幻灯片】按钮新幻灯片(N)。

(4) 在【大纲】或【幻灯片】选项卡中，右击鼠标，在弹出的快捷菜单中选择【新幻灯片】选项。

(5) 在【大纲】或【幻灯片】选项卡中按 Enter 键。

6.2.2 插入已存在的幻灯片

选择【插入】→【幻灯片（从文件）】选项，打开【幻灯片搜索器】对话框，如图 6-12所示。单击【浏览】按钮，选择一个已存在的演示文稿。此时，按钮处于按下状态，表示【选定幻灯片】框中的幻灯片以缩略图显示，缩略图下方为每张幻灯片的标题。按下按钮后，【选定幻灯片】框左侧显示所有幻灯片标题，右侧显示选中幻灯片的缩略图。勾选【保留源格式】复选项后，要插入的幻灯片的格式保持不变；若撤选该复选项，则将应用现有的演示文稿格式。选中一个或多个幻灯片，单击【插入】按钮后，所选幻灯片被插入当前演示文稿中。单击【全部插入】按钮，则全部幻灯片被插入当前演示文稿中。单击【添加到收藏夹】按钮，要插入幻灯片的路径就被添加到收藏夹中，以备下次使用，打开【收藏夹列表】选项卡可以查看收藏的幻灯片。

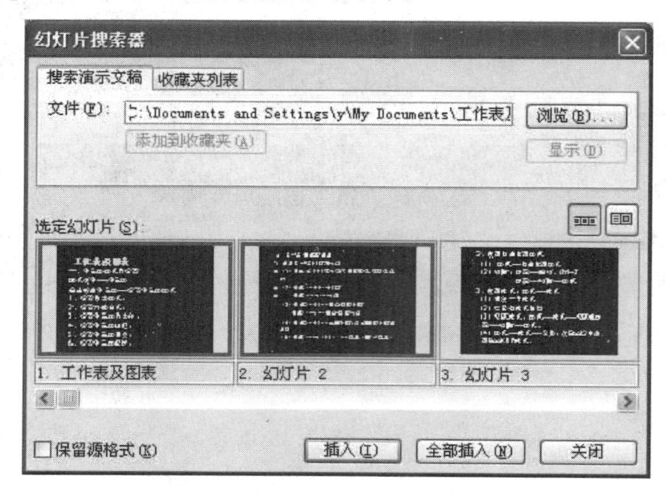

图 6-12 【幻灯片搜索器】对话框

6.2.3 插入大纲

若要将大纲，例如 Word 文档、Excel 电子表格等大纲插入幻灯片中，可选择【插入】→【幻灯片（从大纲）】选项。

6.2.4　选择幻灯片

选择幻灯片可以在普通视图或幻灯片浏览视图中进行，具体操作方法如下。

（1）如果选择一张幻灯片，鼠标单击选中即可。

（2）如果选择连续的幻灯片，单击要选择的第一张幻灯片，按住 Shift 键同时用鼠标单击要选择的最后一张幻灯片即可，也可以在【大纲】选项卡或幻灯片浏览视图中用鼠标拖动的方法进行选择。

（3）如果选择不连续的幻灯片，按住 Ctrl 键的同时用鼠标单击要选择的不连续的幻灯片即可，也可以用 Shift 键、Ctrl 键和鼠标左键配合使用的方法。

6.2.5　复制幻灯片

复制幻灯片的方法如下。

（1）右击要复制的幻灯片，在弹出的快捷菜单中完成复制。

（2）用 Ctrl+C 和 Ctrl+V 组合键进行复制。

6.2.6　移动幻灯片

移动幻灯片的方法如下。

（1）用鼠标直接拖动被选中的幻灯片。

（2）用 Ctrl+X 和 Ctrl+V 组合键进行移动。

6.2.7　删除幻灯片

选中要删除的幻灯片，下列方法均可删除幻灯片。

（1）右击要删除的幻灯片，在弹出的快捷菜单中选择【删除幻灯片】选项。

（2）选择【编辑】→【删除幻灯片】选项。

（3）按 Delete 或 Backspace 键进行删除。

6.3　向幻灯片中添加内容

在 PowerPoint 2003 中，用户可以向幻灯片中添加文本、备注、图片、影片和声音等内容，以增加幻灯片的演示效果。

6.3.1　添加文本

1. 使用占位符

占位符是带有虚线或影线标记边框的框，如图 6-13 所示。它能容纳标题和正文，以及图表、表格和图片等对象。占位符默认含有一些提示性的文字，用鼠标单击后，提示消失，用户便可以输入正文了。图 6-14 显示的是在主标题占位符中输入文本后的效果。可以看出，选中该占位符后，其边框便会显示出来。若要选中占位符可以直接用鼠标单击，按住 Ctrl 键或 Shift 键的同时单击鼠标可以选择多个占位符。若要调整占位符的位置，可以直接拖动占位符的边框。若要调整其尺寸，可以通过拖动其边框上的句柄实现。

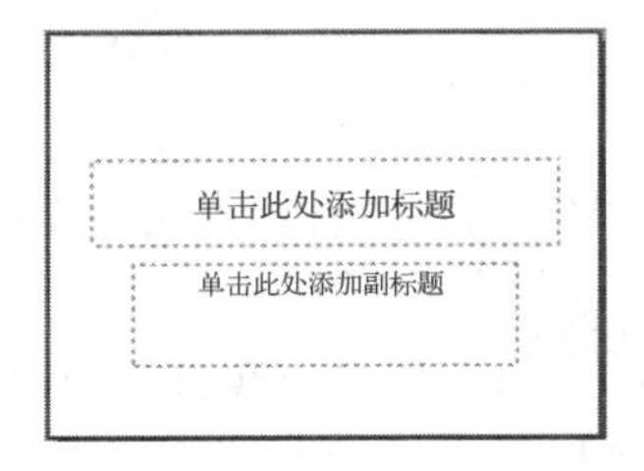

图 6-13　占位符

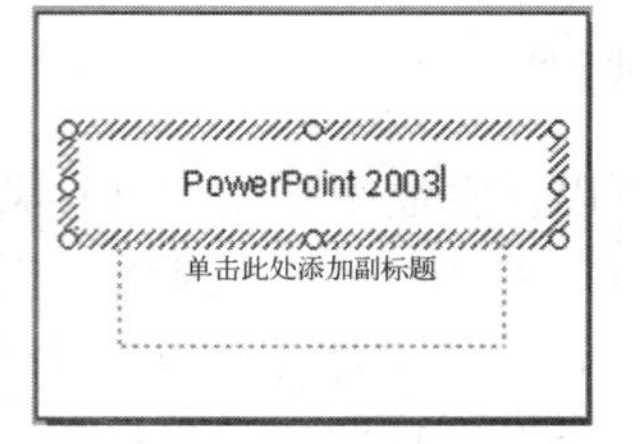

图 6-14　主标题输入

2. 插入文本框

若要在占位符以外的位置添加文本，可以通过插入文本框来实现。插入文本框可选择下列方法之一。

（1）选择【插入】→【文本框】→【横排】（或【竖排】）选项。

（2）单击【绘图】工具栏中的【文本框】按钮（或【竖排文本框】按钮）。

例如，选择了横排文本框，拖动鼠标，将宽度调到合适位置后释放，即可画出一个可编辑的文本框，如图 6-15 所示。它与占位符的区别是在其上面出现了一个带有一条细线的绿色句柄，旋转绿色句柄可以调整文本框的倾斜度。在插入点处，用户可以输入文本内容。当输入的文本过多而超出文本框的宽度时，文本会自动换行，也可以通过拖动文本框左右两条边上的句柄来增加文本框的宽度。当修改了文本的字号后，文本框的高度也会随之自动改变。

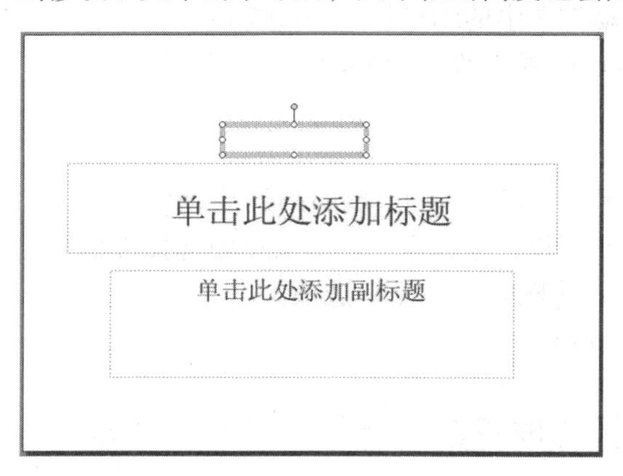

图 6-15　可编辑的文本框

提示　若要设置占位符及文本框的属性，可以选择【格式】→【占位符】选项，或右击占位符，并在弹出的快捷菜单中选择【设置占位符格式】选项，还可以通过双击占位符来实现。在这里，可以设置其颜色、线条、尺寸和位置等属性。

3. 在【大纲】选项卡中输入文本

在【大纲】选项卡中，用户可以方便地输入演示文稿要介绍的一系列主题，系统将根据这些主题自动生成相应的幻灯片，并把主题自动设置为幻灯片的标题，而且标题下可以有子标题，子标题下还可以再有层次小标题，不同层次的文本有不同程度的左缩进。另外，选项卡中还会按幻灯片编号由小到大的顺序和幻灯片内容的层次关系，显示演示文稿中的全部幻灯片的编号、图标、标题和主要的文本信息。因此，最适合直接在【大纲】选项卡中输入文本。

1）输入主标题

切换到【大纲】选项卡中，输入演示文稿的第 1 个标题，例如输入“学习 PowerPoint”，按 Enter 键便新建了一张幻灯片，同时在标题左侧会出现幻灯片图标；输入演示文稿的第 2 个标题，例如输入“新建幻灯片”，再按 Enter 键；依次输入各个标题。图 6-16 所示为输入了所有标题后的演示文稿的【大纲】选项卡。

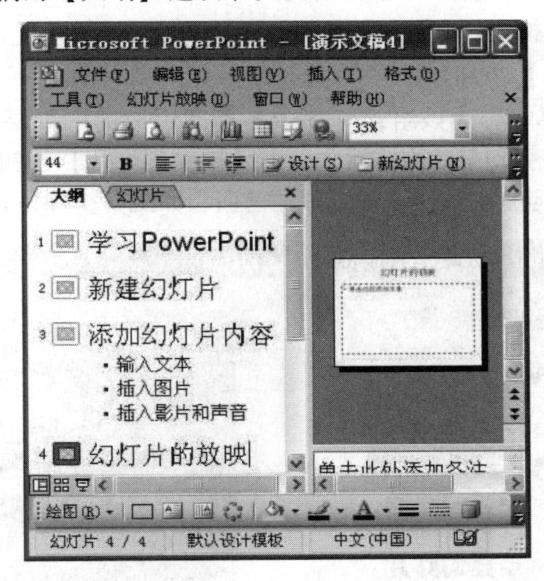

图 6-16　输入标题后的【大纲】选项卡

2)【大纲】工具栏中各按钮的功能

选择【视图】→【工具栏】→【大纲】选项，弹出【大纲】工具栏，工具栏中各按钮的功能如下。

(1)【升级】按钮——将幻灯片中的小标题升级为幻灯片标题，并产生以它为标题的新幻灯片，或使幻灯片的某一级小标题升为更高一级标题。例如，将光标定位在图 6-16 中的小标题“输入文本”处，单击【升级】按钮后则将“输入文本”作为新插入的幻灯片的主标题显示。

(2)【降级】按钮——将幻灯片标题降级为上一张幻灯片的小标题，使该幻灯片消失，或使幻灯片的某一级小标题降为更低一级的标题。例如，将光标定位在图 6-16 的主标题“添加幻灯片内容”处，单击【大纲】工具栏中的【降级】按钮，将删除当前幻灯片，使其主标题变为上一张幻灯片的小标题。

(3)【上移】按钮——使当前或所选幻灯片的标题，或层次小标题上移一层，以改变幻灯片顺序或层次小标题之间的从属关系。例如，将光标定位在图 6-16 中的小标题“输入文本”处，单击【上移】按钮则将“输入文本”向上移动，作为“新建幻灯片”的小标题。

(4)【下移】按钮——使当前或所选幻灯片的标题，或层次小标题下移一层，以改变幻灯片顺序或层次小标题之间的从属关系。

(5)【折叠】按钮——在大纲视图中，只显示当前幻灯片的标题，隐去主体部分。例如，将光标定位在图 6-16 中的主标题“添加幻灯片内容”处，或其小标题处，单击【折叠】按钮后，只显示其主标题，小标题将隐藏起来。

(6)【展开】按钮——在大纲视图中，若显示的是当前幻灯片的标题和主体部分（如上例），则单击【展开】按钮，隐藏的小标题又会显示出来。

(7)【全部折叠】按钮——在大纲视图中，单击该按钮后只显示各幻灯片的标题，隐去主体部分。例如，在图 6-16 中，若单击【全部折叠】按钮，则所有幻灯片的小标题都被隐藏起来，只显示各幻灯片的主标题。

(8)【全部展开】按钮——在大纲视图中，显示各幻灯片的标题和主体部分。接上例，单击【全部展开】按钮，所有幻灯片的小标题又被显示出来了。

(9)【摘要幻灯片】按钮——为选择的一组幻灯片创建一张摘要幻灯片，标题为"摘要幻灯片"，其主要内容为该组幻灯片中各标题组成的一组层次小标题。例如，选中图 6-16中第 2 张和第 3 张幻灯片内容后，单击【摘要幻灯片】按钮后，便为这两张幻灯片制作了摘要幻灯片，并且插在这两张幻灯片的前面，如图 6-17 所示。

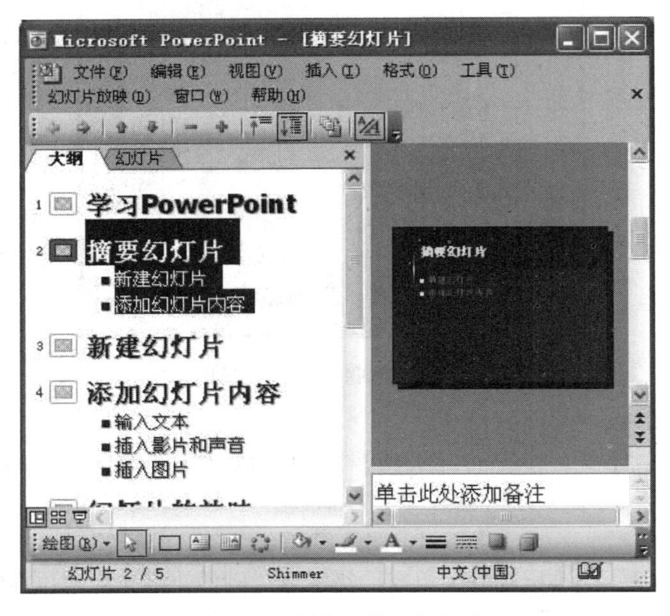

图 6-17 制作的摘要幻灯片

(10)【显示格式】按钮——在显示文本和显示格式化文本之间进行切换。在大纲视图中，如果要使【大纲】选项卡中的文字与幻灯片中的文字以相同的格式显示，单击该按钮即可。图 6-17 为单击【显示格式】按钮后的效果，【大纲】选项卡中文字格式与幻灯片中文字格式相同。

提示 使某一张幻灯片的内容升级或降级，除使用按钮和外，还可使用【格式】工具栏中的按钮升级，按钮降级，也可用组合键 Shift+Tab 或 Shift+Alt+方向键←升级，用快捷键 Tab 或 Shift+Alt+方向键→降级。

6.3.2 添加备注

备注的作用是对幻灯片的内容进行注释，它与幻灯片一一对应。在演讲时，演讲者可以对照备注的内容进行演说，防止遗忘内容。在 PowerPoint 2003 中，每张幻灯片都有一个专门用于输入备注内容的窗格。需要添加备注时，可在【备注】窗格中直接输入，或选择【视图】→【备注页】选项，打开备注页视图，然后在文本框中输入文本。在放映幻灯片时，右击后在弹出的快捷菜单中选择【屏幕】→【演讲者备注】选项，打开【演讲者备注】对话框，如

图 6-18所示。在对话框中，可以输入备注内容，也可以在放映时查看备注内容。

图 6-18 【演讲者备注】对话框

6.3.3　插入图片

1. 插入剪贴画

利用自动版式插入剪贴画的操作步骤如下。

（1）在普通视图中，选择【格式】→【幻灯片版式】选项，打开【幻灯片版式】任务窗格。

（2）单击带有剪贴画的幻灯片版式，如图 6-19 所示。

（3）单击幻灯片中的【插入剪贴画】按钮，打开【选择图片】对话框，如图 6-20 所示。此时看到的是计算机中所有的剪贴画。

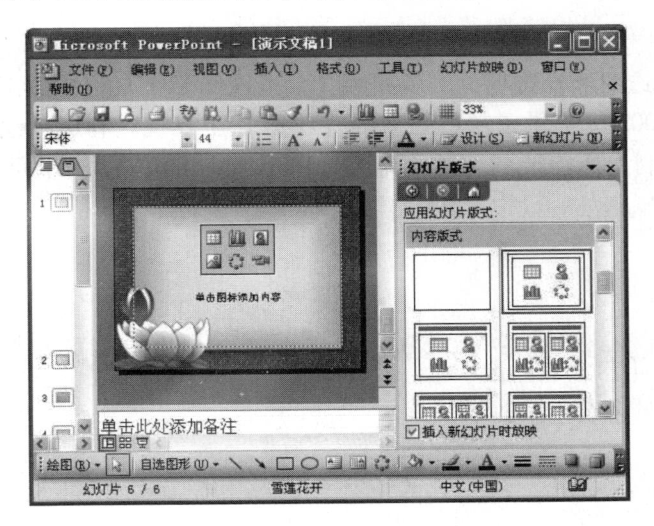

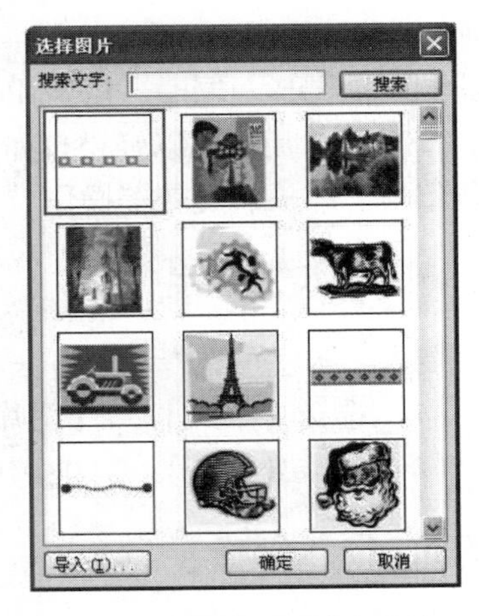

图 6-19　应用幻灯片版式　　　图 6-20 【选择图片】对话框

（4）选中要插入的剪贴画，然后单击【确定】按钮，即可插入选中的剪贴画。

提示　选择【插入】→【图片】→【剪贴画】选项，或利用【绘图】工具栏中的【插入剪贴画】按钮也可以插入剪贴画。

2. 插入来自文件的图片

在 PowerPoint 2003 中，可以方便地插入各种图片。在幻灯片中插入来自文件的图片，可以选择下列方法之一。

(1) 选择带有【插入图片】按钮的幻灯片版式，单击【插入图片】按钮，弹出【插入图片】对话框，如图6-21所示，选择所需图片后单击【插入】按钮即可。

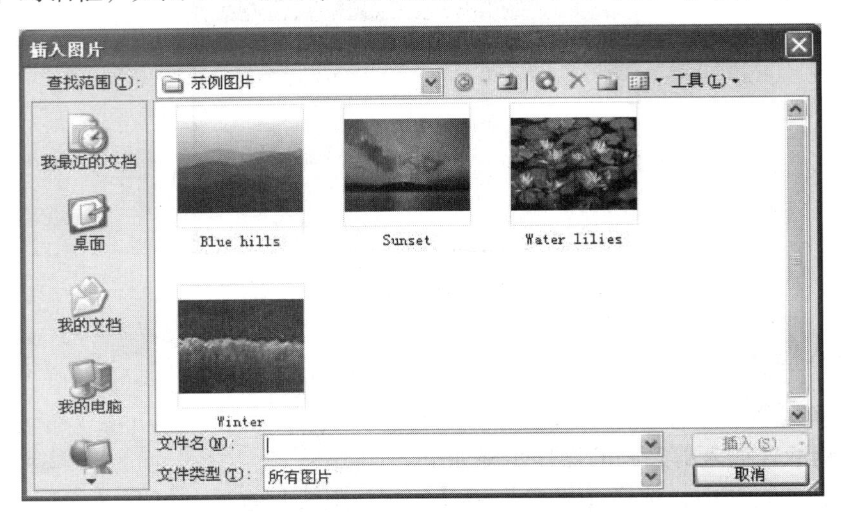

图6-21 【插入图片】对话框

(2) 选择【插入】→【图片】→【来自文件】选项。

(3) 单击【绘图】工具栏中的【插入图片】按钮。

6.3.4 插入图形对象

选择【插入】→【图片】→【自选图形】选项，然后利用【自选图形】工具栏中的工具绘制所需图形。同时，PowerPoint 2003也提供了功能强大的【绘图】工具栏。利用【绘图】工具栏，用户可以轻松自如地绘制出所需要的各种简单装饰图形，也可以将简单图形进行组合、缩放、旋转等操作。

6.3.5 插入艺术字

插入艺术字可选择下列方法之一。

(1) 选择【插入】→【图片】→【艺术字】选项。

(2) 单击【绘图】工具栏中的【插入艺术字】按钮。

6.3.6 插入表格

1. 向幻灯片中添加表格

利用自动版式创建表格幻灯片的方法是，选择带有【插入表格】按钮的幻灯片版式，单击【插入表格】按钮，弹出【插入表格】对话框，如图6-22所示。

在【列数】数值框中输入表格的列数，在【行数】数值框中输入表格的行数，单击【确定】按钮；此时，在幻灯片上将生成一个如图6-23所示表格，同时弹出【表格和边框】工具栏。

图 6-22 【插入表格】对话框

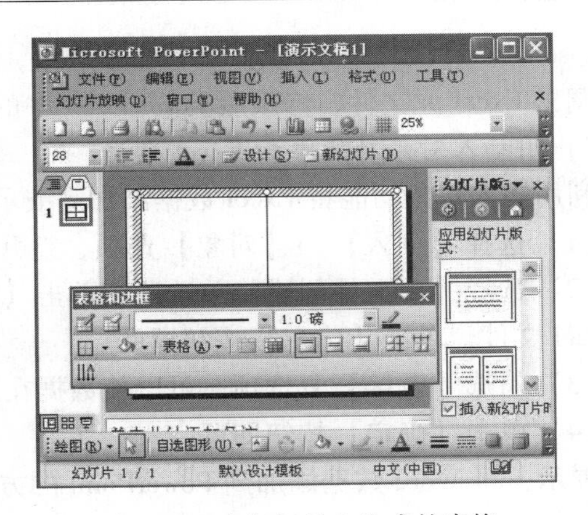

图 6-23　在幻灯片上生成的表格

提示　若要向幻灯片中添加表格，也可以单击常用工具栏中的【插入表格】按钮，或选择【插入】→【表格】选项。若要显示【表格和边框】工具栏，可以选择【视图】→【工具栏】→【表格和边框】选项，或单击常用工具栏中的【表格和边框】按钮。

2. 将 Excel 和 Word 中的数据添加到演示文稿

1）复制 Excel 的数据

将 Excel 中的数据复制到演示文稿中的操作步骤如下。

（1）在 Excel 中，先选中要复制的单元格区域，单击常用工具栏上的【复制】按钮。

（2）切换到 PowerPoint 2003 中，单击要插入单元格的幻灯片或备注页。

（3）选择【编辑】→【选择性粘贴】选项，打开【选择性粘贴】对话框，如图 6-24 所示。

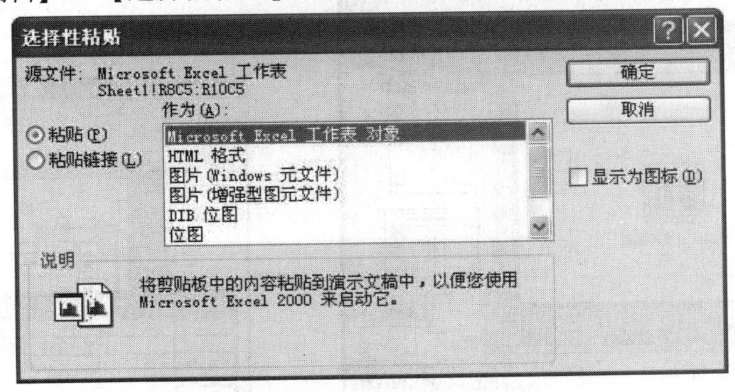

图 6-24 【选择性粘贴】对话框

（4）选择【粘贴】单选项，然后执行下列操作之一。

① 若要粘贴单元格，并要求单元格能够像图片一样可调整其尺寸和位置，则选择【作为】列表框中的【图片】选项（根据需要在 Windows 元文件和增强型图元文件二者中选择一个）后单击【确定】按钮。

② 若要将单元格粘贴为嵌入对象，则选择【作为】列表框中的【Microsoft Excel 工作表对象】选项，单击【确定】按钮。双击粘贴后的数据可以调用部分 Excel 界面进行编辑，单击【幻灯片】窗格空白处可以返回。

（5）不执行操作步骤（4），选择【粘贴链接】单选项，此时【作为】列表框中的

【Microsoft Excel 工作表 对象】选项已被选中，单击【确定】按钮。双击粘贴后的数据可以直接调出 Excel 原文件，修改后 PowerPoint 中的数据也随之改变。

2）用插入对象功能添加 Excel 数据

利用插入对象功能将 Excel 数据添加到演示文稿中的操作步骤如下。

（1）选择【插入】→【对象】选项，打开【插入对象】对话框。

（2）选择【由文件创建】单选项，单击【浏览】按钮，打开【浏览】对话框，选择所需 Excel 文件，单击【确定】按钮返回。

（3）勾选【链接】复选项，可以使数据在原始文件改变后能自动更新。

（4）单击【确定】按钮即可。

提示 将 Word 数据添加到 PowerPoint 的方法与添加 Excel 数据的方法类似。

6.3.7 插入图表

1. 创建图表幻灯片

利用幻灯片版式创建图表幻灯片的操作步骤如下。

（1）新建一个幻灯片，选用含有图表的幻灯片版式，如图 6-25 所示。

（2）双击图表占位符，启动图表程序；在图表占位符内插入一个示例图表，并且出现一个包含示例图表的数据表窗口，如图 6-26 所示。这时，菜单栏、工具栏和窗格都会发生变化，以适应编辑图表的需要。

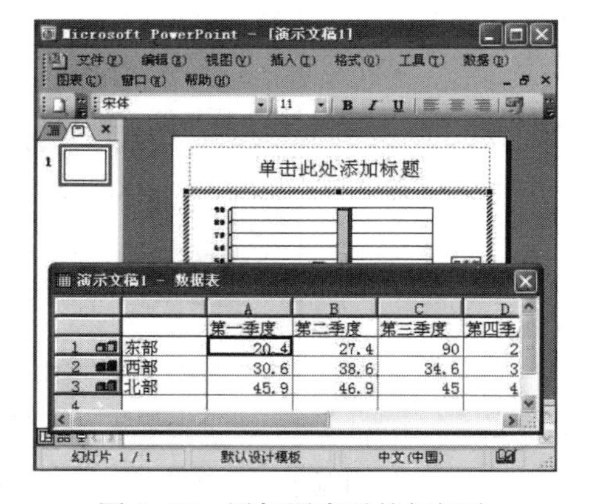

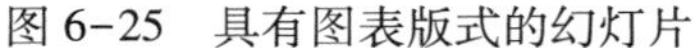

图 6-25 具有图表版式的幻灯片

图 6-26 添加图表后的幻灯片

（3）单击数据表上的单元格，然后键入所需内容，便可以替换示例图表数据。单击图表以外的区域便可返回【幻灯片】窗格，而再次双击图表占位符可以重新启动图表程序。

注意，有的图表版式中含有【插入图表】按钮，单击该按钮即可添加图表。选择【插入】→【图表】选项，或单击常用工具栏上的【插入图表】按钮，可以向已有幻灯片中添加图表。

2. 导入 Excel 中图表

用户可将 Excel 工作表中作为对象插入的图表导入 PowerPoint 的幻灯片中，只须直接将图表从 Excel 窗口拖到 PowerPoint 的幻灯片中，也可以采用复制、粘贴的方法。

6.3.8　图示

PowerPoint 2003 为用户提供了 6 种类型的图示，它们的形状、名称和用途见表 6-1。

表 6-1　6 种标准图示类型的使用

图示形状	名　称	用　途
	组织结构图	用于显示一个组织机构的等级和层次，表示组织结构，例如人事管理图
	循环图	用于显示连续循环过程
	射线图	用于显示元素与核心元素的关系
	棱锥图	用于显示基于基础的关系
	维恩图	用于显示元素之间的重叠区域
	目标图	用于说明为实现目标而采取的步骤

6.3.9　组织结构图

组织结构图由一系列图框和连线组成，可以描述一个公司的结构或政府内部各个部门的划分，以及其他具有上、下级关系的机构。

1. 添加组织结构图

利用幻灯片版式创建组织结构图的具体操作步骤如下。

（1）在新建的幻灯片中应用含有组织结构图的版式，如图 6-27 所示。

（2）双击组织结构图占位符，打开【图示库】对话框，如图 6-28 所示。

（3）选择需要的组织结构图类型，然后单击【确定】按钮，就为该幻灯片创建了一个基本的组织结构图，如图 6-29 所示。用户可以直接向组织结构图的占位符中输入文本信息。

提示　也可以利用含有【插入组织结构图或其他图示】按钮的幻灯片版式添加组织结构图。若要向幻灯片中插入图示，可以单击【绘图】工具栏中的【插入组织结构图或其他图示】按钮，或选择【插入】→【图示】选项。

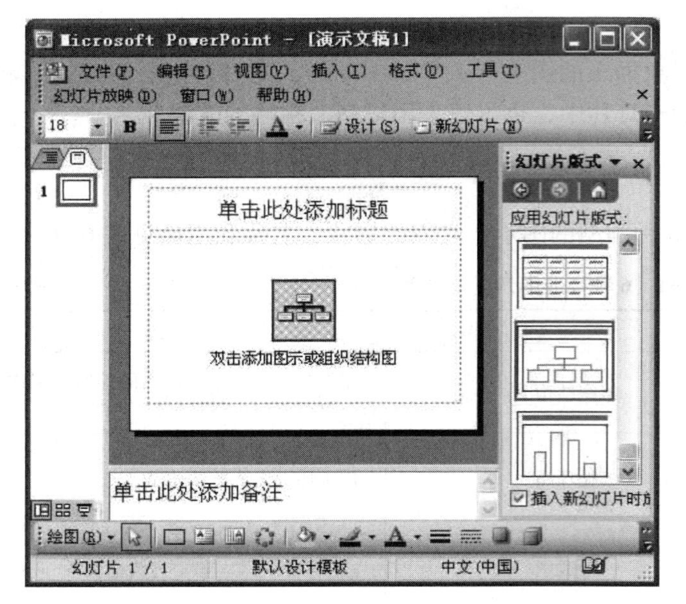

图 6-27 创建包含组织结构图的新幻灯片

图 6-28 【图示库】对话框

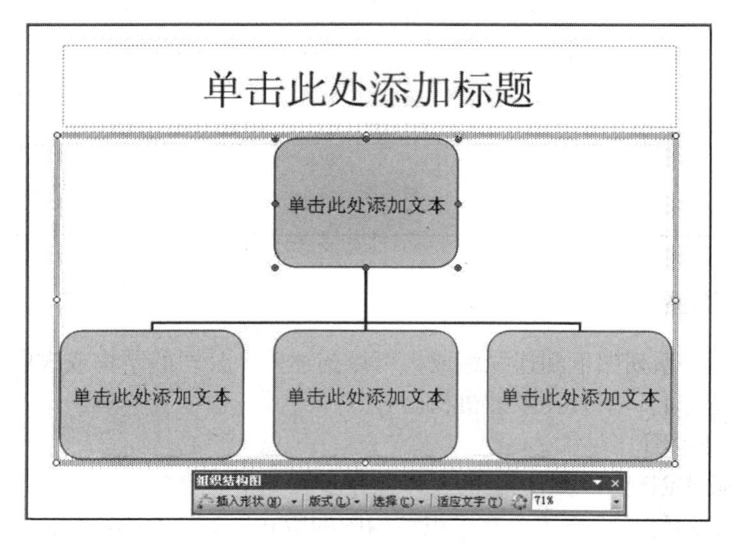

图 6-29 基本组织结构图

2. 认识组织结构图

首先介绍组织结构图中的主要基本概念。

(1) 级别——在组织结构图中，最上面的图框是组织结构图的第 1 级，直接由该图框引出的图框为第 2 级，从属于第 1 级，以此类推。

(2) 顶层图框——最顶层的图框（例如图 6-30 中的“总经理 A”）。

(3) 分支——从某一个图框开始，向下包括所有从属于该级别图框的下级图框，这样一直延伸到底层。

(4) 经理——代表组织结构图中的高层领导的图框，具有从属（部下）的图框（例如，

图 6-30 中的 A 是 C 和 D 的经理，其中 C 又是 E 和 F 的经理，D 是 G 的经理）。

（5）部下——从属于经理图框的下级图框（例如，图 6-30 中的 C 和 D 是 A 的部下，E 和 F 又是 C 的部下，G 是 D 的部下）。

（6）同事——具有同一经理的图框（例如，图 6-30 中的 C 和 D 是同事，E 和 F 也是同事）。

（7）助理——经理助理的图框，表示能在经理不在时代替行使经理职权的高级职员（例如，图 6-30 中的 B 是 A 的经理助理）。

（8）工作组——所有从属于同一经理，但不包括经理助理的图框。工作组是组织结构图的基本构成模块。

上面列举的所有关系都是相对的，它取决于各个图框间的相对位置。

3.【组织结构图】工具栏的使用

鼠标单击插入的组织结构图，会自动弹出【组织结构图】工具栏，如图 6-31 所示。

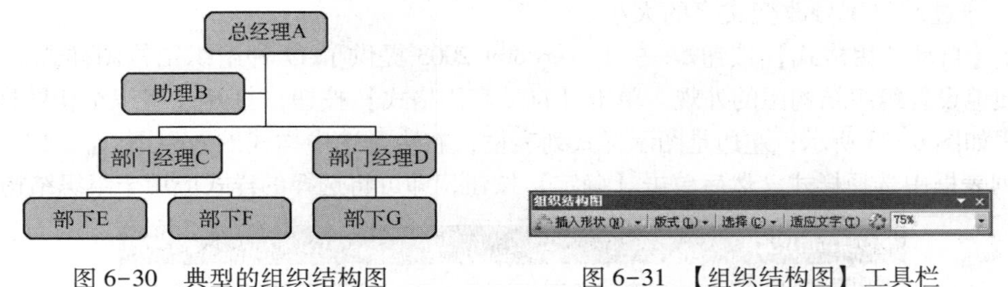

图 6-30 典型的组织结构图　　图 6-31 【组织结构图】工具栏

【组织结构图】工具栏中各按钮的功能如下。

（1）【插入形状】下三角按钮——单击该按钮会弹出一个下拉列表，其下拉列表中各选项功能如下。

①【下属】选项——将新的图框放置在下一层，并将其连接到所选图框上。

②【同事】选项——将图框放置在所选图框的旁边并连接到同一个上级图框上。

③【助手】选项——使用肘形连接符将新的图框放置在所选图框之下。

（2）【版式】下三角按钮——单击该按钮会弹出一个下拉列表，在其下拉列表中选择【标准】【两边悬挂】【左悬挂】【右悬挂】选项，即可为分支设置相应的版式，选择【自动版式】选项，可以取消设定的版式。可自由拖动连线及图框改变它们的位置，图框被选中会出现黄色标记◇，拖动可以改变图框形状。例如，图 6-32是将“左悬挂”版式应用于“部门经理 C”分支的情况。

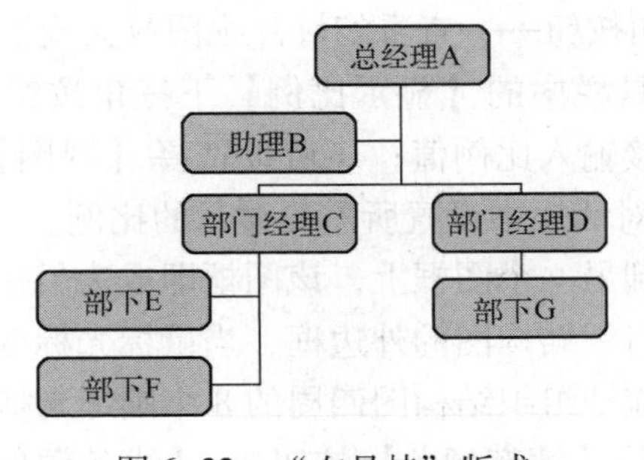

图 6-32 “左悬挂”版式

（3）【选择】下三角按钮单击该按钮，可以在弹出的下拉列表中选择组织结构图中的对象。当然，用户可以单击某个对象（例如，图框、连接线）将其选中，也可以在单击时按住 Shift 键，同时选择多个对象。【选择】下拉列表中各选项的功能如下。

①【级别】选项——选择某一级别中的所有图框。例如，选中了“部门经理 C”，然后选择【级别】选项，同一级别的“部门经理 D”也会被选中。

②【分支】选项——选择某个图框的所有分支。例如，选中了“部门经理 C”，然后选择【分支】选项，其下属 E 和 F 也会被选中。

③【所有助手】选项——选择组织结构图中的所有助手。例如，选中图 6-32 所示组织结构图中的任意一个图框，再选择【所有助手】选项，“助理 B”就会被选中。

④【所有连接线】选项——选择组织结构图中的所有连接线。

（4）【适应文字】按钮——使文字的大小适应图框尺寸。也可以在选中组织结构图中的文字后，通过调整字号改变文字的大小。

（5）【自动套用格式】按钮——PowerPoint 2003 提供了 17 种组织结构图样式，使用户能够方便地设置组织结构图的外观。单击【自动套用格式】按钮，打开【组织结构图样式库】对话框，如图 6-33 所示；左边是图示样式列表框，右边是选中样式的效果图；在【选择图示样式】列表框中选择样式，然后单击【确定】按钮，即可将选择的样式应用于组织结构图。

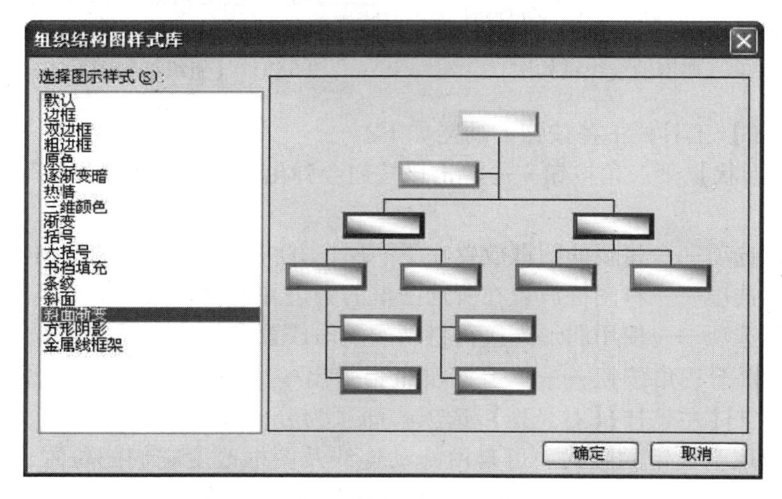

图 6-33 【组织结构图样式库】对话框

（6）【显示比例】下三角按钮——查看幻灯片视图放大或缩小后的效果。可以单击【组织结构图】工具栏或常用工具栏中的【显示比例】下三角按钮，在弹出的下拉列表中进行选择；也可以在数值框中直接输入比例值；还可以选择【视图】→【显示比例】选项，打开【显示比例】对话框，在对话框中设置所需要显示的比例。

提示 将一个图框拖动到另一个图框上，该图框即成为另一个图框的分支。按 Delete 键可以删除选中的图框。单击组织结构图的外边框，当鼠标光标变成十字箭头后，拖动鼠标可以调整组织结构图的位置；拖动组织结构图四周的 8 个圆形句柄，可以改变组织结构图的大小。单击【绘图】工具栏上的【填充颜色】按钮、【线条颜色】按钮等可以设置组织结构图的外观。

6.3.10　插入影片和声音

1. 插入影片

用户不但可以在幻灯片中插入影片，还可以将其删除，调整其尺寸、位置和亮度等，操作方法均与图片相同。

1）插入剪辑管理器中的影片

剪辑管理器中的影片右下角有一个星形图标，用鼠标光标指向它时可以显示该影片属性。

插入剪辑管理器中的影片可以选择以下两种方法之一。

（1）选择【插入】→【影片和声音】→【剪辑管理器中的影片】选项，打开【剪贴画】任务窗格，如图 6-34 所示；拖动滚动条以查找所需的影片，单击影片旁边的下三角按钮，选择下拉列表中的【预览/属性】选项，可以打开【预览/属性】对话框预览影片，如图 6-35 所示；单击【关闭】按钮，可以关闭【预览/属性】对话框；单击要插入的影片，或者单击影片旁边的下三角按钮，在弹出的下拉列表中选择【插入】选项均可将影片插入幻灯片中。

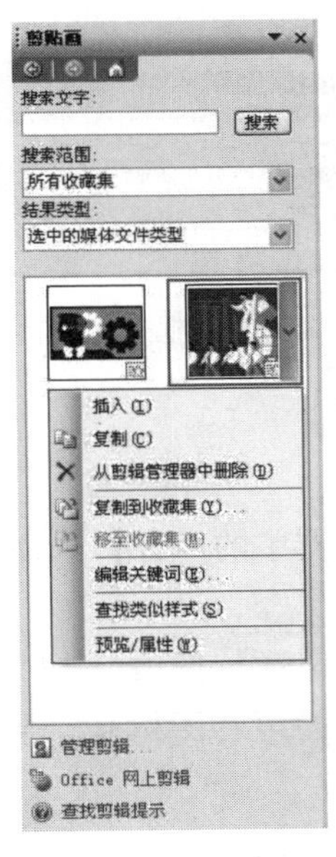

图 6-34　【剪贴画】任务窗格

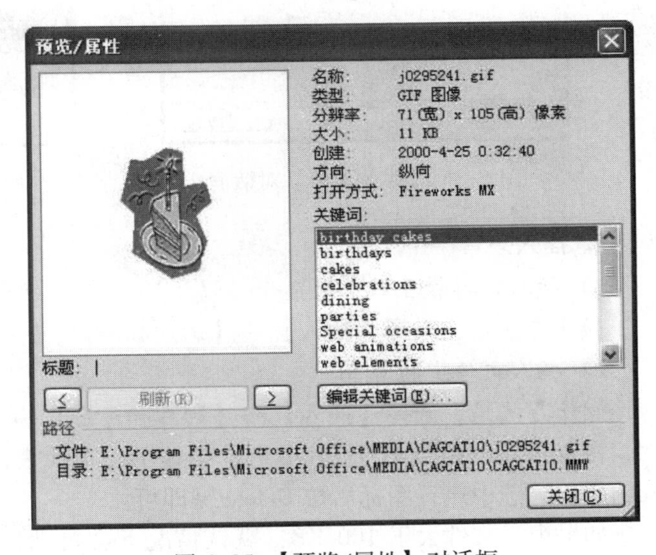

图 6-35　【预览/属性】对话框

（2）选择内容版式（除空白）或有媒体剪辑的版式；单击【插入媒体剪辑】按钮或双击【双击此处添加媒体剪辑】区域，弹出【媒体剪辑】对话框，如图 6-36 所示；选择要插入的影片剪辑后，单击【确定】按钮。

2）插入外部文件的影片

插入外部文件的影片可以选择以下两种方法之一。

（1）选择【插入】→【影片和声音】→【文件中的影片】选项，打开【插入影片】对话框，在对话框中选择要插入的影片后，单击【确定】按钮。

（2）在【媒体剪辑】对话框（如图 6-36 所示）中，单击【导入】按钮，弹出【将剪辑添加到管理器】对话框，在对话框中选择所需的影片，单击【添加】按钮即将外部影片添加到【媒体剪辑】对话框中，之后再按前面所述方法插入影片。

插入影片后，弹出如图6-37所示的询问对话框（如果显示了Office助手，则在助手上弹出询问对话框）。如果希望在幻灯片放映时自动播放影片，则单击【自动】按钮；如果希望在单击幻灯片上的影片时才开始播放影片，则单击【在单击时】按钮。这时，幻灯片中将会出现所插入影片的片头图片。

图6-36 【媒体剪辑】对话框

图6-37 询问对话框

2. 插入声音

1）插入剪辑管理器中的声音

操作方法是，选择【插入】→【影片和声音】→【剪辑管理器中的声音】选项。

2）插入文件中的声音

操作方法是，选择【插入】→【影片和声音】→【文件中的声音】选项。

将音乐或声音插入幻灯片中后，会显示一个代表该声音文件的声音图标。要删除插入的声音，选中声音图标后按Delete键即可。

如果声音文件大于100 KB，默认情况下会自动将声音链接到文件，而不是嵌入文件。演示文稿链接到文件后，如果要在另一台计算机上播放此演示文稿，必须在复制该演示文稿的同时复制它所链接的文件。另外，还可以选择【工具】→【选项】选项，打开【选项】对话框的【常规】选项卡，如图6-38所示，修改【链接声音文件不小于】数值框中的值。

3. 插入CD音乐

插入CD音乐的操作步骤如下。

（1）选择【插入】→【影片和声音】→【播放CD乐曲】选项，打开【插入CD乐曲】对话框，如图6-39所示。

（2）在【剪贴画选择】选项区域的【开始曲目】数值框中设置开始的曲目编号，【结束曲目】数值框中设置结束的曲目编号。若只播放一个曲目或一个曲目的一部分，应在两个数值框中输入相同的编号。

（3）在【时间】数值框中，设置乐曲的开始时间和结束时间。默认情况下，开始时间为 0，结束时间为播放所有乐曲的总时间。

（4）设置完成后，单击【确定】按钮，在弹出的询问对话框中选择自动播放还是单击时播放后即可。

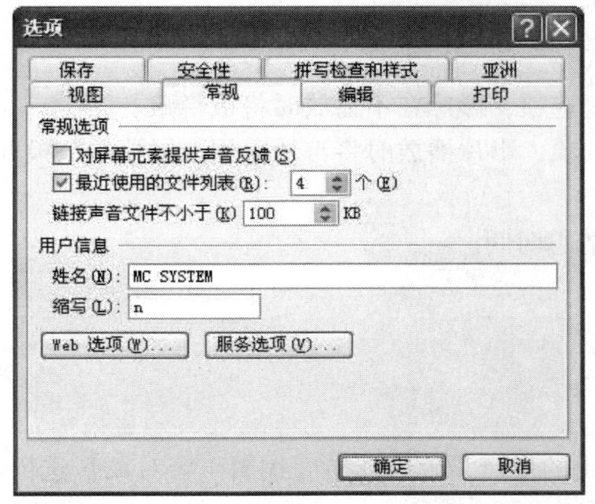

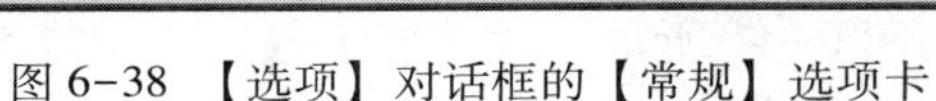
图 6-38　【选项】对话框的【常规】选项卡

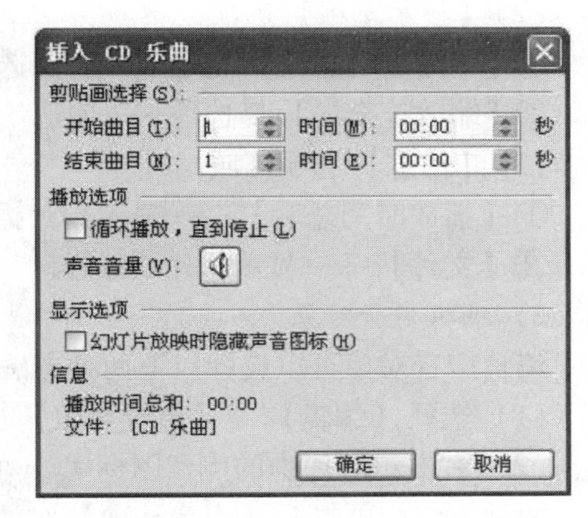

图 6-39　【插入 CD 乐曲】对话框

注意，若要在演示文稿运行期间播放 CD 乐曲，应将 CD 放到 CD-ROM 驱动器中。双击 CD 乐曲图标可以测试乐曲，单击则停止。

4. 编辑影片和声音对象

1）编辑影片对象

编辑影片对象可选择以下两种方法之一。

（1）选择【编辑】→【影片对象】选项。

（2）右击影片，在弹出的快捷菜单中选择【编辑影片对象】选项。

两种方法均能打开【影片选项】对话框，如图 6-40 所示，其中各选项区域的功能介绍如下。

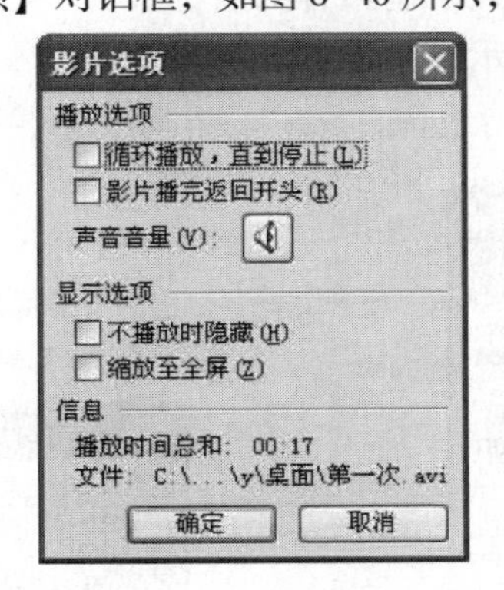

图 6-40　【影片选项】对话框

（1）【播放选项】选项区域。

①【循环播放，直到停止】复选项——勾选该复选项，放映后，影片会循环播放，直到放映下一张幻灯片或停止播放为止。

②【影片播完返回开头】复选项——勾选该复选项，播放完影片后，画面返回影片开始；如不勾选该复选项，则播完后停留在影片最后。

③【声音音量】按钮——单击此按钮会弹出一个调节音量的滑块方框，用来控制影片播放时的音量。向上调节滑块时音量增大，向下调节滑块时音量减小；勾选【静音】复选项则在播放影片时不播放影片中的声音。

(2)【显示选项】选项区域。

①【不播放时隐藏】复选项——勾选该复选项，影片在不播放时将被隐藏。

②【缩放至全屏】复选项——勾选该复选项，影片播放时将自动采用全屏幕播放模式。

(3)【信息】选项区域。

①【播放时间总和】——显示影片播放的总时间。

②【文件】——显示影片的路径。

2) 编辑声音对象

编辑声音对象可以选择以下两种方法之一。

(1) 选择【编辑】→【声音对象】选项。

(2) 右击幻灯片中的声音图标，在弹出的快捷菜单中选择【编辑声音对象】选项。

两种方法均可打开【声音选项】对话框，如图 6-41 所示。对话框中各选项功能类似于影片选项，不同之处是【幻灯片放映时隐藏声音图标】复选项，勾选该复选项后，在播放幻灯片时声音图标将被隐藏。

注意 勾选【幻灯片放映时隐藏声音图标】复选项后，无论选择的是自动播放还是单击时播放，在播放声音时均隐藏声音图标，所以建议隐藏声音图标前将其设置为自动播放方式。

5. 录制声音

用户可以录制自己喜欢的声音，然后插入幻灯片中。方法是，选择【插入】→【影片和声音】→【录制声音】选项，打开【录音】对话框，如图 6-42 所示。对话框中各选项功能如下。

(1)【名称】文本框——输入录制声音的名称。

(2)【声音总长度】——显示录制声音的总秒数。

(3)【录音】按钮●——开始录音。

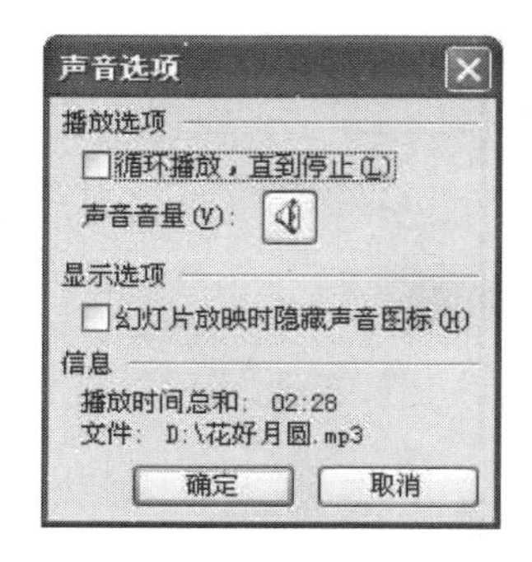

图 6-41 【声音选项】对话框

图 6-42 【录音】对话框

(4)【播放】按钮▶——播放录制的声音。

(5)【停止】按钮■——停止录音及停止播放。

注意　在录音前应接好话筒。录制完成后，单击【确定】按钮，系统会自动将声音图标添加到幻灯片中。另外，录制的声音可以进行编辑。

6.4　统一演示文稿外观

PowerPoint 2003 的一大特点是可以使演示文稿中所有的幻灯片具有统一的外观。统一演示文稿外观的方法有母版、配色方案和设计模板 3 种。

6.4.1　编辑母版

PowerPoint 提供了 3 种母版：幻灯片母版、讲义母版和备注母版。通过定义母版的格式，可以统一演示文稿中使用此母版的幻灯片的外观。更重要的是，可以在母版中插入文本、图形等对象，还可以更改幻灯片的背景等，而这些插入的对象和添加后的效果将出现在使用该母版的所有幻灯中。插入文本和图形的方法与前面讲过的方法相同。

1. 幻灯片母版

编辑母版首先应选择【视图】→【母版】→【幻灯片母版】选项，打开幻灯片母版视图，并弹出【幻灯片母版视图】工具栏，如图 6-43 所示。

图 6-43　幻灯片母版视图

1)【幻灯片母版视图】工具栏

(1)【插入新幻灯片母版】按钮——插入一个新的幻灯片母版。另外，还可以通过添加新的设计模板来插入幻灯片母版，方法是在【格式】工具栏中单击【设计】按钮设计(S)，然后在【任务窗格】中选择一个模板并插入。

(2)【插入新标题母版】按钮——单击该按钮可插入一个新标题母版。幻灯片母版中包含“内容母版”（幻灯片母版）和“标题母版”。“标题母版”适用于有“标题版式”的幻灯片，一般为第一张幻灯片。

(3)【删除母版】按钮——单击该按钮可以删除选中的母版或母版对。

(4)【保护母版】按钮——当删除了应用某个母版的幻灯片后，该母版也会被删除，而若单击该按钮，选中母版就会被保护起来，不会随着母版的删除而自动被删除。在下次使用该演示文稿时，被保护母版仍可用。

(5)【重命名母版】按钮——单击该按钮将弹出【重命名母版】对话框，如图 6-44 所示。在【母版名称】文本框中输入选中母版的名称即可。

(6)【母版版式】按钮——当用户在母版中删除了某占位符后，单击该按钮将弹出【母版版式】对话框，如图 6-45 所示；勾选被删除的占位符名称前的复选项后单击【确定】按钮，可以恢复被删除的占位符；另外，还可以通过选择【格式】→【母版版式】选项来实现。

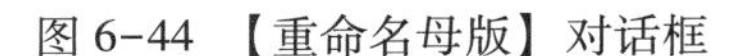

图 6-44 【重命名母版】对话框

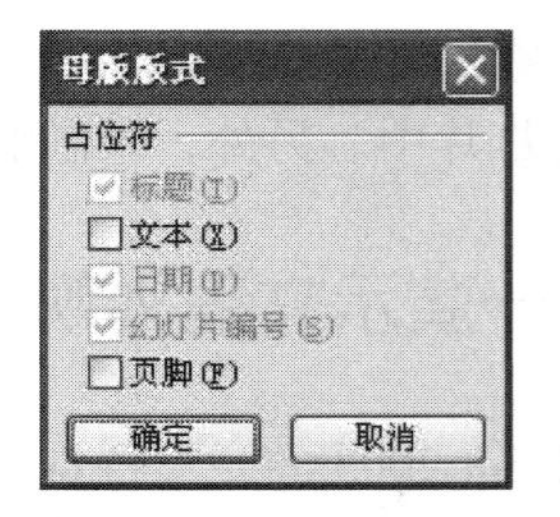

图 6-45 【母版版式】对话框

（7）【关闭母版视图】按钮——单击【关闭母版视图】按钮，即可关闭幻灯片母版视图，返回普通视图。选择【视图】→【普通】选项也可以返回普通视图。

2）更改幻灯片背景

设置幻灯片背景可以在普通视图中设置，也可以在幻灯片母版视图中设置。在幻灯片母版视图中设置，设置的幻灯片背景将应用于内容母版或标题母版所对应的幻灯片。

选择【格式】→【背景】选项，打开【背景】对话框，如图 6-46 所示。在【背景填充】选项区域，单击下拉按钮打开【背景填充】下拉列表，在下拉列表中选择背景颜色后单击【应用】按钮，即可将当前颜色应用于当前幻灯片或当前母版。如果要将更改的背景应用到所有的幻灯片或幻灯片母版中，单击【全部应用】按钮。

2. 讲义母版

更改讲义母版，可以改变讲义中页眉和页脚的文本、日期及页码的外观、位置和尺寸，也可以将讲义每页要显示的名称或徽标添加到母版中。更改讲义母版后，幻灯片本身并无明显变化，但在打印大纲时会显示出变化来。

选择【视图】→【母版】→【讲义母版】选项，切换到讲义母版视图，同时打开【讲义母版视图】工具栏，如图 6-47 所示。

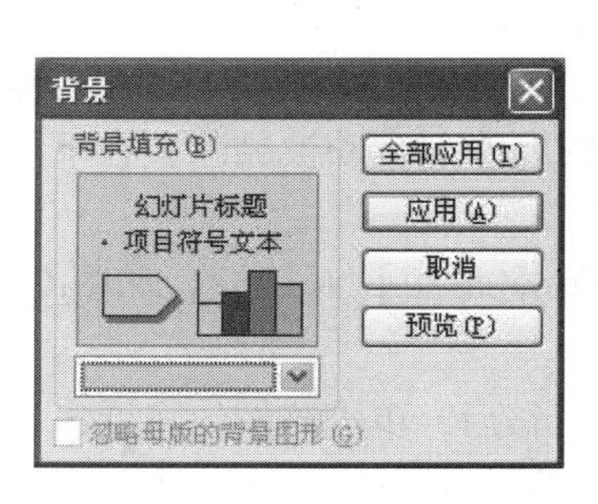

图 6-46 【背景】对话框

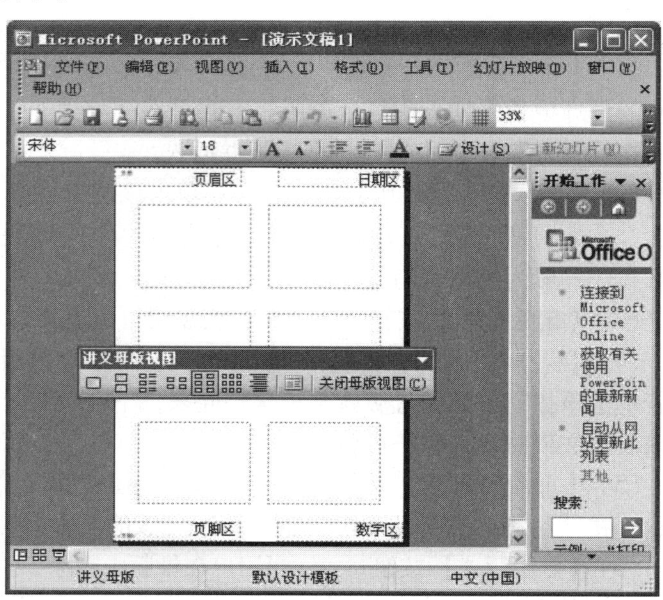

图 6-47 讲义母版视图

通过设置占位符属性可以改变“页眉区”“日期区”“页脚区”“数字区”的属性。利用【讲义母版视图】工具栏中的按钮，可以使用不同的版式查看幻灯片，共有 7 种版式。单击【关闭母版视图】按钮可以返回普通视图。选择【文件】→【打印】选项，在【打印内容】下拉列表中选择【讲义】选项并设置好每页中显示的幻灯片数及顺序，可以预览设置后的效果。

3. 备注母版

通过设置备注母版可以改变备注的格式。如果需要在所有备注上添加图案，可以将该图案添加到备注母版中。

选择【视图】→【母版】→【备注母版】选项，切换到备注母版视图，同时打开【备注母版视图】工具栏，如图 6-48 所示。

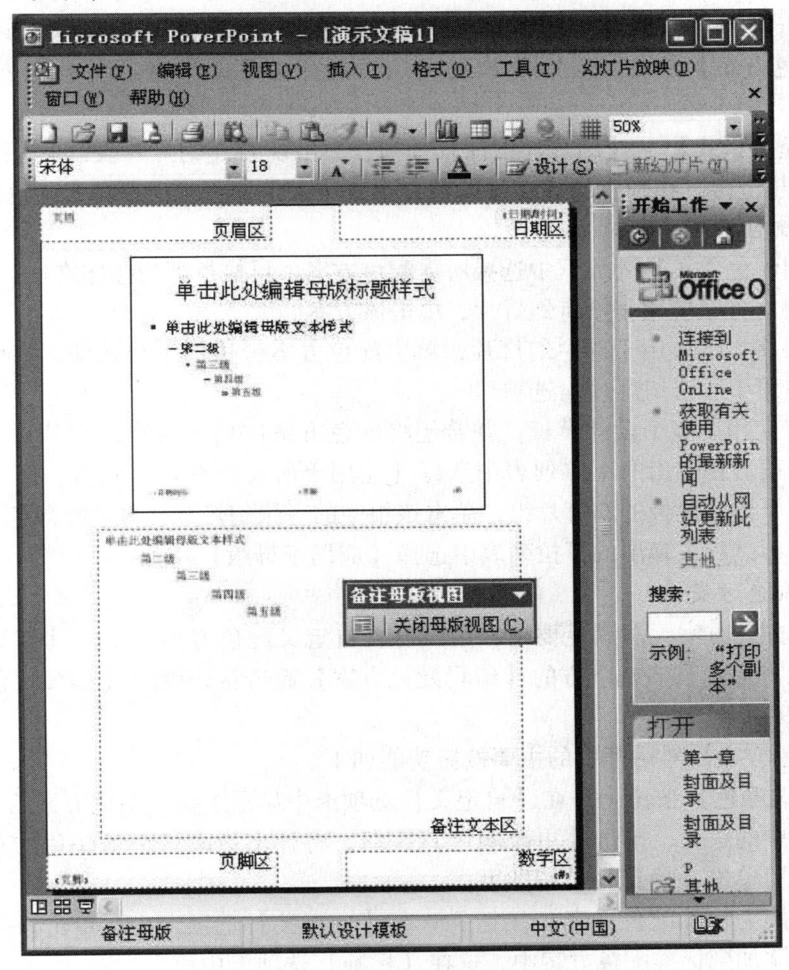

图 6-48　备注母版视图

幻灯片内容区域及备注页面区域的尺寸、位置、背景等属性和占位符的属性可以直接在备注母版视图中更改。【备注母版视图】工具栏中的按钮与【幻灯片母版视图】工具栏中的按钮功能相同。选择【视图】→【备注页】选项可以查看效果，也可以选择【文件】→

【打印】选项，并在【打印内容】下拉列表中选择【备注页】选项后，单击【预览】按钮预览设置后的效果。

6.4.2 使用配色方案

配色方案用于设计背景、文本、线条、阴影、标题文本、填充、强调、强调文字和超链接、强调文字和已访问的超链接的颜色。演示文稿的配色方案由应用的设计模板确定。当然，用户除了可以选用 PowerPoint 2003 提供的标准配色方案外，也可以自己创建新的配色方案，还可以删除配色方案。

1）选择配色方案的方法

为幻灯片选择配色方案可以使用下列方法之一。

（1）单击【格式】工具栏上的【设计】按钮，在出现的【幻灯片设计】任务窗格中单击【配色方案】超链接，在弹出的【应用配色方案】列表框中可选择所需的配色方案。

（2）选择【格式】→【幻灯片设计】选项，在出现的【幻灯片设计】任务窗格中单击【配色方案】超链接，在弹出的【应用配色方案】列表框中可选择所需的配色方案。

2）应用配色方案

在【应用配色方案】列表框中选择所需配色方案，再执行下列操作之一。

（1）若要将方案应用于所有幻灯片，单击该方案。

（2）若要将方案应用于选中幻灯片，单击配色方案旁边的下拉按钮，在弹出的下拉列表中选择【应用于所选幻灯片】选项。

（3）如果应用了多个设计模板，并希望将配色方案应用于所有幻灯片，单击配色方案旁边的下拉按钮，在弹出的下拉列表中选择【应用于所有幻灯片】选项。若只希望将配色方案应用于某个设计模板的幻灯片组，单击该组中的一张幻灯片，再选择配色方案并单击旁边的下拉按钮，然后在弹出的下拉列表中选择【应用于母版】选项。

3）编辑配色方案

如果原有配色方案无法满足要求，用户可以自定义配色方案。单击【幻灯片设计】窗格【应用配色方案】列表框下方的【编辑配色方案】超链接，弹出【编辑配色方案】对话框，如图 6-49 所示。

【编辑配色方案】对话框中的主要按钮功能如下。

（1）【更改颜色】按钮——在【自定义】选项卡中显示了构成配色方案的 8 种颜色的选项组，选中其中的一个，单击【更改颜色】按钮，将弹出更改该选项颜色的对话框；选择所需颜色，然后单击【确定】按钮即可。

（2）【添加为标准配色方案】按钮——在【自定义】选项卡中，单击该按钮可将更改后的配色方案添加到标准配色方案中，这在【标准】选项卡中可以查看。

（3）【预览】按钮——在【自定义】选项卡中，单击【预览】按钮可以查看当前配色方案应用于幻灯片中的效果。

（4）【删除配色方案】按钮——在【标准】选项卡中，选中要删除的配色方案后，单击【删除配色方案】按钮即可将该方案删除。

（5）【应用】按钮——在【自定义】选项卡中，单击【应用】按钮，可将修改后的配

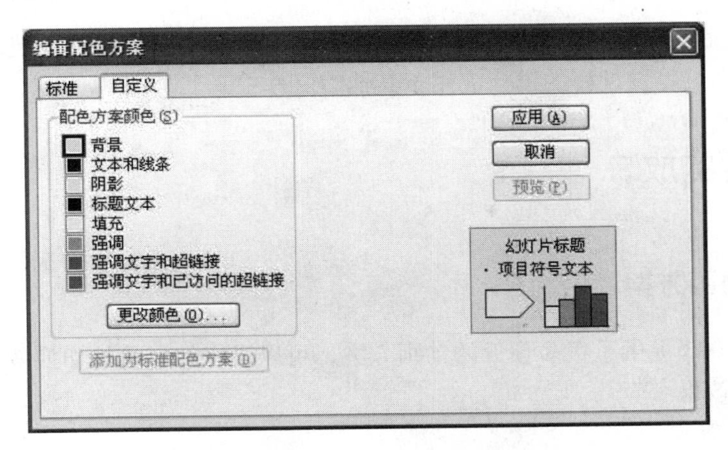

图 6-49 【编辑配色方案】对话框

色方案应用于幻灯片中，该配色方案也将同时被添加到【标准】选项卡中，并在【应用配色方案】列表中处于选中状态。

6.4.3 设计模板

1. 应用设计模板

应用设计模板的操作步骤如下。

选择【格式】→【幻灯片设计】选项，或单击【格式】工具栏上的【设计】按钮，打开【幻灯片设计】任务窗格；任务窗格中默认打开【设计模板】超链接，选择【应用设计模板】列表框中的某一模板，即可将该模板应用于所有幻灯片中；选中多个幻灯片后，再选择某一模板并单击该模板右侧的下拉按钮，在弹出的下拉列表中选择【应用于选中幻灯片】选项，便将该模板应用于选中的幻灯片中；若选择【应用于所有幻灯片】选项，便将该模板应用于所有幻灯片中。

提示　【幻灯片设计】任务窗格的【在此演示文稿中使用】列表框中列出了在幻灯片中应用的设计模板；【最近使用过的】列表框中列出了最近使用过的设计模板，最多只显示 4 个；【可供使用】列表框中列出了所有可用的设计模板。若要使用空白设计模板，可在【可供使用】列表框中选择【默认设计模板】模板。

2. 创建新的设计模板

用户可以根据需要创建新的设计模板，具体操作步骤如下。

（1）新建或打开已有的演示文稿。

（2）删除演示文稿中所有的文本和图形对象，只保留模板的样式。

（3）打开幻灯片母版视图，设置母版的前景色、背景色，以及占位符的大小和位置，并插入图标。

（4）选择【文件】→【另存为】选项，打开【另存为】对话框。

（5）在【保存类型】下拉列表中选择【演示文稿设计模板】选项，新模板默认保存在“Templates”文件夹中。

（6）在文本框中输入新模板的名称，单击【保存】按钮。

（7）单击【幻灯片设计】任务窗格底部的【浏览】超链接，选择创建的新模板后单击【应用】按钮，即可将设计好的模板应用于其他幻灯片中。

6.5 幻灯片的放映

6.5.1 使用动画方案

PowerPoint 2003 提供了很多预设的动画方案，可以设定幻灯片的切换效果和幻灯片中各对象的动画显示效果。

1. 应用动画方案

应用动画方案的方法如下。

（1）打开要设置动画效果的演示文稿。

（2）选择【幻灯片放映】→【动画方案】选项，打开【幻灯片设计】任务窗格，如图 6-50所示。

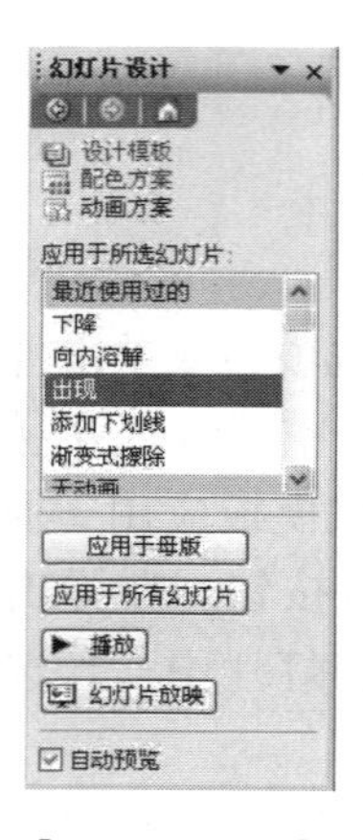

图 6-50 【幻灯片设计】任务窗格

（3）单击【应用于所选幻灯片】列表框中的动画方案，即可为当前选中的幻灯片应用该动画方案中设定的动画效果。

2. 动画方案中各按钮和复选项的功能

（1）【应用于母版】按钮——将当前动画效果应用于母版所对应的幻灯片中。

（2）【应用于所有幻灯片】按钮——将当前动画效果应用于所有幻灯片中。

（3）【播放】按钮——在【幻灯片】窗格中预览动画效果。

（4）【停止】按钮——单击【播放】按钮后，该按钮会变为【停止】按钮，功能为停止预览。

（5）【幻灯片放映】按钮——播放幻灯片。

（6）【自动预览】复选项——对幻灯片应用动画方案时，【幻灯片】窗格中会自动播放该幻灯片以演示动画效果。

提示 如果要删除为幻灯片设置的动画方案，在【幻灯片设计】任务窗格的【应用于所选幻灯片】列表框中选择【无动画】选项即可。

6.5.2　自定义动画效果

用户可以通过设置自定义动画效果为幻灯片中的对象添加动画效果。

1. 添加动画效果

用户可以为幻灯片中的文本、图片等对象设置进入、强调、退出和动作路径 4 类效果，也可以设置影片和声音的开始播放方式。这里仅以添加进入动画效果为例介绍如何为幻灯片中的对象添加动画效果。

添加进入动画效果的操作步骤如下。

（1）选中要设置动画的对象，选择【幻灯片放映】→【自定义动画】选项，打开【自定义动画】任务窗格。

（2）在【自定义动画】任务窗格上，单击【添加效果】按钮，在弹出的下拉列表中选择【进入】选项，然后在弹出的级联菜单中选择一种效果即可。如果要选择其他效果，则选择级联菜单中的【其他效果】选项，打开【添加进入效果】对话框，在其中选择一种效果，然后单击【确定】按钮，该效果即应用于幻灯片中所选的对象。这时，【自定义动画】任务窗格中就会显示出该效果的设置，而且在【幻灯片】窗格中的幻灯片对象上会出现动画标记，如1。

（3）如果要更改动画效果的开始方式，在【自定义动画】任务窗格的【开始】下拉列表中选择相应选项即可。【开始】下拉列表中各选项的说明如下。

①【单击时】选项——当幻灯片放映到动画效果序列中的该动画效果时，单击鼠标就开始播放该动画效果，否则将一直停在此位置等待用户单击鼠标触发。

②【之前】选项——该动画效果与幻灯片的动画效果序列中的前一个动画效果同时发生，这时其序号将与前一个动画效果的序号相同。

③【之后】选项——该动画效果将在幻灯片的动画效果序列中的前一个动画效果播放完时发生，这时其序号将与前一个动画效果的序号相同。

提示　如果使用【自定义动画】任务窗格中的【播放】按钮预览幻灯片的动画，则不需要通过单击触发动画序列。

（4）在【自定义动画】任务窗格的【方向】下拉列表中选择动画效果的方向。根据动画效果的不同，该下拉列表也会随之变化。

（5）在【自定义动画】任务窗格的【速度】下拉列表中选择播放动画效果的速度。

设置完毕，单击【播放】按钮或【幻灯片放映】按钮即可预览动画效果。

2. 编辑动画效果

1）更改动画效果

在【自定义动画】任务窗格的列表框中，选择要更改的动画效果项目，单击【更改】按钮后重新选择所需动画效果即可。

2）更改动画序列

在【自定义动画】任务窗格的列表框中，选择要移动的项目并将其拖到列表框中的其他位置即可。此外，也可以通过单击向上和向下按钮调整动画序列。

3）删除动画效果

在【自定义动画】任务窗格的列表框中，选择要删除的动画效果，单击【删除】按钮，即可删除选中的动画效果。

4）效果选项

在【自定义动画】任务窗格的列表框中，选择要更改效果的项目，单击其右侧的下拉按钮，在弹出的下拉列表中选择【效果选项】选项，弹出该动画效果对话框。这里以飞入效果为例，如图 6-51 所示。在【方向】下拉列表中，可以选择飞入时的方向；在【声音】下拉列表中，可以为该动画效果添加声音效果，也可以选择其中的【其他声音】选项来添加外部声音效果；在【动画播放后】下拉列表中，可以选择动画播放后具有该动画效果的文本等对象的颜色和隐藏效果；在【动画文本】下拉列表中，可以选择文本对象播放时是整体播放还是按字/词或字母播放，选择按字/词或字母播放还可以设置它们间的延迟时间。

5）计时选项

在【自定义动画】任务窗格的列表框中，选择要更改计时的项目，单击其右侧的下拉按钮，在弹出的下拉列表中选择【计时】选项，弹出该动画效果对话框，如图 6-52 所示。在【开始】下拉列表中，可选择【单击时】【之前】【之后】选项来设置开始播放动画的方式；在【延迟】数值框中，可设置延迟多少秒后开始播放动画；在【速度】下拉列表中，可选择动画效果播放的速度；在【重复】下拉列表中，可选择重复播放动画效果的次数，以及"直到下一次单击"和"直到幻灯片末尾"两种重复播放方式；勾选【播完后快退】复选项，在动画播完后将对象返回其原始位置；单击【触发器】按钮，会弹出 3 个用于设置触发动画效果播放的单选项，默认选中【部分单击序列动画】单选项，选中【单击下列对象时启动效果】单选项，并从其下拉列表中选择一种对象，则单击该对象后将播放动画，选中【开始播放效果】单选项可在其右侧的下拉列表中设置开始播放效果。

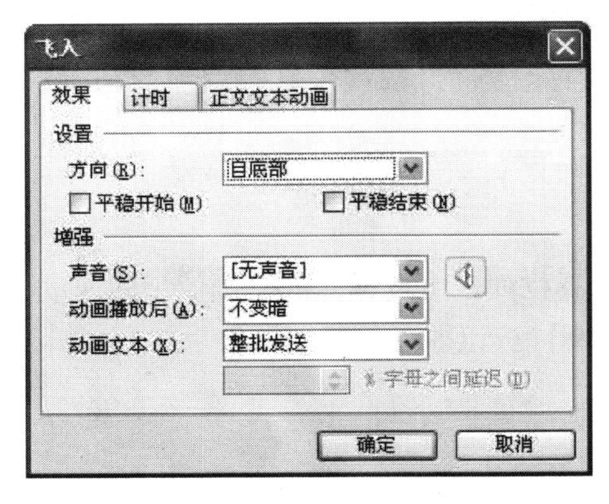

图 6-51 【效果】选项卡

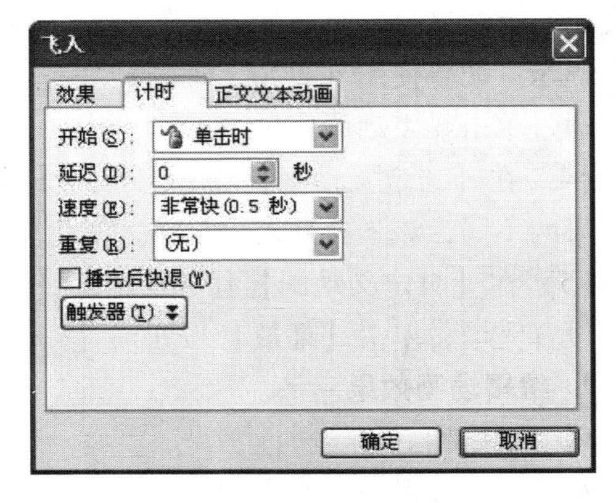

图 6-52 【计时】选项卡

6.5.3 设置幻灯片的切换效果

切换效果是指各幻灯片换片时的特殊效果。设置幻灯片切换效果的具体操作步骤如下。

（1）选中要添加切换效果的幻灯片，选择【幻灯片放映】→【幻灯片切换】选项，打开【幻灯片切换】任务窗格。

（2）在【应用于所选幻灯片】列表框中选择切换效果。当【自动预览】复选项处于选中状态时，应用某个效果后将会自动预览切换效果。此外，单击【播放】按钮，可以预览切换效果，单击【停止】按钮，可以停止预览。

（3）在【速度】下拉列表中选择幻灯片的切换速度，有“慢速”“中速”和“快速”3种方案可供选择。

（4）若要为幻灯片添加声音效果，只要从【声音】下拉列表中选择声音即可。勾选下面的【循环播放，到下一声音开始时】复选项，则可循环播放该声音。

（5）在【换片方式】选项区域可设置幻灯片切换的方式。勾选【单击鼠标时】复选项，则在放映该幻灯片时单击鼠标会自动切换到下一张幻灯片；勾选【每隔】复选项，并在其文本框中输入时间，则在放映完该幻灯片并等待指定的时间后会自动切换到下一张幻灯片。

（6）若要将切换效果应用于演示文稿中的所有幻灯片上，单击【应用于所有幻灯片】按钮即可。

6.5.4 自定义放映方式

自定义放映方式可以使用户自己定义幻灯片的放映片数和顺序。

创建自定义放映方式的操作步骤如下。

（1）打开要设置自定义放映的演示文稿。

（2）选择【幻灯片放映】→【自定义放映】选项，打开【自定义放映】对话框，如图 6-53所示。

（3）单击【新建】按钮，弹出【定义自定义放映】对话框，如图 6-54 所示。

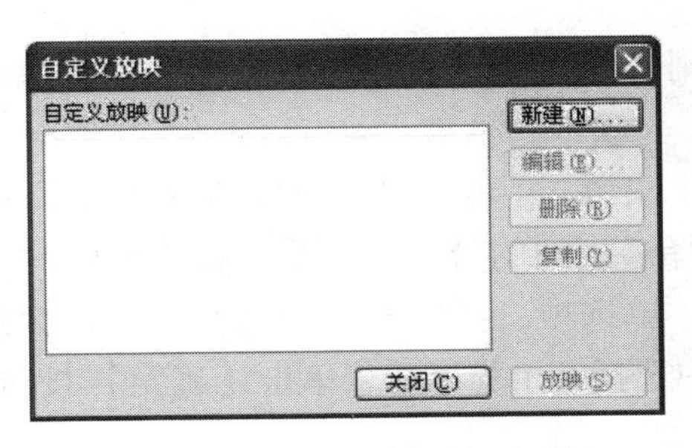

图 6-53 【自定义放映】对话框

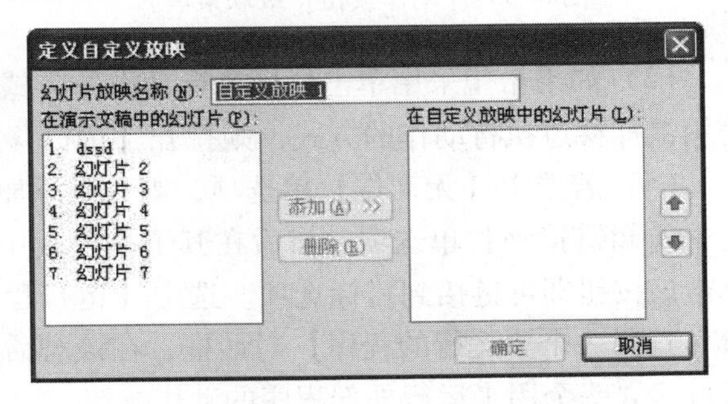

图 6-54 【定义自定义放映】对话框

（4）在【在演示文稿中的幻灯片】列表框中，选择要添加到自定义放映的幻灯片（选择多张时应按下 Ctrl 键），然后单击【添加】按钮。单击【删除】按钮可以删除已添加的幻灯片。

（5）如果要改变幻灯片的显示顺序，在【在自定义放映中的幻灯片】列表框中选中幻灯片，再单击按钮⬆和⬇，即可使幻灯片在列表框内上下移动。

（6）在【幻灯片放映名称】文本框中键入名称，然后单击【确定】按钮即可。

提示 若要修改自定义放映方式，在【自定义放映】对话框中选择要修改的自定义放映项目后单击【编辑】按钮，即可在【定义自定义放映】对话框中进行修改。需要删除项目自定义放映项目时，在【自定义放映】对话框中选择要删除的自定义放映项目后单击【删除】按钮即可。

6.5.5 设置超链接

1. 动作按钮

用户可以通过向幻灯片中添加各种图形按钮，实现通过按钮换片的效果。具体操作步骤如下。

（1）选择要添加动作按钮的幻灯片，单击【幻灯片放映】→【动作按钮】选项，弹出级联菜单，如图 6-55 所示。

（2）在弹出的级联菜单中，选中一种动作按钮，然后在幻灯片中单击，即可在幻灯片中添加此按钮，并打开【动作设置】对话框，如图 6-56 所示。

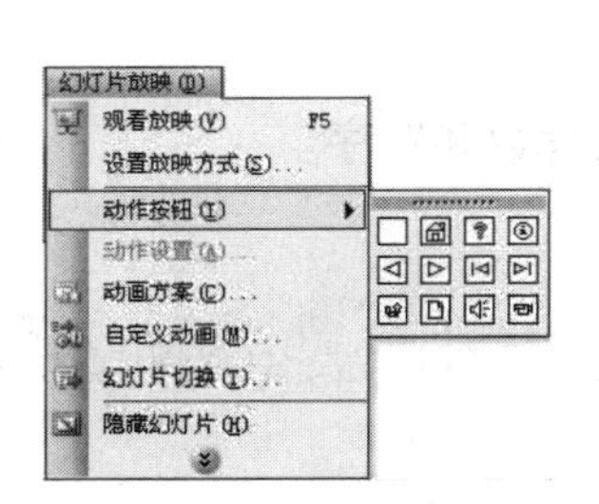

图 6-55 【动作按钮】级联菜单

图 6-56 【动作设置】对话框

（3）如果希望采用单击鼠标执行动作的方式，则打开【单击鼠标】选项卡；如果希望使用鼠标移过执行动作的方式，则打开【鼠标移过】选项卡。

（4）若选中【无动作】单选项，则只是添加一个按钮，不能通过它链接到其他幻灯片。选中【超链接到】单选项，然后在其下拉列表中选择链接到的目标选项后，播放幻灯片时单击该按钮即可链接到目标选项。选中【运行程序】单选项，再单击【浏览】按钮，会弹出【选择一个要运行的程序】对话框，在该对话框中选择一个程序后，单击【确定】按钮，即可建立一个用来运行外部程序的动作按钮。

（5）勾选【播放声音】复选项后，可在其下拉列表中选择一种单击超链接时播放的声音。

（6）单击【确定】按钮，完成动作按钮的设置。

提示 动作按钮周围有调节尺寸的白色句柄和调整形状的黄色调节块，通过拖动它们可以改变动作按钮的大小和形状。若要更改动作设置，可以在选中动作按钮后选择【幻灯片放映】→【动作设置】选项，或右击后在弹出的快捷菜单中选择【动作设置】选项，在打开的【动作设置】对话框中进行修改。

2. 动作设置

如果要给幻灯片中的文本、图片等对象添加超链接，可以在选中对象后，选择【幻灯片放映】→【动作设置】选项，或右击后在弹出的快捷菜单中选择【动作设置】选项，在打开的【动作设置】对话框中进行设置。

3. 设置超链接

选中对象后，选择【插入】→【超链接】选项，或单击常用工具栏中的【插入超链接】按钮，在打开的【插入超链接】对话框中即可实现超链接的相关设置。

6.5.6　放映时间设置

排练计时就是在幻灯片放映过程中，为每张幻灯片设置放映的时间。具体操作步骤如下。

（1）打开要进行排练计时的演示文稿。

（2）选择【幻灯片放映】→【排练计时】选项，进入放映排练界面，并打开【预演】工具栏，如图 6-57 所示。

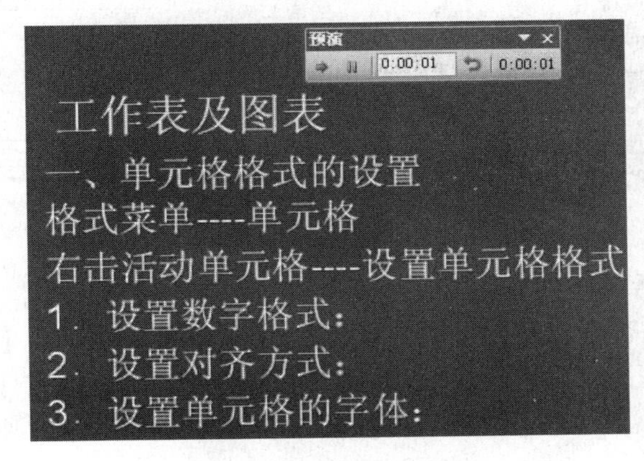

图 6-57　放映排练界面

（3）当时间秒数达到本张幻灯片放映预设秒数后，单击【预演】工具栏上的【下一项】按钮，可排练下一张幻灯片的时间；如果设置错误，可单击【重复】按钮，重新为当前幻灯片计时；单击【暂停】按钮，可以暂停计时，再次单击则继续计时。

（4）排练计时结束后，将弹出是否保留新的幻灯片排练时间的对话框。单击【是】按钮，确认应用排练计时。此时会在幻灯片浏览视图中的每张幻灯片的左下角显示该幻灯片的放映时间，如图 6-58 所示。

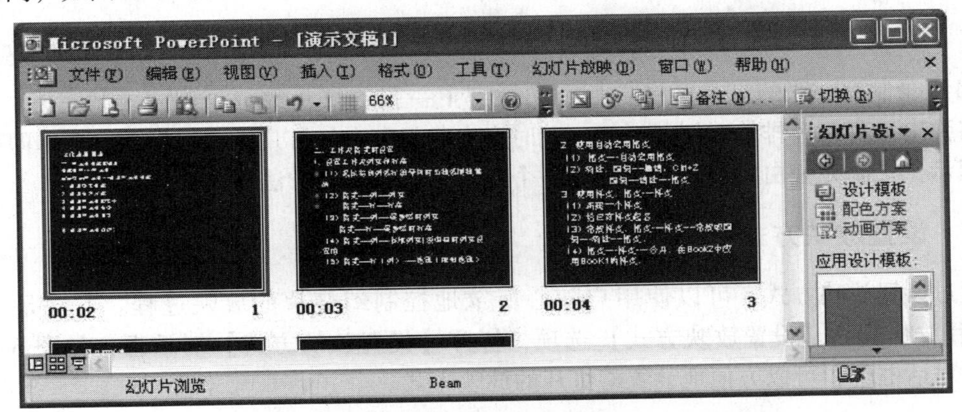

图 6-58　预演后幻灯片放映时间的显示

6.5.7 录制旁白

通过录制旁白可以将演讲者的声音添加到幻灯片中，以便不在场的观众也能够听到演讲。

录制旁白的操作步骤如下。

（1）选择【幻灯片放映】→【录制旁白】选项，打开【录制旁白】对话框，如图 6-59 所示。

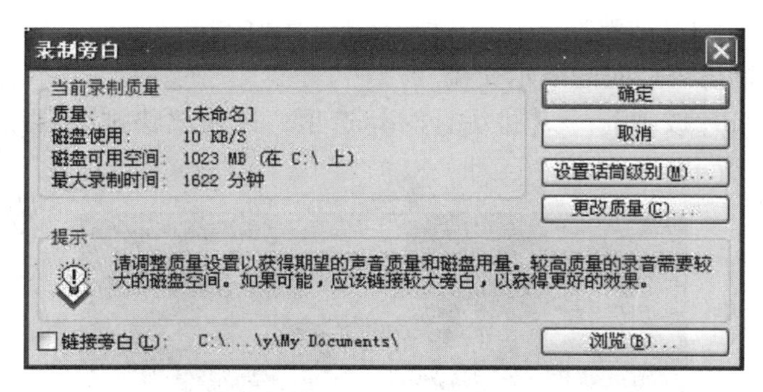

图 6-59 【录制旁白】对话框

（2）单击【设置话筒级别】按钮，打开【话筒检查】对话框，根据提示朗读文字即可。注意应确认话筒是否可以使用，以及音量是否适于录音。单击【更改质量】按钮，打开【声音选中】对话框，可以更改 CD、广播或电话的声音质量，在【属性】下拉列表中可以选择声音的质量级别。勾选【链接旁白】复选项，可将旁白作为独立文件存储，并链接到演示文稿中。

（3）单击【确定】按钮，打开【录制旁白】询问对话框，如图 6-60 所示。单击【当前幻灯片】按钮，则从当前选中的幻灯片开始录制；单击【第一张幻灯片】按钮，则从第一张幻灯片开始录制。之后便进入幻灯片放映状态，就可以对着话筒录制旁白了。

图 6-60 【录制旁白】询问对话框

（4）录制完一张幻灯片的旁白后，切换到下一张幻灯片继续录制。录制完毕，按 Esc 键后将弹出是否保存排练时间对话框，此时旁白已保存在幻灯片中，根据需要选择即可。

提示 录制完旁白的幻灯片中都有一个声音图标，编辑方法与其他声音一致。

6.5.8 设置放映方式

通过设置放映方式，可以使用户随心所欲地控制幻灯片的放映过程。方法是，选择【幻灯片放映】→【设置放映方式】选项，打开【设置放映方式】对话框，如图 6-61 所示。在对话框中，可以方便地设置幻灯片的放映方式。

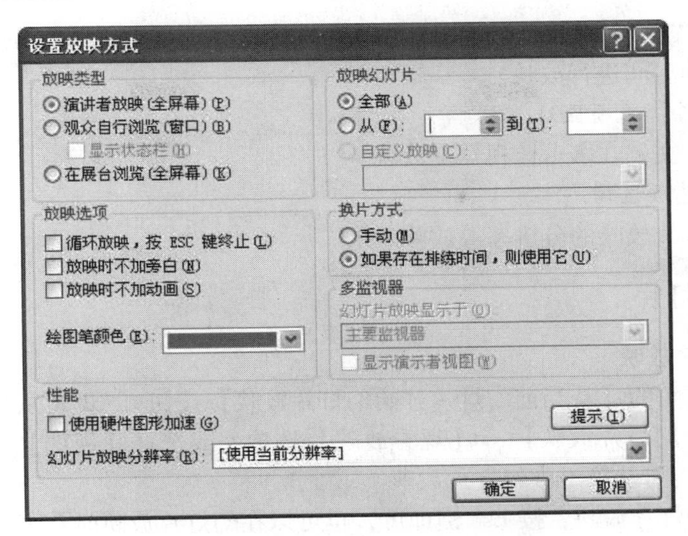

图 6-61 【设置放映方式】对话框

设置放映方式各选项区域主要功能如下。

1)【放映类型】选项区域

(1)【演讲者放映（全屏幕）】——系统默认的放映方式。若应用了排练计时或将所有幻灯片在【幻灯片切换】任务窗格的【每隔】数值框中设定了时间间隔，则可以连续放映该幻灯片，否则可以采用人工方式进行放映。

(2)【观众自行浏览（窗口）】——在放映窗口中会出现菜单栏和 Web 工具栏，可以通过其上的选项和按钮实现浏览放映和打印等功能，类似于网页的浏览，主要运行小规模的演示。

(3)【在展台浏览（全屏幕）】——一般在设置该放映类型前应将幻灯片设置成连续放映的幻灯片，否则在放映过程中会停留在某一张幻灯片上无法向下进行。应用这种类型放映的幻灯片无须人工干预，当放映完最后一张幻灯片后会自动返回放映第一张，这样一直循环下去，直到按 Esc 键停止。该放映类型主要用于放映无人管理的广告等。

2)【放映幻灯片】选项区域

(1)【全部】——从第一张幻灯片开始放映，直到最后一张幻灯片。

(2)【从…到…】——指定开始放映和结束放映的幻灯片编号。

(3)【自定义放映】——单击其下拉按钮，从弹出的下拉列表中选择某个自定义放映方式进行播放。如果当前演示文稿中没有设置自定义放映，则此项为灰色不可用。

3)【放映选项】选项区域

(1)【循环放映，按 ESC 键终止】——当选中【在展台浏览（全屏幕）】单选项时，默认情况下为此种放映方式，所以为灰色选中状态。勾选该复选项后，放映完最后一张幻灯片后，将继续放映第一张幻灯片进行重复放映，直到按 Esc 键才终止放映，返回普通视图。

(2)【放映时不加旁白】——勾选该复选项后，放映幻灯片时录制的旁白不参与播放。

(3)【放映时不加动画】——勾选该复选项后，放映幻灯片时不播放动画。

4)【换片方式】选项区域

(1)【手动】——选中该单选项后，在放映幻灯片时只能人为进行换片。

（2）【如果存在排练时间，则使用它】——选中该单选项后，如果幻灯片设置了排练计时，则按照排练的时间进行放映。

5）【多监视器】选项区域

用于设置演示文稿在多台监视器上放映。

6）【性能】选项区域

用于设置幻灯片放映的分辨率等放映效果。

6.5.9 放映幻灯片

1. 启动幻灯片放映

单击窗口左下角的【从当前幻灯片开始幻灯片放映】按钮，即可从当前选中的幻灯片开始放映。选择【幻灯片放映】→【观看放映】选项，或选择【视图】→【幻灯片放映】选项，或按 F5 键均可从第一张幻灯片放映。

如果想停止幻灯片放映，按 Esc 键即可，也可以在幻灯片放映时右击，然后在弹出的快捷菜单中选择【结束放映】选项。

2. 放映时切换幻灯片

在幻灯片放映视图中，单击左下角的按钮，或按 Enter 键，或单击左下角的按钮，在弹出的下拉列表中选择【下一张】选项，可放映下一张幻灯片；单击左下角的按钮，或按 Backspace 键，或单击左下角的按钮，在弹出的下拉列表中选择【上一张】选项，可放映上一张幻灯片；单击左下角的按钮，在弹出的下拉列表中选择【定位至幻灯片】选项，然后在级联菜单中选择所需的幻灯片后，可以转到指定的幻灯片；单击左下角的按钮，在弹出的下拉列表中选择【上次查看过的】选项，可以观看以前查看过的幻灯片。

提示 上述单击左下角按钮实现的功能也可以通过右键快捷菜单完成。

3. 在幻灯片放映时隐藏或显示指针

在幻灯片放映时右击，在弹出的快捷菜单中选择【指针选项】→【箭头选项】→【永远隐藏】选项，可以隐藏鼠标指针；再次选择【指针选项】→【箭头选项】→【可见】/【自动】选项，则可以显示鼠标指针。

4. 在幻灯片放映时使用绘图笔

在幻灯片放映时可以绘制图形、添加注释等。方法是右击，在弹出的快捷菜单中选择【指针选项】选项，然后在级联菜单中选择绘图笔种类。其中，选择【圆珠笔】选项，绘出的线条为细线条；选择【毡尖笔】选项，绘出的线条为粗线条；选择【荧光笔】选项，绘出的线条为浅色透明；选择【墨迹颜色】选项，在弹出的级联菜单中可选择绘图笔的颜色，也可在【设置放映方式】对话框中的【绘图笔颜色】下拉列表中预先设置绘图笔颜色；选择【橡皮擦】选项后单击线条可将其擦除；选择【擦除幻灯片上的所有墨迹】选项将擦除所有绘制的线条。按 Esc 键后会弹出是否保留墨迹注释对话框，若要将墨迹保留在幻灯片中，则单击【保留】按钮。

提示 在幻灯片放映时，单击左下角的按钮，也可以实现在上面右键快捷菜单中的所有操作。在放映幻灯片时右击，然后在弹出的快捷菜单中选择【帮助】选项或按 F1 键均可查看相应的操作方法。

6.5.10 隐藏幻灯片

有时，我们希望在正常放映幻灯片时看不到该幻灯片，但通过超链接又可以将该幻灯片显示出来，这时就可以利用隐藏幻灯片的功能将该幻灯片隐藏起来。另外，还可以利用幻灯片的隐藏功能隐藏备用幻灯片，使观众在放映时看不到这些被隐藏的幻灯片。

选中要隐藏的幻灯片后，选择【幻灯片放映】→【隐藏幻灯片】选项，或右击，在弹出的快捷菜单中选择【隐藏幻灯片】选项，也可以在幻灯片浏览视图中，单击【幻灯片浏览】工具栏中的【隐藏幻灯片】按钮。这时，在幻灯片编号上会出现一个“划去”符号，表示该幻灯片已被隐藏。重复上述操作可以取消幻灯片的隐藏。

6.6 打印和打包幻灯片

6.6.1 添加页眉和页脚

页眉和页脚是添加于演示文稿中的注释内容，它的内容一般是时间、日期和幻灯片编号等。添加页眉和页脚有助于幻灯片的制作和管理。具体操作步骤如下。

（1）选择【视图】→【页眉和页脚】选项，打开【页眉和页脚】对话框，如图 6-62 所示。

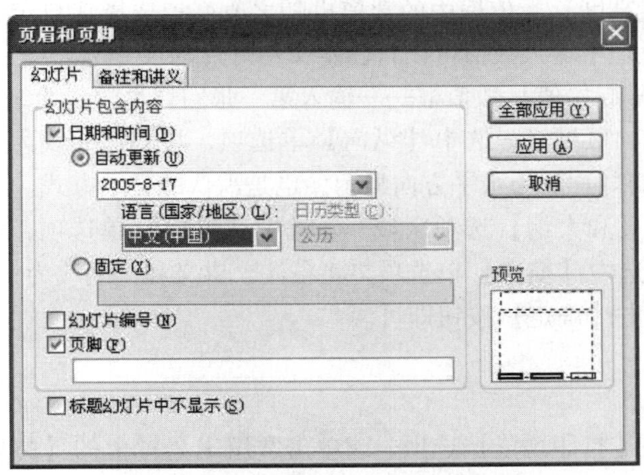

图 6-62 【页眉和页脚】对话框

（2）在【幻灯片】选项卡中，若勾选【日期和时间】复选项，可以添加日期和时间。选中【自动更新】单选项时，系统将自动插入当时的日期或时间，日期和时间的格式可从其下拉列表中选择；选中【固定】单选项，用户可以直接输入日期和时间，格式由用户自定义。

（3）如果需要添加幻灯片编号，则勾选【幻灯片编号】复选项。

（4）如果需要给幻灯片添加附注说明，则勾选【页脚】复选项，然后在下面的文本框中输入要说明的内容。

（5）如果不想让日期、时间、幻灯片编号或页脚文本出现在标题幻灯片上，可以勾选

【标题幻灯片中不显示】复选项。

（6）设置完毕后，如果要将信息添加到当前幻灯片中，则单击【应用】按钮；如果要添加到演示文稿的所有幻灯片中，则单击【全部应用】按钮。

在【备注和讲义】选项卡中，可以为备注和讲义添加页眉和页脚。

6.6.2 页面设置

选择【文件】→【页面设置】选项，打开【页面设置】对话框，如图 6-63 所示。

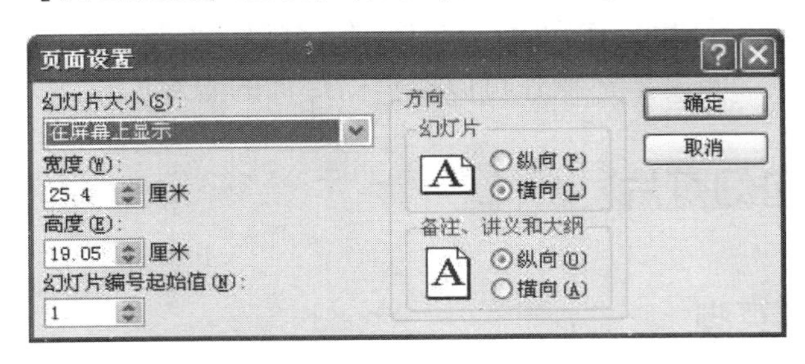

图 6-63 【页面设置】对话框

【页面设置】对话框中可实现的功能如下。

（1）【幻灯片大小】下拉列表——设置幻灯片的大小以适合纸张等的尺寸，选择相应选项之后【宽度】和【高度】数值框中的数值也随之改变；选择【自定义】选项后，在【宽度】和【高度】数值框中输入数值可以自己定义幻灯片的尺寸。

（2）【幻灯片编号起始值】数值框——输入第一张幻灯片的起始编号。

（3）【方向】选项区域——选中【纵向】单选项，将幻灯片改为垂直方向显示；选中【横向】单选项，将幻灯片改为水平方向显示，也是默认的显示方式。

（4）【备注、讲义和大纲】选项区域——选中【纵向】单选项，将备注、讲义和大纲改为垂直方向显示；选中【横向】单选项，将备注、讲义和大纲改为水平方向显示。

设置完毕后，单击【确定】按钮即可。

6.6.3 打印预览

选项【文件】→【打印预览】选项，或单击常用工具栏上的【打印预览】按钮，可将演示文稿切换到打印预览状态，同时打开【打印预览】工具栏，如图 6-64 所示。

【打印预览】工具栏可实现的功能如下。

（1）【上一页】按钮——预览当前幻灯片的上一张幻灯片。

（2）【下一页】按钮——预览当前幻灯片的下一张幻灯片。

（3）【打印】按钮——单击该按钮将弹出【打印】对话框，供进一步设置。

（4）【打印内容】下拉列表——用于选择预览演示文稿的内容，如幻灯片、讲义、备注页和大纲视图。

（5）【显示比例】下拉列表——用于选择预览幻灯片的显示比例。当鼠标指针变成带“+”号的放大镜时，单击则放大显示比例；当鼠标指针变成带“-”号的放大镜时，单击则缩小显示比例。

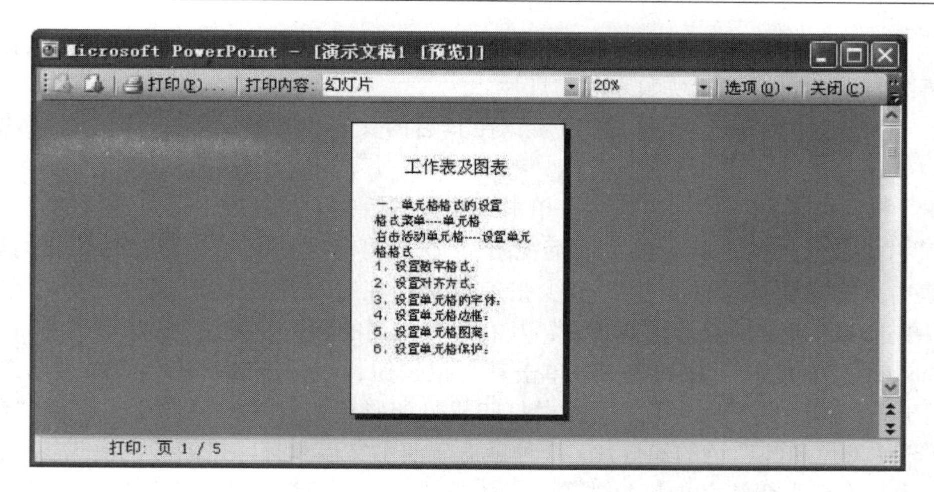

图 6-64　打印预览状态

（6）【关闭】按钮——关闭打印预览状态。

6.6.4　打印

选择【文件】→【打印】选项，打开【打印】对话框，如图 6-65 所示。

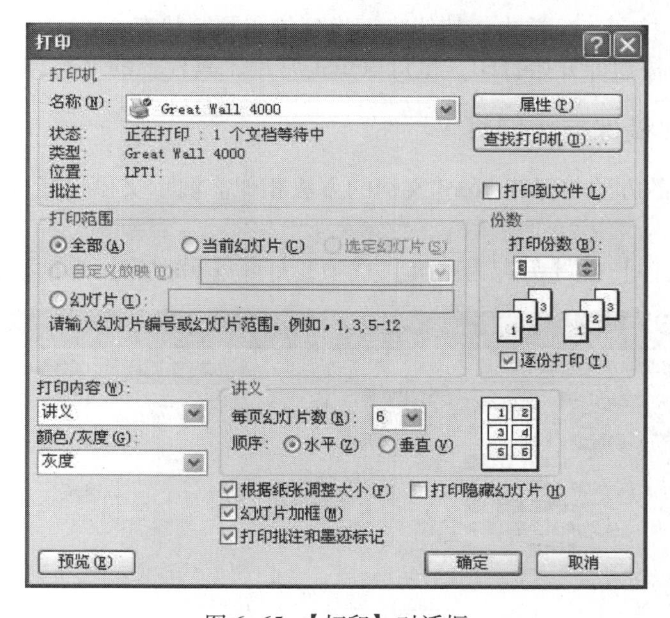

图 6-65　【打印】对话框

PowerPoint【打印】对话框中的一些选项的功能与 Word 相同，这里不再叙述，其他选项的功能如下。

（1）【全部】单选项——打印所有幻灯片的内容。

（2）【当前幻灯片】单选项——打印当前选中幻灯片的内容。

（3）【选定幻灯片】单选项——打印选中的连续的或不连续的幻灯片的内容。

（4）【自定义放映】单选项——选中后，其下拉列表框将被激活，单击下拉按钮后从中可以选择要打印的自定义放映顺序的幻灯片。

（5）【幻灯片】单选项——选中后，在其后的文本框中输入要打印的幻灯片编号或范围。

（6）【打印内容】下拉列表框——单击下拉按钮后在下拉列表中可以选择的打印内容为“幻灯片”“讲义”“备注页”或“大纲视图”。选择打印“讲义”后，在【每页幻灯片数】下拉列表中可选择要打印的页中有多少张幻灯片；在【顺序】后可通过选择【水平】或【垂直】单选项来确定幻灯片排列顺序，其右边有排列的预览效果。

（7）【颜色/灰度】下拉列表——单击其下拉按钮，在弹出的下拉列表中可以选择“颜色”（用于彩色打印）、“灰度”（用黑白打印机打印彩色幻灯片的最佳模式）或“纯黑白”（用于打印纯黑色和纯白色的幻灯片）3 种最适于演示文稿和打印机的颜色模式。

（8）【根据纸张调整大小】复选项——勾选该复选项可缩小或放大幻灯片以填充打印页面，但不会更改幻灯片的实际尺寸。

（9）【打印隐藏幻灯片】复选项——勾选该复选项则被隐藏的幻灯片也将被打印。

（10）【幻灯片加框】复选项——勾选该复选项可给要打印的幻灯片周围添加方框。

（11）【打印批注和墨迹标记】复选项——勾选该复选项可为打印幻灯片中添加批注和保留墨迹。

（12）【预览】按钮——单击该按钮将切换到打印预览状态。

单击【确定】按钮即开始打印，也可以单击常用工具栏上的【打印】按钮进行打印。

6.6.5 将演示文稿保存为网页

保存演示文稿的方法与保存 Word 文档的方法相似。演示文稿也能以网页格式保存，操作步骤如下。

（1）选择【文件】→【另存为网页】选项，打开【另存为】对话框，如图 6-66 所示。

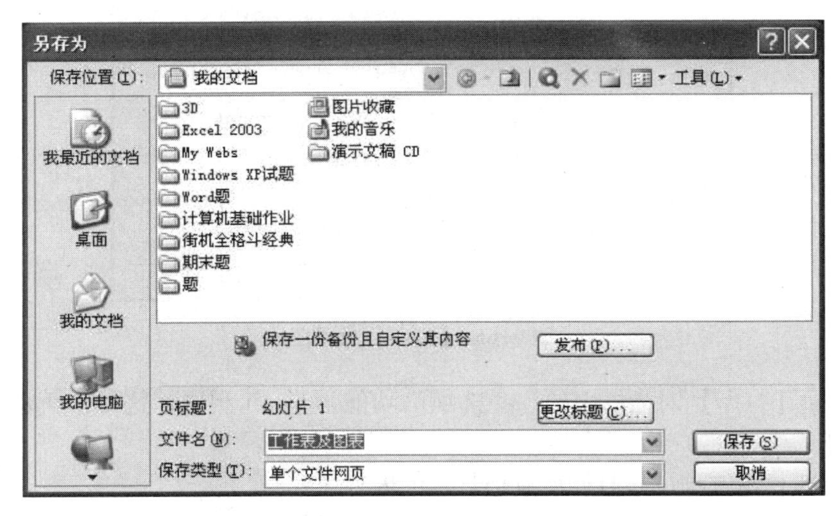

图 6-66 【另存为】对话框

（2）在【文件名】文本框中可以给演示文稿重命名。

（3）在【保存类型】下拉列表框中默认选中的类型为“单个文件网页”，即将演示文稿以一个网页文件形式保存。若选择“网页”类型，则 PowerPoint 会将演示文稿中的内容以文件形式保存在一个文件夹中。

（4）单击【更改标题】按钮，打开【设置页标题】对话框，在【页标题】文本框中输入将在浏览器标题栏内显示的网页标题名，单击【确定】按钮即可。

（5）单击【发布】按钮，打开【发布为网页】对话框，如图 6-67 所示。在【发布内容】选项区域可以设置需要发布到网页中的幻灯片。勾选【显示演讲者备注】复选项，可在发布的网页中显示备注信息。单击【Web 选项】按钮，打开【Web 选项】对话框，在其中可以设置有关网页文件的参数。在【浏览器支持】选项区域，选择支持的浏览器版本。在【发布一个副本为】选项区域，可以重新更改页标题内容和文件名内容。勾选【在浏览器中打开已发布的网页】复选项，单击【发布】按钮后，系统会自动打开浏览器浏览发布的网页。

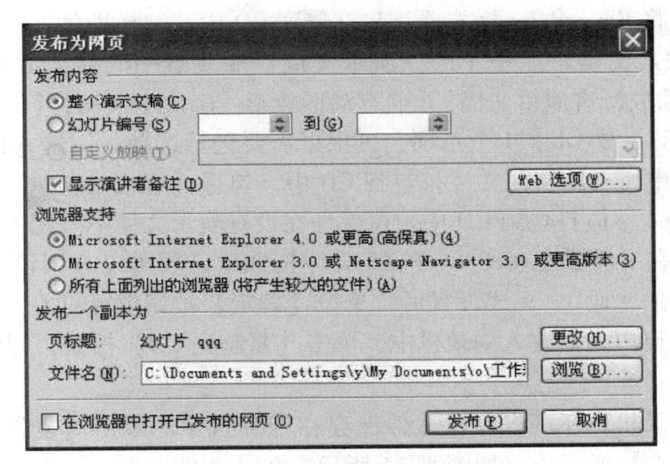

图 6-67　【发布为网页】对话框

提示　选择【文件】→【另存为】选项，在弹出的【另存为】对话框的【保存类型】下拉列表中可选择多种文件类型进行保存。

6.6.6　打包成 CD

在 PowerPoint 2003 中，可以将演示文稿、播放器及相关配置文件刻录到光盘上，具体操作步骤如下。

（1）选择【文件】→【打包成 CD】选项，打开【打包成 CD】对话框，如图 6-68 所示。

（2）单击【添加文件】按钮可以添加多个演示文稿，单击该按钮后对话框变成图 6-69 所示界面。单击【向上】按钮或【向下】按钮，可以调整演示文稿的播放顺序。单击【删除】按钮则删除选中的演示文稿。

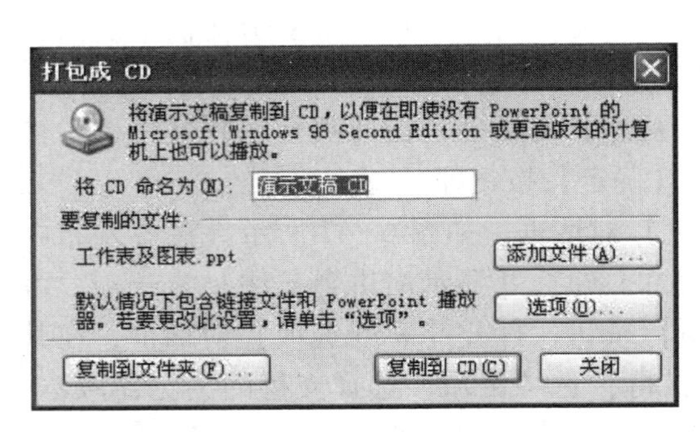

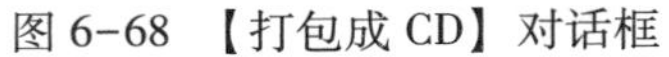
图 6-68 【打包成 CD】对话框

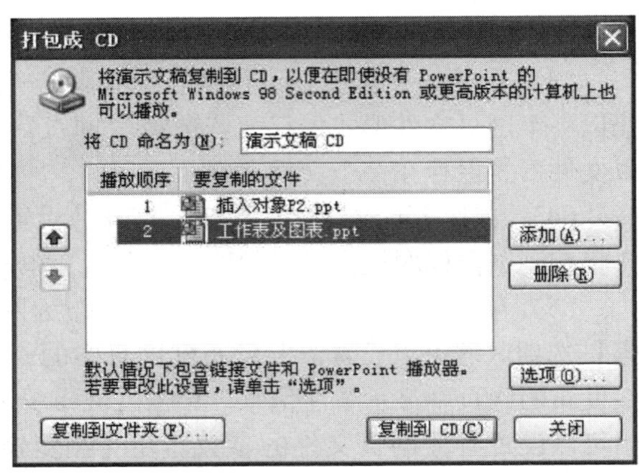

图 6-69 添加演示文稿后的效果

（3）单击【选项】按钮，打开【选项】对话框，如图 6-70 所示。勾选【PowerPoint 播放器】复选项，可将 PowerPoint 播放器一起打包到 CD 中，这样即使 CD 中没有安装 PowerPoint 也能播放该演示文稿。打开【选择演示文稿在播放器中的播放方式】下拉列表，有【按指定顺序自动播放所有演示文稿】【仅自动播放第一个演示文稿】【让用户自动选择要浏览的文稿】【不自动播放 CD】4 个选项，可根据需要进行选择。勾选【链接的文件】复选项，可将演示文稿中所有链接的文件打包到 CD 中。勾选【嵌入的 TrueType 字体】复选项，可将嵌入的 TrueType 字体打包到 CD 中，可保证在没有演示文稿中所用字体的计算机上也能正常观看该字体。在【帮助保护 PowerPoint 文件】选项区域可以分别设置“打开文件的密码”和“修改文件的密码”。完成设置后，单击【确定】按钮即可。

（4）此时可将空白光盘放入刻录机中，单击【复制到 CD】按钮，即将打包好的文件复制到空白光盘中。

（5）若没有刻录机，还可将打包文件保存在计算机中。单击【复制到文件夹】按钮，弹出【复制到文件夹】对话框，如图 6-71 所示。在【文件夹名称】文本框中输入打包后的文件夹名；在【位置】文本框中输入保存路径，也可以单击【浏览】按钮选择保存位置，单击【确定】按钮后，即将打包文件保存在计算机中。

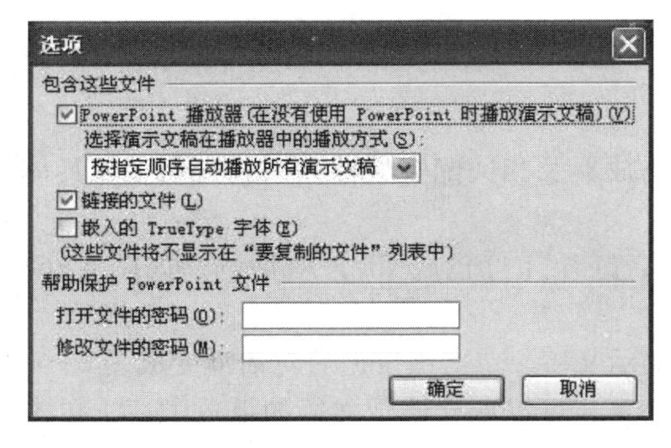

图 6-70 【选项】对话框

图 6-71 【复制到文件夹】对话框

习题

一、选择题

1. 如果要关闭演示文稿但并不想退出 PowerPoint 2003，可以________。
   A. 选择【文件】菜单的【关闭】选项　B. 选择【文件】菜单的【退出】选项
   C. 单击窗口的【关闭】按钮　D. 单击窗口的【控制菜单】按钮
2. 可对母版进行编辑和修改的视图是________。
   A. 普通视图　B. 备注页视图
   C. 母版视图　D. 幻灯片浏览视图
3. 演示文稿文件的扩展名是________。
   A. pot　B. ppt　C. dot　D. ppa
4. 在 PowerPoint 2003 中打开文件，下列叙述正确的是________。
   A. 只能打开一个文件　B. 最多能打开 4 个文件
   C. 不能同时打开多个文件　D. 可以同时打开多个文件
5. 在 PowerPoint 2003 中能使字体变斜的组合键是________。
   A. Shift+I　B. End+I
   C. Ctrl+I　D. Alt+I
6. 下列方法不能启动 PowerPoint 2003 的是________。
   A. 双击桌面上的 PowerPoint 2003 图标
   B. 双击 PowerPoint 2003 文件图标
   C. 右击 PowerPoint 2003 快捷方式图标
   D. 选择【开始】→【程序】→【Microsoft PowerPoint 2003】选项
7. 在 PowerPoint 编辑状态下可以进行幻灯片间移动和复制操作的视图是________。
   A. 普通视图　B. 幻灯片浏览视图
   C. 幻灯片放映视图　D. 备注页视图
8. 在________视图中可以对幻灯片内容进行编辑。
   A. 普通　B. 幻灯片放映
   C. 幻灯片浏览　D. 备注页
9. 以下不属于 PowerPoint 2003 视图方式的是________。
   A. 幻灯片浏览视图　B. 幻灯片放映视图
   C. 普通视图　D. 讲义视图
10. 要选中全部幻灯片，可用组合键________。
   A. Shift+A　B. Shift+Ctrl
   C. Ctrl+A　D. Shift+Ctrl+A
11. 下面不属于创建 PowerPoint 2003 演示文稿的方法是________。
   A. 根据设计模板创建演示文稿　B. 创建空演示文稿
   C. 根据内容提示向导创建演示文稿　D. 根据空白模板创建演示文稿
12. 在演示文稿中不能插入新幻灯片的方法是________。

A. 选择【文件】菜单中的【新建】选项
B. 选择【插入】菜单中的【新幻灯片】选项
C. 在【幻灯片】选项卡中右击，在弹出的快捷菜单中选择【新幻灯片】选项
D. 单击常用工具栏中的【新幻灯片】按钮

13. 下列可以删除幻灯片的操作是________。
A. 在幻灯片放映视图中选中幻灯片，再按 Delete 键
B. 在普通视图中选中幻灯片，再单击【复制】按钮
C. 在幻灯片浏览视图中选中幻灯片，再按 Delete 键
D. 按 Esc 键

14. 下列可以退出 PowerPoint 2003 演示文稿主窗口的操作是________。
A. 选择【文件】菜单中的【退出】选项
B. 按 Ctrl+X 组合键
C. 按 Ctrl+F4 组合键
D. 按 Esc 键

15. 选中图形对象时，如果要选中多个图形，需要按________键，再用鼠标单击要选中的图形。
A. Shift　　B. Shift+Ctrl
C. Ctrl　　D. 答案 A、B、C 都可以

16.【自定义动画】任务窗格中有关动画设置的选项包括________。
A.【动画顺序】选项　　B.【速度】选项
C.【效果】选项　　D. 答案 A、B、C 都包括

17. 为幻灯片中文本设置项目符号，可使用________。
A.【编辑】菜单　　B.【插入】菜单
C.【格式】菜单　　D.【工具】菜单

18. 下述有关在幻灯片浏览视图下的操作，不正确的是________。
A. 按 Shift 键的同时按住鼠标左键可以选中多张幻灯片
B. 用鼠标拖动幻灯片可以改变幻灯片在演示文稿中的位置
C. 在幻灯片浏览视图中可以隐藏幻灯片
D. 在幻灯片浏览视图中一次可以删除幻灯片中的某一对象

19. 在幻灯片放映时，从一张幻灯片过渡到下一张幻灯片，称为________。
A. 动作设置　　B. 过渡
C. 幻灯片切换　　D. 过卷

20. 如果要从最后一张幻灯片返回第一张幻灯片放映，应选择【幻灯片放映】菜单中的________选项。
A.【动作】　　B.【预设动画】
C.【幻灯片切换】　　D.【自定义动画】

21. PowerPoint 2003 窗口左下角 3 个按钮的作用是________。
A. 切换视图方式　　B. 设定字体格式
C. 设置段落格式　　D. 设置项目符号

22. 若为幻灯片中的对象设置动画，可选择________。
A.【格式】菜单中的【自定义动画】选项
B.【工具】菜单中的【自定义动画】选项
C.【插入】菜单中的【自定义动画】选项
D.【幻灯片放映】菜单中的【自定义动画】选项
23. 有关幻灯片页面版式的描述，正确的是________。
A. 幻灯片应用模板可以改变
B. 幻灯片的大小不能够调整
C. 一篇演示文稿中只允许使用一种母版格式
D. 一篇演示文稿中不同幻灯片的配色方案可以不同
24. 在幻灯片中插入的组织结构图是________。
A. 利用【绘图】工具栏绘制的　　B. 插入的剪贴画
C. 在组织结构图占位符中插入的　　D. 插入的图文框
25. 在幻灯片的【动作设置】对话框中设置的超链接对象可以是________。
A. 该幻灯片中的声音对象　　B. 该幻灯片中的图形对象
C. 该幻灯片中的影片对象　　D. 其他幻灯片
26. PowerPoint 2003 提供了________种新幻灯片版式可供选择。
A. 6　　B. 11
C. 13　　D. 31
27. 在 PowerPoint 2003 中文件的保存类型不可以是________。
A. 大纲文件　　B. Word 文档
C. 演示文稿　　D. 演示文稿模板
28. PowerPoint 2003 的母版不包括________。
A. 黑白母版　　B. 备注母版
C. 标题母版　　D. 讲义母版
29. 有关幻灯片中文本框的描述不正确的是________。
A. “水平文本框”的含义是文本框高的尺寸比宽的尺寸小，文本框可被旋转
B. 选中一个版式后，其内的文本框的位置不可以改变
C. 复制文本框时，内部添加的文本将一同被复制
D. 文本框的大小可以通过鼠标调整
30. 选中文本后，下述操作不能用于设置文本字号的是________。
A. 单击【格式】工具栏中的【字号】按钮
B. 选择【格式】菜单中的【字体】选项
C. 按鼠标右键，在弹出的快捷菜单中选择【字体】选项
D. 按鼠标左键，在弹出的快捷菜单中选择【字体】选项

二、填空题

1. 要停止正在放映的幻灯片，可以按________键。

2. 如果要在幻灯片浏览视图中选中若干张不连续的幻灯片，应先按________键，再分别单击。

3. 统一演示文稿外观的方法有编辑背景、使用配色方案________。

4. 若为幻灯片中的对象设置动画，可使用【预设动画】或________选项。

5. PowerPoint 2003 文件的扩展名为________。

6. 选择【文件】菜单中的________选项，可以退出 PowerPoint 2003。

7. 用 PowerPoint 2003 创建的用于演示的文件称为________。

8. PowerPoint 2003 提供了 4 种视图方式，分别是________、________、幻灯片放映视图和备注页视图。

9. 若想选择演示文稿中指定的幻灯片进行播放，可以选择【幻灯片放映】菜单中的________选项。

10. 显示或隐藏工具栏，应使用________菜单。

11. 若想向幻灯片中插入影片，应选择________菜单。

12. PowerPoint 2003 的普通视图可以同时显示【幻灯片】选项卡、【大纲】选项卡和________任务窗格。

13. 若想调整幻灯片的顺序，应在________视图或________视图中进行。

14. 如果设计幻灯片时想选择 PowerPoint 2003 提供的某种背景图案，应选择________菜单。

15. 若想查看演示文稿的设计效果，应选择________选项。

16. 幻灯片放映时的切换速度有 3 种，分别是________、________和________。

17. 幻灯片放映时的换页方式有________和________。

18. ________任务窗格中提供了多种幻灯片版式，可供用户选择。

19. 若想在幻灯片中插入一张图片，应在【新建演示文稿】任务窗格中单击________超链接。

20. 在 PowerPoint 2003 中，对幻灯片设置动画效果可以选择【幻灯片放映】菜单中的________和________选项。

三、判断题

1. 在 PowerPoint 2003 中，每次用鼠标单击常用工具栏中的【新建】按钮，系统都会自动创建一个演示文稿。（ ）

2. 在 PowerPoint 2003 提供的 4 种视图中都可以对幻灯片进行任何编辑操作，只是视觉效果不一样。（ ）

3. 【大纲】选项卡和【幻灯片】选项卡是普通视图特有的组成部分，在其他视图中没有。（ ）

4. 在编辑幻灯片时，若按 F5 键则从当前正在编辑的幻灯片开始播放演示文稿。（ ）

5. 在幻灯片中若要选中多个图形对象，可以先按住 Shift 键、Ctrl 键或 Shift+Ctrl 组合键，再逐个单击要选中的图形对象。（ ）

6. 在 PowerPoint 2003 中，既可以将文件保存为演示文稿 ppt 又可以将文件保存为设计模板 ppt。（ ）

7. 在幻灯片中，即使没有文本占位符也可以向幻灯片中输入文本内容。（ ）

8. 制作摘要幻灯片时，选择要制作为摘要幻灯片的一组幻灯片可以是不连续的。（　　）

9. 使用幻灯片母版更改幻灯片外观，只能对所有的幻灯片进行一次性全部修改，而不能对其中的部分幻灯片进行局部修改。（　　）

10. 要想在幻灯片中使用自己创建的演示文稿模板，在保存模板文件时，保存位置是固定不变的。（　　）

四、简答题

1. 简述 PowerPoint 2003 的功能。
2. 在 PowerPoint 2003 中有哪几种视图？
3. 简述【大纲】工具栏中各个按钮的功能。
4. 简述如何为幻灯片设置背景和配色方案。
5. 简述创建自定义放映的过程。
6. 简述设置幻灯片放映时间的过程。
7. 简述幻灯片母版的作用。
8. 简述统一幻灯片外观的 3 种方法及它们之间的区别。
9. 简述如何设置幻灯片中各个对象的动画效果。
10. 什么是超链接，如何在幻灯片中创建超链接？

第 7 章 Internet 和网络基础

7.1 Internet 介绍

7.1.1 了解 Internet

自 20 世纪 80 年代末期以来，在计算机领域最引人注目的就是 Internet。如今，它已经深入到社会生活的各个方面，从网上聊天、网上购物到网上办公，以及 E-mail 信息传递。可以说，Internet 的影响无处不在。

那么，什么是 Internet？事实上，目前很难给出一个准确的定义概括 Internet 的特征和全部内容。Internet 的主要前身为美国的 ARDANET。1969 年，美国国防部为了在战争中保障计算机系统工作的不间断性，将分布在不同地点的 4 台主机结点连接了起来，组成了一个网络，这就是 ARPANET。后来越来越多的部门和机构，例如学校、政府等，将计算机或局域网连入 ARPANET，慢慢就形成了现在这样一个覆盖全球的 Internet 网络。对于 Internet，我们也把它称为“因特网”或“互联网”。

1994 年，中国正式接入 Internet。目前中国的 Internet 主要由四大互联网络组成。

1）中国教育科研计算机网

中国教育科研计算机网（CERNET）是由国家投资建设，教育部负责管理，并由清华大学等高等学校承担建设和管理运行的全国学术性计算机互联网络。它主要面向教育和科研单位，是全国最大的公益性互联网络。

2）中国科学技术网

中国科学技术网（CSTNET）是在中关村地区教育与科研示范网和中国科学院计算机网络的基础上建设和发展起来的覆盖全国范围的大型计算机网络。它是非营利的公益性网络，主要为科学家、科技管理部门、政府部门和高新技术企业服务，由中国科学院计算机网络信息中心管理运行。

3）中国公用计算机互联网

中国公用计算机互联网（CHINANET）是中国最大的因特网服务提供者（ISP）。它是由现代信息产业部投资建设的公用计算机互联网，由中国电信经营管理，是中国第一个商业化的计算机互联网。CHINANET 提供了 Internet 上所有的服务。

4）中国金桥信息网

中国金桥信息网（CHINAGBN）是国家公用经济信息通信网。CHINAGBN 实行天地一网，即天上卫星网与地面光纤网互联互通，覆盖国内 30 多个省市和自治区，并提供计算机综合信息服务。

7.1.2　Internet 的有关概念

1. TCP/IP 协议

TCP/IP 是由美国国防部所制定的通信协议，包括传输控制协议（Transmission Control Protocol，TCP）和互联网协议（Internet Protocol，IP）。这种协议使得不同品牌、规格的计算机系统可以在互联网上正确地传送信息。这种协议几乎成为互联网上的通信标准，只要遵循 TCP/IP 协议规范，便能在互联网上通行无阻。目前，大部分具有网络功能的计算机系统都支持 TCP/IP 协议。

2. IP 地址和域名

1）IP 地址

Internet 上有数百万台主机，那么各主机是如何标识自己的呢？原来，Internet 中的每台主机都分配了一个地址，称为 IP 地址。IP 地址相当于计算机主机在互联网上的门牌号码。网络上每台主机都必须拥有一个独一无二的 IP 地址，这样通过网络传送的信息都会清楚地表明发出信息的主机和终点主机的地址，以确保传送无误。IP 地址的表示由 4 组 0 ～ 255 的数字组成，中间用符号“.”隔开，如 198. 137. 240. 92。

2）域名

域（domain）是指局域网或互联网所涵盖的范围中，某些计算机及网络设备的集合。域名是指某一区域的名称，它可以被当作互联网上一台主机的代称，比 IP 地址更便于记忆。一般说来，域名可以分解为三个部分，分别为主机名称、机构名称及类别、地理名称。

（1）主机名称。主机名称通常按照主机所提供的服务种类命名。例如，提供 WWW 服务的主机，其主机名称为 WWW；提供 FTP 服务的主机，其主机名称为 FTP。WWW 是 world wide web 的缩写，中文意为“全球网络信息查询系统”，简称为“万维网”，用户可以通过 IE 等浏览器查询 WWW 系统中的信息。

（2）机构名称及类别。机构名称通常是指公司、政府机构的英文名称或简称，例如，sina 为新浪网络公司，sohu 为搜狐网络公司等；类别则是指机构的性质，例如，com 为商业机构，gov 为政府机关，edu 为教育机构等。

（3）地理名称。地理名称用以指出服务器主机的所在地，一般只有在美国以外的地区才会使用地理名称。例如，中国为 cn，日本为 jp，英国为 uk 等。

3. URL

URL（uniform resource locator，统一资源定位地址）用来指示某一项资源（或信息）的所在位置及访问方式。URL 的格式为“访问方法://主机地址/路径文件名”。（例如，http://www. bta. net. cn/index. htm。）

（1）访问方法——用来表示该 URL 所链接的网络服务性质。例如，http 为 WWW 的访问方式，ftp 为文件传输服务的访问方式。

（2）主机地址——用来表示该项资源所在服务器主机的域名。例如，www. bta. net. cn，www. sohu. com 等。

（3）路径文件名——用来表示该项资源所在服务器主机中的路径及文件名。例如，index. htm。

4. ISP 与 ICP

ISP（Internet service provider，因特网服务提供者）是为客户提供连接 Internet 服务的组织。ICP（Internet content provider，因特网内容提供者）不为客户提供连接 Internet 的服务，仅仅提供网上信息服务。

7.2 网络基础

计算机网络是计算机技术和通信技术结合的产物，是随着社会对信息共享、信息传递的要求而发展起来的。随着计算机软、硬件及通信技术的快速发展，计算机网络迅速渗透到金融、教育、运输等各个行业，而且随着计算机网络的优势逐渐被人们所熟悉和接受，网络将越来越快地融入社会生活的方方面面。可以说，未来是一个充满网络的世界。

7.2.1 计算机网络概述

计算机网络，是指将地理位置不同的、具有独立功能的多台计算机系统，通过通信设备和通信线路连接起来，在网络操作系统、网络管理软件及网络通信协议的管理和协调下，实现网络中资源共享和信息传递的系统。简单地说，计算机网络就是通过传输介质将两台及两台以上的计算机互联起来的集合。

计算机网络通常由资源子网、通信子网和通信协议三部分组成。

资源子网是计算机网络中面向用户的部分，负责全网络面向应用的数据处理工作，其主体是连入计算机网络内的所有主计算机，以及这些计算机所拥有的面向用户端的外部设备、软件和可用来共享的数据等。

通信子网是计算机网络中负责数据通信的部分。通信传输介质可以是双绞线、同轴电缆、无线电、微波等。

通信协议是指为使网内各计算机之间的通信可靠、有效，通信双方必须共同遵守的规则和约定。

计算机网络主要涉及以下三项重要内容。

（1）具有独立功能的多个计算机系统：各种类型的计算机、工作站、服务器、数据处理终端设备。

（2）通信线路和设备：通信线路是指网络连接介质，如同轴电缆、双绞线、光缆、铜缆、卫星等；通信设备是指网络连接设备，如网关、网桥、集线器、交换机、路由器、调制解调器等。

（3）网络软件：各类网络系统软件和各类网络应用软件。

7.2.2 计算机网络的发展

计算机网络的发展可大致分为四个阶段。

1. 第一代：面向终端的计算机网络

1946 年世界上第一台公认的电子计算机 ENIAC 在美国诞生时，计算机技术与通信技术并没有直接的联系。直到 20 世纪 50 年代初期，出现了以单个计算机为中心的面向终端的远程联机系统，但其终端往往只具备基本的输入及输出功能（显示系统及键盘）。该系统是计算机技术与通信技术相结合而形成的计算机网络的雏形，因此也称为面向终端的计算机网络，如图 7-1 所示。

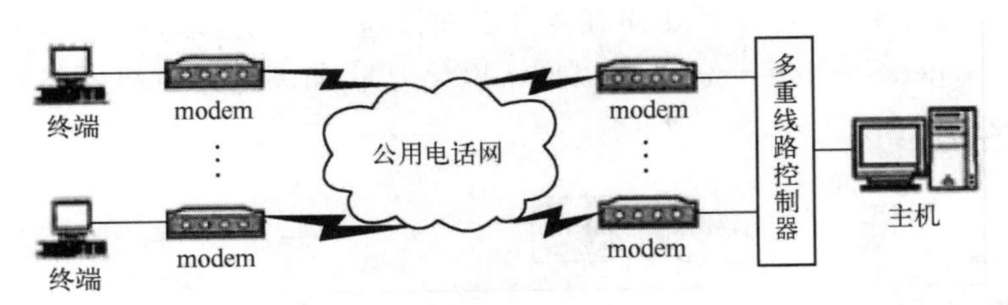

图 7-1　面向终端的计算机网络

2. 第二代：计算机通信网络

面向终端的计算机网络只能在终端与主机之间进行通信，子网之间无法通信。因此，从 20 世纪 60 年代中期开始，出现了多个主机互联的系统，可以实现计算机与计算机之间的通信。它由通信子网和用户资源子网构成，是网络的初级阶段，因此，称其为计算机通信网络。如图 7-2 所示，网络中的通信双方都是具有自主处理能力的计算机，功能以资源共享为主。

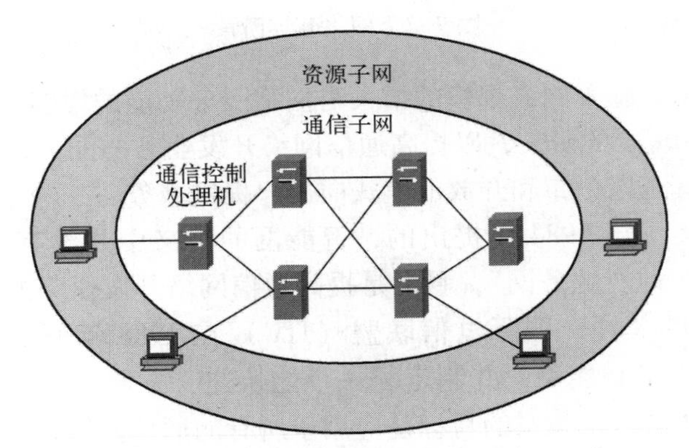

图 7-2　以通信子网为中心的计算机网络

1969 年，仅有 4 个结点的分组交换网 ARPANET（高级研究计划局网络）的研制成功，标志着计算机通信网络的诞生。1983 年，此网络发展到 200 个结点，连接了数百台计算机。

3. 第三代：计算机互联网络（Internet）

20 世纪 70 年代中期，局域网诞生并推广使用，为了使不同体系的网络也能相互交换信息，国际标准化组织（ISO）于 1977 年成立专门机构，并在 1984 年颁布了世界范围内网络互联的标准，称之为开放系统互连参考模型 OSI/RM（open system interconnection/reference model），简称 OSI。从此，计算机网络进入了互联发展的时代，如图 7-3 所示。

4. 第四代：互联、高速、智能化的计算机网络

从 20 世纪 80 年代末开始，计算机网络技术进入新的发展阶段，其特点是互联、高速和智能化，主要表现在以下几个方面。

（1）发展了以 Internet 为代表的互联网。

（2）发展了高速网络。1993 年美国政府公布了国家信息基础设施（national information

infrastructure，NII）行动计划，即信息高速公路计划。这里的“信息高速公路”是指数字化大容量光纤通信网络，用以把政府机构、企业、大学、科研机构和家庭的计算机联网。美国政府又分别于 1996 年和 1997 年开始研究发展更加快速可靠的互联网 2（Internet 2）和下一代因特网（next-generation Internet）。可以说，网络互联和高速计算机网络正成为最新一代计算机网络的发展方向。

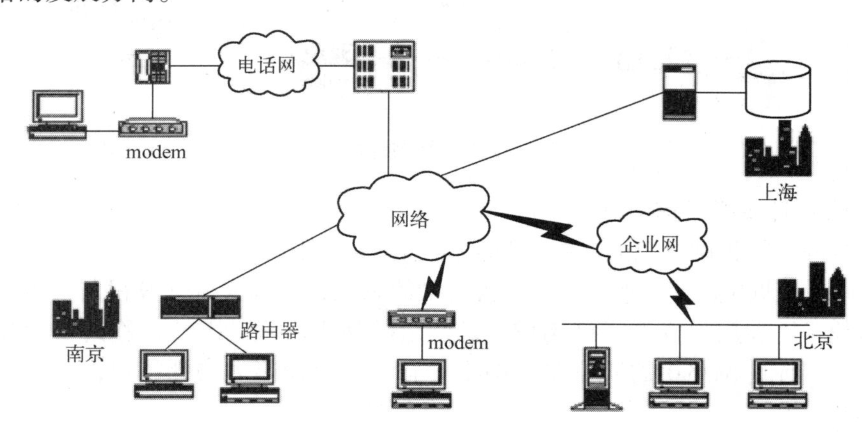

图 7-3 网络互连阶段

（3）研究智能网络。随着网络规模的增大与网络服务功能的增多，各国正在开展智能网络 IN（intelligent network）的研究，以提高通信网络开发业务的能力，并更加合理地进行网络各种业务的管理，真正以分布和开放的形式向用户提供服务。

智能网的概念是美国于 1984 年提出的，智能网的定义中并没有人们通常理解的“智能”含义，它仅仅是一种“业务网”，目的是提高通信网络开发业务的能力。它的出现引起了世界各国电信部门的关注，国际电信联盟（ITU）在 1988 年开始将其列为研究课题。1992 年 ITU-T 正式定义了智能网，并制定了一个能快速、方便、灵活、经济、有效地生成和实现各种新业务的体系。该体系的目标是应用于所有的通信网络，即不仅可应用于现有的电话网、N-ISDN 网和分组网，同样可应用于移动通信网和 B-ISDN 网。随着时间的推移，智能网络的应用将向更高层次发展。

7.2.3 计算机网络分类

计算机网络的分类方式有很多种，如按拓扑结构、作用范围、使用范围和传输介质等。按拓扑结构可以分为总线、星状、环状、网状、树状；按使用范围可以分为公用网和专用网，如 CHINANET 为公用网，它是面向公众开放的，而 CERNET 则是专用网；按传输介质可以分为有线网和无线网；按网络传输技术可以分为广播式网络（broadcast networks）和点-点式网络（point-to-point networks）。通常我们都是按照地理范围将计算机网络划分为局域网、城域网和广域网。

1. 局域网

局域网地理范围一般在几百米到十千米之间，属于小范围内的连网，如一个建筑物内、一个学校内、一个工厂的厂区内等。局域网的组建简单、灵活，使用方便。随着计算机应用的普及，局域网的地位和作用越来越重要，人们已经不满足计算机与计算机之间的资源共享。现在安装软件和视频图像处理等操作均可在局域网中进行。

2. 城域网

城域网地理范围可从几十千米到上百千米，可覆盖一个城市或地区，是一种中等范围内的连网。城域网使用的技术与局域网相同，但分布范围要更广一些，可以支持数据、语音及有线电视网络等。

3. 广域网

广域网也称为远程网络，其作用范围通常为几十千米到几千千米，属于大范围的连网，如几个城市、一个或几个国家，甚至全球。广域网是将多个局域网连接起来的更大的网络。各个局域网之间可以通过高速电缆、光缆、微波卫星等远程通信方式连接。广域网是网络系统中的最大型的网络，能实现大范围的资源共享，如国际性的 Internet。

7.2.4　计算机网络拓扑结构

拓扑结构是指将不同设备根据不同的工作方式进行连接的结构。不同计算机网络系统的拓扑结构是不同的，而且不同拓扑结构的网络的功能、可靠性、组网的难易程度及成本等也不同。计算机网络的拓扑结构是计算机网络上各结点（分布在不同地理位置上的计算机设备及其他设备）和通信链路所构成的几何形状。常见的拓扑结构有 5 种：总线、星状、环状、树状和网状。各种拓扑结构的示意图如图 7-4 所示。

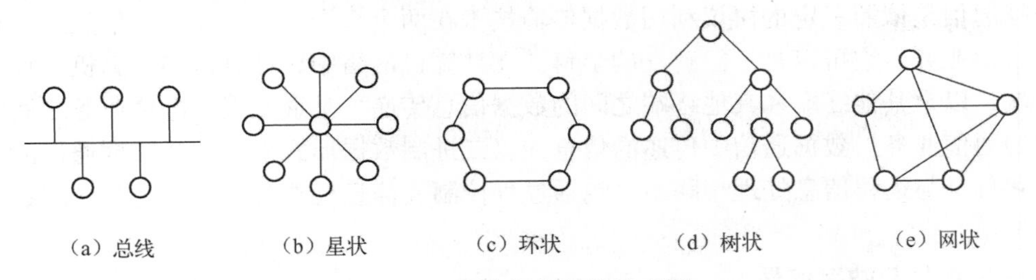

图 7-4　网络拓扑结构示意图

1. 总线结构

总线拓扑结构如图 7-4（a）所示，它采用一条公共线作为数据传输介质，所有网络上的结点都连接在总线上，通过总线在结点之间传输数据。由于各结点共用一条总线，在任意时刻只允许一个结点发送数据，因此传输数据易出现冲突现象，而如果总线出现故障，将影响整个网络的运行。但是，总线拓扑结构具有结构简单，易于扩展，建网成本低等优点，局域网中以太网就是典型的总线拓扑结构。

2. 星状结构

星状结构如图 7-4（b）所示，网络上每个结点都由一条点到点的链路与中心结点相连。中心结点充当整个网络控制的主控计算机，具有数据处理和存储的双重功能，也可以是程控交换机或集线器，仅在各结点间起连通作用。各结点之间的数据通信必须通过中心结点，一旦中心结点出现故障，将导致整个网络系统彻底崩溃。

3. 环状结构

环状结构如图 7-4（c）所示，网络上各结点都连接在一个闭合环状的通信链路上，信息单方向沿环传递，两结点之间仅有唯一的通道。网络上各结点之间没有主次关系，各结点负担均衡，但网络扩充及维护不太方便。如果网络上有一个结点或者是环路出现故障，将可能引起整个网络发生故障。

4. 树状结构

树状结构（是星状结构的发展）如图 7-4（d）所示，网络中各结点按一定的层次连接起来，形状像一棵倒置的树，所以称为树状结构。在树状结构中，顶端的结点称为根结点，它带有若干个分支结点，每个分支结点再带有若干个子分支结点，信息可以在每个分支链路上双向传递。树状结构的优点是网络扩充、故障隔离比较方便，适用于分级管理和控制系统，但如果根结点出现故障，将影响整个网络的运行。

5. 网状结构

网状结构如图 7-4（e）所示，其网络上各结点的连接是不规则的，每个结点可以有多个分支，信息可以在任何分支上进行传递，这样可以减少网络阻塞的现象，可靠性高，灵活性好，结点的独立处理能力强，信息传输容量大，但结构复杂，不易管理和维护，成本高。

以上介绍的是计算机网络系统基本的拓扑结构，在实际组建网络时，可根据具体情况，选择某种拓扑结构或选择几种基本拓扑结构的组合方式来完成网络拓扑结构的设计。

7.2.5 数据通信技术

数据通信是依照一定的协议利用数据传输技术在两个终端之间传递数据信息的一种通信方式和通信业务。它可以是一门独立的学科。在计算机网络中，计算机和计算机、计算机和其他终端，以及其他终端和其他终端之间的数据信息传递，是继电报、电话业务之后的第三种最大的通信业务。数据通信中传递的信息均以二进制数据形式来表现。数据通信的另一个特点是它总是与远程信息处理相联系，包括过程控制、信息检索等。下面简单介绍数据通信的基础知识。

1. 模拟信号与数字信号

1）模拟数据与数字数据

数据有数字数据和模拟数据之分。

（1）模拟数据：状态是连续变化的、不可数的，如强弱连续变化的语音、亮度连续变化的图像等。

（2）数字数据：状态是离散的、可数的，如符号、数字等。

2）模拟信号与数字信号

数据在通信系统中需要变换为（通过编码实现）电信号的形式，从一点传输到另一点。信号是数据在传输过程中电磁波的表现形式。由于有两种不同的数据类型，信号也相应地有两种形式。

（1）模拟信号：是一种连续变换的电信号，它的幅值可由无限个数值表示，如普通电话机输出的信号就是模拟信号。

（2）数字信号：是一种离散信号，它的幅值被限制在有限个数值之内，如电传机输出的信号就是数字信号。

2. 信道的分类

信道是信号传输的通道，包括通信设备和传输媒体。这些媒体可以是有形媒体（如电缆、光纤），也可以是无形媒体（如传输电磁波的空间）。

（1）信道按传输媒体可分为有线信道和无线信道。

（2）信道按传输信号可分为模拟信道和数字信道。

（3）信道按使用权可分为专用信道和公用信道。

3. 通信方式种类

（1）通信仅在点与点之间进行，按信号传送的方向与时间分类，通信方式可分为 3 种。

① 单工通信：是指信号只能单方向进行传输的工作方式。一方只能发送信号，另一方只能接收信号，如广播、遥控采用的就是单工通信方式。

② 半双工通信：是指通信双方都能接收、发送信号，但不能同时进行收和发的工作。它要求双方都有收发信号的功能，如无线电对讲机。

③ 全双工通信：是指通信双方可同时进行收和发的双向传输信号的工作方式，如普通电话采用的就是一种最简单的全双工通信方式。

（2）按数字信号在传输过程中的排列方式分类，通信方式可分为 2 种。

① 并行传输：指数据以成组的方式在多个并行信道上同时传输。并行传输的优点是不存在字符同步问题，速度快，缺点是需要多个信道并行，这在信道远距离传输中是不允许的。因此，并行传输往往仅限于机内的或同一系统内的设备间的通信，如打印机一般都接在计算机的并行接口上。

② 串行传输：指信号在一条信道上一位接一位地传输。在这种传输方式中，收发双方保持位同步或字符间同步是必须解决的问题。串行传输比较节省设备，所以目前计算机网络中普遍采用这种传输方式。

4. 数据传输的速率

（1）比特率是数字信号的传输速率。1 个二进制位所携带的信息即称为 1 个比特（bit）的信息，并作为最小的信息单位。比特率是单位时间内传送的比特数（二进制位数）。

（2）波特率也称为调制速率，是调制后的传输速率，指单位时间内模拟信号状态变化的次数，即单位时间内传输波形的个数。

（3）误码率是指码元在传输中出错的概率，它是衡量通信系统传输可靠性的一个指标。在数字通信中，数据传输的形式是代码，代码由码元组成，码元用波形表示。

7.2.6 计算机网络体系结构

计算机网络体系结构涉及通信系统的整体设计，它为网络硬件、软件、协议、存取控制和拓扑结构提供标准。一个功能完备的计算机网络需要制定一整套复杂的协议集。对于结构复杂的网络协议来说，最好的组织方式是层次结构模型。计算机网络协议就是按照层次结构模型来组织的。计算机网络体系结构（network architecture）是网络层次结构模型与各层协议集合的统一。计算机网络是一个非常复杂的系统，需要解决的问题很多并且性质各不相同，所以在设计 ARPANET 时，就提出了“分层”的思想，即将庞大而复杂的问题分为若干较小且易于处理的局部问题。

为了使不同体系结构的计算机网络能互连，国际标准化组织 ISO 于 1978 年提出了“异种机连网标准”的框架结构，这就是著名的开放系统互连参考模型。OSI 得到了国际的承认，成为其他各种计算机网络体系结构参照的标准，大大地推动了计算机网络的发展。

1. 协议

随着网络的发展，不同的开发商开发了不同的通信方式。为了使通信成功可靠，网络中的所有主机都必须使用同一语言，网络中不同的工作站和服务器之间能传输数据，源于协议的存在。协议就是对数据格式和计算机之间交换数据时必须遵守的规则的正式描述。网络协议包括以下三个部分：

（1）语法，包括数据格式、编码及信号电平等。

（2）语义，包括用于协议和差错处理的控制信息。

（3）时序，包括速度匹配和排序。

OSI 参考模型用物理层、数据链路层、网络层、传输层、会话层、表示层和应用层七个层次描述网络的结构。它的规范对所有的厂商都是开放的，具有指导国际网络结构和开放系统走向的作用。它直接影响总线、接口和网络的性能。目前常见的网络体系结构有 FDDI、以太网、令牌环网和快速以太网等。从网络互连的角度看，网络体系结构的关键要素是协议和拓扑。

2. OSI 参考模型

国际上主要有两大制定计算机网络标准的组织：国际电报与电话咨询委员会（Consultative Committee on International Telegraph and Telephone，CCITT）和国际标准化组织（International Organization for Standards，ISO）。CCITT 主要是从通信角度考虑标准的制定，而 ISO 则侧重于信息的处理与网络体系结构，但随着计算机网络的发展，通信与信息处理已成为两大组织共同关注的领域。

1974 年，ISO 发布了著名的 ISO/IEC 7498 标准，它定义了网络互连的 7 层框架，即开放系统互连（open system internet work，OSI）参考模型，并在 OSI 框架下，详细规定了每一层的功能，以实现开放系统环境中的互连性（interconnection）、互操作性（interoperation）与应用的可移植性（portability）。OSI 中的“开放”是指只要遵循 OSI 标准，一个系统就可以与位于世界任何地方、遵循同一标准的其他任何系统进行通信。OSI 参考模型对不同的层次定义了不同的功能并提供了不同的服务，每一层都会与相邻的上下层进行通信和协调，为上层提供服务，将上层传来的数据和信息经过处理传递到下层，直到物理层，最后通过传输介质传到网上。OSI 参考模型中层与层之间通过接口相连，每一层与其相邻上下两层通信均需通过接口传输，每层都建立在下一层的标准上。分层结构的优点是每一层都有各自的功能及明确的分工，便于在网络出现故障时进行分析、查错。如图 7-5 所示为两主机的 OSI 参考模型结构图。

3. TCP/IP 参考模型

TCP/IP 是一个工业标准的协议集，它最早应用于 ARPANET。运行 TCP/IP 的网络具有很好的兼容性，并可以使用铜缆、光纤、微波及卫星等多种链路通信。Internet 上的 TCP/IP 协议之所以能够迅速发展，是因为它适应了世界范围内的数据通信的要求。TCP/IP 具有如下特点。

（1）TCP/IP 协议并不依赖于特定的网络传输硬件，所以 TCP/IP 协议能够集成各种各样的网络。用户能够使用以太网（Ethernet）、令牌环网（token-ring network）、拨号线路（dial-up line）、X.25 网，以及所有的网络传输硬件，适用于局域网、广域网，更适用于互联网。

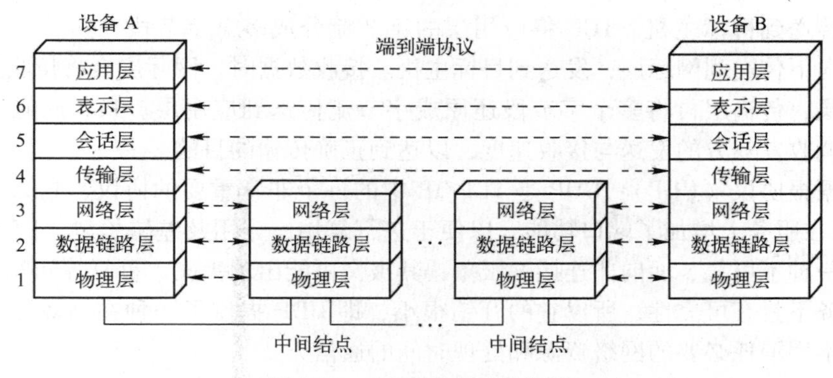

图 7-5　OSI 参考模型结构图

（2）TCP/IP 协议不依赖于任何特定的计算机硬件或操作系统，提供开放的协议标准，即使不考虑 Internet，TCP/IP 协议也获得了广泛的支持。因此，TCP/IP 协议成为一种联合各种硬件和软件的实用系统。

（3）TCP/IP 工作站和网络使用统一的全球范围寻址系统，在世界范围内给每个 TCP/IP 网络指定唯一的地址，这就使得无论用户的物理地址在何处，任何其他用户都能访问该用户。

（4）TCP/IP 协议是标准化的高层协议，可以提供多种可靠的用户服务。

TCP/IP 参考模型如图 7-6 所示，由应用层、传输层、网际层和网络接口层组成，与 OSI 参考模型的 7 层大致对应。OSI 参考模型将 7 层分成应用层和数据传输层两层，TCP/IP 参考模型也像 OSI 参考模型一样分为协议层和网络层两层，具体如图 7-6 所示。协议层定义了网络通信协议的类型，而网络层定义了网络的类型和设备之间的路径选择。

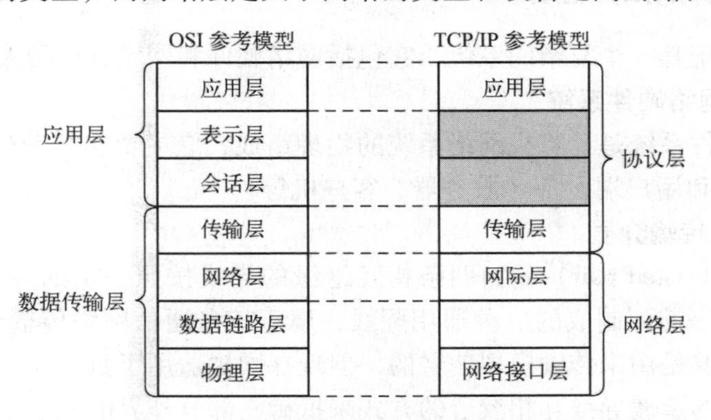

图 7-6　TCP/IP 参考模型与 OSI 参考模型的对比图

（1）网络接口层（network interface layer）。网络接口层是 TCP/IP 参考模型的最低层，对应 OSI 参考模型的数据链路层和物理层。网络接口层主要负责通过网络发送和接收 IP 数据报。TCP/IP 参考模型允许主机在连入网络时使用其他协议，如局域网协议。

（2）网际层（internet layer）。网际层对应于 OSI 参考模型中的网络层，负责将源主机的报文分组发送至目标主机，此时源主机和目标主机可在同一网络或不同网络中。

（3）传输层（transport layer）。传输层对应于 OSI 参考模型中的传输层，负责应用进程之间的端对端的通信。该层定义了传输控制协议和用户数据报协议。

传输控制协议（TCP）：TCP 提供的是可靠的面向连接的协议，它将一台主机传送的数据无差错地传送到目标主机。TCP 将应用层的字节流分成多个字节段，然后由传输层将一个个字节段向下传送到网际层，发送到目标主机。接收数据时，网际层会将接收到的字节段传送给传输层，传输层再将多个字节段还原成字节流传送到应用层。TCP 同时还要负责流量控制，协调收发双方的发送与接收速度，以达到正确传输的目的。

用户数据报协议（UDP）：UDP 是 TCP/IP 中的一个非常重要的协议，它只是对网际层的 IP 数据报在服务上增加了端口功能，以便于进行复用、分用及差错检测。UDP 为应用程序提供的是一种不可靠、面向非连接的服务，其报文可能出现丢失、重复等问题。正是由于它提供的服务不具有可靠性，所以它的开销很小，即 UDP 提供了一种在高效可靠的网络上传输数据而不用消耗必要的网络资源和处理时间的通信方式。

（4）应用层（application layer）。应用层对应于 OSI 参考模型中的应用层。应用层是 TCP/IP 参考模型中的最高层，所以应用层的任务不是为上层提供服务，而是为最终用户提供服务。该层包括了所有高层协议，每一个应用层的协议都对应一个用户使用的应用程序，主要的协议有：

- 网络终端协议（telnet），实现用户远程登录功能；
- 文件传输协议（file transfer protocol，FTP），实现交互式文件传输；
- 简单邮件传送协议（simple mail transfer protocol，SMTP），实现电子邮件的传送；
- 域名系统（domain name system，DNS），实现网络设备名字到 IP 地址映射的网络服务；
- 超文本传送协议（hypertext transfer protocol，HTTP），用于 WWW 服务。

7.2.7 计算机网络系统组成

计算机网络系统是一个复杂的系统，它包括网络硬件和网络软件两大部分。

（一）计算机网络硬件系统

计算机网络硬件系统是计算机网络系统的物理组成，它主要包括通信设备（传输设备、交换及互连设备）和用户端设备（服务器、客户机等）。

1. 计算机网络传输介质

（1）双绞线（twisted pair）是由两条相互绝缘的导线按照一定的规格互相缠绕（一般以顺时针缠绕）在一起而制成的一种通用配线，属于信息通信网络传输介质，如图 7-7 所示。双绞线过去主要是用来传输模拟信号的，但现在同样适用于数字信号的传输。双绞线采用了一对互相绝缘的金属导线互相绞合的方式来抵御一部分外界电磁波干扰，更主要的是降低自身信号对外界的干扰。把两根绝缘的铜导线按一定密度互相绞在一起，可以降低信号干扰的程度，一根导线在传输中辐射出的电波会被另一根导线上发出的电波抵消。

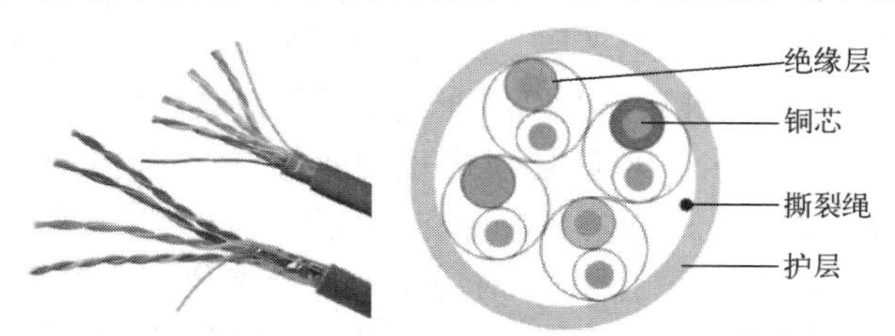

图 7-7 双绞线及超 5 类双绞线（4 对）剖面图

双绞线在外界的干扰磁通中，每根导线均被感应出干扰电流，同一根导线在相邻两个环的两段上流过的感应电流大小相等且方向相反，因而被抵消。因此，双绞线对外界磁场干扰有很好的屏蔽作用。双绞线外加屏蔽可以克服双绞线易受静电感应的缺点，使信号线有很好的电磁屏蔽效果。双绞线分为屏蔽双绞线（shielded twisted pair，STP）与非屏蔽双绞线（unshielded twisted pair，UTP）。屏蔽双绞线在双绞线与外层绝缘封套之间有一个金属屏蔽层，可减少辐射，防止信息被窃听，也可阻止外部电磁干扰的进入，这使屏蔽双绞线比同类的非屏蔽双绞线具有更高的传输速率。非屏蔽双绞线是一种数据传输线，由四对不同颜色的传输线组成，被广泛用于以太网和电话线中。

常见的双绞线有 3 类线、5 类线和超 5 类线，以及最新的 6 类线。每条双绞线两头通过安装 RJ-45 连接器（水晶头）与网卡和集线器（或交换机）相连。

双绞线制作标准有以下两种。

① EIA/TIA 568A 标准：白绿/绿/白橙/蓝/白蓝/橙/白棕/棕（从左起）。

② EIA/TIA 568B 标准：白橙/橙/白绿/蓝/白蓝/绿/白棕/棕（从左起）。

连接方法有以下两种。

① 直通线：双绞线两边都按照 EIA/TIA 568B 标准连接。

② 交叉线：双绞线一边按照 EIA/TIA 568A 标准连接，另一边按照 EIA/TIA 568B 标准连接。

如图 7-8 所示是用直通线用测线仪测试网线和水晶头连接是否正常。

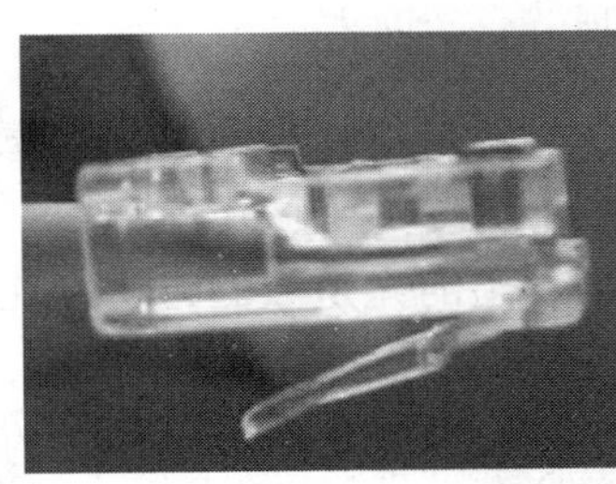
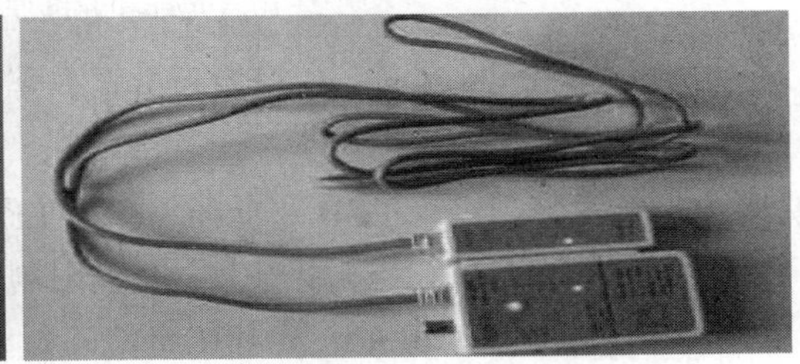

图 7-8　水晶头和直通线用测线仪

（2）同轴电缆是指有两个同心导体，而导体和屏蔽层又共用同一轴心的电缆，也是局域网中最常见的传输介质之一。外层导体和中心轴铜线的圆心在同一个轴心上，所以叫作同轴电缆，如图 7-9 所示。同轴电缆之所以设计成这样，也是为了防止外部电磁波干扰信号的传递。

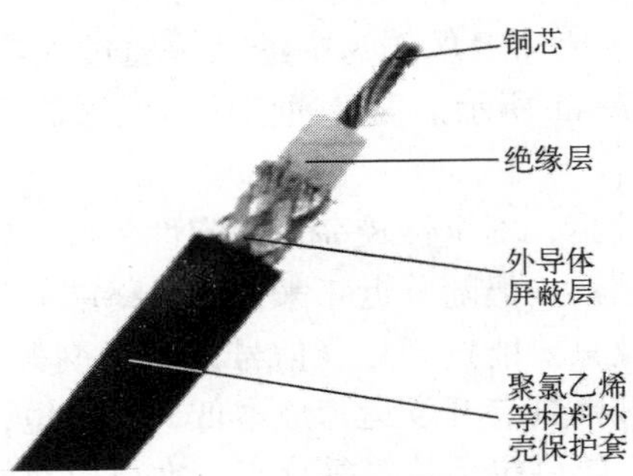

图 7-9　同轴电缆截面图

同轴电缆从用途上可分为基带同轴电缆和宽带同轴电缆（即网络同轴电缆和视频同轴电缆）。目前，同轴电缆大量被光纤取代，但仍广泛应用于有线和无线电视和某些局域网。

由于同轴电缆中铜导线的外面具有多层保护层，所以同轴电缆具有很好的抗干扰性且传输距离比双绞线远，但同轴电缆的安装比较复杂，维护也不方便。

（3）光纤是光导纤维的简写，是一种细小、柔韧并能传输光信号的介质。它是利用光在玻璃或塑料制成的纤维中会发生全反射的原理而达成传输信号目的的，如图 7-10 所示。通常光纤与光缆两个名词会被混淆。多数光纤在使用前必须由几层保护结构包覆，包覆后的缆线即被称为光缆。一根光缆中通常包含有多条光纤。光纤外层的保护结构可防止周围环境对光纤的伤害，如水、火、电击等。光纤具有频带宽、损耗低、质量小、抗干扰能力强、保真度高、工作性能可靠等优点。

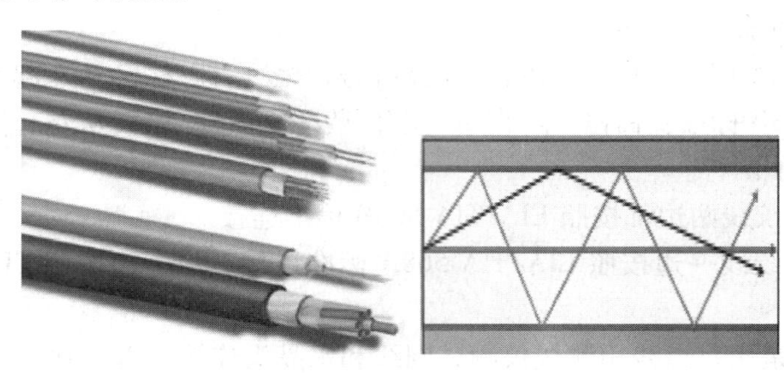

图 7-10　光纤和光纤原理

光缆是利用发光二极管或激光二极管在通电后产生的光脉冲信号传输数据信息的，光缆分多模和单模两种。

① 多模光缆是由发光二极管 LED 驱动的。由于 LED 发出的光是散的，所以在传输时需要较宽的传输路径，频率较低，传输距离也会受到限制。

② 单模光缆是由注入式激光二极管 ILD 驱动的。由于 ILD 是激光发光，光的发散特性很弱，所以传输距离比较远。

（4）地面微波通信。由于微波是以直线方式在大气中传播的，而地表面是曲面，所以微波在地面上直接传输的距离不会大于 50 km。为了使其传输信号距离更远，需要在通信的两个端点设置中继站。中继站的功能一是放大信号，二是恢复失真信号，三是转发信号。如图 7-11 所示，A 微波传输塔要向 B 微波传输塔传输信号，无法直接传播，可通过中间三个微波传输塔转播，在这里中间三个微波传输塔即中继站。

（5）卫星通信是利用人造地球卫星作为中继站，通过人造地球卫星转发微波信号，实现地面站之间的通信，如图 7-11 所示。卫星通信比地面微波通信传输容量和覆盖范围要广得多。

有线网络因其传输速率较高，安全性较高，稳定性较好，辐射较小，而被广泛用于固定场所，以及要求网速较快的用户。但随着近年来可移动终端的普及，无线网的方便、可移动性、构建简单、有条理，以及只要能搜到无线信号即可上网等特点，越来越体现出其价值。与有线局域网相比，无线局域网具有开发运营成本低，时间短，投资回报快，易扩展，受自然环境、地形及灾害影响小，组网灵活快捷等优点。在自由空间传输的电磁波根据频谱可将其分为无线电波、微波、红外线、蓝牙、激光等，而信息可以被加载在电磁波上进行传输。

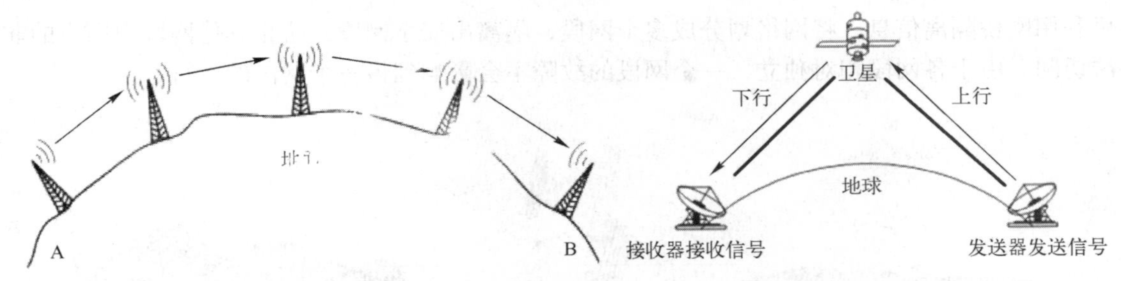

图 7-11 地面微波通信和卫星通信图

2. 网络交换及互连设备

1） 网卡

网卡是帮助计算机连接到网络的主要硬件。它把工作站计算机的数据通过网络送出，并且为工作站计算机收集进入的数据。台式机的网卡插在计算机主板的一个扩展槽中。另外，台式机和笔记本电脑除内置板载网卡外，还可以配置其他类型的有线和无线网卡，如图 7-12所示。

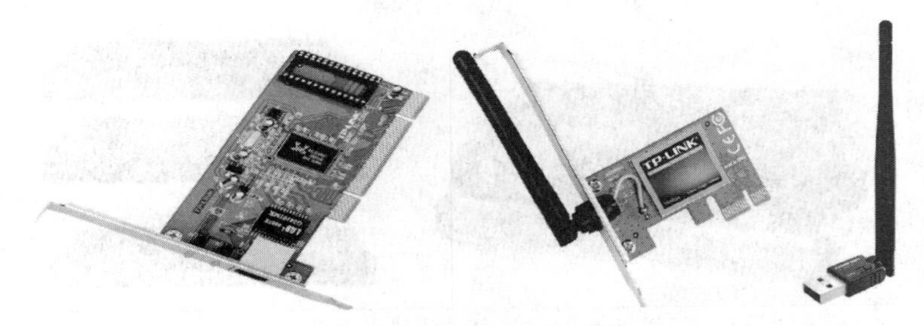

图 7-12 PCI 有线网卡（左）、PCI-E 无线网卡（中）和 USB 无线网卡（右）

2） 中继器与集线器

中继器（repeater）是连接网络线路的一种装置，常用于两个网络结点之间物理信号的双向转发。中继器是最简单的网络互连设备，主要完成物理层的功能，负责在两个结点的物理层上按位传递信息，完成信号的复制、调整和放大功能，以此来延长网络的长度。由于存在损耗，在线路上传输的信号功率会逐渐衰减，衰减到一定程度时将造成信号失真，因此会导致接收错误。中继器就是为解决这一问题而设计的。它可实现物理线路的连接，放大衰减的信号，从而保持与原数据相同。

集线器（hub）是“中心”的意思，其主要功能是对接收到的信号进行再生、整形和放大，以扩大网络的传输距离，同时把所有结点集中在以它为中心的结点上。它工作于 OSI 参考模型第一层，即“物理层”。集线器与网卡、网线等传输介质一样，属于局域网中的基础设备，采用 CSMA/CD（一种检测协议）访问方式。中继器和集线器图如图 7-13 所示。

3） 网桥与交换机

网桥可将两个相似的网络连接起来，并对网络数据的流通进行管理。它工作于数据链路层，不但能扩展网络的距离和范围，而且可提高网络的性能、可靠性和安全性。比如，网络 1 和网络 2 通过网桥连接后，网桥接收网络 1 发送的数据包，检查数据包中的地址，如果地址属于网络 1，它就将其放弃，相反，如果是网络 2 的地址，它就继续发送给网络 2，这样可利用网桥隔离信息，将网络划分成多个网段，隔离出安全网段，防止其他网段内用户的非法访问。由于各网段相对独立，一个网段的故障不会影响到另一个网段的运行。

图 7-13　有线中继器（左）、无线中继器（中）和集线器（右）

交换机是一种用于电信号转发的网络设备。它可以为接入交换机的任意两个网络结点提供独享的电信号通路。最常见的交换机是以太网交换机，其他常见的还有电话语音交换机、光纤交换机等。网桥和以太网交换机图如图 7-14 所示。

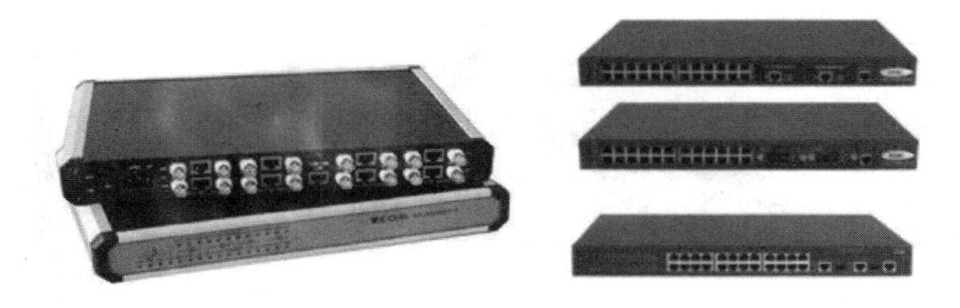

图 7-14　网桥（左）和以太网交换机（右）

4）路由器和网关

路由器（router）是连接因特网中各局域网、广域网的设备，它会根据信道的情况自动选择和设定路由，以优化路径，并按前后顺序发送信号。路由器是互联网络的枢纽和“交通警察”。目前，路由器已经广泛应用于各行各业，各种不同档次的路由器已经成为实现各种骨干网内部连接、骨干网间互联、骨干网与互联网互联互通业务的主力军。

网关（gateway）又称网间连接器、协议转换器。网关是在传输层上实现网络互连的，是最复杂的网络互连设备，仅用于两个高层协议不同的网络互连。网关既可以用于广域网互连，也可以用于局域网互连。网关是一种充当转换重任的计算机系统或设备。在使用不同的通信协议、数据格式或语言，甚至体系结构完全不同的两种系统之间，网关是一个翻译器。与网桥只是简单地传达信息不同，网关对收到的信息要重新打包，以适应目标系统的需求。同时，网关也可以提供过滤和安全功能。大多数网关运行在 OSI 7 个层次的顶层——应用层。路由器和串口网关图如图 7-15 所示。

5）调制解调器

调制解调器（modem）实际是调制器（modulator）与解调器（demodulator）的简称。所谓调制，就是把数字信号转换成电话线上传输的模拟信号；解调，即把模拟信号转换成数字信号。

图 7-15　路由器和串口网关

调制解调器是模拟信号和数字信号的“翻译员”。前面讲过电信号分为“模拟信号”和“数字信号”两种。我们使用的电话线路传输的是模拟信号，而 PC 机之间传输的是数字信号。所以，若想通过电话线把自己的计算机连入 Internet 时，就必须使用调制解调器来“翻译”两种不同的信号。连入 Internet 后，当 PC 机向 Internet 发送信息时，由于电话线传输的是模拟信号，所以必须要用调制解调器来把数字信号“翻译”成模拟信号，才能传送到 Internet 上，这个过程叫作“调制”。当 PC 机从 Internet 获取信息时，由于通过电话线从 Internet 传来的信息都是模拟信号，所以 PC 机想要看懂它们，也必须借助调制解调器这个“翻译员”，这个过程叫作“解调”。调制解调器图如图 7-16 所示。

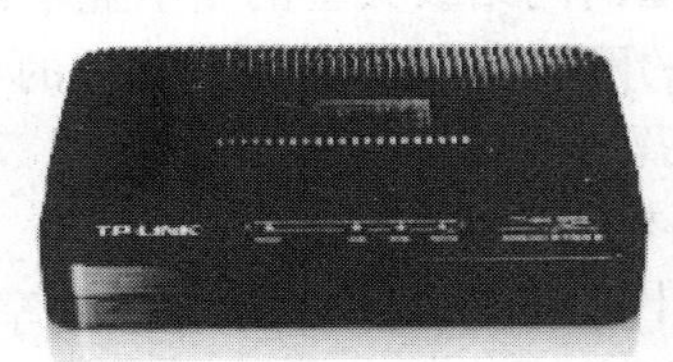

图 7-16　调制解调器

3. 服务器与工作站

（1）服务器（server）通常分为文件服务器、数据库服务器和应用程序服务器。相对于普通 PC 机来说，服务器在稳定性、安全性、性能等方面都要求更高，因此其 CPU、芯片组、内存、磁盘系统、网络等硬件和普通 PC 机有所不同。它是网络上一种为客户端计算机提供各种服务的高可用性计算机。在网络操作系统的控制下，它能够向网络用户提供非常丰富的网络服务，如文件服务、Web 服务、FTP 服务、E-mail 服务等。服务器能够提供的服务取决于其所安装的软件。

（2）工作站（workstation）也称为客户机，它是相对服务器而存在的。一般来说，客户机只有连到服务器上，才能够接收服务器提供的服务及共享资源。

（二）计算机网络软件系统

计算机是在软件的控制下工作的，同样，网络的工作也需要网络软件的控制。网络软件一方面控制网络的工作，控制、分配与管理网络资源，协调用户对网络的访问；另一方面则帮助用户更便捷地使用网络。网络软件要完成网络协议规定的功能。在网络软件中最重要的是网络操作系统（NOS），而网络的性能和功能往往取决于网络操作系统。

网络操作系统是网络的心脏和灵魂，是向网络计算机提供服务的特殊的操作系统。它在计算机操作系统下工作，为计算机操作系统增加了网络操作所需要的能力。

网络操作系统与运行在工作站上的单用户操作系统或多用户操作系统因提供的服务类型不同而有所差别。一般情况下，网络操作系统是以使网络相关特性达到最佳为目的的，如共享数据文件、软件应用，以及共享硬盘、打印机、调制解调器、扫描仪和传真机等。一般计算机的操作系统，如 DOS 和 OS/2 等，其目的是让用户与系统及在此操作系统上运行的各种应用之间的交互作用达到最佳。

常用的网络操作系统有 Windows 操作系统、NetWare 操作系统、UNIX 操作系统、Linux 操作系统等。微软公司的 Windows 操作系统不仅在个人操作系统中占有绝对优势，而且在网络操作系统中也具有非常强劲的力量。Windows 操作系统用在整个局域网中是最常见的，但由于它对服务器的硬件要求较高，且稳定性能不是很好，所以该操作系统一般只用在中、低档服务器中，高端服务器通常采用 UNIX、Linux 等非 Windows 操作系统。

NetWare 操作系统虽然远不如早几年那么风光，在局域网中早已失去了当年雄霸一方的气势，但是 NetWare 操作系统仍以对网络硬件的要求较低而受到一些设备比较落后的中小型企业，特别是学校的青睐。

UNIX 操作系统支持网络文件系统服务，提供数据等应用，功能强大，由 AT&T 和 SCO 公司推出。这种网络操作系统稳定和安全性能非常好，但由于它多数是以命令方式来进行操作的，不容易掌握，特别是初级用户。所以，小型局域网基本不使用 UNIX 作为网络操作系统。UNIX 操作系统一般用于大型的网站或大型的企事业单位局域网中。

Linux 操作系统是一种新型的网络操作系统，它最大的特点就是源代码开放，可以免费得到许多应用程序。它与 UNIX 操作系统有许多类似之处，其安全性和稳定性也很好。目前这类操作系统主要应用于中、高档服务器中。

网络操作系统使网络上各计算机能方便而有效地共享网络资源，是为网络用户提供所需的各种服务类软件和有关规程的集合。网络操作系统与通常的操作系统有所不同，它除了应具有通常操作系统所应具有的处理机管理、存储器管理、设备管理和文件管理功能外，还应具有高效、可靠的网络通信能力，以及提供多种网络服务功能的能力，如录入远程作业并对其进行处理的服务功能，文件传输服务功能，电子邮件服务功能，远程打印服务功能。

习题

一、选择题

1. 计算机网络的功能主要体现在信息交换、资源共享和________三个方面。
   A. 网络硬件　B. 网络软件　C. 分布式处理　D. 网络操作系统
2. 计算机网络是按照________相互通信的。
   A. 信息交换方式　B. 传输装置　C. 网络协议　D. 分类标准
3. 计算机网络最突出的优点是________。
   A. 精度高　B. 内存容量大　C. 运算速度快　D. 资源共享
4. 目前网络传输介质中传输速率最高的是________。
   A. 双绞线　B. 同轴电缆　C. 光缆　D. 电话线
5. 为了能在网络上正确地传送信息，制定了一整套关于传输顺序、格式、内容和方式的约定，可称之为________。
   A. OSI参数模型　B. 网络操作系统　C. 通信协议　D. 网络通信软件
6. 调制解调器的作用是________。
   A. 将计算机的数字信号转换成模拟信号，以便发送
   B. 将计算机的模拟信号转换成数字信号，以便接收
   C. 将计算机的数字信号与模拟信号互相转换，以便传输
   D. 为了上网与接电话两不误
7. 根据计算机网络覆盖地理范围的大小，网络可分为局域网和________。
   A. WAN　B. NOVELL　C. 互联网　D. 因特网
8. 拨号上网的硬件中除了计算机和电话线外，还必须有________。
   A. 鼠标　B. 键盘　C. 调制解调器　D. 听筒
9. 有线传输介质中传输速度最快的是________。
   A. 双绞线　B. 同轴电缆　C. 光纤　D. 卫星
10. 在计算机网络术语中，LAN的中文含义是________。
    A. 以太网　B. 互联网　C. 局域网　D. 广域网
11. 网络中各结点的互联方式叫作网络的________。
    A. 拓扑结构　B. 协议　C. 分层结构　D. 分组结构
12. Internet是全球性的、最具有影响力的计算机互联网络，它的前身就是________。
    A. Ethernet　B. Novell　C. ISDN　D. ARPANET
13. 计算机网络按地址范围可划分为局域网和广域网，下列选项中________属于局域网。
    A. PSDN　B. Ethernet　C. China DDN　D. China PAC
14. Internet实现了分布在世界各地的各类网络的互连，其最基础和核心的协议是________。
    A. TCP/IP　B. FTP　C. HTML　D. HTTP
15. 网卡是构成网络的基本部件，其一方面连接局域网中的计算机，另一方面连接局域

网中的________。

A. 服务器　　B. 工作站　　C. 传输介质　　D. 主机板

16. 在 OSI 的 7 层参考模型中，主要功能为在通信子网中进行路由选择的层次是________。

A. 数据链路层　　B. 网络层　　C. 传输层　　D. 表示层

17. 在网络数据通信中，实现数字信号与模拟信号转换的网络设备被称为________。

A. 网桥　　B. 路由器　　C. 调制解调器　　D. 编码解码器

二、填空题

1. 路由器的作用是实现 OSI 参考模型中________层的数据交换。
2. 从用户角度或者逻辑功能上可把计算机网络划分为通信子网和________。
3. 计算机网络最主要的功能是________。

三、判断题

1. 计算机网络按通信距离可分为局域网和广域网两种，Internet 是一种局域网。（　　）
2. 计算机网络能够实现资源共享。（　　）
3. 通常所说的 OSI 参考模型分为 6 层。（　　）
4. 在计算机网络中，通常把提供并管理共享资源的计算机称为网关。（　　）
5. 局域网常用的传输媒体有双绞线、同轴电缆、光纤三种，其中传输速率最快的是光纤。（　　）

第 8 章　常用工具软件

8.1　网络实时通信工具——QQ 2017

随着 Internet 的飞速发展，网络交友、网络聊天等活动逐渐普及。QQ 作为一种网络即时通信软件，深受广大网络用户所喜爱。利用 QQ，用户可以冲破时空的阻隔与网友聊天、视频。

QQ 是腾讯科技（深圳）有限公司开发推出的一款基于 Internet 的网络即时通信软件，它界面简单、操作容易，具有收发信息、传送文件、语音交谈、网络聊天、发送邮件等功能，还可以利用 QQ 玩网络游戏、养电子宠物。

随着时间不断地变化，QQ 不断迎来新的版本，每个版本都在细节和功能上有所改变，下面将以 QQ 2017 为例进行介绍。

8.1.1　安装

QQ 2017 的安装步骤如下。

① 进入腾讯公司主页，下载 QQ 2017 的安装程序，网址为 http://im.qq.com/download/。

② 运行 QQ 2017 的安装程序，在弹出的对话框中单击【立即安装】按钮，将弹出 QQ 2017 的安装界面，如图 8-1 所示，根据提示进行安装。

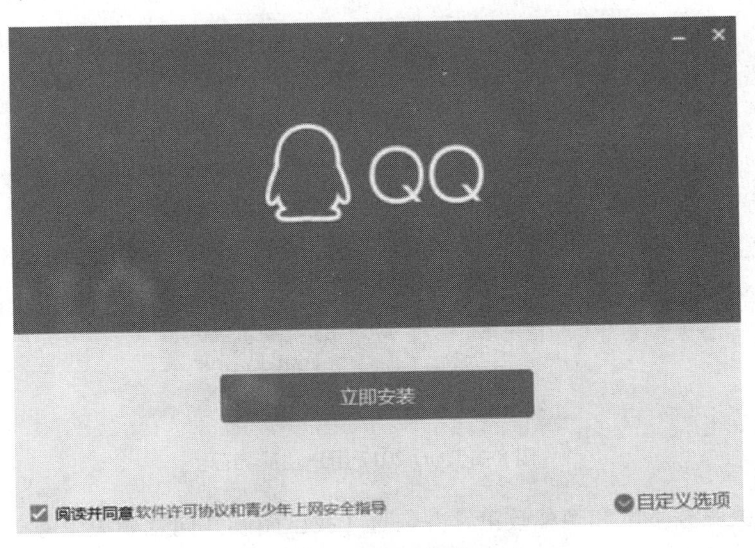

图 8-1　QQ 2017 安装界面

8.1.2 注册

用户只能通过注册，取得一个 QQ 号码。注册 QQ 的操作步骤如下。

① 运行 QQ 2017，在打开的 QQ 用户登录对话框中单击【注册账号】链接，如图 8-2 所示。

图 8-2 QQ 2017 用户登录对话框

② 单击【注册账号】链接后将弹出，如图 8-3 所示界面。

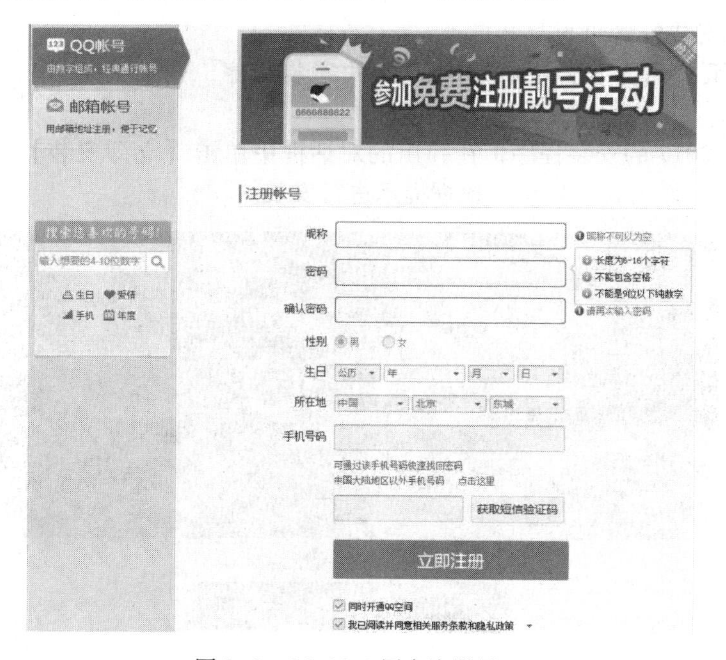

图 8-3 QQ 2017 用户注册界面

③ 阅读相关服务条款和隐私政策，并勾选【我已阅读并同意相关服务条款和隐私政策】复选项。

④ 登记用户基本资料。在这里，“昵称”可以按照右侧的要求任意命名，它是用户在今后与其他 QQ 用户交流时所使用的名字；“密码”是用户登录这个号码的口令，用户在设置时不但要注意密码的复杂性以免被盗，而且要牢记密码防止遗忘。注意，在【密码】文本框中输入完密码后，要在【确认密码】文本框中输入相同的密码。

⑤ 选填其他资料。

⑥ 完成号码的申请。在这里，用户可以看到腾讯公司为用户分配的 QQ 号码，用户就可以使用该号码进行登录了。

8.1.3　使用

启动 QQ 2017，并且使用已经申请好的 QQ 号码登录，便可以进入 QQ 2017 的主界面了。QQ 2017 主界面如图 8-4 所示。

QQ 2017 主界面分为以下部分：上方为用户个人资料区，中间为联系人列表区，最下方为辅助功能区。

1. 添加好友

添加好友的具体操作步骤如下。

① 单击辅助功能区的【+】按钮，弹出【查找】对话框，在【找人】选项卡的文本框中输入要查找人的 QQ 号码，单击【查找】按钮。

② 出现查询结果，选中要添加的好友，单击【+好友】按钮；通过对方验证后，对方的头像就会出现在用户的好友栏中。在用户的好友栏中，彩色的头像表示该好友在线，灰色的头像表示该好友隐身或者处于离线状态。

2. 发送与接收信息

发送信息有以下两种方法。

① 在欲发送信息的朋友的头像上双击。

② 在欲发送信息的朋友的头像上右击，在弹出的快捷菜单中选择【发送即时消息】选项。

这两种方法都会弹出一个收发信息的对话框，在下方的空白区中输入欲发送的信息后，单击【发送】按钮，即可把信息发送出去，如图 8-5 所示。

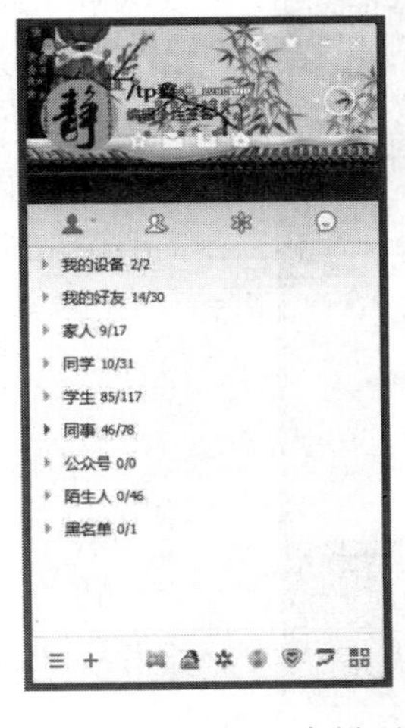

图 8-4　QQ 2017 主界面

图 8-5　收发信息对话框

当对方给我们发来一条信息时，发送用户的头像就会上下跳动，同时系统工具栏中的QQ头像图标会不停地闪动；安装了声卡的计算机还能发出“滴滴”声，这是提醒用户新信息到了；单击工具栏的头像图标，打开该收发信息对话框，即可阅读对方发来的信息。

对于一些用户不喜欢的人，可以把他们添加到“黑名单”里。方法是选中联系人列表区的【黑名单】选项，右击，在弹出的快捷菜单中选择【添加号码到黑名单】选项，在弹出的对话框中，输入要加黑名单的QQ号码，或者直接将对方从其他列表拖到黑名单列表中，这样用户就再也不会收到对方发过来的任何消息了。

3. 发送与接收文件

双击对方的头像打开聊天对话框，单击对话框顶部的【传送文件】下三角按钮，在弹出的下拉列表中选择【发送文件】选项，弹出【打开】对话框，选择要发送的文件并单击【打开】按钮。

当朋友有文件发送给你时，通知区域会有对话框弹出，同时系统也会有声音提醒用户收到了消息。单击通知区域弹出的对话框，即出现接收文件窗口，单击【另存为】按钮，并在弹出的【另存为】对话框中指定文件保存的位置，再单击【保存】按钮，即可开始接收文件。

4. 发送电子邮件

右击朋友头像，在弹出的菜单中选择【发送电子邮件】选项，可以启动QQ邮箱来向对方发送电子邮件。

8.1.4 系统功能

1. QQ隐身

登录前单击程序面板上头像图标旁边的【在线状态】图标，在弹出的下拉列表中选择【隐身】选项，如图8-6所示，再单击【登录】按钮。此时，图标变成一个隐身状态的小企鹅，表示用户已将自己成功隐藏起来，即用户可以看到他人的在线状态，而他人却看不见用户的，但有事可以照样联系。

图8-6 【在线状态】下拉列表

2. 添加新组

QQ 默认有 3 个列表组，分别为【我的好友】【陌生人】和【黑名单】。用户可以根据需要随时添加、删除组，然后把好友名单分组设置，以便查找和联系。方法是，在联系人列表区右击，然后在弹出的快捷菜单中选择【添加分组】选项；这时，会出现一个新的组，在可编辑的文本框中输入一个新的名称即可。建立好新组后，用户就可以把其他组中的好友拖动到新组中。右击新建的组名，在弹出的快捷菜单中可以对该组进行重命名或删除等操作。

8.2　图像处理软件——Photoshop

8.2.1　Photoshop 软件简介

Adobe Photoshop 简称“PS”，是由 Adobe Systems 开发和发行的图像处理软件。Photoshop 主要处理以像素构成的数字图像。使用 PS 众多的编修与绘图工具，可以有效地进行图片编辑工作。PS 有很多功能，在图像、图形、文字、视频、出版等各方面都有涉及。

从功能上看，该软件可分为图像编辑、图像合成、校色调色及特效制作等。图像编辑是图像处理的基础，可以对图像做各种变换，如放大、缩小、旋转、倾斜、镜像、透视等，也可进行复制、去除斑点、修补、修饰图像的残损等操作；图像合成则是将几幅图像通过图层操作、工具应用合成完整的、传达明确意义的图像，这是美术设计的必经之路，PS 提供的图像合成功能让外来图像与创意可以很好地融合；校色调色可方便快捷地对图像的颜色进行明暗、色偏的调整和校正，也可在不同颜色间进行切换，以满足图像在不同领域（如网页设计、印刷、多媒体等方面）的应用；特效制作在该软件中主要由滤镜、通道及工具综合应用完成，它包括图像的特效创意和特效字的制作，如油画、浮雕、石膏画、素描等常用的传统美术技巧都可以利用该软件特效制作功能完成。

8.2.2　Photoshop CS5 基础

1. 启动

（1）Photoshop 软件分为安装版本和免安装版本。安装版本可通过单击【开始】菜单中的【所有程序】选项，在右侧弹出的列表中单击【Adobe Photoshop CS5】→【Adobe Photoshop CS5】选项，即可启动 Photoshop CS5；免安装版本则双击文件夹中的“Photoshop. exe”应用程序图标，即可启动 Photoshop CS5。

（2）双击桌面上的 Photoshop CS5 快捷方式图标。

（3）双击已存在的 Photoshop CS5 图像文件。

2. 退出

退出 Photoshop CS5 时，如果当前窗口中有未关闭的文件，要先将其关闭，若该文件被修改过则需要保存，保存后再退出 Photoshop CS5。

（1）单击 Photoshop CS5 工作界面标题栏右侧的【关闭】按钮。

（2）在 Photoshop CS5 界面中选择【文件】→【退出】选项。

（3）快捷键：按 Ctrl+Q 组合键。

（4）双击菜单栏左侧的“PS”图标。

3. 工作界面组成

启动 Photoshop CS5 中文版后，工作界面如图 8-7 所示，此界面主要包括标题栏、菜单栏、图像编辑窗口、工具箱、工具属性栏、浮动控制面板和状态栏等。

图 8-7　工作界面

（1）菜单栏。菜单栏位于界面最上方，包含了用于图像处理的各类命令，共有 11 个菜单，每个菜单下又有若干个子菜单，选择子菜单中的命令可以执行相应的操作。

（2）工具选项栏。工具选项栏位于菜单栏下方，其功能是显示工具箱中当前被选择工具的相关参数和选项，以便对其进行具体设置。

（3）标题栏。标题栏位于工具选项栏下方，显示了文档名称、文件格式、窗口缩放比例和颜色模式等信息。

（4）工具箱。工具箱的默认位置位于界面左侧，通过单击工具箱上部的双箭头，可以在单列和双列间进行转换。

（5）图像编辑窗口。图像编辑窗口中显示打开的图像文件。

（6）调板区。调板区的默认位置位于界面右侧，主要用于存放 Photoshop CS5 提供的功能调板。

（7）状态栏。状态栏位于工作界面或图像窗口最下方，用于显示当前图像的状态及操作命令的相关提示信息。

8.2.3　Photoshop CS5 基本操作

1. 新建图像文件

启动 Photoshop CS5 中文版后并未新建或打开一个图像文件，这时用户可根据需要新建一个图像文件。新建图像文件是指新建一个空白图像文件。新建图像文件首先要打开【新建】对话框，具体方法如下：选择【文件】→【新建】选项；按 Ctrl+N 组合键；按 Ctrl 键的同时双击 Photoshop CS5 工作界面空白区（空白区指的是没有图像也没有调板的地方）。其次，在【新建】对话框中根据需要设置相应的参数，如图 8-8 所示。最后，单击【确定】按钮。

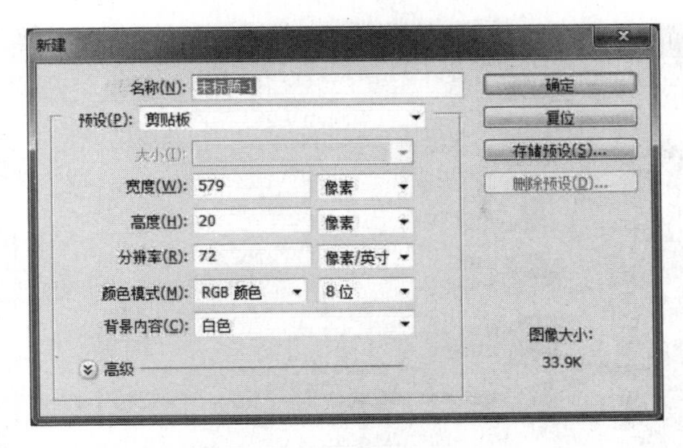

图 8-8 【新建】对话框

下面简单介绍一下【新建】对话框中的各参数。

（1）宽度、高度：是指图像的尺寸，打开右侧下拉列表，可以看到其单位有像素、英寸、厘米、毫米、点、派卡等。

（2）分辨率：是指计算机的屏幕所能呈现的图像的最高品质，一般 PC 机屏幕的分辨率为 72 像素/英寸。

（3）颜色模式：可以设置图像的色彩模式，如位图、灰色、RGB 颜色、CMYK 颜色和 Lab 颜色等。

（4）背景内容：用来控制文件的背景颜色，可以将背景设为白色、背景色或者透明。

（5）图像大小：显示文件所占磁盘的空间。

2. 保存图像文件

选择【文件】→【存储】/【存储为】选项，这时就会弹出一个【存储为】对话框，如图 8-9 所示，在对话框中完成选择保存位置、填写文件名、选择保存格式等操作后，单击【保存】按钮即可。

3. 选择工具

（1）选框工具。对于有规则形状（如矩形、圆形）、整齐像素的对象来说，使用选框工具是最方便的选择。选框工具包括矩形选框工具、椭圆选框工具、单行选框工具和单列选框工具，如图 8-10 所示，其工具选项栏上有四个选区按钮分别为：【新选区】按钮（拉动十字箭头即可建立一个矩形选区）、【添加到选区】按钮（两个矩形选区叠加）、【从选区减去】按钮（两个矩形叠加在一起会减去另一部分及叠加部分）及【与选区交叉】按钮（两个矩形交叉那部分）。羽化功能会使选择边界有一个过渡效果。如果要用羽化功能，要在绘制选区之前先给定羽化值，单击【选择】→【修改】→【羽化】选项，或按 Shift+F6 组合键，也可以右击后在快捷菜单中选择【羽化】选项，设置完之后要将羽化值改成 0。

（2）套索工具。该工具适用于边缘色彩反差强烈的图像，包括套索工具、多边形套索工具，以及磁性套索工具，如图 8-11 所示。使用时，用户需要按住鼠标左键，细心地沿对象边缘勾勒。

（3）魔棒工具。该工具适用于颜色一致性高的图片，包括快速选择工具和魔棒工具，如图 8-12 所示。

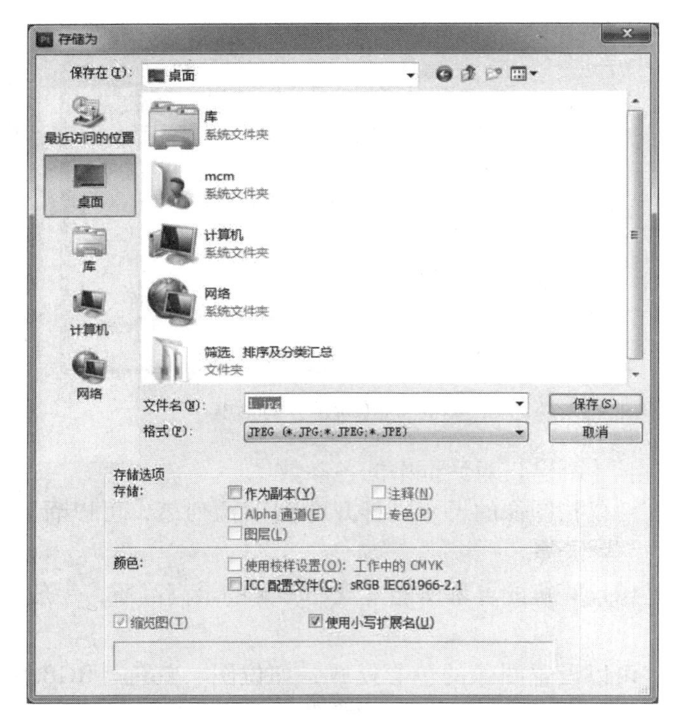

图 8-9 【存储为】对话框

图 8-10 选框工具效果图

（4）钢笔工具。钢笔工具是用户手中最为有力的工具之一，如图 8-13 所示。它的精确勾勒轮廓的能力是其他选择工具所不能比拟的。

4. 移动工具

单击工具箱中最上边的【移动】按钮，或按快捷键 V 键都可以打开移动工具。移动分为以下几种情况。

图 8-11　套索工具效果图

图 8-12　魔棒工具效果图

（1）对于同一个文件中的图片，要移动的话，首先要确保图层没有锁定。图层锁定的话不能够移动图像本身，但可以在图像某个区域进行移动。

（2）对于文件之间的图像移动，首先要打开两个图片，然后单击工具箱中的【移动】按钮，将光标放置在图像或选择区域内，按住鼠标左键并将其拖拽到另一个图片文件窗口中即可完成图片的移动操作。

（3）对图片中的某个区域进行移动的时候，当光标移动到选区内时，鼠标指针下面多了个剪刀，拖动鼠标，移动选择区，原图像区域将以背景色填充。

图 8-13 钢笔工具效果图

（4）对图片中的某个区域进行移动的时候，当光标移动到选区内时，按 Ctrl 键不动，鼠标指针下面多了个白色三角，拖动鼠标，移动选择区，原图像区域不变，并复制一个选区图案。

（5）按 Shift 键的同时，将光标放置在选区内拖动，可以将选区沿一个方向移动；如果同时按住 Alt 键，拖动鼠标时，每松开一次按键便可以完成一次复制，如图 8-14 所示。

图 8-14 移动工具效果图

5. 颜色调整

（1）亮度与对比度

利用【亮度与对比度】选项可以调整图像的亮度和对比度，该命令只能对图像进行整体调整，而不能对单个通道进行调整。该命令是个快速、简单的色彩调整命令，在调整的过程中，会损失图像中的一些颜色细节。它是对图像的色调范围进行简单调整的最便捷方法，与“色阶”和“曲线”命令不同，该命令一次性调整图像中的所有像素（包括高光、暗调和中间调）。

（2）色相/饱和度

利用【色相/饱和度】选项不仅可以调整整个图像中颜色的色相、饱和度和亮度，还可以针对图像中某一种颜色成分进行调整。与“色彩平衡”命令一样，该命令也是通过改变色彩的混合模式来调整色彩。

8.2.4　图层的应用

1. 新建与删除

Photoshop CS5 中文版中新建图层有以下几种方法。

（1）单击图层面板底部【创建新图层】按钮，即可在当前图层上方创建一个“图层1”，该图层内容为空。

（2）选择【图层】→【新建】→【图层】选项，打开【新建图层】对话框，单击【确定】按钮。

（3）单击图层面板上的按钮，在弹出的菜单中选择【新建图层】选项，打开【新建图层】对话框，单击【确定】按钮。

（4）按 Ctrl+Shift+N 组合键也可新建图层。

在进行图像处理的过程中，常常需要将不要的图层删除，图层被删除后，图层中的内容也随之消失，所以删除图层前一定要慎重。一般情况下，选择删除图层操作时，系统都会打开提示框，询问是否选择删除操作。

Photoshop CS5 中文版删除图层有以下几种方法。

（1）选中要删除的图层，单击图层面板上的【删除图层】按钮，打开【警告】对话框，如果确认删除图层操作，单击【是】按钮即可删除图层。

（2）选中要删除的图层，直接按住鼠标左键不放，把该图层拖到图层面板上的【删除图层】按钮处，也可删除图层，但不会打开提示对话框。

（3）选中要删除的图层，单击图层面板右上角的按钮，在弹出的菜单中选择【删除图层】选项即可。

（4）选中要删除的图层，选择【图层】→【删除】→【图层】选项，也可以删除图层。

（5）右击要删除的图层，单击鼠标右键，在弹出的快捷菜单中选择【删除图层】选项。

2. 选择与移动

要调整某一图层的位置，就在图层面板中选择该图层，再单击【移动工具】按钮，用鼠标拖动的方法移动图层即可，切记先选择再移动。被选择的图层在图层面板中会以突出颜色显示，同时在眼睛标志右边的小框内会出现画笔标志，表示现在可以对这个图层进行像素操作。

图像中的各个图层间，彼此是有层次关系的，层次效果的最直接体现就是遮挡。位于图层面板下方的图层层次是较低的，越往上层次越高而且位于较高层次的图像内容会遮挡较低层次的图像内容。改变图层层次的方法是在图层面板中单击某一图层并将其拖动到上方或下方，拖动过程可以一次跨越多个图层。

3. 图层样式

Photoshop 中的样式即指图层样式，就是为图层“化妆”，添加效果。我们可以单击【窗口】→【样式】选项，打开样式调板，如图8-15所示。位于图8-15所示的样式列表中的第一行第一个样式功能是清除样式，可以通过单击它来清除已有的样式。

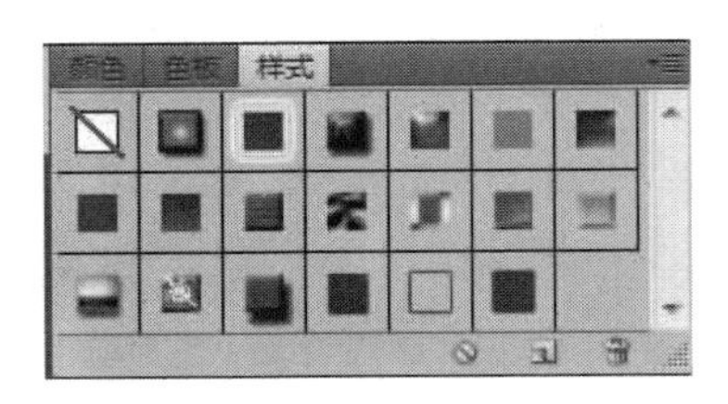

图8-15 样式调板

4. 图层合并

在Photoshop CS5中文版中，一个图像文件的图像可以由一个图层组成，也可以由多个图层组成。在一个图像文件中，图像的图层越多，其文件所占的磁盘空间就越大，软件运行该图像的速度也就越慢。为了提高图像的处理速度，减小磁盘空间，可以在图像处理过程中适当地将图层合并。

Photoshop CS5中文版合并图层的操作方法如下。

（1）首先在含有多个图层的图层面板中选择要合并的图层，按住Ctrl键不放，并且鼠标单击要合并的图层。

（2）按Ctrl+E组合键即可将选中的图层合并为一个图层，或者单击图层面板右上角的按钮，在弹出的菜单中根据需要选择3个合并图层命令（【向下合并】选项、【合并可见图层】选项、【拼合图像】选项）中的1个。

8.3 音频格式转换软件——Adobe Audition

8.3.1 Adobe Audition 软件介绍

Adobe Audition的前身为Cool Edit。2003年Adobe公司收购了Syntrillium公司的全部产品，用于充实其阵容强大的视频处理软件系列。Adobe在图形图像界的影响可谓尽人皆知，做起音频来自然也不会含糊。Adobe Audition功能强大，控制灵活，使用它可以录制、混合、编辑和控制数字音频文件，也可轻松地创建音乐、制作广播短片、修复录制缺陷，还可将音频和视频内容结合在一起。

Adobe Audition有三种工作环境可供选择，分别是：单轨迹编辑环境，即专门为单轨迹波形音频文件进行编辑设置的界面，比较适合处理单个音频文件；多轨迹编辑环境，即对多个音频文件进行编辑，可以制作更具特效的音频文件；CD模式编辑环境，可以整理集合音频文件，并将其转化为CD音频。对于这三种工作环境，用户可以根据需求在创建项目时进行选择。用户可以使用数字快捷键实时切换（0键、9键、8键），或者使用【View】窗口进行切换。

8.3.2　功能简介

1. 导入音频

打开 Adobe Audition 软件，单击数字键 9，在编辑视图下，单击文件面板中的【导入文件】按钮，这时会弹出【导入】对话框，在【查找范围】下拉列表中选择所需的文件夹，然后单击对话框中相应的音频文件，再单击【打开】按钮，即成功导入下载或录好的音频文件，其波形会显示在波形显示区。

2. 降低噪声

素材在录制过程中受环境的影响较大，若录制的声音中夹杂一些噪声，就需要用降噪器将噪声减弱，提高录音音频的质量，其具体操作步骤如下：先选择一段有噪声的波形，单击【效果】→【修复】→【消除嘶声】选项，弹出【嘶声消除】对话框，如图 8-16 所示。

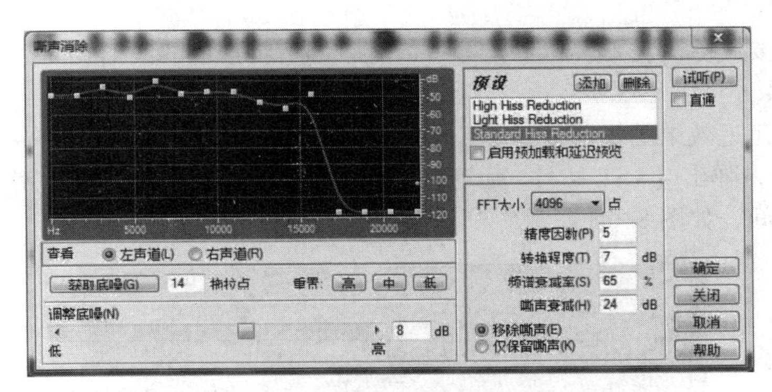

图 8-16 【嘶声消除】对话框

单击【获取底噪】按钮，显示区域会显示分析结果，然后单击【试听】按钮进行试听，如果发现有过度降噪的现象，可以手动调整部分曲线，最后单击【确定】按钮即可。

降噪器是常用的噪声降低器，它能够将录音中的本底噪声最大限度地消除；若处理后还有噪声存在，可以再使用降噪器处理录音音频。

3. 淡入/淡出

制作淡入效果的操作方法是：先选择开头一小段声音波形，单击【效果】→【振幅和压限】→【振幅/淡化】选项，弹出【振幅/淡化】对话框，如图 8-17 所示；在【预设】列表框中选择【淡入】选项，单击【确定】按钮，被选中的声音波形就出现了淡入的效果。

制作淡出效果的操作方法是：先选择一小段结尾部分的波形，单击【效果】→【振幅和压限】→【振幅/淡化】选项，弹出【振幅/淡化】对话框；在【预设】列表框中选择【淡出】选项，单击【确定】按钮，被选中的声音波形就出现了淡出的效果。

4. 音频剪辑

1） 选取波形

从选取区域的起始点开始拖动鼠标，直到选取结束再松开鼠标。在拖拽过程中鼠标的位置要保持在两个波形之间，这样才能同时选中左、右两个声道中的波形。

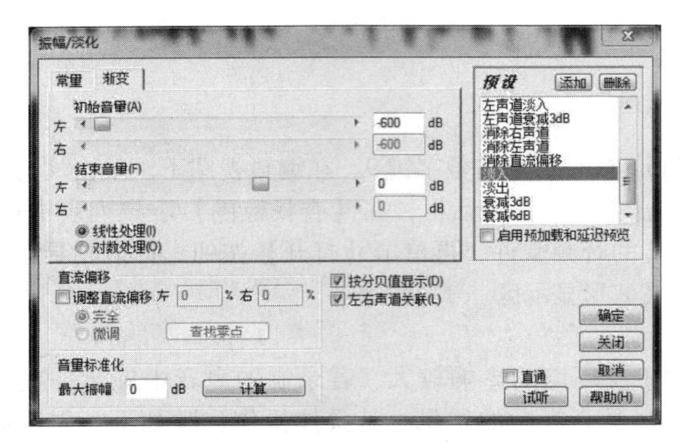

图 8-17 【振幅/淡化】对话框

2）删除波形

先选取一段要删除的波形，然后按 Delete 键，即可将选取的波形删除。

5. 延迟效果

为声音添加延迟效果的操作方法是：选中音频文件，单击【效果】→【延迟与回声】→【延迟】选项，弹出【VST 插件-延迟】对话框，拖动【延迟时间】滑块可以改变左、右声道的延迟时间，如图 8-18 所示。

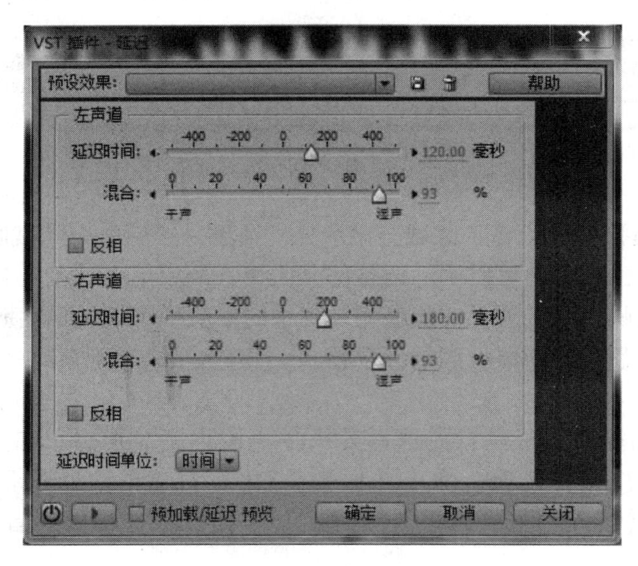

图 8-18 【VST 插件-延迟】对话框

6. 改变波形的振幅

改变波形振幅的操作方法是：选中音频文件，单击【效果】→【振幅和压限】→【放大】选项，弹出【VST 插件-放大】对话框，如图 8-19 所示，向右移动滑块可以增大声音音量，向左移动滑块可以减小声音音量，单击【预览】按钮可以预听声音效果，如果觉得不满意，还可以继续调整滑块，直到对音量大小满意为止。

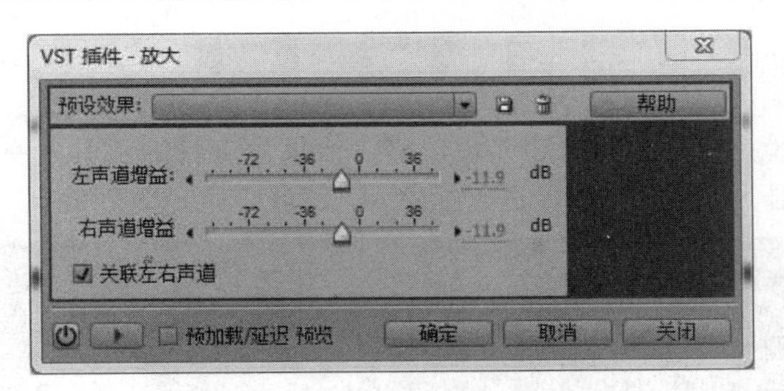

图 8-19　【VST 插件-放大】对话框

8.4　视频技术软件——会声会影

视频处理软件有很多，如 Video for Windows、Adobe Premiere，以及会声会影等。其中，会声会影是一款功能强大的视频编辑软件，具有图像抓取和编修功能，可以抓取 MV、DV、V8、TV 和实时记录画面文件，并提供了 100 多种编制功能与效果，可导出多种常见的视频格式，甚至可以直接制作成 DVD 和 VCD 光盘。会声会影支持各类编码，包括音频和视频编码。

8.4.1　工作界面介绍

视频编辑工作需要大量的计算机资源，所以必须正确设置计算机，以确保捕获成功和视频编辑顺利。会声会影软件的主界面如图 8-20 所示。

图 8-20　工作界面

8.4.2 相关术语

（1）滤镜。滤镜是会声会影中功能最丰富、效果最奇特的工具之一。滤镜是通过不同的方式改变像素数据，以达到对图像进行抽象、艺术化的特殊处理效果，如图 8-21 所示。

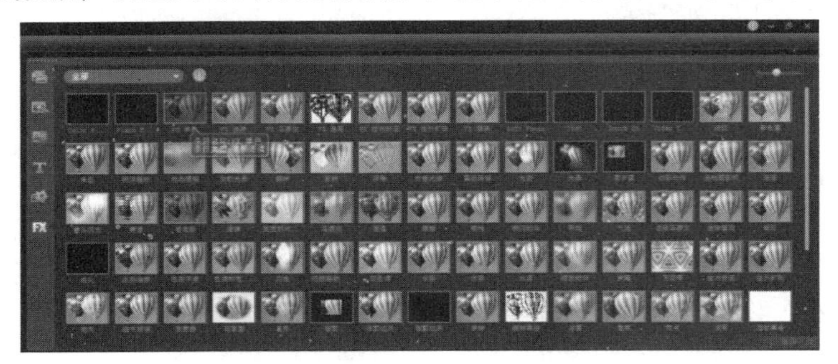

图 8-21 滤镜效果

（2）转场。电影、电视剧、宣传片、片头等视频作品经常要对场景与段落的连接采用不同的方式，我们统称为“转场”。转场的方法多种多样，但通常可以分为两种：一种是用特技的手段作转场，另一种是用镜头的自然过渡作转场，前者也叫技巧转场，后者又叫无技巧转场，如图 8-22 所示。

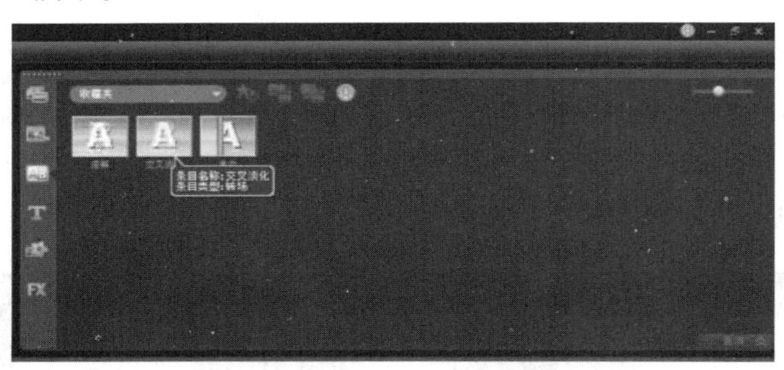

图 8-22 转场效果

（3）故事板视图。本视图呈大纲模式，只显示素材，不显示时间。

（4）时间轴视图。本视图模式显示各素材具体的编辑时间，如图 8-23 所示。

图 8-23 时间轴视图

（5）视频轨。它是放置视频片段的地方，你可以将所有被软件支持的视频片段都拖到视频轨中编辑并添加效果。

（6）覆叠轨。它用于放置视频轨上面的视频或图片，比如要达到画中画的效果，就需要一个视频在视频轨，一个视频在覆盖轨，然后调整覆盖轨视频的大小和位置，就可以达到画中画效果了。

（7）标题轨。它是存放文字的地方，比如音乐歌词，电影字幕。

（8）声音轨。它是存放视频本身声音的轨道，比如在分离视频的音频时它就自动放在与视频相对应的位置上。

（9）音乐轨。它是添加背景音乐的轨道，比如一些音效、歌曲就可以添加在这里。

8.4.3 常用功能

1. 新建、保存项目文件

当打开会声会影时，它会自动新建一个项目文件。若想另外新建一个项目文件，则单击【文件】→【新建项目】选项，如图 8-24 所示，这时会弹出一个对话框，提醒用户是否将正在编辑的项目文件保存，单击【是】按钮，弹出【另存为】对话框，完成文件保存。

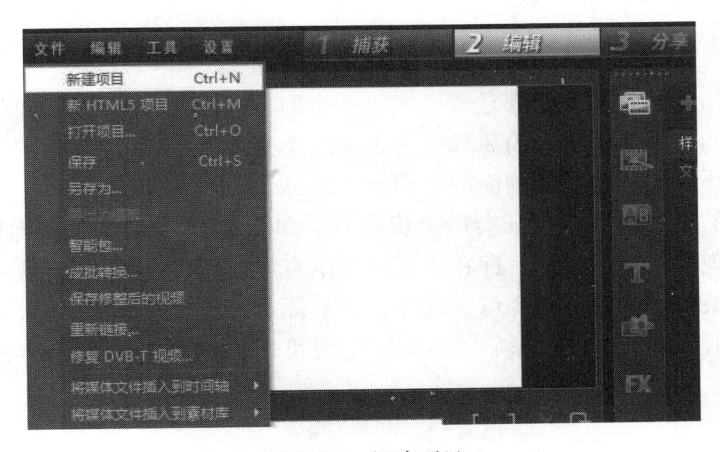

图 8-24　新建项目

保存文件也可单击【文件】→【保存】/【另存为】选项，再选择保存的路径，为项目文件命名，然后单击【确定】按钮，这样一个项目就创建完毕。

2. 采集素材

单击会声会影步骤面板中的【捕获】选项卡，然后在选项面板中选择捕获素材的方式。会声会影提供了三种方式，分别是捕获视频、从 DVD/DVD-VR 导入、DV 快速扫描。

需要指出的是，在捕获视频时，需要用 IEEE-1394 线将 DV 摄像机连接到计算机的 IEEE-1394 接口上，再打开摄像机的电源开关，然后将摄像机设置为播放状态（PLAY）。

3. 导入素材

会声会影支持多种格式的动态影视文件及许多常用的静态图形文件与声音文件，如 MPG、AVI、MOV、JPG、MP3 等。其中，MOV 为 QuickTime 支持的影视文件格式，如果在安装会声会影的时候没有安装 QuickTime 软件，将不能使用该格式的影视文件。

导入素材的方法如下：打开会声会影软件，单击【文件】→【将媒体文件插入到时间轴】/【将媒体文件插入到素材库】选项，在弹出的菜单中选择插入素材的类型，再选择要导入的素材，还可以将素材直接拖拽到项目时间轴上。

4. 转场效果的使用

会声会影中提供了多种转场效果，如3D、相册、取代、时钟等，使用时直接将素材库中的转场效果拖到视频轨中间即可，而拖动转场效果左右两边缘，可以增加或减少转场时间。右击转场效果，在弹出的快捷菜单中选择【删除】选项，即可删除转场效果。

5. 滤镜效果的使用

会声会影包含了众多的滤镜效果。使用滤镜效果的方法如下：首先将素材放置在会声会影的视频轨中，单击【滤镜】图标，在弹出的菜单中选择需要的滤镜效果，然后将滤镜效果拖动到素材上，松手即可。如果对软件自带的滤镜效果不是很满意，还可以自行设置效果，只需单击选项面板中的【选项】按钮，在弹出的面板中单击【自定义滤镜】按钮，然后在弹出的对话框中，调整各个参数的数值，使其达到预设的效果后再单击【确定】按钮。

6. 标题的使用

利用会声会影，我们可以给视频文件加上相应的文字，简称标题。系统默认了很多标题素材供用户使用。

7. 覆叠轨

会声会影作品中的众多特效都是覆叠轨所产生的。利用覆叠轨，可以制作出生动有趣的影片。会声会影的覆叠轨，可以简单理解为自动缩小叠加的意思，放在这一轨道的视频或者图片，会自动缩小并叠加在视频画面的上面。

使用覆叠轨的方法如下：打开会声会影软件，单击放在【覆叠轨】上的素材，在视频预览窗口中会出现该素材编辑框，即在素材的周围有虚线和黄色的点出现；右击编辑框，会弹出快捷菜单，菜单中有各种命令可供选择；将鼠标定位于虚线框的四角，拖动鼠标可以对视频素材进行等比例缩放。覆叠轨上的素材之间可以添加各种转场，丰富了视频的画面效果。

8. 创建视频文件

单击步骤面板中的【分享】选项卡，弹出分享面板，如图8-25所示，在分享面板中可以选择多重视频输出方式。

图8-25 分享面板

习题

一、选择题

1. 下列各组应用不是多媒体技术应用的是________。

A. 计算机辅助教学　B. 电子邮件　C. 远程医疗　D. 视频会议

2. 以下列文件格式存储的图像，在图像缩放过程中不易失真的格式是________。

A. BMP　B. GIF　C. JPG　D. SWF

3. 在多媒体课件中，课件能够根据用户答题情况给予正确和错误的回复，突出显示了多媒体技术的________。

A. 多样性　B. 非线性　C. 集成性　D. 交互性

4. 一幅图像的分辨率为256×512，计算机的屏幕分辨率为1024×768，该图像按100%显示时，将占据屏幕的________。

A. 1/2　B. 1/6　C. 1/3　D. 1/10

5. 多媒体信息在计算机中的存储形式是________。

A. 二进制数字信息　B. 十进制数字信息　C. 文本信息　D. 模拟信号

6. 下列采集的波形声音质量最好的是________。

A. 单声道、8 位量化、22.05 kHz 采样频率

B. 双声道、8 位量化、44.1 kHz 采样频率

C. 双声道、16 位量化、44.1 kHz 采样频率

D. 单声道、16 位量化、22.05 kHz 采样频率

7. 15 分钟、双声道、16 位采样位数、44.1 kHz 采样频率的声音文件，若不压缩其数据量为________。

A. 75.7 MB　B. 151.4 MB

C. 2.5 MB　D. 120.4 MB

8. 一般来说，要求声音的质量越高，则________。

A. 分辨率越低、采样频率越低　B. 分辨率越高、采样频率越低

C. 分辨率越低、采样频率越高　D. 分辨率越高、采样频率越高

9. 数字音频采样和量化过程所用的主要硬件是________。

A. 数字编码器　B. 数字解码器

C. 模数转换器　D. 数模转换器

10. 关于 MIDI，下列叙述不正确的是________。

A. MIDI 是合成声音　B. MIDI 的回放依赖设备

C. MIDI 文件是一系列指令的集合　D. 使用 MIDI 不需要许多乐理知识

11. 数字视频的重要性体现在________。

（1）可以用新的与众不同的方法对视频进行创造性编辑

（2）可以不失真地进行无限次拷贝

（3）可以用计算机播放电影节目

（4）易于存储

A. 仅（1） B.（1），（2） C.（1），（2），（3） D. 全部

12. 影响视频质量的主要因素是________。

（1）数据速率（2）信噪比（3）压缩比（4）显示分辨率

A. 仅（1） B.（1），（2） C.（1），（3） D. 全部

13. 下列关于 Premiere 软件的描述正确的是________。

（1）Premiere 软件与 Photoshop 软件是同一家公司的产品

（2）Premiere 软件可以将多种媒体数据综合集成为一个视频文件

（3）Premiere 软件具有多种活动图像的特技处理功能

（4）Premiere 软件是一个专业化的动画与数字视频处理软件

A.（1），（3） B.（2），（4） C.（1），（2），（3） D. 全部

14. 下列软件中不属于多媒体处理软件的是________。

A. PhotoShop B. Cool Edit C. 会声会影 D. Win RAR

15. 下列参数中不是数码相机的技术参数的是________。

A. 像素 B. 光学变焦 C. BOIS 基本输入、输出 D. ISO 感光度

二、填空题

1. 能对文本、声音、图形、视频图像进行交互处理的计算机称为________。

2. 显示器、音响设备可以作为计算机中多媒体的________。

3. 多媒体技术中的媒体是指________。

4. 多媒体技术中多媒体的三种重要特性是多样性、集成性、________。

5. 音频主要分为________、语音和音效。

6. 声卡主要根据数据采样量化的位数来分类，通常分为________位、________位和________位声卡。

7. 对于音频，常用的三种采样频率是________、________、________。

8. 在多媒体技术中，存储声音的常用文件格式有 AOC 文件、________文件、MIDI 文件、WAV 文件。

9. 在实施音频数据压缩时，要综合考虑________、数据量、计算复杂度三方面。

10. 视频采集是将视频信号________并记录到文件上的过程。

11. 动画和电影的制作正是利用人眼的视觉暂留特性，如果动画或电影的画面刷新率为每秒________幅左右，则人眼看到的就是连续的画面。

12. 使用视频编辑软件，用户能够像使用文字处理软件那样轻松地对________上的视频和图片进行剪切、复制、移动、插入、拼接和删除等操作，并且可以在两个画面衔接时加入不同的转场效果。

13. 视频信号可分为模拟视频信号和________两大类。

14. 在捕获视频时，需要用________线将 DV 摄像机连接到计算机的接口上。

三、判断题

1. 计算机只能加工数字信息，多媒体信息都必须转换成数字信息再由计算机处理。（ ）

2. 媒体信息数字化以后，体积减小了，信息量也减少了。（ ）

3. 制作多媒体作品首先要写出脚本设计，然后画出规划图。（ ）

4. BMP 格式的图像转换为 JPG 格式，其文件大小基本不变。（ ）

5. 对图像文件采用有损压缩，可以将文件压缩得更小，减少存储空间。　（　）

6. 若 CD-ROM 光盘存储的内容是文本（程序和数字），则对误码率的要求较低，若存储的内容是声音和图像，则对误码率的要求就较高。　（　）

7. 美国的原版 DVD 光盘，在标有中国区码的 DVD-ROM 驱动器上能读出。　（　）

8. 音频指的是在 20 Hz ～ 20 kHz 频率范围内的声音。　（　）

9. 在音频数字处理技术中，要考虑量化的编码问题。　（　）

10. 对音频数字化来说，在相同条件下，立体声比单声道占的存储空间大，分辨率越高则占的存储空间越小，采样频率越高则占的存储空间越大。　（　）

11. 位图可以用画图程序获得，用荧光屏直接抓取，用扫描仪或视频图像抓取。（　）

12. 帧动画是指对每一个活动的对象分别进行设计，并构造每一个对象的特征，然后用这些对象组成完整的画面。　（　）

13. MPEG 对电视信号而言，其视频速率为 1.5 Mbps。　（　）

14. ra、rm 及 rmvb 格式是 Windows 公司开发的一种静态图像文件格式。　（　）

15. AVI 格式可以将视频和音频交织在一起进行同步播放。　（　）